개념 잡기 쉬운

# 유기화학

A SIMPLE GUIDE TO ORGANIC CHEMISTRY

오세연 지음

자유아카데미

# 서문

생명과 생물체에 관심이 있는 식품, 약학, 의학, 보건, 화장품, 농학, 환경분야 등을 전공하는 학생들에게는 유기화학에 대한 기초적인 이해가 반드시 필요하다. 또한 화학을 전공하는 학생들에게도 유기화학의 기초가 잘 다져져 있으면 다른 학문을 융합하여 좀 더 폭넓은 진로로 나아가는 데 상당한 도움이 된다고 할 수 있다.

이 책은 유기화학을 처음 접하는 학생이나 융합전공자들이 유기화학을 기초로 하여 각 전공분야의 전문적인 지식을 어려움 없이 습득할 수 있게 하기 위한 목적으로 집필하였다.

이를 위해 유기화학의 방대한 내용보다는 학생들의 눈높이에서 유기화학의 전반적인 숲을 볼 수 있는 안목과 개념(concept)을 잡는 것에 중점을 두었다. 여기에 테마별로 간결한 문단과 사례를 통하여 이해하기 쉽도록 표현하고자 하였으며 한글표현과 더불어 원어를 동시에 사용하여 정확한 용어와 뜻을 전달하고자 하였다. 또한 유기화합물의 구조 및 성질에 관한 기본적인 내용과 더불어 유기화학 반응과 결합 등 꼭 알아야 할 유기화학의 핵심이 되는 부분이 정리되어 있으며, 별도의 강의자료 없이 책만으로도 수강하는 데 어려움이 없도록 강의자료의 형태로 구성되어 있는 것이 특징이라고 할 수 있다.

좋은 책을 위해 최선을 다했지만 미흡한 부분이 있을 수 있다. 이 점은 양해를 바라며, 출간 후 나올 수 있는 수정사항 등은 자유아카데미 자료실(www.freeaca.com)을 통해 제공할 예정이니 참고하기 바란다.

책이 출간되기까지는 두 제자의 헌신적인 도움을 받았다. 유기화합물의 구조를 그려준 남하은, 편집 과정에서 교정을 봐준 김예진에게 특별히 감사하는 말을 전하고 싶다. 또한 책이 출판될 수 있도록 여러모로 도움을 주신 자유아카데미에도 감사의 마음을 전한다. 끝으로, 본 교재가 후학들이 유기화학을 쉽게 접근할 수 있는 통로가 되길 기대한다.

2025년 6월

저자 오 세 연

# 차례

# 제1장

# 유기화합물의 구조와 결합

1-1 유기화학이란?
1-2 원자 구조와 전자 배치
1-3 화학 결합
1-4 공유 결합의 형성
1-5 혼성 오비탈과 분자의 구조
1-6 극성 공유 결합과 전기 음성도
1-7 산과 염기

## 1-1 유기화학이란?

### 1. 유기화합물: 생명현상을 설명하는 중요한 역할

생명과 생물체에 관심이 있는 식품, 약학, 의학, 보건, 화장품, 농학, 환경분야 등에 종사하는 누구에게나 유기화학(organic chemistry)에 대한 기본적인 이해가 반드시 필요하다. 그 이유는 유기화합물이 생명현상을 설명하는 데 중요한 역할을 하기 때문이다. 우리 몸을 구성하는 탄수화물, 단백질, 지방도 유기화합물이며, RNA나 DNA 같은 생체고분자, 생화학 반응을 촉진시키는 효소, 호르몬이나 스테로이드와 같은 천연물도 모두 유기화합물이다.

달맞이꽃(왼쪽)과 라벤더(오른쪽)

여름철 밤에 피는 달맞이꽃과 수면에 도움이 되는 라벤더(허브)의 향기에는 스트레스를 받을 때 발생되는 β뇌파를 감소시킴으로써 진정 효과를 나타내는 유기화합물인 리날로올(linalool) 성분이 많이 함유되어 있다.

### 2. 유기화합물: 동·식물에서 발견되는 화합물

유기화학은 살아있는 생명체, 즉 동·식물에서 발견되는 화합물을 다루는 화학이다. 18세기 후반~19세기 초반에 많은 화학자들은 동·식물에서 얻어지는 물질을 분리(isolation)하고 정제(purification) 및 분석(analysis)하는 데 많은 시간을 소요하였다.

### 3. 유기합성의 길이 열리다.

1828년, 독일의 화학자 Friedrich Wőhler는 무기물질인 사이안산 암모늄(ammonium cyanate)을 가열하여 오줌의 한 성분인 요소(urea)를 우연히 합성하였다. 이 요소의 합성은 유기물질을 생명체로부터 얻을 수 있을 뿐만 아니라 실험실에서도 합성을 통하여 얻을 수 있다는 '유기화합물 합성'의 길을 열었다.

**사이안산 암모늄으로부터 오줌의 한 성분인 요소의 합성**

어떤 물질을 자연에서 얻을 때보다 더 적은 비용으로 실험실에서 합성할 수 있다는 것은 경제적으로 상당히 의미있는 일이다. 이와 같이 유기합성을 통하여 일상생활에 필요한 합성섬유, 염료, 플라스틱, 의약품, 화장품, 방향제, 세제, 살충제, 가솔린, 석유, 자동차, 타이어 등 다양한 유기합성제품이 생산되고 있다.

## 4. 유기화합물의 정의

유기화합물은 탄소(carbon)를 포함하는 탄소 화합물이며, 탄소(carbon), 수소(hydrogen), 산소(oxygen), 질소(nitrogen)를 비롯하여 그 외에 황(sulfur), 인(phospho-

| 주기 \ 족 | 1A | 2A | 3B | 4B | 5B | 6B | 7B | 8B | 8B | 8B | 1B | 2B | 3A | 4A | 5A | 6A | 7A | 8A |
|---|---|---|---|---|---|---|---|---|---|---|---|---|---|---|---|---|---|---|
| 1 | H | | | | | | | | | | | | | | | | | He |
| 2 | Li | Be | | | | | | | | | | | B | C | N | O | F | Ne |
| 3 | Na | Mg | | | | | | | | | | | Al | Si | P | S | Cl | Ar |
| 4 | K | Ca | Sc | Ti | V | Cr | Mn | Fe | Co | Ni | Cu | Zn | Ga | Ge | As | Se | Br | Kr |
| 5 | Rb | Sr | Y | Zr | Nb | Mo | Tc | Ru | Rh | Pd | Ag | Cd | In | Sn | Sb | Te | I | Xe |
| 6 | Cs | Ba | La | Hf | Ta | W | Re | Os | Ir | Pt | Au | Hg | Tl | Pb | Bi | Po | At | Rn |
| 7 | Fr | Ra | Ac | Rf | Db | Sg | Bh | Hs | Mt | Ds | Rg | Cn | Nh | Fl | Mc | Lv | Ts | Og |

**주기율표: 유기화합물의 중심 원소가 되는 탄소**
**컬러로 표시된 원소들이 주로 탄소와 함께 유기화합물을 구성하는 원소이다.**

주기율표는 원소를 원자 번호 순으로 배열한 것이다. 가로줄은 주기(period), 세로줄은 족(group)이라고 부른다. 같은 족에 있는 원소들은 유사한 화학적인 성질을 나타낸다.

rous), 할로젠족(주기율표에서 7A족 원소: F, Cl, Br, I) 등과 같은 원소로 구성된다.

**탄소는 주기율표(periodic table)에서 4A족 원소이고 최외각 껍질에 4개의 전자(four valence electrons)를 가진다.** 이를 통해 4개의 공유 결합(four covalent bonds)을 함으로써 탄소-탄소 원자간 결합을 통하여 긴 사슬(long chains)이나 고리형(rings) 화합물을 형성한다(예 메테인, DNA).

유기화학 공부에 앞서 먼저 일반화학에서 배운 원자론, 결합의 방법에 대해 살펴볼 것이다. 그 이유는 분자 구조를 설명하는 데 도움이 될 뿐만 아니라 어떤 분자가 다른 분자와 반응할 때 그 분자가 왜 반응하는지를 설명해 주기 때문이다.

## 1-2 원자 구조와 전자 배치

### 1. 원자핵(Nucleus)과 전자(Electron)로 구성

모든 물질은 매우 작은 입자인 원자(atom)로 이루어져 있다. 이 원자는 원자핵(nucleus)과 그 주위를 돌고 있는 전자(electron)로 되어 있는데, 원자핵은 양으로 하전 되어 있으며 원자의 대부분의 질량을 차지한다. 또한 원자핵은 양전하를 띠고 있는 양성자(proton)와 전기적으로 중성인 중성자(neutron)로 구성되어 있다. 원자핵의 양의 하전량은 원자핵 주위를 돌고 있는 전자의 음의 하전량과 균형을 이루고 있다.

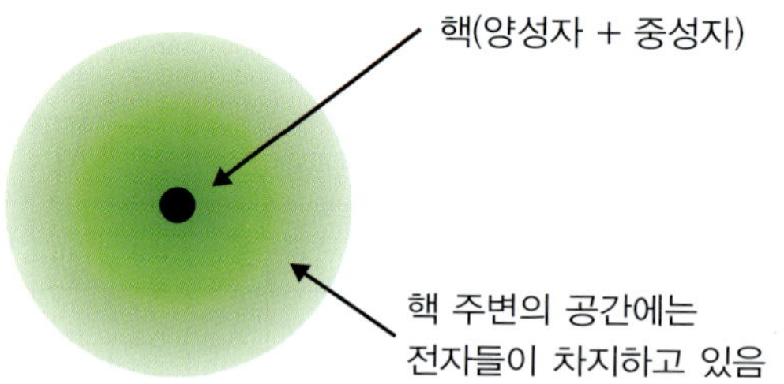


원자의 구조

### 2. 원자 번호(Atomic number)와 질량수(Mass number)

원소의 원자 번호(atomic number)는 원자핵의 양성자의 수와 같고 핵 주위를 돌고 있는 전자의 수와도 같다. 질량수(mass number)는 원자핵의 양성자 수와 중성자 수의 합과 같은데, 이는 전자가 이들에 비하여 매우 가볍기 때문이다.

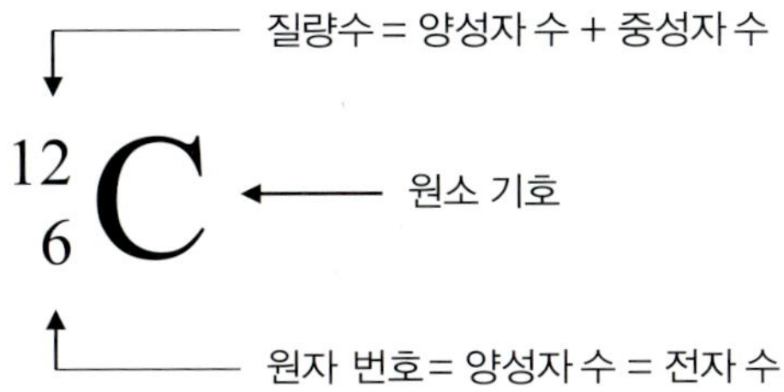


**탄소의 원자 번호와 질량수**

## 3. 동위 원소(Isotope)

동위 원소(Isotope)는 동일한 원자 번호를 가짐으로써 **원자의 양성자 수는 같지만, 중성자의 수가 달라 질량수가 다른 원자들을 일컫는다.** 이들의 화학적인 성질은 거의 유사하다. 예를 들어, 수소(H)와 중수소(D)의 경우, 원자 번호가 1이므로 1개의 양성자를 각각 똑같이 가지지만, 질량수가 수소는 1, 중수소는 2이므로 서로 다른 중성자의 수를 가지게 된다.

예 수소(Hydrogen, $^{1}_{1}H$): 1개의 양성자와 중성자 없음

중수소(Deuterium, $^{2}_{1}D$): 1개의 양성자와 1개의 중성자

## 4. 원자량(Atomic mass)

### 1) 원자 질량 단위(atomic mass unit, amu)

원자 한 개의 질량을 측정하기가 어렵기 때문에 **탄소-12 원자 한 개의 질량을 12 amu로 정의**하며, 다른 원자의 질량을 탄소-12 질량에 대하여 상대적으로 구한 상대 원자 질량을 사용한다.

### 2) 원자량

주기율표에 나와 있는 원자 질량은 자연에 존재하는 여러 동위 원소의 존재비를 고려한 평균 원자 질량이다. 예를 들어 염소 원자는 $^{35}_{17}Cl$이 75.76% 존재하고 $^{37}_{17}Cl$이 24.24% 존재한다. 평균 원자 질량은 각 동위 원소의 원자 질량에 그 동위 원소의 존

재비율을 곱한 것을 모두 더해 주면 된다. 그 과정을 표 1.1에 나타내었다.

**Cl의 평균 원자 질량 = ${}^{35}_{17}$Cl의 원자 질량 × 존재 비율 + ${}^{37}_{17}$Cl의 원자 질량 × 존재 비율**

**표 1.1** Cl의 평균 원자 질량 계산

| 동위 원소 | 원자 질량(amu) | × | 존재 비율(%) | = | Cl의 평균 원자 질량의 계산 |
|---|---|---|---|---|---|
| ${}^{35}_{17}$Cl | 34.97 | × | 75.76/100 | = | 26.49 amu |
| ${}^{37}_{17}$Cl | 36.97 | × | 24.24/100 | = | 8.962 amu |
| | | Cl의 평균 원자 질량 | | = | 35.45 amu |

## 5. 전자의 분포

### 1) 오비탈(orbital)

오스트리아의 물리학자인 Erwin Schrödinger는 전자의 파동성과 에너지를 원자 구조에 적용하여 정수인 양자수(n = 1,2,3,4 ⋯)에 따라 껍질(shell)이라고 하는 불연속적인 에너지 준위로 전자를 양자화시켰다. 전자를 주껍질(major shell)에 나누어 배치하는데 주껍질은 1,2,3⋯ 등의 번호로 나타낸다. 또한 주껍질 안에 부껍질(sub-shell)이 생성되며 이를 **오비탈(orbital, 궤도함수)**이라고 부른다. 오비탈은 **높은 확률로 전자들이 발견될 수 있는 핵 주위의 공간 영역**으로 볼 수 있다.

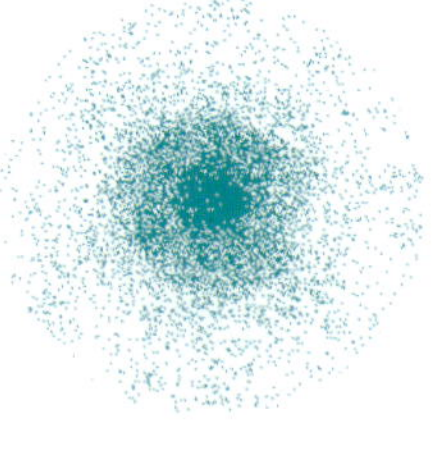

**수소 원자의 전자가 발견될 확률이 높은 핵 주위 공간**

주껍질은 각각의 껍질 번호에 해당하는 모양, 크기, 방향성이 다른 오비탈을 가진다. 예를 들어 첫 번째 주껍질에는 1*s* 오비탈, 두 번째 주껍질에는 2*s*, 2*p* 오비탈, 세 번째 주껍질에는 3*s*, 3*p*, 3*d* 오비탈이 있다. 또한 *s*, *p*, *d* 오비탈에는 전자를 수용할 수 있는 각각 1, 3, 5개의 방이 존재한다.

**표 1.2 주껍질에 배치된 오비탈과 총 전자의 수**

| 주껍질 번호 | 오비탈의 수 | | | 오비탈의 표현 | 주껍질이 채워졌을 때, 총전자수 |
|---|---|---|---|---|---|
| | *s* | *p* | *d* | | |
| 1 | 1 | 0 | 0 | 1*s* | 2 |
| 2 | 1 | 3 | 0 | 2*s*,<br>$2p_x$, $2p_y$, $2p_z$ | 8 |
| 3 | 1 | 3 | 5 | 3*s*,<br>$3p_x$, $3p_y$, $3p_z$<br>$3d_{xy}$, $3d_{yz}$, $3d_{xz}$, $3d_{z2}$, $3d_{x2-y2}$ | 18 |

*오비탈 앞에 붙은 숫자는 주껍질 번호를 의미함

**각 오비탈의 에너지 준위와 주껍질에 전자가 최대 채워졌을 때 전자의 총수**

### 2) 오비탈의 모양

유기화학에서 중요한 오비탈은 1*s*, 2*s*, 2*p* 오비탈이다. ***s* 오비탈은 구형(spherical)**이며 ***p* 오비탈은 아령형 모양(dumbbell-shaped)**을 나타낸다. 1*s* 오비탈의 전자는 2*s* 오비탈의 전자보다 핵에 더 가까이 있어서 핵의 인력에 더 강하게 붙들려 있다.

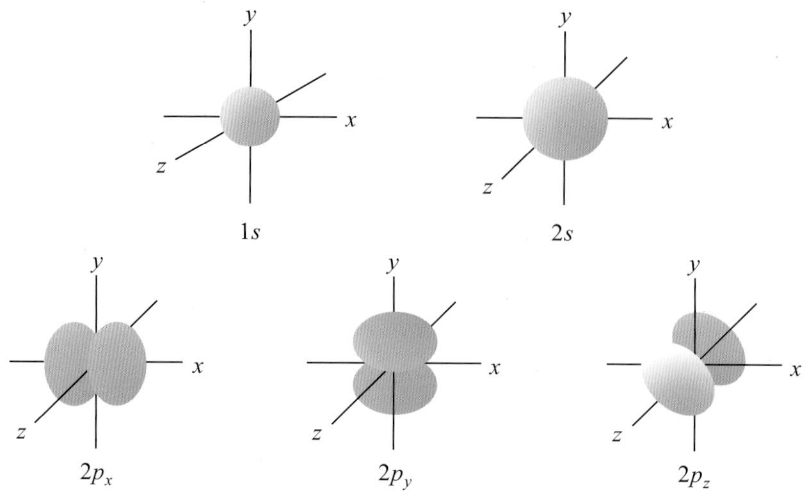


**$s$ 오비탈(구형)과 $p$ 오비탈(아령형)의 모양**

$s$ 오비탈은 구형으로 방향성이 없고 $1s$ 오비탈보다 $2s$ 오비탈이 크기가 크다.
하지만 $p$ 오비탈은 아령형 모양으로 $x$축, $y$축, $z$축 방향의 방향성을 가진다.

### 3) 전자의 배치(Electron configuration)

전자가 가장 낮은 에너지 상태로 전자 배열을 하는 것을 '바닥 상태 전자 배치(ground state electron configuration)'라고 한다. 가장 낮은 에너지 상태라는 것은 가장 안정한 전자 배치라는 뜻이다. 바닥 상태의 전자는 다음과 같은 규칙에 따라 배열된다.

① 제일 낮은 에너지 오비탈의 순서에 따라 채워진다.

예 $1s \rightarrow 2s \rightarrow 2p \rightarrow 3s \rightarrow 3p \rightarrow 4s \rightarrow 3d$

② Pauli 배타 원리(Pauli exclusion principle)

하나의 오비탈은 전자의 스핀이 반대인 2개의 전자만을 수용할 수 있으며 이를 위(↑)와 아래(↓)로 향한 화살표로 표시한다.

③ Hund 규칙(Hund's rule)

동일한 에너지의 오비탈에 전자가 채워질 때, 예를 들어 $p$ 오비탈을 채울 때, 오비탈이 반이 채워질 때까지 1개의 전자가 각각 평행한 스핀으로 채워지게 된다.

**표 1.3** 인(phosphorus)의 바닥 상태 전자 배치

| 원소 | 원자 번호 | 전자 배치 | |
|---|---|---|---|
| 인 | 15 | 3*p* | ↑ ↑ ↑ |
| | | 3*s* | ↑↓ |
| | | 2*p* | ↑↓ ↑↓ ↑↓ |
| | | 2*s* | ↑↓ |
| | | 1s | ↑↓ |

**예제 1.1** 인의 바닥 상태의 전자 배치를 적으시오.

**풀이** $1s^2 2s^2 2p^6 3s^2 3p^3$

**문제 1.1** 다음 원소들의 바닥 상태의 전자 배치를 쓰시오.

① 질소 ② 산소 ③ 알루미늄

### 4) 원자가 껍질(Valence shell), 원자가 전자(Valence electron)

채워진 껍질은 화학 결합과 반응에 아무런 역할을 하지 못한다. 화학 결합과 반응에 가장 잘 참여할 수 있는 전자는 **최외각 껍질(원자가 껍질, valence shell)**에 있는 전자이며, 이를 '원자가 전자'로 부른다.

표 1.4는 18번 원소까지 원자의 최외각 전자, 즉 **원자가 전자(valence electron)**를 나타낸 것이다. 원소 기호에 표시한 점이 원자가 전자를 표시한 것이다. 또한 한 원자의 **원자가 전자수는 주기율표에서의 족 번호와 같다.**

**표 1.4** 1~18번 원소의 원자가 전자

| 주기 \ 족 | 1A | 2A | 3A | 4A | 5A | 6A | 7A | 8A |
|---|---|---|---|---|---|---|---|---|
| 1 | H· | | | | | | | He: |
| 2 | Li· | Be· | Ḅ̇· | ·Ċ· | ·N̈· | ·Ö: | ·F̤̈: | :N̤̈e: |
| 3 | Na· | Ṁg· | Ȧ̤l· | ·Ṡi· | ·Ṗ̣· | ·S̈: | ·C̤̈l: | :Ä̤r: |

**문제 1.2** 다음 원소들은 최외각 껍질에 몇 개의 전자를 가지는가?

① 포타슘(K) ② 황(S) ③ 염소(Cl)

화학 결합을 할 때 이들 원소가 어떻게 결합하는지에 대하여 원자 구조에 대한 지식을 가지고 살펴보자.

# 1-3 화학 결합

## 1. 화학 결합의 중요성

원자와 원자가 만나서 화학 결합을 하는 이유는 결합으로 형성되는 화합물(compound)이 원자로 있을 때보다 열역학적으로 훨씬 더 안정하기 때문이다.

## 2. 팔전자 규칙(Octet rule)

화학 결합을 통하여 최외각 껍질의 전자수(원자가 전자수)가 8개가 되었을 때 화학적으로 안정성을 갖는다는 것이 **팔전자 규칙(octet rule, 옥텟 규칙)**이다. 즉 8A족(불활성 기체족) 원소들은 화학 결합을 하지 않아도 옥텟을 만족함으로써 안정성을 갖기 때문에 화학 결합을 하지 않는 일원자 분자로 존재하게 된다.

대부분의 원소들은 최외각 껍질의 전자가 8개로 채워졌을 때 안정성을 갖는 옥텟 규칙이 적용되지만 예외적으로 헬륨(He), 수소 분자($H_2$), 리튬 양이온($Li^+$)은 최외각 껍질에 전자가 두 개가 채워져도 안정감을 갖는 **듀엣 규칙(duet rule)**이 적용된다.

Octet rule: 대부분의 원소들에 적용됨
Duet rule: 헬륨(He), 수소 분자($H_2$), 리튬 양이온($Li^+$)에 적용됨

## 3. 결합의 종류

### 1) 이온 결합(Ionic bond)

주기율표에서 왼편에 있는 원소(알칼리 금속, 알칼리 토금속)들은 최외각 껍질의

전자를 잃고 옥텟의 불활성 기체족(8A족)과 같은 전자 배치를 하는 양이온을 형성한다. 반면에 주기율표에서 오른편에 있는 원소들은 전자를 얻어서 최외각 껍질의 전자가 8개를 만족하는 옥텟의 전자 배치를 하는 음이온을 형성한다.

예를 들어, 소금(sodium chloride, NaCl)을 형성하는 이온 결합은 소듐(sodium, Na) 원자의 최외각 껍질의 전자 하나가 Cl 원자로 이동하면서 $Na^+$ 이온과 $Cl^-$ 이온이 생성되는데, 두 이온 모두 옥텟의 전자 배치를 만족한다.

$$_{11}Na = 1s^22s^22p^63s^1 \rightarrow Na^+ (1s^22s^22p^6)$$

$$_{17}Cl = 1s^22s^22p^63s^23p^5 \rightarrow Cl^- (1s^22s^22p^63s^23p^6)$$

이온 결합(ionic bond)은 이렇게 형성된 **양이온과 음이온 사이의 정전기적 인력으로 이루어진다.**

### 2) 공유 결합(Covalent bond)

유기화학에서 중심 원소인 탄소의 경우, 4A족 원소로서 최외각 껍질의 전자(원자가 전자)가 4개이다. 최외각 껍질의 전자가 8개로 채워졌을 때 안정성을 갖는 옥텟의 전자 배치를 위해서 4개의 전자를 얻거나 4개의 전자를 잃어야 하는데 이는 너무 많은 에너지를 필요로 한다. 이에 따라 탄소는 결합 시, 원자가 전자를 공유함으로써 옥텟의 전자 배치를 하게 되는데 이를 **공유 결합(covalent bond)**이라고 한다.

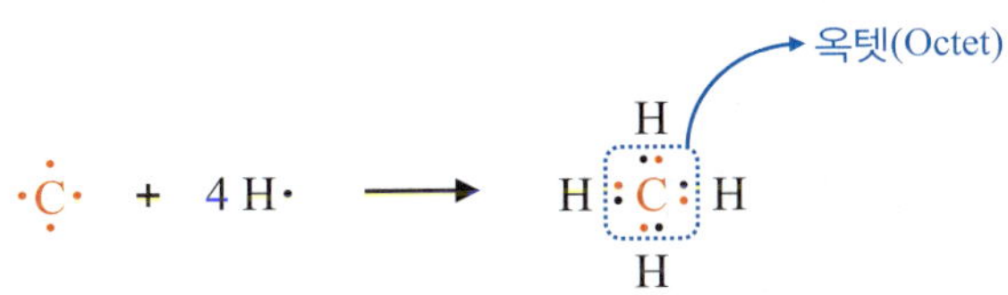


Methane

## 4. Lewis 구조(Lewis structure)

미국의 화학자 G.N. Lewis에 의해 제안된 Lewis 구조(Lewis structure)는 원자가 전자를 점으로 나타낸 것으로, **전자 점 구조(electron-dot structure)**라고도 한다. 예를 들어 수소는 1개의 점, 탄소는 4개의 점, 질소는 5개의 점, 산소는 6개의 점을 찍어주게 된다.

① $_1H = 1s^1$ ② $_6C = 1s^2 2s^2 2p^2$ ③ $_7N = 1s^2 2s^2 2p^3$ ④ $_8O = 1s^2 2s^2 2p^4$

다음 구조식은 메테인, 물, 암모니아 각 분자(molecule)의 공유 전자쌍(shared electron pairs)과 고립 전자쌍[1](lone pair electrons)을 각각 점으로 나타낸 것이다.

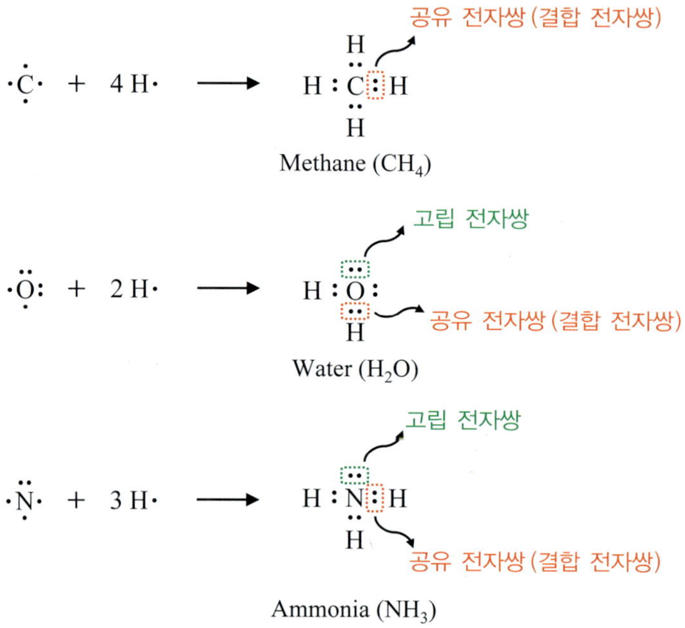


**메테인, 물, 암모니아 분자의 Lewis 구조**

## 5. Kekulé 구조(Kekulé structure)

Kekulé 구조(Kekulé structure)는 점으로 나타낸 구조를 실선으로 표현한 것으로 **선결합 구조(line-bond structure)**라고도 한다. 원자들 사이에 그린 1개의 실선은 2개의 공유된 전자를 결합으로 나타낸 것이다.

예를 들어, 수소는 최외각 껍질의 전자가 2개만 되어도 안정감을 갖는 듀엣 규칙

1 결합에 참여하지 않은 전자쌍으로서 비결합 전자쌍(nonbonding electron pairs) 또는 비공유 전자쌍이라고도 한다.

을 만족하기 위하여 한 개의 전자와 공유함으로써 1개의 공유 결합을 형성한다. 또한 탄소의 경우, 4개의 원자가 전자에 팔전자 규칙을 만족하기 위하여 4개의 전자가 더 필요하기 때문에 4개의 공유 결합을 형성한다. 질소는 5A족 원소이므로 5개의 원자가 전자를 가지고, 3개의 전자가 더 필요하기 때문에 3개의 결합을 형성한다. 산소(6A족)는 2개의 전자가 더 필요하므로 2개의 결합을 형성하고, 할로젠 원소(7A족)들은 1개의 전자가 필요하여 1개의 공유 결합을 형성한다.

**수소, 탄소, 질소, 산소, 플루오린 원자의 공유 결합 수**

**예제 1.2** $CH_2Cl_2$의 Lewis 구조와 선결합 구조를 그리시오.

**풀이**

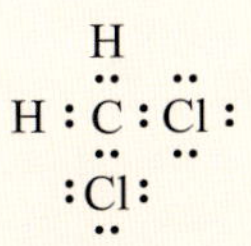

Lewis 구조

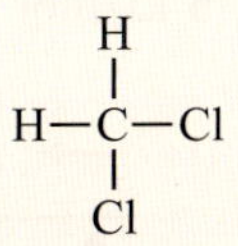

Line bond 구조

**문제 1.3** 다음 분자들의 온전한 화학식을 완성하시오.

① $CH_xCl_2$ ② $BF_x$ ③ $CH_3NH_x$

## 1-4 공유 결합의 형성

### 1. 원자가 결합 이론(Valence bond theory)

유기화합물의 공유 결합의 형성을 **원자가 결합 이론(valence bond theory)**으로 쉽게 설명할 수 있다. 이 이론에 따르면 먼저 각각의 두 원자들이 서로 가까이 접근한 후, 두 원자의 오비탈에 겹침(overlap)이 일어나서 각 오비탈의 전자들이 쌍(paired electrons)을 이루고 두 원자의 핵에 끌리면서 결합이 이루어지게 된다.

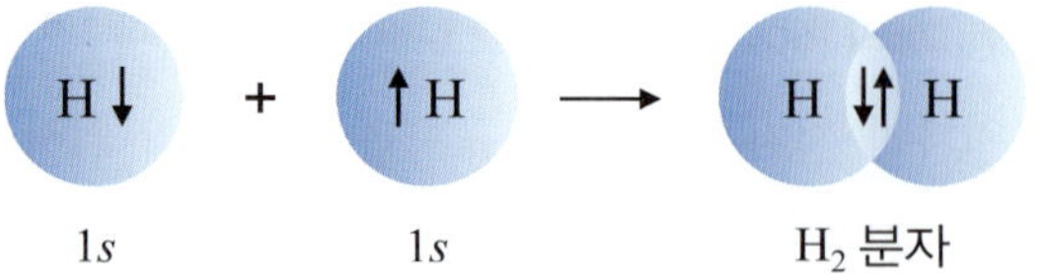


원자가 결합 이론에 의한 $H_2$ 분자의 공유 결합 생성

## 2. 결합력(Bond strength)

수소 분자가 생성되는 반응에서는 436 kJ/mol의 에너지가 방출된다. 이는 수소 원자 상태로 있을 때보다 생성된 수소 분자가 436 kJ/mol만큼의 더 적은 에너지를 가지기 때문에 더 안정한 것으로 볼 수 있다. 이때 수소 **분자의 결합력(bond strength)**을 436 kJ/mol이라고 한다.

$$2H\cdot \rightarrow H_2 + 436\ kJ/mol$$

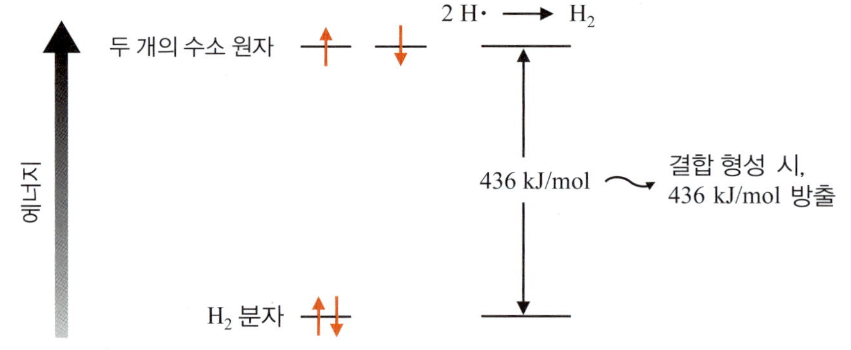


수소 분자의 결합력과 수소 분자 생성 시 방출되는 에너지와의 상관관계

## 3. 결합 길이(Bond length)

수소 분자가 생성될 때 각각의 수소 원자가 너무 멀리 떨어져 있으면 결합을 위하여 전자를 공유하기가 어렵고, 너무 가까이에 있으면 양으로 하전된 두 핵의 반발로 인하여 에너지가 너무 높아지게 된다. 그러므로 결합의 안정성(bond stability)을 얻을 수 있는 **핵 사이의 최적 거리(optimum distance)**를 결합 길이(bond length)라고 한다. 수소 분자의 결합 길이는 74 pm이며, 모든 공유 결합은 고유의 결합력과 결합 길이를 가진다.

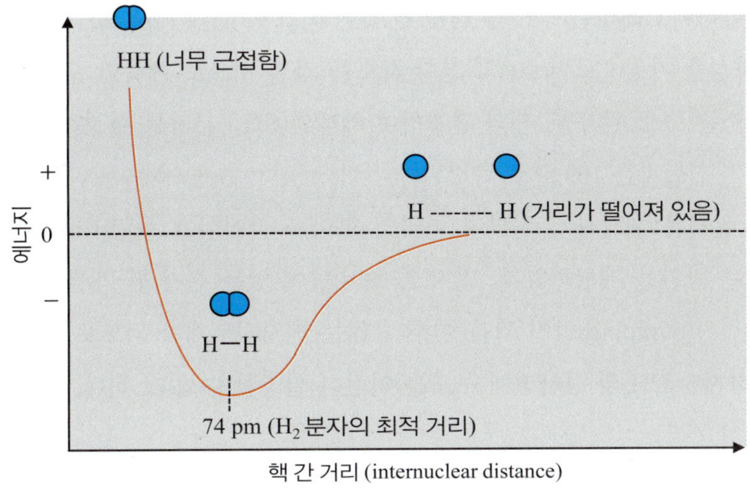


$H_2$분자의 최적 결합 길이

## 1-5 혼성 오비탈과 분자의 구조

### 1. $sp^3$ 혼성 오비탈($sp^3$ Hybrid orbital)과 메테인(Methane), 에테인(Ethane)의 구조

#### 1) $sp^3$ 혼성 오비탈의 생성

원자 번호가 6번인 탄소 원자의 바닥 상태 전자 배치는 $1s^2 2s^2 2p^2$이며 다음과 같이 나타낼 수 있다.

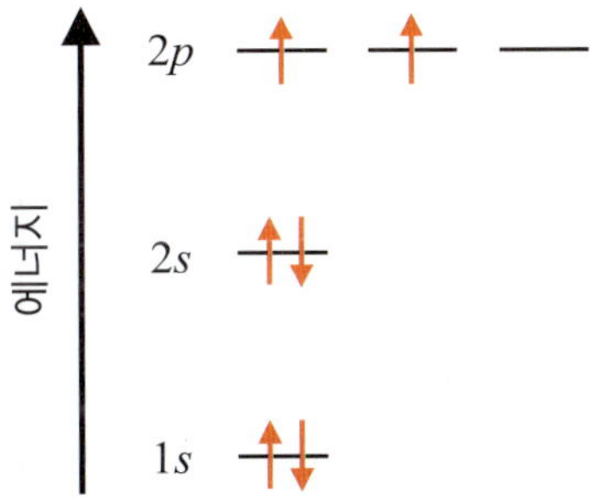


탄소 원자의 바닥 상태의 전자 배치

탄소 원자의 전자 배치에서 짝을 이루지 않은 전자가 2개뿐이므로, 2개의 수소 원자와 결합하여 $CH_2$라는 구조를 얻게 될 것이고, $p$ 오비탈은 $2p_x$, $2p_y$, $2p_z$로 $x$축, $y$축, $z$축의 방향성을 가짐으로써 90°의 결합 각도를 가질 것으로 예측할 수 있다. 그러나 실제로 탄소는 수소 원자 네 개와 결합하여 메테인($CH_4$) 분자를 형성하며, 탄소와 각 수소 사이의 결합각은 109.5°로 측정된다.

이러한 문제를 해결하기 위하여 미국의 화학자 라이너스 폴링(Linus Pauling)은 다음과 같은 방안을 제시하였다. 먼저 $2s$ 오비탈에 있는 전자 한 개를 비어 있는 $2p$ 오비탈에 펌핑(pumping)하면 짝을 이루지 않는 전자가 4개가 되므로 $CH_4$가 생성될 수 있다. 하지만 $CH_4$의 정사면체 구조를 여전히 설명할 수 없게 된다.

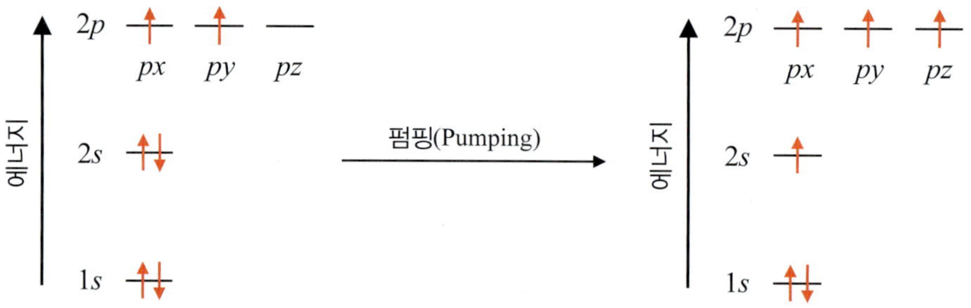


**탄소 원자의 2*s* 전자 1개를 비어 있는 2*p*로 펌핑**

$CH_4$의 구조와 결합각의 수수께끼를 해결하기 위하여, $2s$ 오비탈 1개와 $2p$ 오비탈 3개를 **혼성화(hybridization)**한다는 개념이 등장하였다. 정사면체 배향을 하는 새로운 ***sp*³ 혼성 오비탈** 4개가 생성된다. 이렇게 얻어진 $sp^3$ 혼성 오비탈 4개는 탄소 원자를 중심으로 **사면체 구조**를 이루게 되며, $sp^3$ 오비탈의 에너지 준위(energy level)는 $2s$ 오비탈보다는 높고 $2p$ 오비탈보다는 낮다.

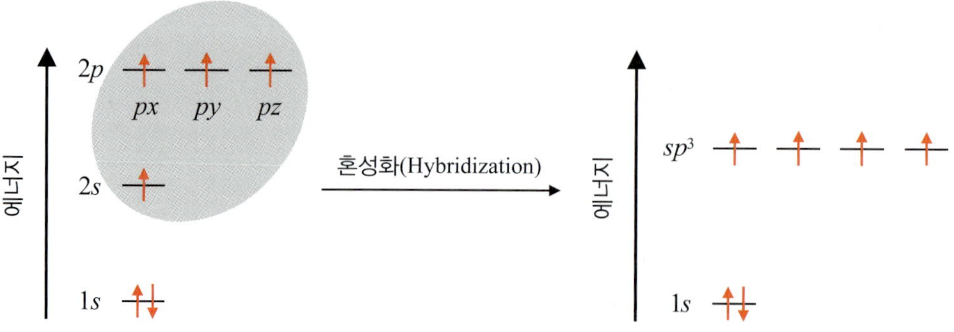


**2*s* 오비탈 1개와 2*p* 오비탈 3개를 혼성화**

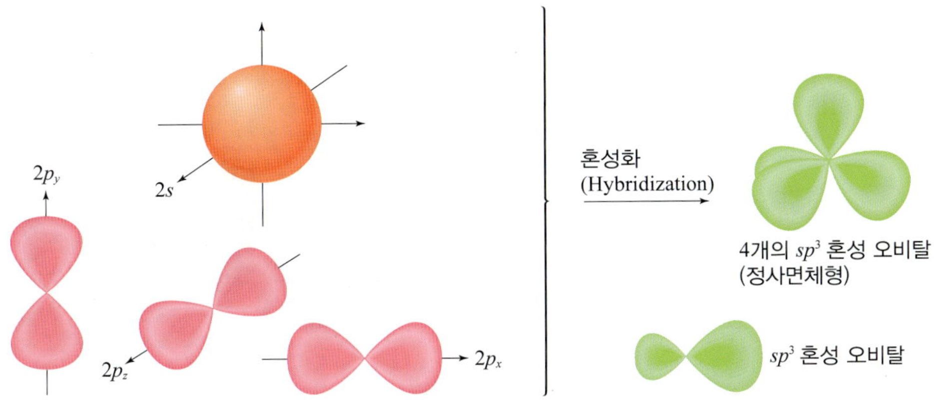


$sp^3$ 혼성 오비탈

### 2) $sp^3$ 혼성 오비탈과 메테인(Methane)의 구조

탄소 원자의 $sp^3$ 혼성 오비탈 4개에 각각 한 개씩 들어있는 전자가 수소 원자의 1$s$ 오비탈 전자 1개와 공유 결합을 함으로써 메테인 분자가 생성되는데, 이때 탄소와 수소 간의 결합을 **시그마 결합(sigma bonds, σ 결합)**이라고 한다.

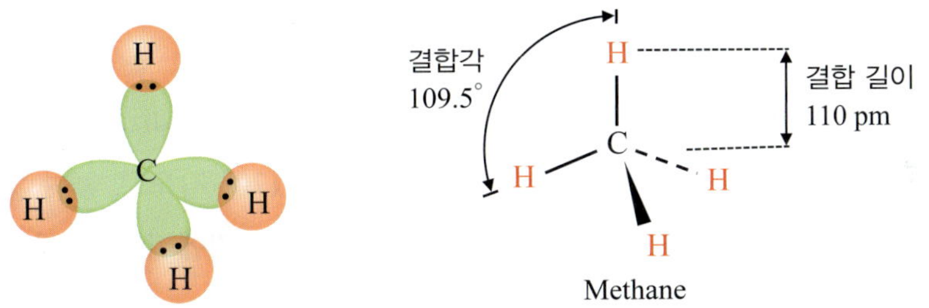


$sp^3$ 혼성 오비탈과 메테인의 구조

> **예제 1.3** C−H 결합 길이(110 pm)가 수소 분자의 H−H 결합 길이(74 pm) 보다 긴 이유는 무엇인가?
>
> **풀이** C−H 결합에서 탄소의 $sp^3$ 혼성 오비탈은 H−H 결합에서 수소의 $s$ 오비탈(구형)보다 $s$ character가 적기 때문에 결합 길이가 길다.

### 3) $sp^3$ 혼성 오비탈과 에테인(Ethane)의 구조

에테인(Ethane)은 2개의 탄소 원자의 각각의 $sp^3$ 혼성 오비탈의 겹침으로 C−C 간

시그마 결합이 형성되고 각 탄소에 남아 있는 3개의 $sp^3$ 혼성 오비탈은 3개의 수소 원자의 1*s* 오비탈과 겹쳐서 C−H 시그마 결합을 형성한다.

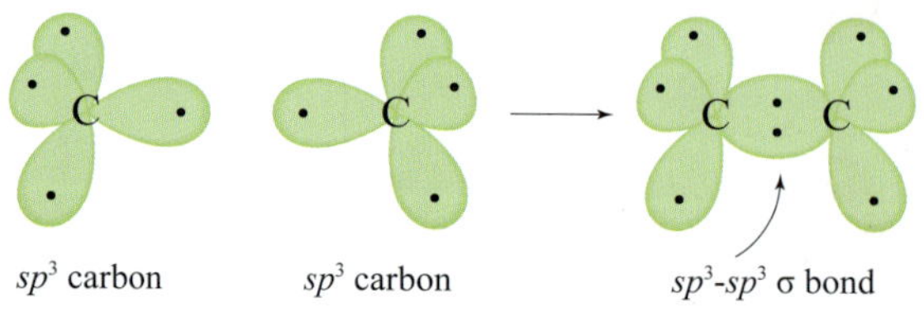


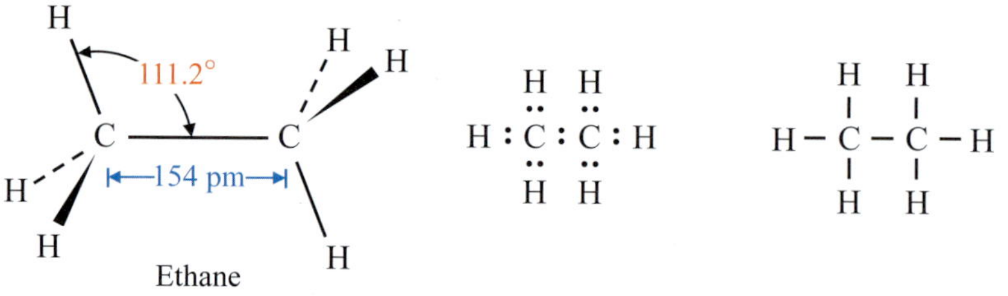


*sp*³ 혼성 오비탈과 에테인의 구조

## 2. $sp^2$ 혼성 오비탈($sp^2$ Hybrid orbital)과 에텐(Ethene)의 구조

### 1) $sp^2$ 혼성 오비탈의 생성

탄소 원자의 2*s* 오비탈 1개와 2*p* 오비탈 2개를 혼성화(hybridization)하면 새로운 **$sp^2$ 혼성 오비탈** 3개가 생성되는데, 한 평면에서 서로 **120° 각도**로 놓여 있다. 이때 혼성화되지 않고 남은 2p 오비탈 1개는 $sp^2$ 혼성 오비탈 평면에 수직을 이룬다.

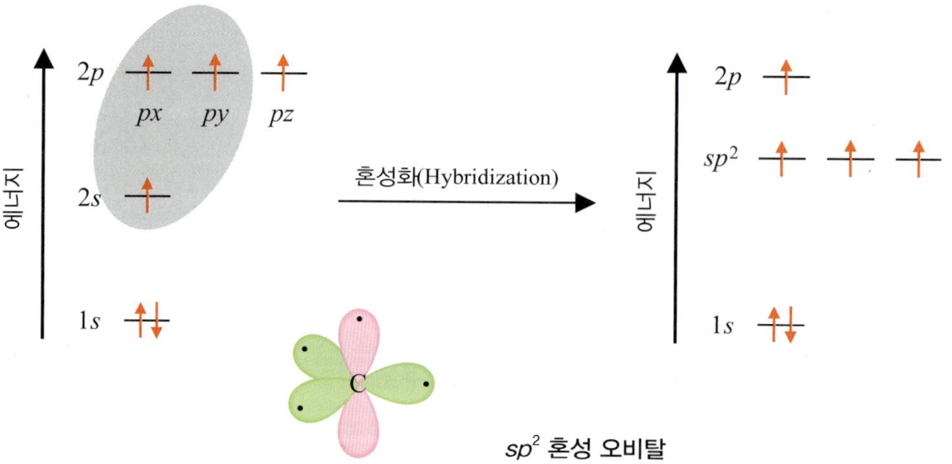


*sp*² 혼성 오비탈

### 2) $sp^2$ 혼성 오비탈과 에텐의 구조

에텐(ethene)은 에틸렌(ethylene)이라는 이름으로 더 많이 알려져 있는 유기화합물로, 그 구조는 $sp^2$ 혼성 오비탈로 설명이 가능하다. 한 탄소 원자의 3개의 $sp^2$ 혼성 오비탈 중, 2개는 수소 원자의 1*s* 오비탈과 겹쳐서 C−H 시그마 결합 2개를 만들고, 나머지 $sp^2$ 혼성 오비탈 1개는 다른 탄소 원자의 $sp^2$ 혼성 오비탈과 겹치면서 C−C 시그마 결합을 형성한다. 또한, 한 탄소 원자의 혼성에 참여하지 않은 2*p* 오비탈은 다른 탄소 원자의 2*p* 오비탈과 측면으로 겹치면서 **파이 결합(π 결합)**을 형성한다.

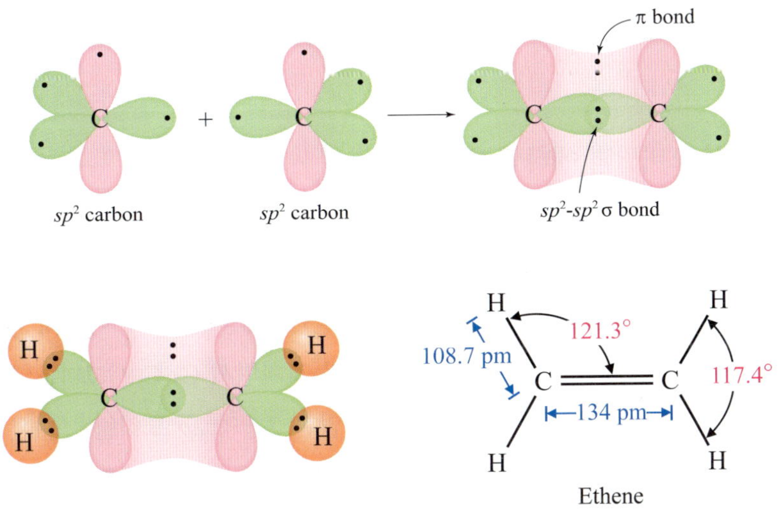


$sp^2$ 혼성 오비탈과 에텐의 구조

## 3. *sp* 혼성 오비탈(*sp* Hybrid orbital)과 에타인(Ethyne)의 구조

### 1) *sp* 혼성 오비탈의 생성

탄소 원자의 2*s* 오비탈 1개와 2*p* 오비탈 1개를 혼성화(hybridization)하면 새로운 ***sp* 혼성 오비탈** 2개가 생성되는데, 이 오비탈은 서로 **180° 각도**를 이룬다. 이때 혼성화되지 않고 남은 2*p* 오비탈 2개가 남게 된다.

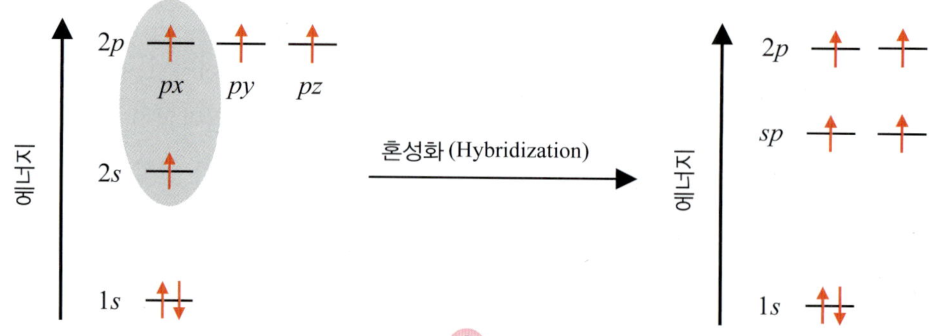

**sp 혼성 오비탈**

## 2) *sp* 혼성 오비탈과 에타인의 구조

에타인(ethyne)은 일반적으로 아세틸렌(acetylene)으로 불리며 에타인의 구조는 *sp* 혼성 오비탈로 설명이 가능하다. 한 탄소 원자의 2개의 *sp* 혼성 오비탈 중, 1개는 수소 원자의 1*s* 오비탈과 겹쳐서 C−H 시그마 결합 1개를 만들고, 나머지 *sp* 혼성 오비탈 1개는 다른 탄소 원자의 *sp* 혼성 오비탈과 겹치면서 C−C 시그마 결합을 형성한다. 또한, 한 탄소 원자의 혼성에 참여하지 않은 2개의 2*p* 오비탈은 다른 탄소 원자의 2개의 2*p* 오비탈과 각각 측면으로 겹치면서 2개의 파이 결합을 형성한다.

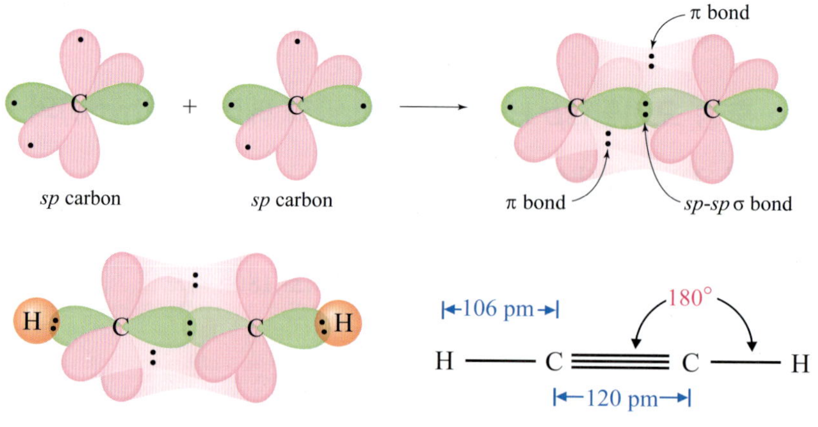


**sp 혼성 오비탈과 에타인의 구조**

## 4. 파이 결합(π Bond)의 특징

### 1) 파이 결합 강도: 시그마 결합보다 약함

파이 결합 형성에 관여하는 전자들은 측면끼리의 결합으로 인하여 시그마 결합의 전자들만큼 핵으로부터 단단하게 붙들려 있지 않으므로 결합력이 시그마 결합보다 약하다. 그러므로 이중 결합(double bonds)이나 삼중 결합(triple bonds)이 단일 결합(single bond) 결합력의 각각 2배, 3배가 되지 않는다. 탄소–탄소 사이에서 단일 결합의 결합 강도가 377 kJ/mol이면 이중 결합은 728 kJ/mole, 삼중 결합은 965 kJ/mole을 나타낸다.

단일 결합 강도: 377 kJ/mole
이중 결합 강도: 728 kJ/mole(728 − 377 = 351 kJ/mole: 한 개의 파이 결합 강도)
삼중 결합 강도: 965 kJ/mole(965− 377 = 588 kJ/mole: 두 개의 파이 결합강도)

### 2) 파이 결합의 전자: 화학 반응에 관여

파이 결합의 전자들은 핵으로부터 멀리 떨어져 있기 때문에 결합 강도도 약할 뿐만 아니라 **전자들의 움직임이 자유로워서 화학 반응에 관여**할 수 있다. 이에 반해 시그마 결합의 전자들은 측면끼리 결합을 형성하는 것이 아니라 머리끼리 강하게 겹쳐져 결합이 형성되므로 매우 안정적이다.

### 3) 결합 길이

① 혼성 오비탈의 *s* 성질(*s* character)의 증가 → 결합 길이 짧아짐

결합 길이는 삼중 결합의 결합 길이가 가장 짧고, 그 다음이 이중 결합이며 단일 결합이 결합 길이가 가장 길다. 그 이유는 먼저, *sp* 혼성 오비탈에서 ***s* 성질(*s* character)**이 50%로 $sp^2$(*s* 성질 33%)나 $sp^3$ 오비탈(*s* 성질 25%)보다 더 짧고 둥글게 만들어 결합하기 때문이다. ***s* 성질은 구형이므로 *s* 성질이 증가할수록 결합 길이가 짧아진다.**

② 최선의 겹침(Best overlap)의 형성

그 다음으로 이중 결합, 삼중 결합이 단일 결합보다 결합 길이가 더 짧은 이유는 핵을 결합시키는 단일 결합의 경우 전자가 2개이지만 이중 결합에서는 4개, 삼중 결

합에서는 6개의 전자가 **최선의 겹침(best overlap)**이 되도록 하기 때문이다.

#### 4) 파이 결합: 혼성 오비탈의 구조의 차이를 나타냄

파이 결합이 없는 ***sp*$^3$ 오비탈은 정사면체 구조(tetrahedral shape)**, 파이 결합이 한 개인 ***sp*$^2$ 혼성 오비탈은 평면형(planar)**, 파이 결합이 두개인 ***sp* 혼성 오비탈은 선형(linear)** 구조를 나타낸다.

**표 1.5** 메테인, 에텐, 에타인의 결합각과 분자 구조

| 분자 | | 탄소의 혼성화 | 결합각 | 탄소의 기하 구조 | 탄소 간 결합 길이 |
|---|---|---|---|---|---|
| $CH_3-CH_3$ | 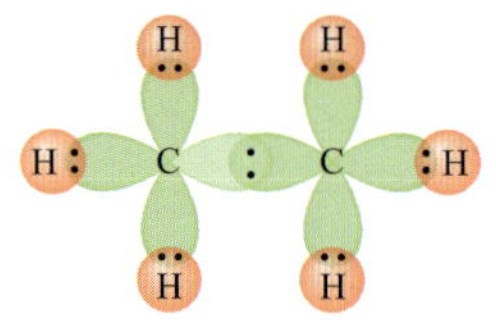 | $sp^3$ | 109.5° | 정사면체형 | 154 pm |
| $CH_2=CH_2$ | 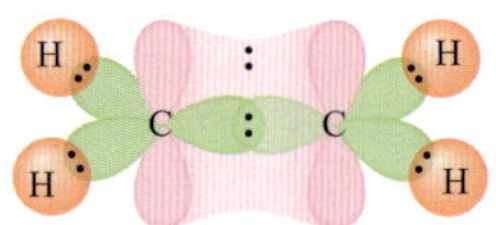 | $sp^2$ | 120° | 평면형 | 134 pm |
| $CH\equiv CH$ | 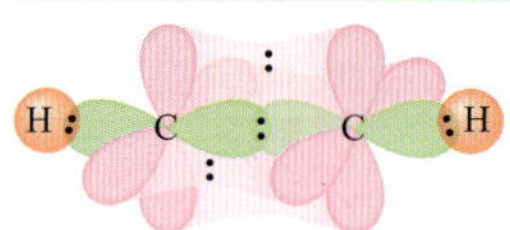 | $sp$ | 180° | 선형 | 120 pm |

## 1-6 극성 공유 결합과 전기 음성도

### 1. 공유 결합(Covalent bond)

앞에서 화학 결합으로 이온 결합과 공유 결합에 대하여 알아보았다. 이온 결합은 양이온과 음이온의 정전기적 인력에 의하여 결합이 형성되며, 공유 결합은 에테인의 경우, C−C의 2개의 탄소 원자에 **공유된 결합 전자들이 대칭적인 전자 분포**를 이룬다.

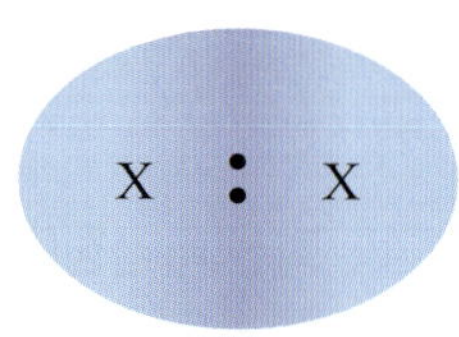


공유 결합

## 2. 극성 공유 결합(Polar covalent bond)

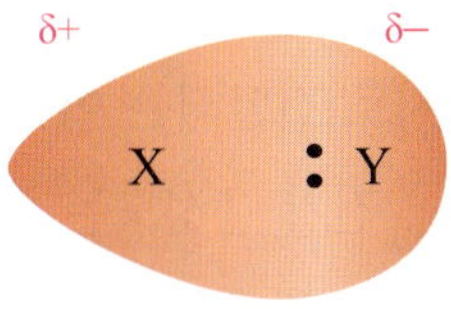


극성 공유 결합

공유 결합의 전자들이 항상 똑같이 대칭적인 전자 분포를 하는 것은 아니다. 한 원자가 다른 원자보다 공유된 전자를 당기는 힘이 더 강하면, 더욱 세게 전자를 당기는 원자 쪽으로 **전자 분포가 편극(polarized)되며**, 이러한 결합을 **극성 공유 결합(polar covalent bond)**이라고 한다.

HF(hydrogen fluoride)의 경우, 플루오린(F, fluorine)이 수소보다 전자를 더 강하게 당기므로 H−F 결합의 공유 전자쌍이 플루오린쪽으로 당겨지면서 부분 음전하(δ−)가 생성된다. 반면에 수소로부터는 전자가 멀어지므로 부분 양전하(δ+)가 생성된다. 이러한 전하의 분리를 **쌍극자(dipole)**라고 한다. 부분 양전하(δ+), 부분 음전하(δ−)는 극성 공유 결합에서 전자 분포의 편극 현상으로 만들어지며, 이온 결합에서의 양이온, 음이온은 각각 전자를 잃고 얻는 전자 전달에 의해 생성된다는 차이가 있다. 전자 분포의 편극을 다음과 같은 방법으로 나타낼 수 있다.

HF의 쌍극자와 극성의 방향

이 그림에서 +⟶는 전자의 편극 방향, 즉 극성의 방향을 나타낸다.
δ+, δ−는 극성 공유 결합에서 전자 분포의 편극 현상으로 생긴다.

## 3. 전기 음성도(Electronegativity)

전기 음성도(Electronegativity)는 공유 결합에서 한 원자가 전자를 자기 쪽으로 끌어당기는 능력을 말한다. 결합의 극성은 두 원자의 전기 음성도의 차이에서 기인한다.

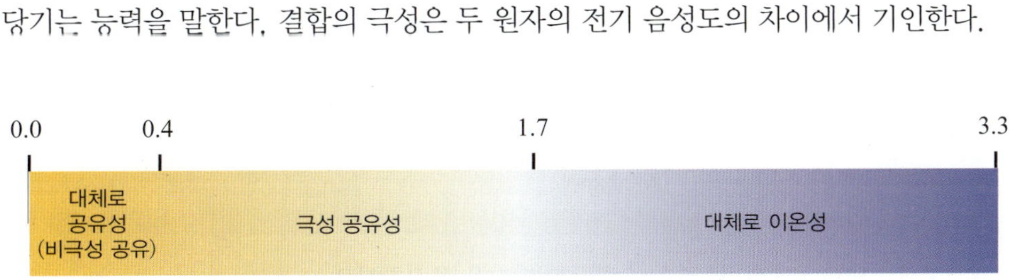


전기 음성도 차이에 의한 결합의 구분

대략 전기 음성도 차이가 0.0~0.4이면 전자들이 동등하게 공유되는 공유 결합성, 0.4~1.7이면 극성 공유 결합성이며, 1.7보다 크면 전자가 한 원자에서 다른 원자로 전달되는 이온 결합이 된다.

전기 음성도는 주기율표에서 오른쪽으로 갈수록, 족의 아래에서 위쪽으로 올라갈수록 증가한다. 전기 음성도의 척도는 라이너스 폴링이 고안한 것으로 다음 그림을 참조할 수 있다.

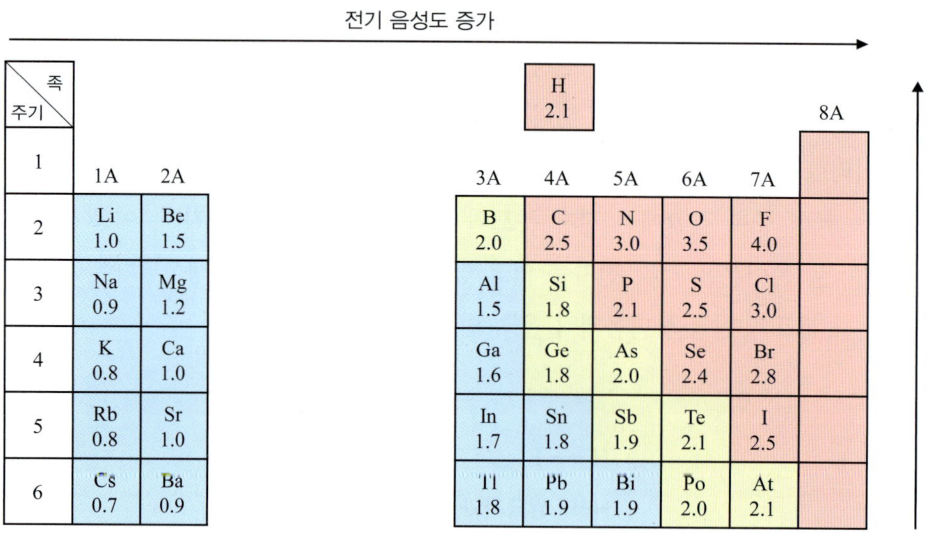


**전기 음성도의 경향성**

예를 들어 메탄올의 C–O 결합을 전기 음성도의 차이를 이용하여 계산해 보면 쉽게 극성 공유 결합임을 알 수 있다.

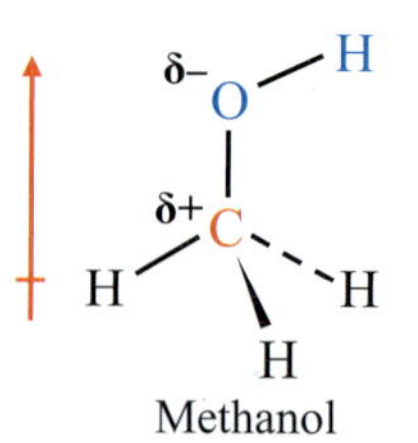


산소 : EN = 3.5
탄소 : EN = 2.5

차이 = 1.0

**예제 1.4** $H_2O$에서 O–H 결합의 편극화 방향을 표시하시오.

**풀이**

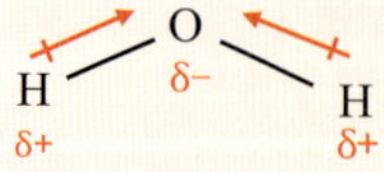

**문제 1.4** 부분 양전하(δ+), 부분 음전하(δ−)를 이용하여 다음 각 결합에서 편극의 방향을 표시하시오.

① $Br-CH_3$ ② $H_2N-CH_3$ ③ $HS-CH_3$

## 4. 비극성 화합물(Nonpolar compound), 극성 화합물(Polar compound)

### 1) 비극성 화합물

**분자 내에 극성 공유 결합이 없거나 극성 공유 결합이 분자 내에서 대칭인 배열을 가질 때 비극성 화합물이 된다.** 즉, 극성 결합의 쌍극자가 서로 상쇄되면 비극성 분자이다. $CO_2$의 경우, 극성 공유 결합을 2개 갖지만 분자가 선형이므로 쌍극자는 반대 방향을 향하여 결국 쌍극자가 상쇄되어 비극성 분자가 된다. 또 다른 예로 $CCl_4$에서 C−Cl 결합은 극성 공유 결합이지만 정사면체의 대칭 배열을 가지므로 쌍극자는 상쇄되고 결과적으로 비극성 분자가 된다.

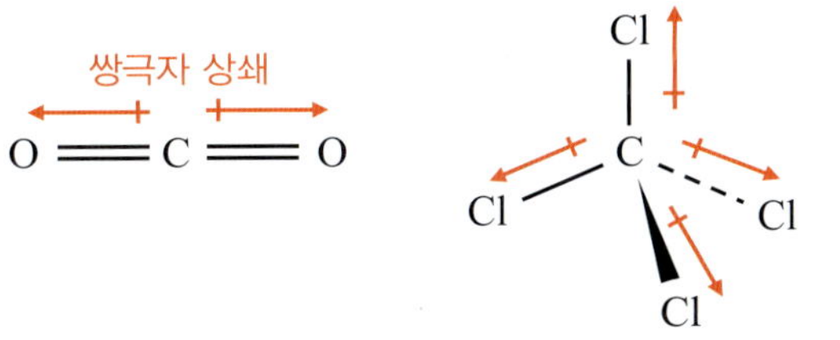


극성 공유 결합을 갖고 있지만 비극성 화합물인 $CO_2$와 $CCl_4$

### 2) 극성 화합물

**분자 내에 극성 공유 결합을 가지고 있으며 쌍극자가 상쇄되지 않을 때,** 극성 화합물이라 할 수 있다.

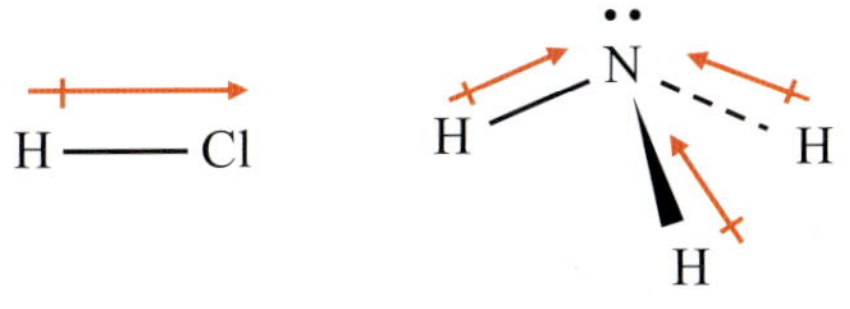

극성 화합물인 HCl과 $NH_3$ 분자

## 1-7 산과 염기

산과 염기는 일반화학에서 다루었던 주제인데 유기화학에서 다시 다루는 이유에 대해 의아하게 생각할 수도 있을 것이다. 산과 염기의 반응을 이해하면 유기화학 반응을 이해하는 데 도움이 되기 때문에 한번 더 짚고 넘어가고자 한다. Arrhenius의 산-염기, Brønsted-Lowry의 산-염기, Lewis의 산-염기에 대해 살펴볼 것이다.

### 1. Arrhenius 산-염기(Arrhenius Acid-Base)

#### 1) Arrhenius 산-염기 정의

스웨덴의 화학자이며 노벨 화학상 수상자(1903년)인 Svante Arrhenius는 산은 수용액에서 이온화하여 양성자($H^+$, proton)를 내놓고, 염기는 이온화하여 하이드록사이드 이온($OH^-$, hydroxide ion)을 내놓는다고 제안하였다.

#### 2) Arrhenius 산-염기의 한계

하지만 구조식에 OH를 함유하고 있지 않으면서 염기성을 띠는 암모니아($NH_3$)의 존재가 대표적인 반례가 된다. 이러한 한계를 넘어서 Brønsted와 Lowry가 더 일반적인 산, 염기 이론을 제안하였다(1923년).

### 2. Brønsted-Lowry 산-염기(Brønsted-Lowry Acid-Base)

#### 1) 산의 세기: 산 해리 상수로 측정

산의 세기는 **산 해리 상수(acid dissociation constant, $K_a$)**로 표기할 수 있다. 이때 용매인 물의 농도는 무시하고 표현한다.

$$HA + H_2O \rightleftharpoons A^- + H_3O^+$$

$$K_a = \frac{[H_3O^+][A^-]}{[HA]}$$

$$pK_a = -\log K_a$$

강산과 약산은 상대적이므로 더 센 산은 오른쪽으로 평형이 기울어 더 큰 $K_a$ 값을 가지며, 더 약한 산은 왼쪽으로 평형이 기울어 더 작은 $K_a$ 값을 가진다. 즉, $K_a$ 값은 클수록, p$K_a$값은 작을수록 강산이 된다.

일반적으로 황산($H_2SO_4$, sulfuric acid), 질산($HNO_3$, nitric acid), 염산(HCl, hydrochloric acid)과 같은 무기산(inorganic acids)은 $K_a$ 값의 범위가 $10^2 \sim 10^9$으로 강산이다. 많은 유기산(organic acids)의 $K_a$ 값은 $10^{-5} \sim 10^{-15}$ 범위를 나타내는 약산이다.

### 2) Brønsted-Lowry 산-염기와 그것의 짝염기(Conjugate base), 짝산(Conjugate acid)

**Brønsted-Lowry** 산은 $H^+$를 주는 물질(양성자 주개, proton donor)이고 염기는 $H^+$를 받는 물질(양성자 받개, proton acceptor)이다. Brønsted-Lowry 산-염기 이론은 유기화학에서 널리 사용된다.

산이 $H^+$ 를 방출하고 생기는 생성물은 그 산의 **짝염기(conjugate base)**라 부르고 염기가 $H^+$를 받아 생성된 생성물을 그 염기의 **짝산(conjugate acid)**이라고 부른다.

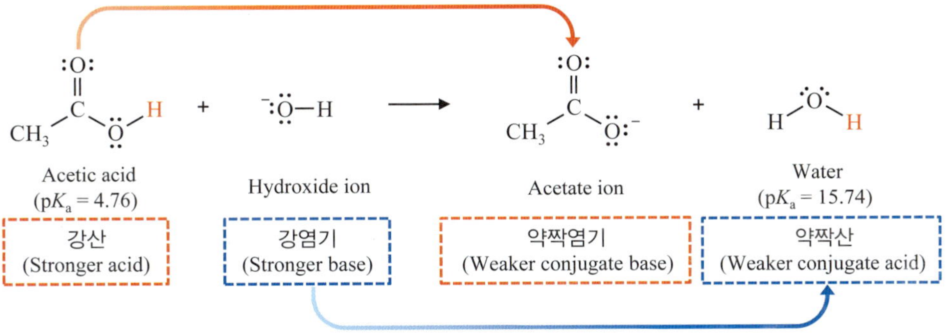


Brønsted-Lowry 산-염기와 그것의 짝염기, 짝산

**일반적으로 $H^+$는 항상 더 센 산에서 더 센 염기로 가며, 더 센 산은 약한 짝염기를 내놓고, 약산은 강한 짝염기를 내놓는다.** 위의 식에서 아세트산(acetic acid)의 p$K_a$ 값(4.76)은 물의 p$K_a$ 값(15.74)보다 작아 더 센 산이므로 $OH^-$가 $CH_3COO^-$보다 더 강한 염기이다.

산-염기 반응성을 예측하는 또 다른 방법은 생성물이 반응물보다 더 안정해야 반응이 일어난다는 것이다. 즉, 생성물의 산과 염기는 출발 물질인 산과 염기보다 더 약해야 한다.

### 3) 산의 강도과 그 짝염기의 세기 비교

표 1.6은 산의 강도와 그 짝염기의 세기를 나타낸 것이다. 앞에서 언급한 대로 강산은 약한 짝염기를 내놓고 약산은 센 짝염기를 내놓는다는 사실을 알 수 있다.

**표 1.6 몇 가지 산의 강도와 그 짝염기의 세기 비교**

| | 산 | 이름 | $pK_a$ | 짝염기 | 이름 | |
|---|---|---|---|---|---|---|
| 약산 | $CH_3CH_2OH$ | Ethanol | 16.00 | $CH_3CH_2O^-$ | Ethoxide ion | 강염기 |
| | $H_2O$ | Water | 15.74 | $HO^-$ | Hydroxide ion | |
| | HCN | Hydrocyanic acid | 9.31 | $CN^-$ | Cyanide ion | |
| | $CH_3CO_2H$ | Acetic acid | 4.76 | $CH_3CO_2^-$ | Acetate ion | |
| | $H_3PO_4$ | Phosphoric acid | 2.16 | $H_2PO_4^-$ | Dihydrogen phosphate ion | |
| | $HNO_3$ | Nitric acid | −1.3 | $NO_3^-$ | Nitrate ion | |
| 강산 | HCl | Hydrochloric acid | −7.0 | $Cl^-$ | Chloride ion | 약염기 |

**예제 1.5** 물의 $pK_a$ 값은 15.74, 에타인의 $pK_a$ 값은 25이다. 다음 식처럼 반응이 일어날지를 예측하시오.

$$H-C\equiv C-H \ + \ H-O^- \xrightarrow{?} H-C\equiv C{:}^- \ + \ H-O-H$$

**풀이** $H^+$는 더 센 산에서 더 센 염기로 간다. 물이 에타인보다 더 센 산이기 때문에 정반응은 일어나지 않는다.

**문제 1.5** 다음 반응이 일어날지를 예측하시오.

$$CH_3CH_2OH \ + \ Na^+ \ ^-CN \longrightarrow CH_3CH_2O^- Na^+ \ + \ HCN$$

### 4) 몇 가지 유기산(Organic acid)과 유기 염기(Organic base)

① 몇 가지 유기산

아세트산(Acetic acid), 피루브산(pyruvic acid), 시트르산(citric acid)과 같은 카복실산(carboxylic acid)은 −COOH기를 가진 화합물로서 생물조직에 풍부하게 존재한다. 특히 시트르산은 구연산이라는 일반명으로 널리 알려져 있고 식품 분야에서 식품첨가물로서 음료수의 산미료 및 보존료로 많이 사용되고 있다.

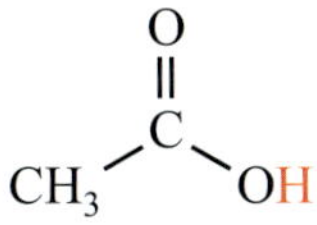

Acetic acid

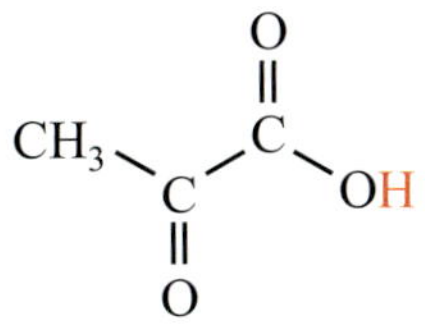

Pyruvic acid

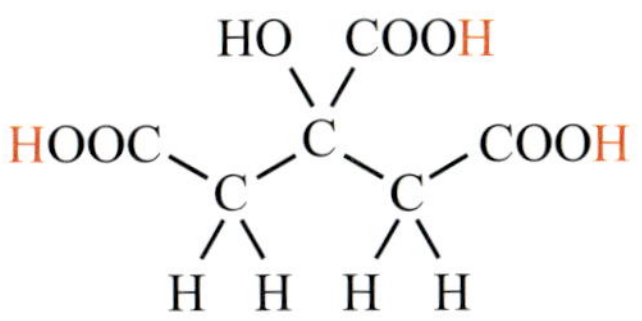

Citric acid

② 몇 가지 유기 염기

유기 염기(Organic base)는 $H^+$와 결합할 수 있는 **고립 전자쌍(lone pair electrons)**을 지닌 원자를 가지고 있는 것이 특징적이다. 트라이메틸아민(Trimethylamine)과 같이 질소를 포함한 화합물이거나 메탄올(methanol)과 같이 산소를 포함한 화합물이다.

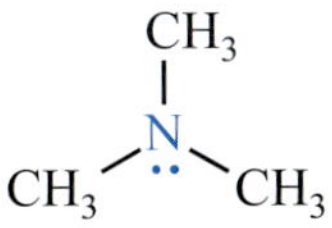

Trimethylamine

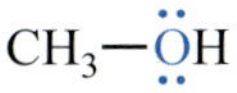

Methanol

③ 유기산 또는 유기 염기가 될 수 있는 경우

**산소를 포함한 화합물**은 상황에 따라 산 또는 염기로 작용할 수 있다. 예를 들어 메탄올이 메탄올보다 더 센 산을 만나면 염기로 작용을 하고, 강한 염기를 만나면 $H^+$를 내놓는 산으로 작용한다.

④ 아미노산의 경우: 쯔비터 이온(Zwitter ion) 형성

단백질을 구성하는 가장 작은 단위인 아미노산(amino acid)은 **쯔비디이온(zwitterion, 양쪽성 이온)**으로, 이중으로 하전된 형태로 존재한다.

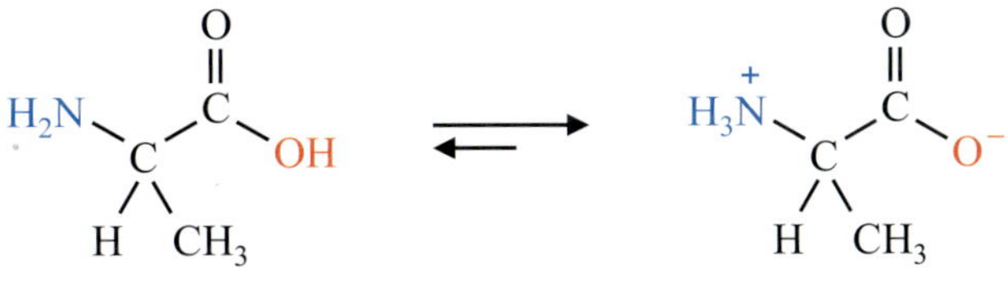

Alanine
(uncharged form)

Alanine
(zwitterion form)

그 이유는 같은 분자 내에 $H^+$를 내놓을 수 있는 산성 자리(site)와 $H^+$를 받아들일 수 있는 염기성 자리가 함께 존재하므로 분자 내 산–염기 반응을 하기 때문이다.

## 3. Lewis 산–염기(Lewis Acid–Base)

### 1) Lewis 산–염기 정의

Lewis 산–염기의 정의는 Brønsted–Lowry 산–염기 정의처럼 $H^+$ 를 주고 받는 물질에 국한되어 있지 않고 보다 폭넓은 의미를 지니고 있다. **Lewis 산(Lewis acid)**은 1개의 전자쌍을 받을 수 있는 물질(전자쌍 받개)이며 **Lewis 염기(Lewis base)**는 전자쌍을 내어주는 물질(전자쌍 주개)이다.

### 2) Lewis 산의 종류

Lewis 산의 종류로는 $H^+$를 내어 놓을 수 있는 극성 공유 결합을 지닌 화합물, $Mg^{2+}$과 같은 금속 양이온, $AlCl_3$과 같이 금속 화합물이 있다. 이들은 채워져 있지 않은 원자가 전자 오비탈이 있어서 Lewis 염기로부터 전자쌍을 받을 수 있다.

① $H^+$를 내어 놓을 수 있는 극성 공유 결합을 지닌 화합물

$H_2O$　　$HCl$　　$HBr$　　$HNO_3$　　$H_2SO_4$

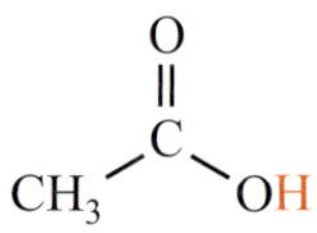


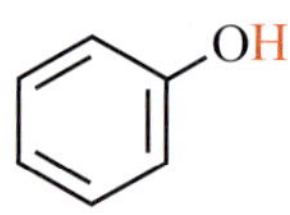


$CH_3CH_2OH$

② 금속 양이온: $Mg^{2+}$

③ 금속 화합물: $AlCl_3$

### 3) Lewis 염기의 종류

**일반적으로 고립 전자쌍을 가지고 있는 질소나 산소를 포함하는 유기화합물**은 Lewis 염기로 작용할 수 있다.

### 4) Lewis 산-염기의 반응

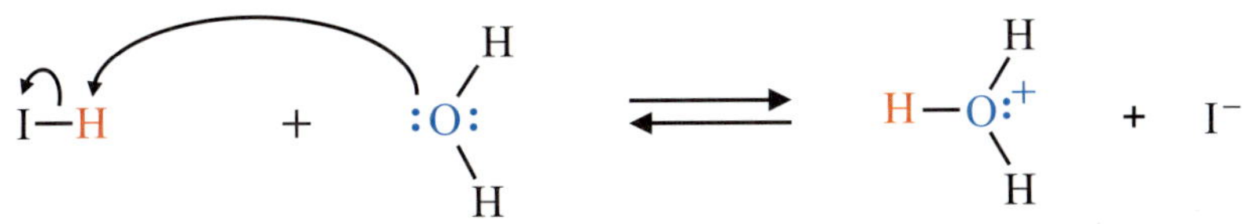

Hydrogen iodide (HI) (Lewis acid) Water (Lewis base) Hydronium ion

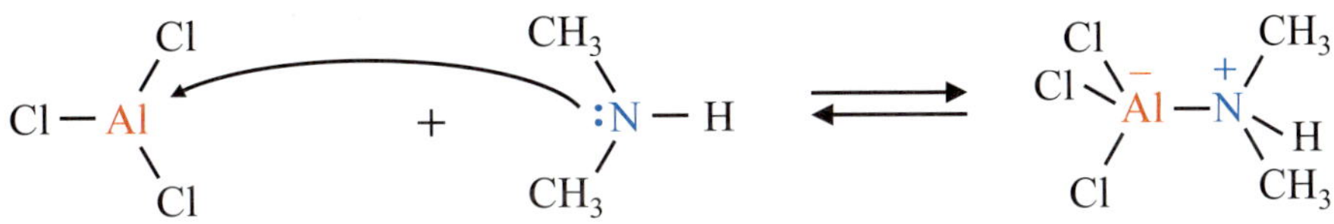

Aluminum trichloride ($AlCl_3$) (Lewis acid) Dimethylamine (Lewis base)

**Lewis 산-염기 반응 시 전자의 이동**

굽은 화살표는 전자 한 쌍이 화살표 머리에 있는 원자로 이동하는 것을 의미한다.

산-염기 반응인 첫 번째 반응식에서는 Lewis 염기인 물의 산소 원자에 있는 비공유 전자쌍(고립 전자쌍) 1개를 HI 분자의 $H^+$에 제공하며, 두 번째 반응에서 Lewis 염기는 알루미늄 원자의 비어 있는 원자가 전자 오비탈에 1개의 전자쌍을 제공한다. 결국 전자가 풍부한 Lewis 염기로부터 전자가 부족한 Lewis 산으로 전자가 옮겨지는 것이다.

**예제 1.6** 다음 각 화합물은 Lewis 산이나 Lewis 염기 중 무엇으로 작용하는가(둘 다로 작용하는 경우도 있다)?

① $CH_3CH_2OH$ ② $(CH_3)_3B$ ③ $CH_3^+$ ④ $(CH_3)_3P$

**풀이** ① 둘 다 ② Lewis 산 ③ Lewis 산 ④ Lewis 염기

**문제 1.6** 다음 산-염기 반응식에서 굽은 화살표를 사용하여 생성물을 완성하시오.

① $(CH_3)_3P + HCl \rightarrow$

② $H_3C^+ + OH^- \rightarrow$

# 연습문제

**1.1** 다음 원소들의 바닥 상태 전자 배치를 쓰시오.

① Na　　② F　　③ Ne

**1.2** 다음 화합물의 선결합 구조(line−bond structure)에서 표시되어 있지 않은 비공유 전자쌍을 나타내시오.

① 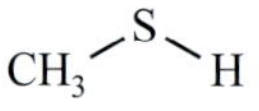

② 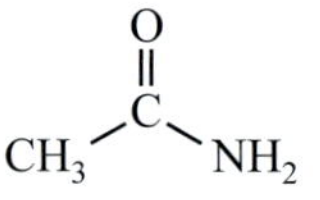

**1.3** 다음 화합물에서 알파벳 번호가 붙여진 원자에 사용되는 혼성 오비탈을 나타내시오.

a　b　c　d

$CH_3-C\equiv C-CH=N-H$

**1.4** 다음 화합물을 탄소 원자의 양의 성질(+ character)이 증가하는 순서대로 배열하시오.

① $CH_3OH$　　② $CH_3Li$

③ $CH_3F$　　④ $CH_3CH_3$

**1.5** 다음 분자에서 어느 결합이 극성 공유 결합인지 부분 양전하(δ+), 부분 음전하(δ−)를 표시하고, 극성의 방향을 나타내시오.

① Cl−Cl　　② H−F

③ $CH_3OH$　　④ $CO_2$

**1.6** 다음 화합물을 산성도가 증가하는 순서대로 나열하시오.

① $CH_3OH$

Methanol
($pK_a$=15.54)

② 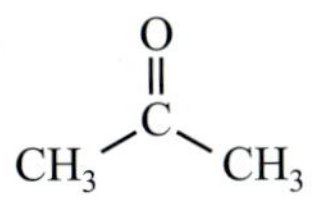

Acetone
($pK_a$=19.3)

③ 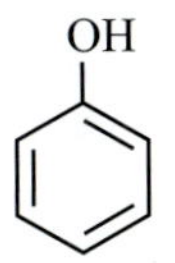

Phenol
($pK_a$=9.89)

④ 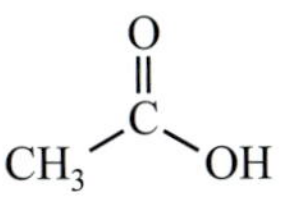

Acetic acid
($pK_a$=4.76)

**1.7** 다음 각 화합물이 Lewis 산 또는 Lewis 염기 중 무엇인지 확인하시오.

① $CH_3SCH_3$  ② $MgBr_2$  ③ $AlBr_3$

**1.8** $NH_2^-$이온이 $OH^-$ 이온보다 더 센염기이다. 암모니아($NH_3$)와 물($H_2O$)을 이용하여 산-염기 반응식을 완성하시오.

**1.9** 아래에 있는 반응은 일어날 가능성이 있는가?

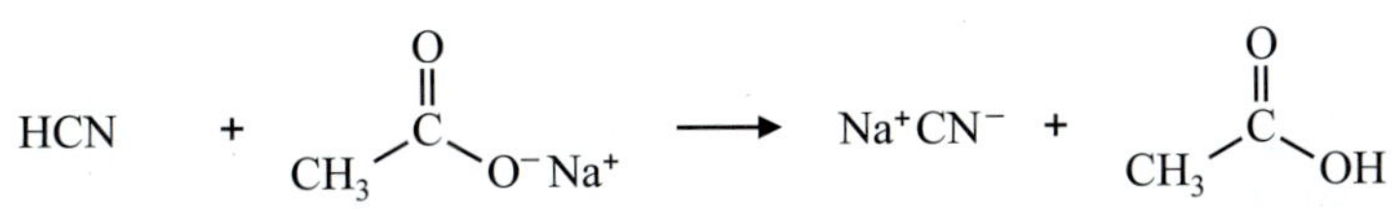

$pK_a$= 9.3  $pK_a$= 4.76

**1.10** 다음 산-염기 반응식에서 굽은 화살표를 사용하여 생성물을 완성하시오.

① $CH_3CH_2OH + HCl \longrightarrow$

② $(CH_3)_3B + OH^- \longrightarrow$

# 제2장

# 알케인

## 2-1 알케인의 원천

수많은 알케인(alkane)이 식물과 동물계에 널리 분포되어 있다. 예를 들어 양배추 잎이나 홍로 사과를 수돗물로 씻었을 때 물이 방울방울 흩어지는 현상, 오리의 깃털이 물에 젖지 않는 것도 표면에 알케인이 코팅되어 있기 때문이다. 또한 알케인은 오래 전 지구상에서 서식했던 동식물의 유기체가 분해되어 생성되는 천연가스(natural gas)와 석유 퇴적물(petroleum deposits)이 주 원천이 된다.

알케인이 코팅되어 있는 홍로 사과와 양배추

## 2-2 유기화합물의 분류와 작용기

### 1. 작용기(Functional group)

자연계에는 수천만 개 이상의 유기화합물이 존재하므로 그 유기화합물의 물리적·화학적 성질을 하나하나 알기는 쉽지가 않다. 하지만 유기화합물의 구조적 특징을 알면 그 물질의 성질과 어떤 반응을 할지 어느 정도 예측할 수 있다.

화합물을 구성하는 특정한 구조 단위인 **작용기(functional group)**를 이용하여 화합물을 그룹 지어 구분하면 화합물의 반응성을 예측할 수 있어 유기화합물을 이해하는 데 매우 유용하다. 즉, 모든 유기화합물은 크기(size)나 복잡성(complexity)과 관계없이 **그 화합물이 지닌 작용기에 의하여 화학 반응이 결정된다.**

## 2. 작용기의 분류

표 2.1에는 유기화합물의 특성을 나타내는 주요한 작용기와 각 부류의 대표적인 화합물이 열거되어 있다.

**표 2.1 일반적인 유기화합물 작용기의 구조**

| 화합물의 부류 | 구조 | 말단 이름 | 대표적인 예 |
|---|---|---|---|
| Alkene<br>(이중 결합) | 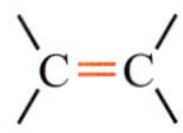 | *−ene* | $CH_2{=}CH_2$<br>Ethene |
| Alkyne<br>(삼중 결합) | $-C{\equiv}C-$ | *−yne* | $CH{\equiv}CH$<br>Ethyne |
| Arene<br>(방향족 고리) | 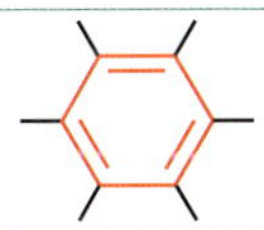 | None | 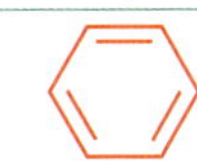<br>Benzene |
| Halide | 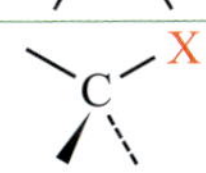<br>(X = F, Cl, Br, I) | None | $CH_3Cl$<br>Chloromethane |
| Alcohol | 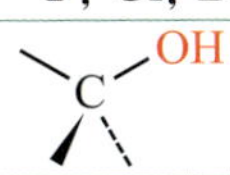 | *−ol* | $CH_3OH$<br>Methanol |
| Ether | 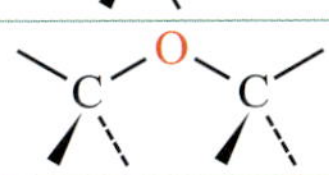 | *ether* | $CH_3OCH_3$<br>Dimethyl ether |
| Amine | 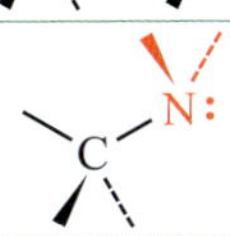 | *−amine* | $CH_3NH_2$<br>Methylamine |
| Imine | 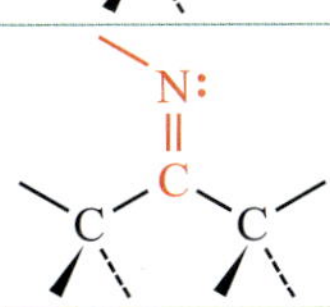 | *None* | NH<br>‖<br>$CH_3CCH_3$<br>Acetone imine |
| Nitrile | $-C{\equiv}N$ | *−nitrile* | $CH_3C{\equiv}N$<br>Ethanenitrile |
| Thiol | 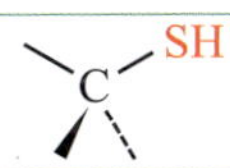 | *−thiol* | $CH_3SH$<br>Methanethiol |
| Sulfide | 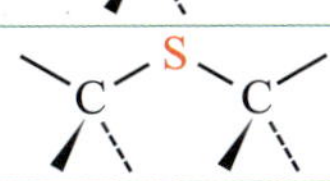 | *sulfide* | $CH_3SCH_3$<br>Dimethyl sulfide |
| Disulfide | 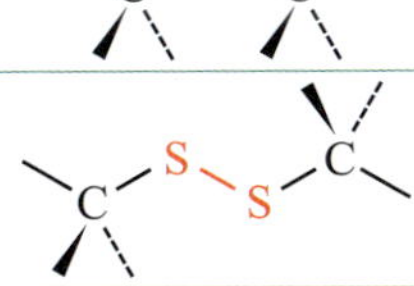 | *disulfide* | $CH_3SSCH_3$<br>Dimethyl disulfide |
| Carbonyl |  | | |

| 화합물의 부류 | 구조 | 말단 이름 | 대표적인 예 |
|---|---|---|---|
| Aldehyde | 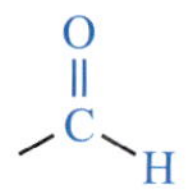 | *−al* | $\mathrm{CH_3\overset{\overset{O}{\|}}{C}H}$<br>Ethanal |
| Ketone | 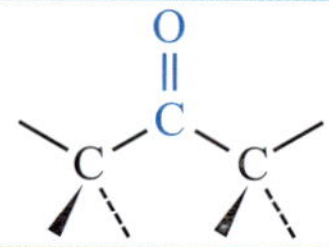 | *−one* | $\mathrm{CH_3\overset{\overset{O}{\|}}{C}CH_3}$<br>Propanone |
| Carboxylic acid | 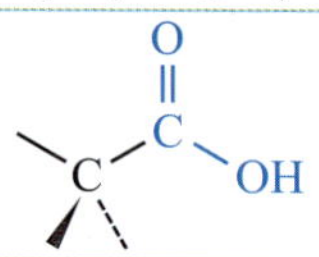 | *−oic acid* | $\mathrm{CH_3\overset{\overset{O}{\|}}{C}OH}$<br>Ethanoic acid |
| Ester | 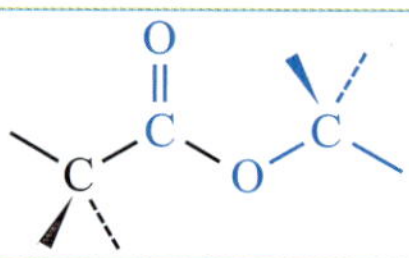 | *−oate* | $\mathrm{CH_3\overset{\overset{O}{\|}}{C}OCH_3}$<br>Methyl ethanoate |
| Amide | 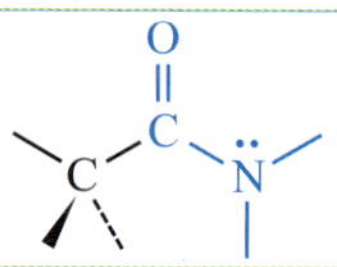 | *−amide* | $\mathrm{CH_3\overset{\overset{O}{\|}}{C}NH_2}$<br>Ethanamide |
| Carboxylic acid anhydride | 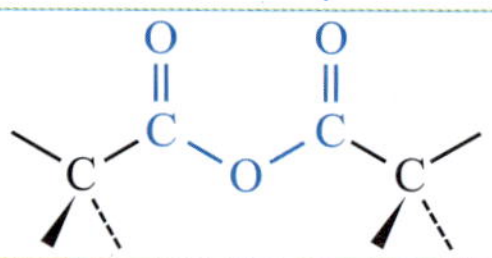 | *−oic anhydride* | $\mathrm{CH_3\overset{\overset{O}{\|}}{C}O\overset{\overset{O}{\|}}{C}CH_3}$<br>Ethanoic anhydride |
| Carboxylic acid chloride | 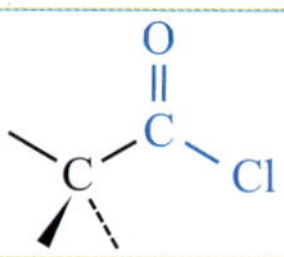 | *−oyl chloride* | $\mathrm{CH_3\overset{\overset{O}{\|}}{C}Cl}$<br>Ethanoyl chloride |

**예제 2.1** 다음 화합물의 작용기를 확인하고 각각을 분류하시오.

①

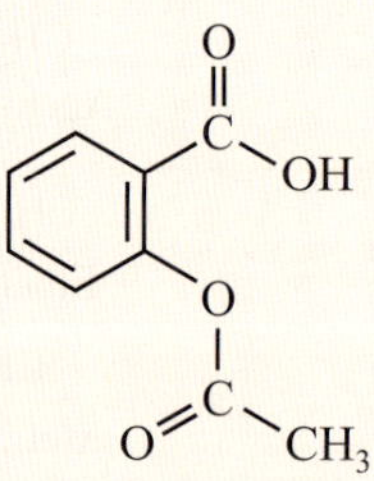

②

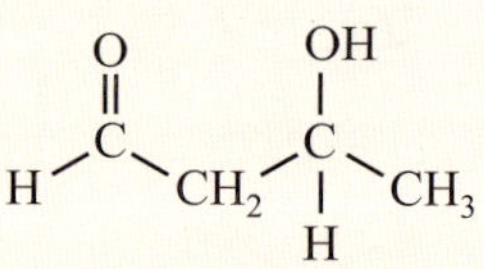

③

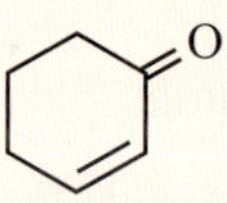

**풀이** ①

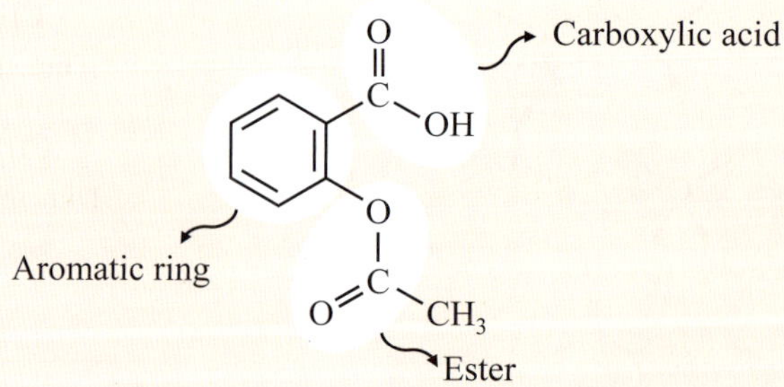

②

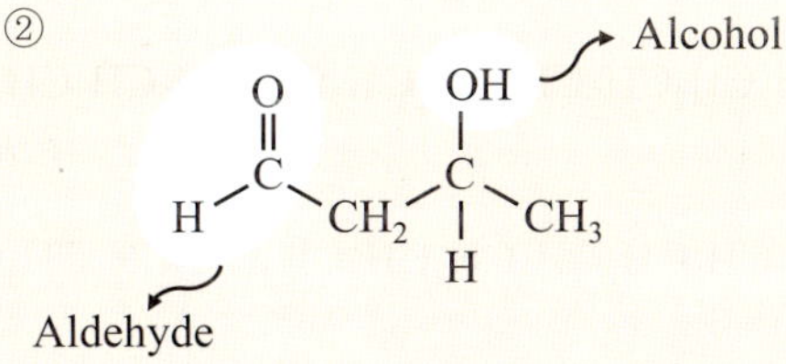


③

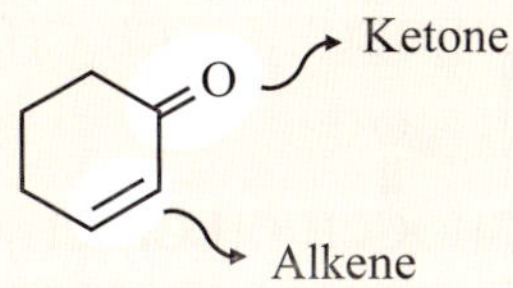


## 2-3 알케인

에너지의 자원 중 한 종류인 석유와 천연가스는 주성분이 **탄화수소(hydrocarbon)**로 이루어져 있다. 탄화수소는 탄소와 수소로만 이루어진 화합물을 말한다. 탄화수소는 포화 탄화수소(saturated hydrocarbon), 불포화 탄화수소(unsaturated hydrocarbon), 방향족 탄화수소(aromatic hydrocarbon)로 분류된다. 이 절에서는 알케인의 일반식과 간단한 알케인의 분자에 대해 알아보고자 한다.

### 1. 알케인: 포화 탄화수소(Saturated hydrocarbon)

포화 탄화수소는 C−C의 단일 결합(single bond)으로 이루어져 있는데, 화합물 내 **모든 결합이 단일 결합으로 구성**되어 있는 탄화수소를 **알케인(alkane)**이라고 한다.

### 2. 알케인: 지방족 화합물(Aliphatic compound)

19세기 무렵, 유기화학자들은 자연으로부터 얻어지는 물질을 연구하고 있었다. 그래서 유기화합물의 이름은 그 물질이 얻어진 근원을 나타냈는데 주요 원천들은 지방이었다. 지방족(aliphatic)이라는 말은 그리스어로 지방을 지칭하는 aleiphar(fat)에서 기원한다.

알케인을 **지방족 화합물(aliphatic compound)**이라고 부르는 것은, 동물의 지방(animal fats)이 알케인과 유사한 긴 탄소 사슬을 지니고 있기 때문이다.

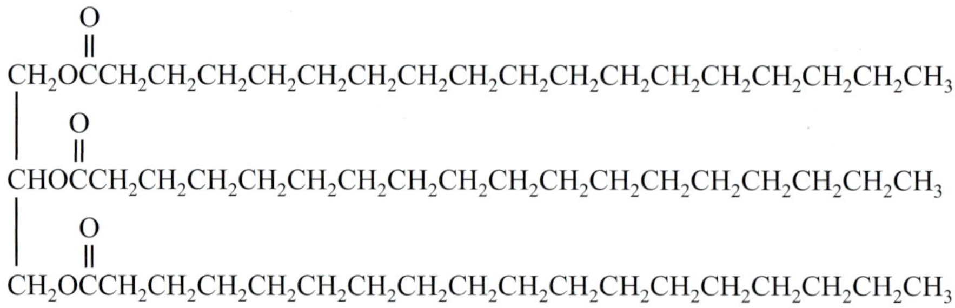

알케인과 유사한 탄소 사슬을 지닌 동물의 지방

### 3. 알케인의 일반식: $C_nH_{2n+2}$

알케인의 한 종류인 에테인에서 C−C 단일 결합은 탄소 $sp^3$ 혼성 오비탈의 겹침으로 시그마 결합(sigma bonds)이 형성됨을 1장에서 배운 바 있다. **알케인의 일반적인 화학식은 $C_nH_{2n+2}$로 표현**할 수 있으며, 이때 $n$은 정수이다. 메테인(methane)의 경우 탄소 1개에 수소 4개의 결합으로 이루어져 있으며, 에테인(ethane)은 탄소 2개에 수소 6개, 프로페인(propane)은 탄소 3개에 수소 8개의 단일 결합으로 이루어져 있다.

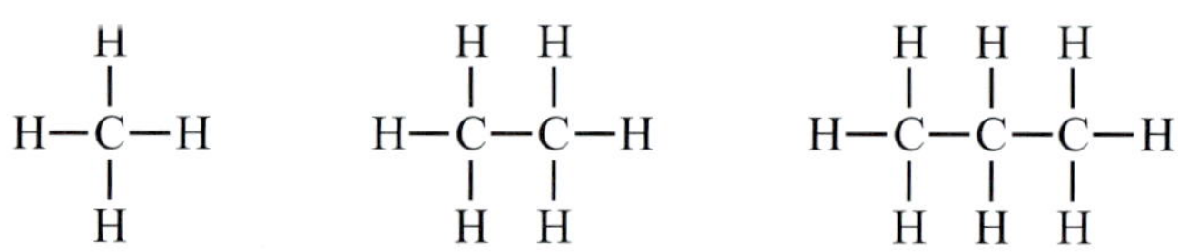

Methane($CH_4$)　Ethane($C_2H_6$)　Propane($C_3H_8$)

간단한 알케인의 구조

## 2-4 알케인의 구조 이성질체

앞에서 보는 바와 같이, 탄소가 1개(메테인), 2개(에테인), 3개(프로페인)로 이루어진 분자는 각각 하나의 구조로만 존재한다. 하지만 탄소가 4개 이상일 경우에는 한 종류 이상의 분자가 형성될 수 있다. 예를 들어 분자식이 $C_4H_{10}$인 경우, 탄소 4개가 사슬 모양(straight−chain)으로 된 뷰테인(butane)과 가지(branched−chain)가 있는 아이소뷰테인(isobutane)이 존재할 수 있다.

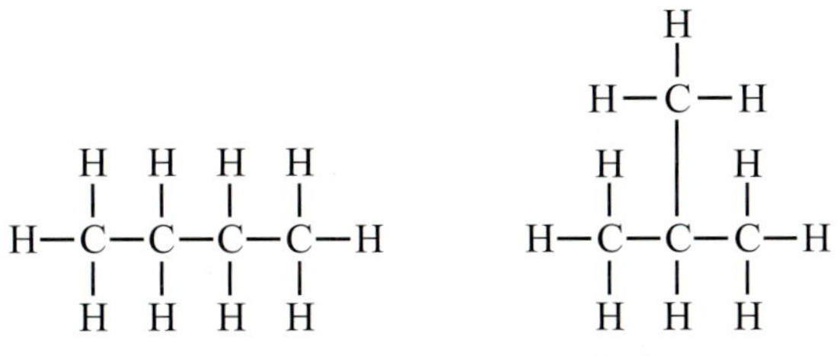


사슬 모양 뷰테인과 가지 달린 아이소뷰테인의 구조

이와 같이 **같은 분자식을 가지지만 구조가 다른 화합물을 구조 이성질체(constitutional isomer)**라고 부르며 이들은 각각 화학적인 성질이 다른 서로 다른 물질이다.

또 다른 예로, 탄소수가 5개인 펜테인($C_5H_{12}$) 분자는 3가지의 구조가 존재하며 그 이상의 탄소수를 지닌 알케인에서는 더 많은 구조가 가능하다.

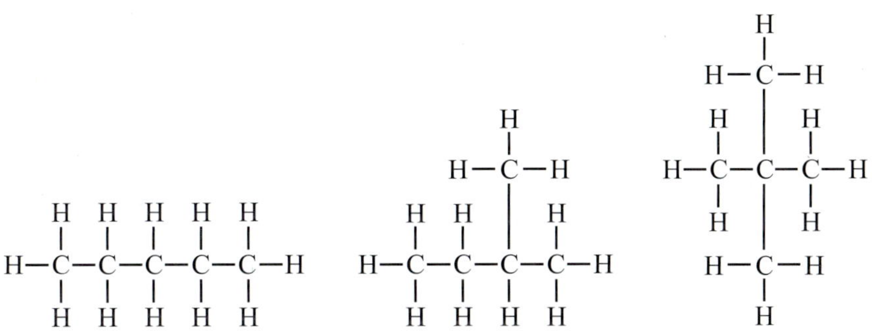


Pentane의 구조 이성질체

## 2-5 노말 알케인의 축약 구조 및 명명법

뷰테인(Butane)처럼 탄소가 일렬로 연결된 사슬 구조를 갖는 화합물을 **노말 알케인(normal alkane)**이라고 한다. 아이소뷰테인처럼 탄소 사슬에 가지가 있는 화합물을 가지 달린 사슬 알케인(branched-chain alkane)이라고 한다.

## 1. 노말 알케인(*n*-Alkane)의 축약 구조

알케인을 여러 가지 방법으로 표기할 수 있는데, 실제로 대부분의 화학자들은 분자 내의 결합을 거의 그리지 않고 **축약된 구조(condensed structure)**로 표기한다.

*n*-뷰테인(*n*-Butane)의 경우, $CH_3CH_2CH_2CH_3$ 또는 $CH_3(CH_2)_2CH_3$로 표기하며, 더 간단하게 *n*-$C_4H_{10}$으로 나타낼 수 있다. 여기서 **n은 normal, 즉 곧은 사슬**을 의미한다.

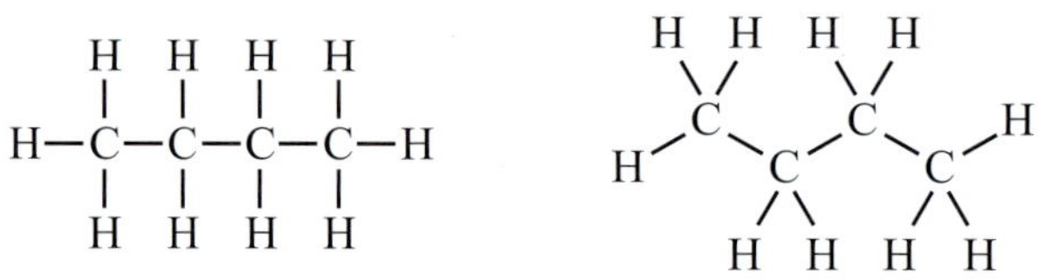

$CH_3-CH_2-CH_2-CH_3$ $CH_3CH_2CH_2CH_3$ $CH_3(CH_2)_2CH_3$

*n*-Butane의 축약 구조

## 2. *n*-알케인의 명명법

표 2.2에는 탄소수에 따라 *n*-알케인의 이름을 나타냈다. 메테인, 에테인, 프로페인, 뷰테인을 제외하고 알케인의 탄소수에 따라 그리스 숫자로 명명한다. 또한 이름의 말단에 '–에인(–ane)'을 붙여 알케인임을 나타낸다.

**표 2.2** *n*-Alkane의 명명

| 탄소수($n$) | 이름 | 분자식($C_nH_{2n+2}$) | 탄소수($n$) | 이름 | 분자식($C_nH_{2n+2}$) |
|---|---|---|---|---|---|
| 1 | Methane | $CH_4$ | 9 | Nonane | $C_9H_{20}$ |
| 2 | Ethane | $C_2H_6$ | 10 | Decane | $C_{10}H_{22}$ |
| 3 | Propane | $C_3H_8$ | 11 | Undecane | $C_{11}H_{24}$ |
| 4 | Butane | $C_4H_{10}$ | 12 | Dodecane | $C_{12}H_{26}$ |
| 5 | Pentane | $C_5H_{12}$ | 13 | Tridecane | $C_{13}H_{28}$ |
| 6 | Hexane | $C_6H_{14}$ | 20 | Icosane | $C_{20}H_{42}$ |
| 7 | Heptane | $C_7H_{16}$ | 30 | Triacontane | $C_{30}H_{62}$ |
| 8 | Octane | $C_8H_{18}$ | | | |

## 3. 알킬기의 명명법 및 종류

### 1) 곧은 사슬 알킬기(Straight-chain alkyl group)

알킬기(Alkyl group)는 알케인(alkane)에서 수소 하나가 제거되고 남아있는 부분을 말한다. 알킬기의 이름은 알케인의 이름의 어미인 '–ane'을 '–yl'로 바꾸면 된다. 예를 들어 메테인($CH_4$)에서 수소 하나가 제거되면 메틸기(methyl group, $-CH_3$)가 만들어지고, 어떤 *n*-알케인의 말단 탄소로부터 수소 하나가 제거되면 표 2.3에 표기된 *n*-알킬기가 생성된다. 표 2.3에는 몇 가지 **곧은 사슬 알킬기(straight-chain alkyl groups)**가 표기되어 있다.

**표 2.3** 몇 가지 곧은 사슬 알킬기

| 알케인 | 이름 | 알킬기 | 이름(약지) |
|---|---|---|---|
| $CH_4$ | Methane | $-CH_3$ | Methyl(Me) |
| $CH_3CH_3$ | Ethane | $-CH_2CH_3$ | Ethyl(Et) |
| $CH_3CH_2CH_3$ | Propane | $-CH_2CH_2CH_3$ | Propyl(Pr) |
| $CH_3CH_2CH_2CH_3$ | Butane | $-CH_2CH_2CH_2CH_3$ | Butyl(Bu) |
| $CH_3CH_2CH_2CH_2CH_3$ | Pentane | $-CH_2CH_2CH_2CH_2CH_3$ | Pentyl |

### 2) 가지 달린 알킬기(Branched alkyl group)

① 탄소의 분류

탄소 원자는 그 탄소에 다른 탄소가 얼마나 붙어 있는가에 따라 분류한다. 1차(primary, 1°) 탄소는 다른 탄소 하나가 직접 붙어 있는 경우이며, 2차(secondary, 2°) 탄소는 2개, 3차(tertiary, 3°) 탄소는 3개, 4차(quaternary, 4°) 탄소는 4개가 붙어 있다.

Primary carbon (1°)　Secondary carbon (2°)　Tertiary carbon (3°)　Quaternary carbon (4°)

여기에서 **R은 일반적으로 알킬기(alkyl group)**를 나타내기 위하여 쓰인다.

> **예제 2.2** 다음 화합물에 있는 탄소 원자가 각각 1차, 2차, 3차, 4차 중 무엇인지 표시하시오.
>
> 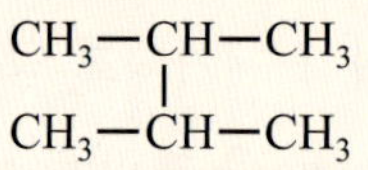
>
> **풀이**
>
> 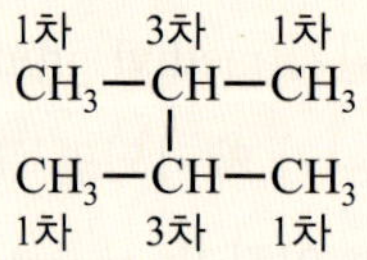
> 

② 가지 달린 알킬기

프로페인(Propane)으로부터 2개의 알킬기가 형성될 수 있는데 하나는 *n*-프로필(*n*-propyl)기이며 또 다른 하나는 아이소프로필(isopropyl)기이다.

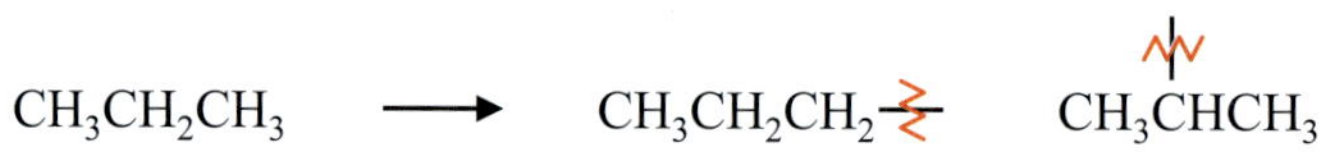

Propane *n*-Propyl Isopropyl

**Propane으로부터 만들어지는 알킬기**

또한 뷰테인(Butane)으로부터 얻을 수 있는 알킬기는 *n*-뷰틸(*n*-butyl)기이거나 *sec*-뷰틸(*sec*-butyl)기이다.

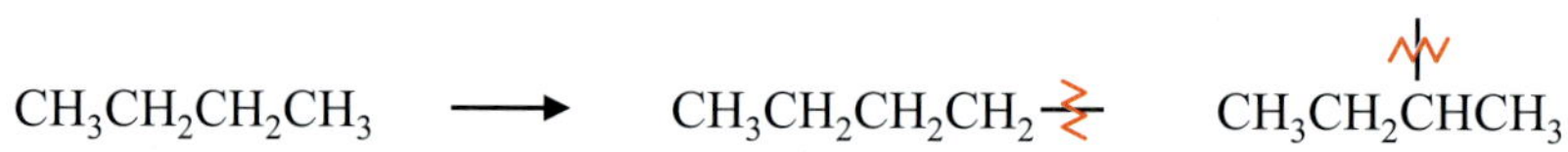

*n*-Butane *n*-Butyl *sec*-Butyl

**_n_-Butane으로부터 만들어지는 알킬기**

또 다른 예로 뷰테인의 구조 이성질체인 아이소뷰테인(isobutane)으로 생성될 수 있는 알킬기는 아이소뷰틸(isobutyl)기이거나 *tert*-뷰틸(*tert*-Butyl)기이다.

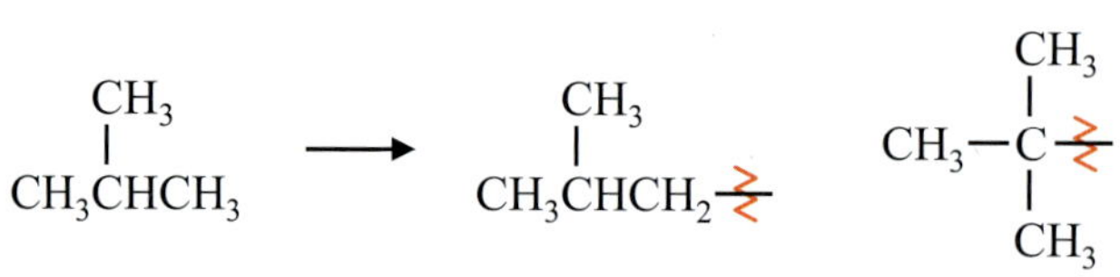

Isobutane Isobutyl *tert*-Butyl

**Isobutane으로부터 만들어지는 알킬기**

이때, *sec*-뷰틸(*sec*-butyl)기는 떨어져 나간 수소의 탄소가 2차이므로 *sec*-을 앞에 붙이며, *tert*-뷰틸(*tert*-butyl)기는 떨어져 나간 수소의 탄소가 3차(tertiary, 3°)이므로 접두어로 *tert*-를 붙인다.

## 2-6 가지 달린 사슬 알케인의 명명법

### 1. IUPAC 명명법

19세기에 유기화학이 발달됨에 따라 발견되고 합성되는 화합물의 수가 많아졌고, 이에 따라 **체계적인 명명법**이 필요하게 되었다. IUPAC 명명법은 **국제 순수 및 응용 화학 협회**(**International Union of Pure and Applied Chemistry**)에서 창안한 것이다.

| 치환기의 위치, 개수, 종류 | 가장 긴 탄소 사슬 | 작용기의 위치 | 작용기의 종류 |
|---|---|---|---|

IUPAC 명명법에 따르면, 화합물의 이름 제일 앞에는 분자 내에서 치환기의 위치와 개수 및 종류를 나타내며, 그 다음에는 가장 긴 탄소 사슬에서 몇 개의 탄소 원자로 이루어져 있는지를 나타낸다. 그 다음에는 주요 작용기의 위치를 나타내며, 이름의 제일 마지막에는 작용기의 종류를 나타낸다.

이와 같은 **IUPAC 명명의 규칙**에 따라 가지 달린 사슬 알케인을 명명해보자.

**1) 먼저, 가장 긴 탄소 사슬을 찾아서 기본 탄화수소로 명명한다.**

탄소 6개인 사슬이 가장 긴 사슬이므로 헥세인(hexane)으로 명명한다.

**2) 만약, 두 사슬의 길이가 같을 경우에는 가지가 많은 사슬을 선택한다.**

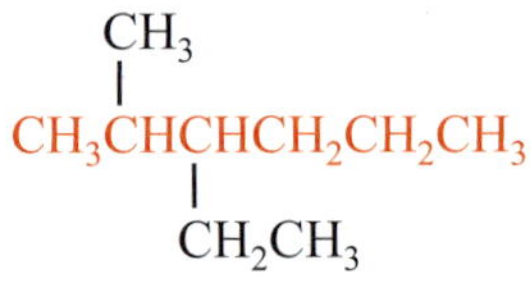

2개의 가지

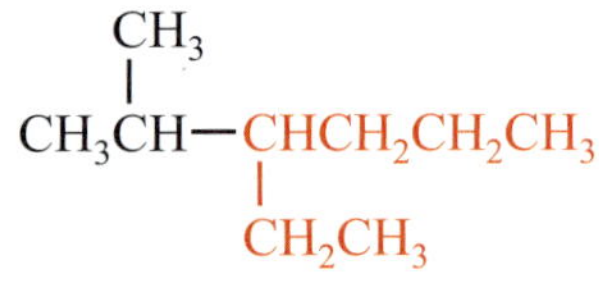

1개의 가지(택하지 않음)

**3) 가장 긴 사슬의 번호를 매긴다. 번호를 매길 때는 첫 번째 가지가 말단의 탄소로부터 가장 가까이에 있는 탄소에서 번호를 매긴다.**

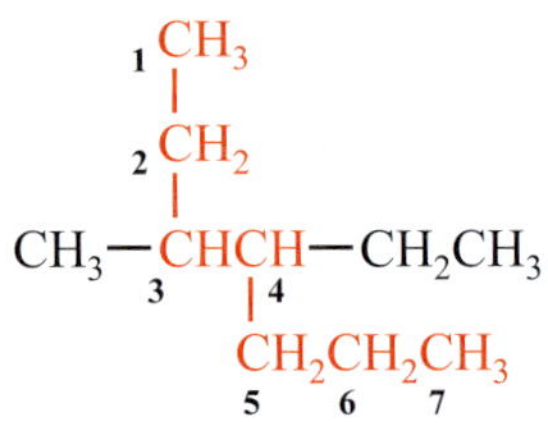

첫 번째 가지가 3번 위치에 있다.
(올바름)

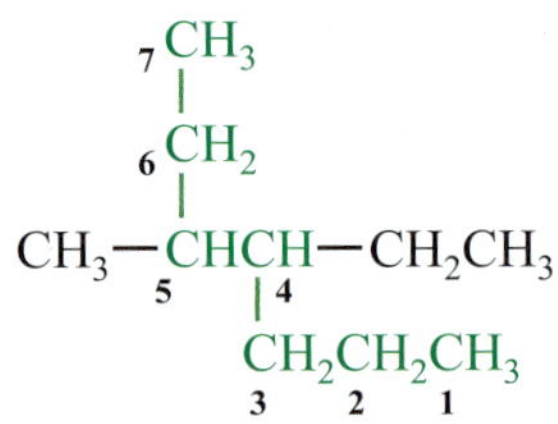

첫 번째 가지가 4번 위치에 있다.
(올바르지 않음)

**4) 치환기(Substituent)에 번호를 매긴다.**

동일한 탄소에 서로 다른 치환기가 있을 경우, 두 개의 치환기에 같은 번호를 매긴다.

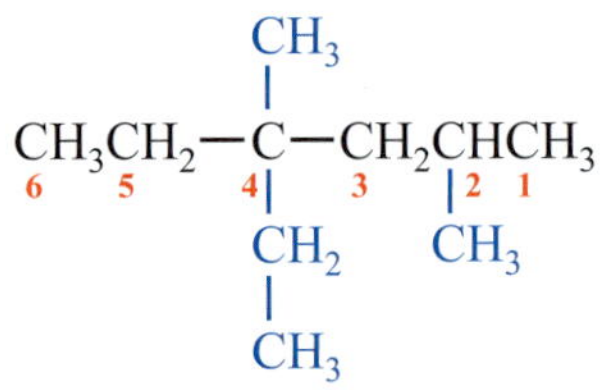

*치환기:

- 2번 탄소에 메틸기: 2-Methyl
- 4번 탄소에 메틸기: 4-Methyl
- 4번 탄소에 에틸기: 4-Ethyl

**5) 최종 화합물의 이름을 명명한다.**

숫자와 치환기 사이에는 하이픈(-)을 쓰고, 숫자와 숫자 사이에는 콤마를 적어준다. 또한 서로 다른 치환기가 존재할 때, **치환기의 알파벳 순서대로 열거**하며, 동일한 치환기가 두 개 이상 존재할 때는 다이−(di−), 트라이−(tri−), 테트라−(tetra−)

등의 접두사를 사용하는데 이들은 알파벳 순서대로 나열하는 데 해당되지 않는다.

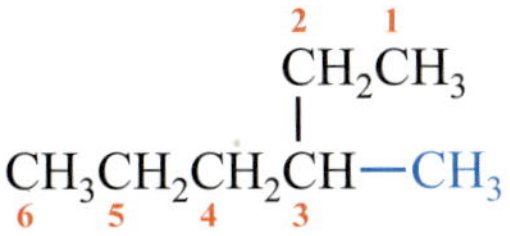

3-Methylhexane

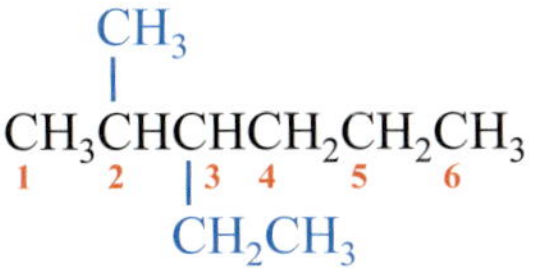

3-Ethyl-2-methylhexane

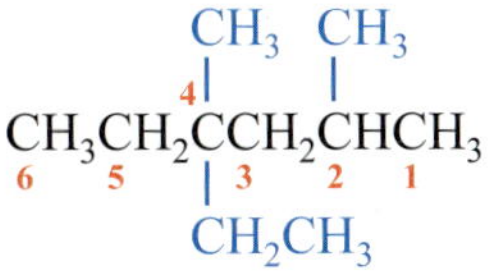

4-Ethyl-2,4-dimethylhexane

### 6) Iso−, *sec*−, *tert*− 접두사를 가진 알킬기

아이소프로필(Isopropyl)과 아이소뷰틸(isobutyl)에서 접두사 아이소(iso)는 **알파벳 순서**를 매기는 알킬기에 해당되지만, *sec*-뷰틸과 *tert*-뷰틸에서 ***sec*−와 *tert*−의 접두사는 해당되지 않는다.**

Isopropyl

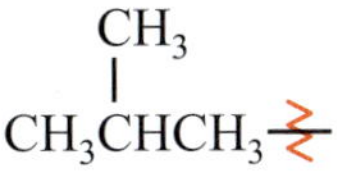

Isobutyl

*sec*-Butyl

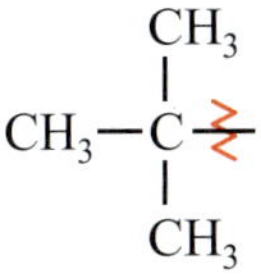

*tert*-Butyl

**몇 가지 중요한 알킬기**

**예제 2.3** 다음 알케인의 IUPAC 이름은 무엇인가?

①

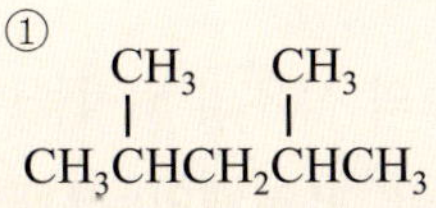

②

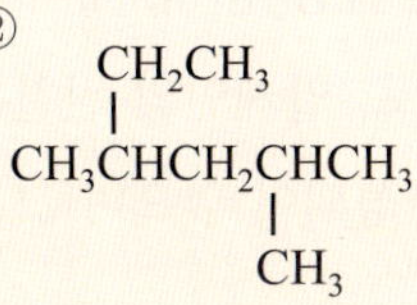

**풀이**

① 2,4-Dimethylpentane

② 2,4-Dimethylhexane

**예제 2.4** 다음 IUPAC 이름에 해당하는 구조를 그리시오.

① 3-Ethyl-4-methylheptane

② 2,2-Dimethyl-4-isopropyloctane

풀이 ①

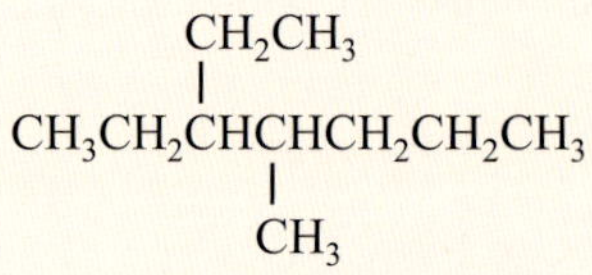


②

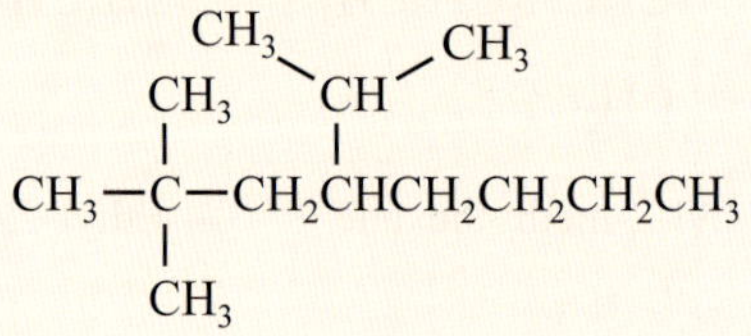


## 2-7 알케인의 특성과 반응

### 1. 알케인(Alkane)의 특성

#### 1) 비극성: 낮은 끓는점

알케인은 물보다 가볍고 물과 섞이지 않는다. 그 이유는 물은 극성 물질이고 알케인은 비극성 물질이기 때문이다. 또한 알케인은 분자량이 같은 다른 유기화합물보다 끓는점이 낮다. 비극성 분자에서는 작용하는 분자간 힘이 약하여 기화하는 데 필요한 에너지가 작기 때문이다.

#### 2) 고분자, 의약품, 산업용 용매, 에너지원

2–1절에서 언급한 대로, 알케인의 원천은 천연가스와 석유의 퇴적물이다. 천연가스는 주로 메테인으로 구성되어 있으며 그 밖에 에테인, 프로페인, 뷰테인도 포함되어 있다.

석유는 여러 가지 탄화수소의 복잡한 혼합물로 이루어져 있으며 분리, 정제하여 사용하게 된다. 이 혼합물을 분리하기 위하여 분별 증류법(fractional distillation)을 이용하는데, 끓는점(boiling point)의 차이에 따라 가스(gases, 20℃ 이하), 가솔린(gasoline, 20～200℃), 등유(kerosene, 175℃～275℃), 디젤유(fuel oil, 250℃~400℃), 윤활유(lubricating oil, 400℃ 이상)로 분리되고, 더 이상 증류되지 않는 아스팔트(asphalt)가 남게 된다.

분별 증류 후 얻어진 분액(fraction)은 건축자재나 플라스틱 고분자(polymer)를 구성하는 기본 단위가 되며, 의약품 합성의 원료가 될 뿐만 아니라 산업용 용매와 에너지원으로 사용된다.

### 3) 파라핀(Paraffin): 작은 화학적 친화력

알케인은 간혹 라틴어인 *parum affinis*에서 유래된 **파라핀(paraffin)**이라고도 부른다. 이는 다른 화합물에 대하여 화학적인 친화력(chemical affinity)이 거의 없다는 것을 의미한다. 단지, 연료로써의 연소 반응 및 적당한 조건하에서 염소($Cl_2$)와 화학 반응을 할 뿐이다.

## 2. 알케인(Alkane)의 반응

### 1) 연소 반응(Combustion)

알케인은 연료로서 연소하는 동안 산소와 반응하여 많은 에너지를 방출하며 물과 이산화 탄소를 생성한다. 다음 식은 메테인의 **연소 반응(combustion)**을 나타낸다.

$$CH_4 + 2O_2 \longrightarrow CO_2 + 2H_2O + 890\ kJ/mol$$

### 2) 염소화 반응(Chlorination): 치환 반응

알케인과 염소($Cl_2$)를 반응시킬 때 빛(hν)을 쬐어주면, 알케인의 수소가 염소로 연쇄적으로 치환되어 염소로 치환된 생성물을 얻는다. 이를 **염소화 chlorination**이라고 하며 **치환 반응(substitution reaction)**의 일종이다. 다음 반응식은 메테인과 염소와의 치환 반응을 나타낸 것이다.

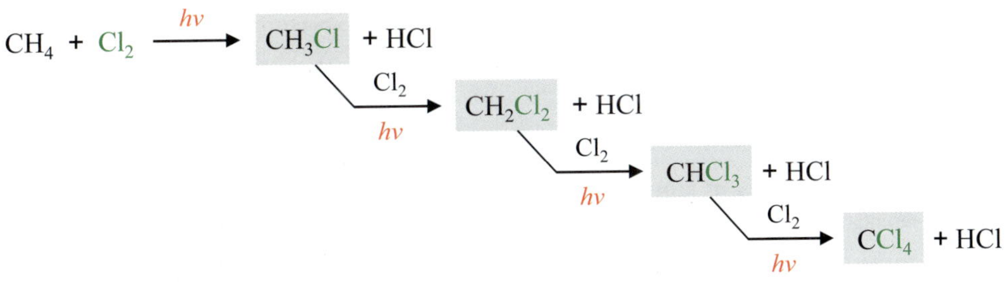


**알케인의 염소화 반응에 의한 염소로 치환된 알케인 생성**

# 2-8 형태

## 1. 알케인의 탄소-탄소 단일 결합의 회전

1-5절에서 탄소-탄소 단일 결합은 각각의 탄소의 $sp^3$-$sp^3$ 혼성 오비탈의 머리끼리의 겹침으로 생성됨을 알게 되었다. 여기에서 한 탄소 원자가 다른 탄소 원자에 대해서 회전을 하여도 오비탈의 중첩에는 변화가 없으므로 **탄소-탄소 단일 결합 주위로 회전(rotation)이 가능하다.**

## 2. 형태(Conformation)

예를 들어, 에테인 분자를 생각해 보자. 한 탄소에 붙어 있는 3개의 수소와 다른 탄소에 붙어 있는 수소들 사이에 C-C 결합 주위로 회전하는 각도에 따라 수많은 배열이 가능하다. 결합 **회전의 결과로 일어나는 다른 배열을 형태(conformation)**라고 한다.

## 3. 형태 이성질체와 그 안정성

C-C 결합 주위를 회전하기만 하면 생기는 다른 배열을 가지는 분자를 **형태 이성질체(conformer)**라고 한다. 하지만, 이들은 구조 이성질체와는 달리 실온에서 너무 **빠르게 상호 변환**되어 서로 분리할 수 없다.

### 1) 엇갈린 형태(Staggered conformation)와 가려진 형태(Eclipsed conformation)

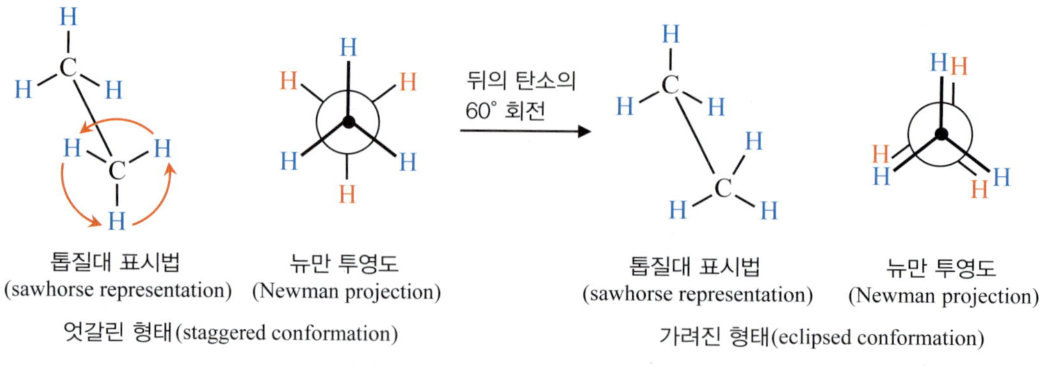


에테인의 엇갈린 형태와 가려진 형태

에테인의 **엇갈린 형태(staggered conformation)**는 6개의 모든 C–H 결합이 가능한 한 서로 떨어져 있는 것이고, **가려진 형태(eclipsed conformation)**는 6개의 모든 C–H 결합이 가능한 가까이에 있는 것이다. 약 99%의 에테인 분자는 실온에서 엇갈린 형태를 가지고 있다.

### 2) 엇갈린 형태(Staggered conformation)의 안정성

에테인의 에너지는 C–C 결합이 회전함에 따라 기복이 있는데, 엇갈린 형태는 가려진 형태보다 12 kJ/mol만큼 더 안정하다. 반면에, 가려진 형태는 **비틀림 스트레인(torsional strain)**으로 인하여 에너지 측면에서 12 kJ/mol의 불안정성을 가진다.

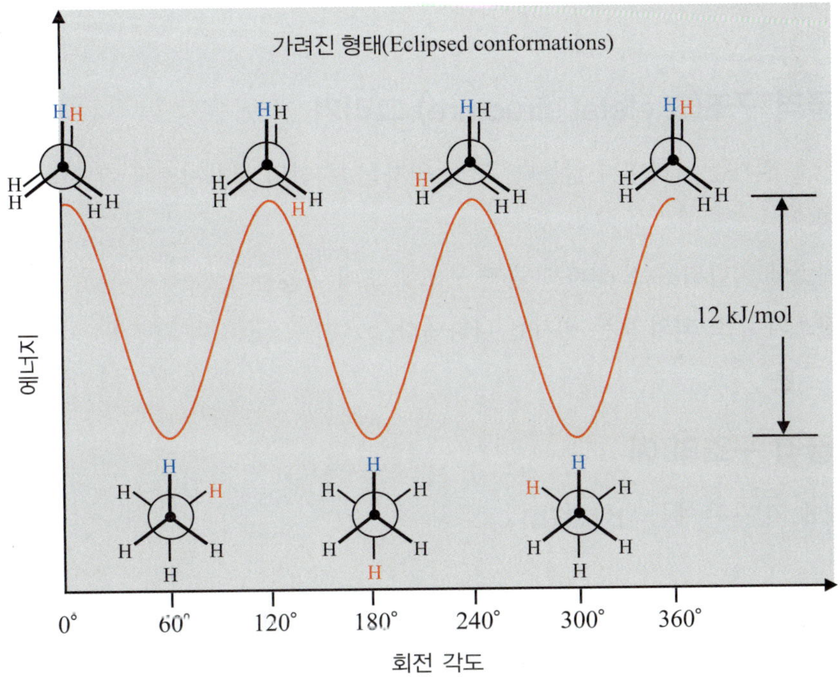


**에테인의 엇갈린 형태와 가려진 형태의 안정성 비교**

### 3) 알케인의 지그재그 배열

엇갈린 형태가 더 안정하기 때문에 알케인의 사슬은 다음 데케인(decane)에 대해 나타낸 것처럼 지그재그 배열이 지배적이다.

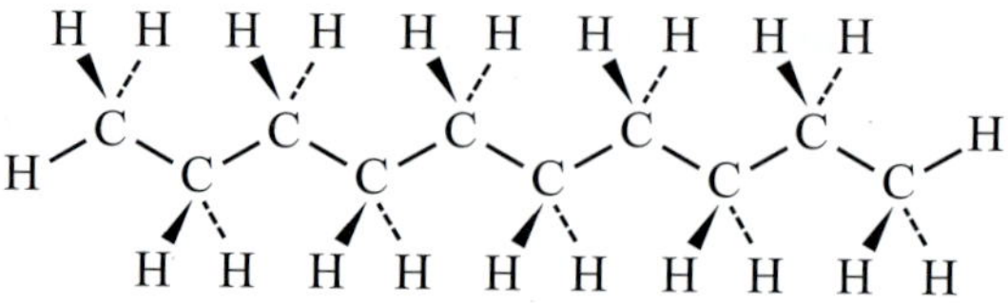

데케인(Decane)의 엇갈린 형태로 인한 지그재그 배열

## 2-9 간단한 화학 구조 그리기: 골격 구조

지금까지 공유 결합을 선으로 표시하였지만 화학자들은 화학 구조를 간단하게 그리기 위하여 **골격 구조(skeletal structure)**를 고안하였다.

### 1. 골격 구조(Skeletal structure) 그리기

1) 탄소 원자는 나타내지 않는다. 탄소 원자는 두 선의 교차지점과 각 선의 말단에 있다.
2) 탄소에 결합된 수소 원자도 골격 구조에 보이지 않는다.
3) **탄소와 수소 외의 모든 원자는 나타낸다.**

### 2. 골격 구조의 예

아래에 몇 가지 예를 나타냈다.

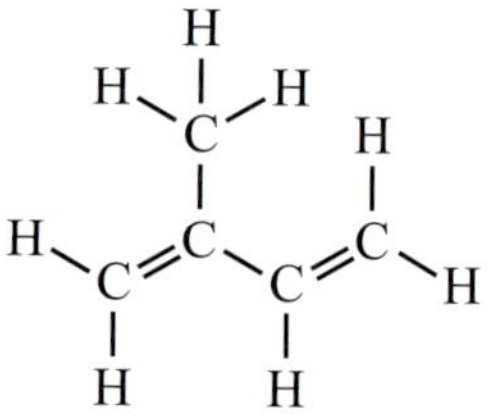

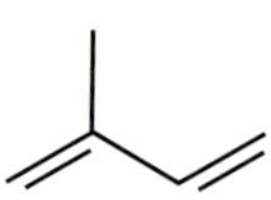

Isoprene ($C_5H_8$)

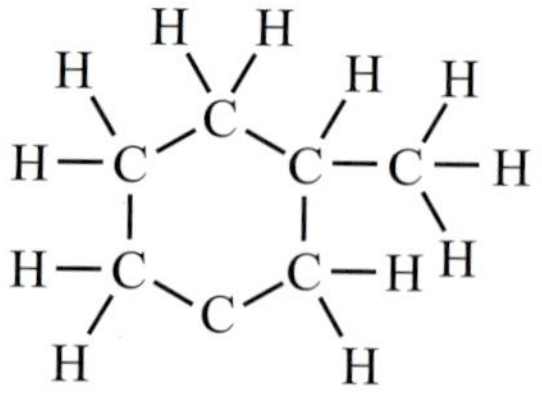

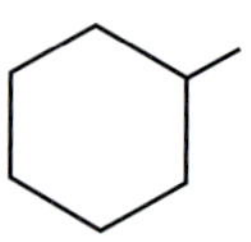

Methylcyclohexane ($C_7H_{14}$)

**문제 2.1** 다음 골격 구조식을 보고 분자식을 써 보시오.

① 
Pyrrole

② 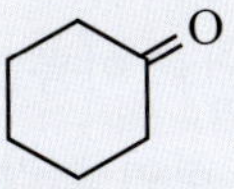
Cyclohexanone

③ 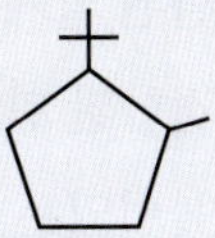
1-*tert*-Butyl-2-methylcyclopentane

## 2-10 사이클로알케인

### 1. 사이클로알케인(Cycloalkane)

탄소로 이루어진 지방족 고리(aliphatic cyclic) 화합물을 **사이클로알케인(cycloalkane)**이라고 한다. 사이클로알케인은 접두어 사이클로(cyclo)와 고리의 탄소 원자수에 해당하는 알케인 이름을 결합해서 부른다. 사이클로알케인의 일반식은 $\mathbf{C_nH_{2n}}$이다.

간단한 사이클로알케인의 구조

### 2. 사이클로알케인의 명명법

치환기가 있는 사이클로알케인의 명명은 2–4절에서 언급한 가지 달린 사슬 알케인의 명명법과 유사하나 다음 사항을 유의해야 한다.

1) 고리 내의 탄소 원자의 수가 치환기 내의 탄소의 원자수와 같거나 더 많을 경우, **알킬이 치환된 사이클로알케인으로 명명**한다.

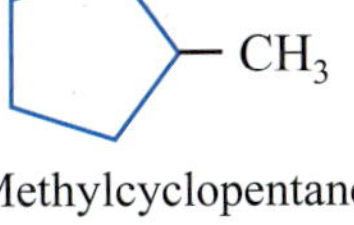

Methylcyclopentane

2) 고리에 달려 있는 여러 개의 치환기 중 가장 탄소수가 많은 치환기의 탄소수가

고리 내의 탄소 원자 수보다 많을 경우, **사이클로알킬이 치환된 알케인으로 명명**한다.

1-Cyclopropylbutane

3) 치환기가 결합된 탄소에 번호를 매기고 이름을 적는다.

① 치환기가 붙어있는 탄소를 1번으로 하여 고리를 따라 번호를 매긴다.

② 치환기가 2개가 존재하면, 알파벳 우선순위로 번호를 매기지만, 두 번째 치환기가 가장 낮은 번호가 되도록 한다. 즉 치환기가 붙어 있는 탄소의 번호가 가장 작게 되도록 고리의 탄소를 차례로 번호를 매기면 된다.

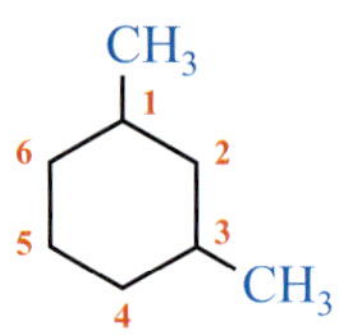

1,3-Dimethylcyclohexane

두 번째 치환기를 3번으로 매긴다.
(올바름)

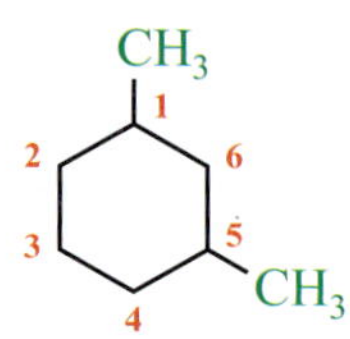

1,5-Dimethylcyclohexane

두 번째 치환기를 5번으로 매긴다.
(올바르지 않음)

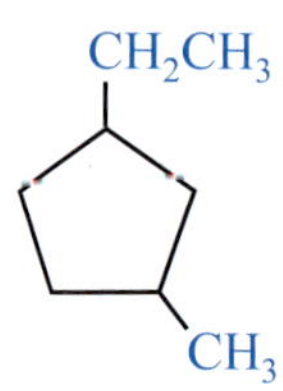

1-Ethyl-3-methylcyclopentane

Ethyl 치환기가 methyl 치환기보다 알파벳 순서가 빠르므로 1번으로 매긴다.

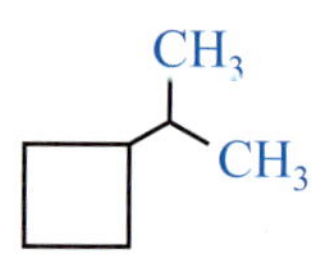

Isopropylcyclobutane

Cycloalkane에서 1개의 치환기가 있을 때, 1번으로 매겨지므로 굳이 번호를 적지 않는다.

**예제 2.5** 다음 IUPAC 이름에 해당하는 구조를 그리시오.

① 1-*tert*-Butyl-2-methylcyclohexane

② 1,1-Dimethylcyclopentane

③ 3-Cyclopropylhexane

**풀이** ①

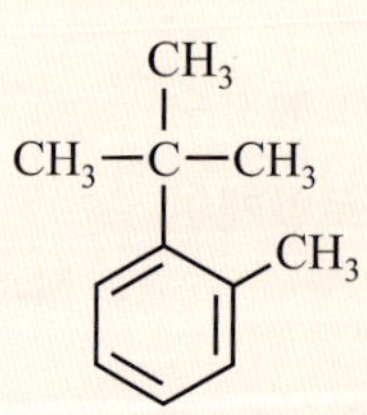


②

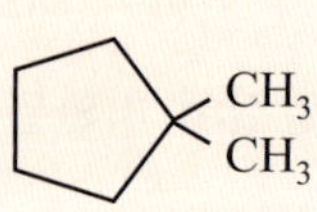


③

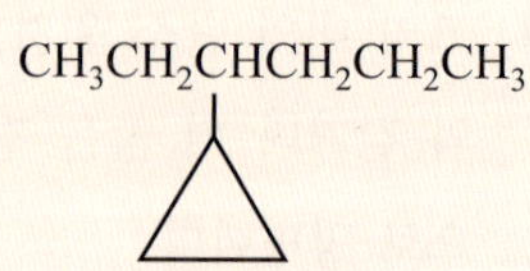

## 2-11 사이클로알케인의 시스-트랜스 이성질 현상

### 1. 사이클로알케인(Cycloalkane): C–C 단일 결합 회전 불가능

사이클로알케인은 사슬 알케인처럼 비극성 물질이며 화학 반응을 잘 하지 않는 것은 공통점이다. 단지 이 두 화합물의 차이점은, 사슬 알케인의 C–C 단일 결합은 회전이 자유로운 반면 **사이클로알케인은 고리가 끊어지지 않고는 C–C 단일 결합의 회전이 불가능하다.**

### 2. 시스–트랜스 이성질 현상(*Cis–Trans* Isomerism)

사이클로알케인은 고리 구조이므로 윗면과 아랫면을 가짐으로써 치환기가 달린 사이클로알케인에서는 이성질 현상(isomerism)이 일어난다. 예를 들어 1,2-다이메틸사이클로펜테인(1,2-Dimethylcyclopentane)은 고리의 같은 쪽에 메틸기 2개가 있는 **시스 이성질체(*cis* isomer)**와 고리의 반대 방향으로 메틸기가 하나씩 있는 **트랜스 이성질체(*trans* isomer)**의 구조가 가능하다. 이러한 현상을 **시스–트랜스 이성질 현상(*cis*–trans isomerism)**이라고 부른다. 이 두 개의 이성질체는 고리의 결합이 끊어지지 않고는 상호 전환되지 않는다.

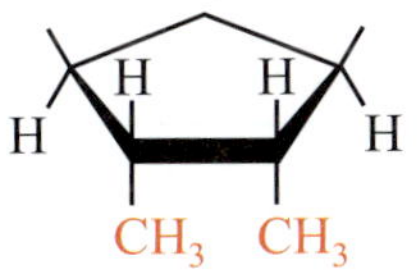


*cis*-1,2-Dimethylcyclopentane

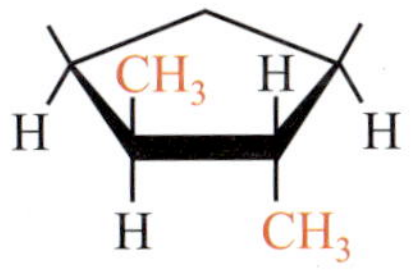


*trans*-1,2-Dimethylcyclopentane

### 3. 시스–트랜스 이성질체: 입체 이성질체(Stereoisomer)

구조 이성질체는 앞서 *n*-뷰테인과 아이소뷰테인의 예에서 보았듯이 결합의 연결 방식이 다르지만, 1,2-다이메틸사이클로프로페인의 **시스, 트랜스 이성질체는 결합의 연결 방식은 같다.** 그러나 **3차원 공간 배열이 다른 화합물**이기 때문에 이를 **입체 이성질체(stereoisomer)**라고 한다.

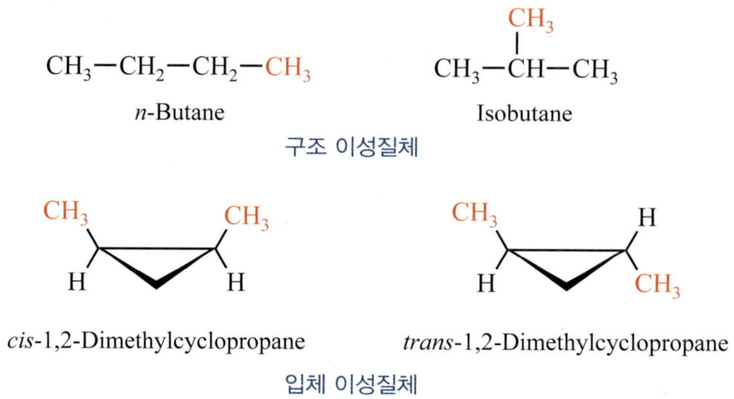


**구조 이성질체와 입체 이성질체의 차이**

**문제 2.2** 다음 화합물의 이름을 말하시오(*cis* 또는 *trans* 포함).

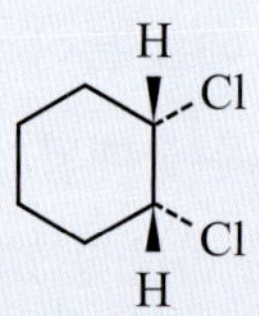


**문제 2.3** *trans*-1,2-Dibromocyclopentane이 구조를 그리시오.

## 2-12 몇 가지 사이클로알케인의 형태

### 1. 사이클로프로페인(Cyclopropane)

사이클로프로페인(Cyclopropane)의 C−C−C 결합각은 60°인데 정상적인 정사면체의 결합각인 109.5°보다 큰 편차를 나타냄으로써 **결합각 스트레인(angle strain)**을 갖게 되다. 이러한 현상으로 인해 일반적인 알케인보다 반응성이 크다. **또한 6개의 모든 C−H 결합은 가려진 형태(eclipsed conformation)를 가진다.**

### 2. 사이클로뷰테인, 사이클로펜테인(Cyclobutane, Cyclopentane)

사이클로뷰테인(Cyclobutane)과 사이클로펜테인(cyclopentane)은 고리가 평면이

기보다는 약간 오므려진(puckered) 상태이므로 C−C−C 결합각이 다소 작아짐으로써 결합각 스트레인은 증가하지만 반면에 오므려진 고리가 오히려 평면일 때 생기는 C−H 결합의 **가려진 상호작용**(**eclipsed interactions**)을 **경감**시킨다.

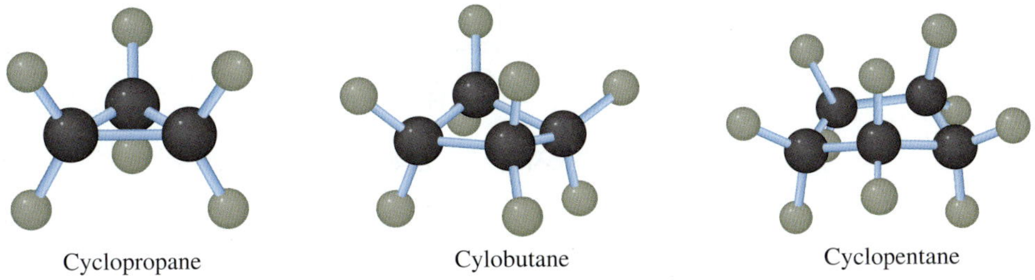


사이클로프로페인은 결합각의 스트레인과 6개의 모든 C−H 결합이 가려진 형태를 가진다.

사이클로뷰테인과 사이클로 펜테인은 고리가 약간 오므려진 상태이므로 C−H 결합의 가려진 상호작용이 경감된다.

## 3. 사이클로헥세인(Cyclohexane)

사이클로헥세인(Cyclohexane)은 자연에 널리 존재하므로 가장 일반적인 사이클로알케인이다. 또한 사이클로헥세인은 평면이 아닌 **의자 형태**(**chair conformation**)의 3차원 모양으로 오므라들어, C−C−C 결합각이 정사면체의 결합각인 109.5°에 가깝기 때문에 결합각 스트레인도 없을 뿐만 아니라 C−H의 결합이 모두 엇갈려 있어서 안정하다.

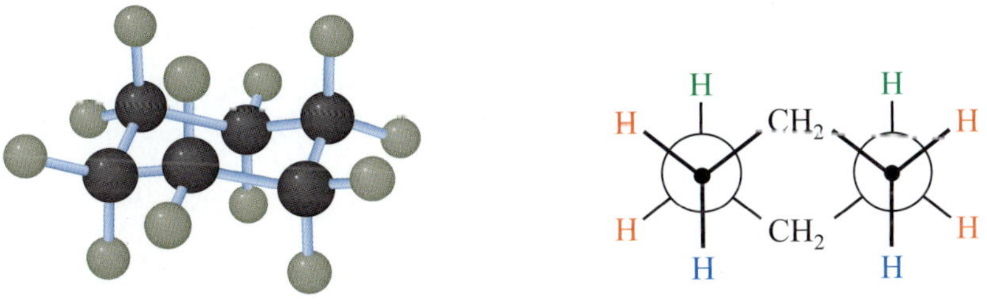


사이클로헥세인의 의자 형태

분자 모형

사이클로헥세인의 의자 형태의 C−H 결합이 모두 엇갈린 형태

뉴만 투영도

**사이클로헥세인의 의자 형태**

식품분야에서 다루는 포도당(glucose) 역시 사이클로헥세인처럼 의자 형태를 취한다.

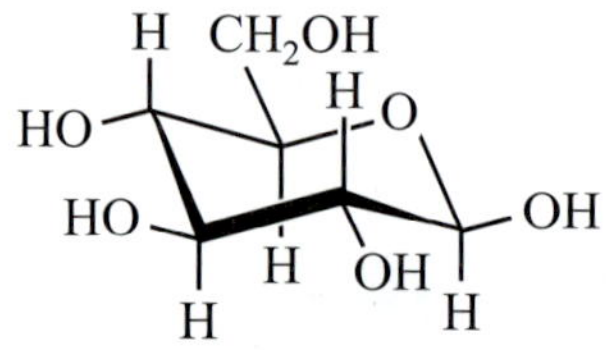

포도당 분자의 의자 형태

## 2-13 사이클로헥세인의 축방향, 적도방향 결합

사이클로헥세인의 의자 형태에는 **축방향**(**axial**)과 **적도방향**(**equatorial**)의 2종류 결합 자리가 있다. 6개의 축방향 자리는 고리에 수직하고, 6개의 적도방향 자리는 대체로 고리의 면에 있다. 각 탄소는 1개의 적도방향의 수소와 1개의 축방향의 수소를 가지고 있다.

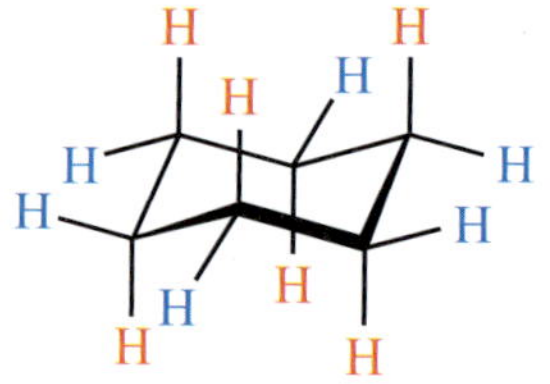

사이클로헥세인의 축방향(red), 적도방향(blue)의 수소 원자

6개의 축방향 결합은 서로 평행하며 교대로 위와 아래로 향한다.
6개의 적도방향 결합은 번갈아 가며 위와 아래로 향한다.

## 2-14 사이클로헥세인의 고리 뒤집힘

### 1. 사이클로헥세인의 고리 뒤집힘(Ring-flip)

사이클로헥세인(Cyclohexane)의 의자 형태는 실온에서 **고리 뒤집힘**(**ring-flip**)

과정을 통하여 2개의 동일한 의자 형태로 상호 변환되고, 서로 분리할 수 없으며 혼합물 상태로 존재한다. 뒤집힘이 일어날 때 **축방향의 결합은 적도방향의 결합이 되고, 적도방향 결합은 축방향의 결합**으로 된다.

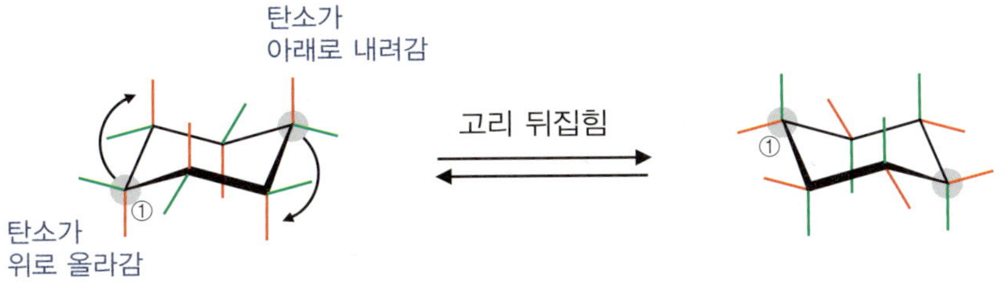


사이클로헥세인의 고리 뒤집힘

위의 왼쪽 식에서 오른쪽 식으로 고리 뒤집힘이 일어날 때, 탄소 ①번이 올라가고, 왼쪽 식에서 탄소 ①번의 아래쪽 축방향(axial) 결합은 오른쪽 식에서 적도방향(equatorial)으로 바뀜을 볼 수 있다.

## 2. 적도방향(Equatorial) 형태의 안정도

만일 사이클로헥세인의 축방향에 수소 원자보다 큰 치환기인 메틸기가 결합되어 있다면, 이들은 서로 같은 공간을 차지하려고 함에 따라 그 구조는 약간의 **입체적 스트레인(steric strain)**을 가지게 될 것이다. 이것을 **1,3-이축 방향 상호작용(1,3-di-axial interaction)**이라고 부른다. 이는 1번 탄소의 축방향으로 결합된 메틸기가 3번 탄소와 5번 탄소에 축방향으로 결합되어 있는 수소 원자에 미치는 **입체적 간섭(steric interference)**이다.

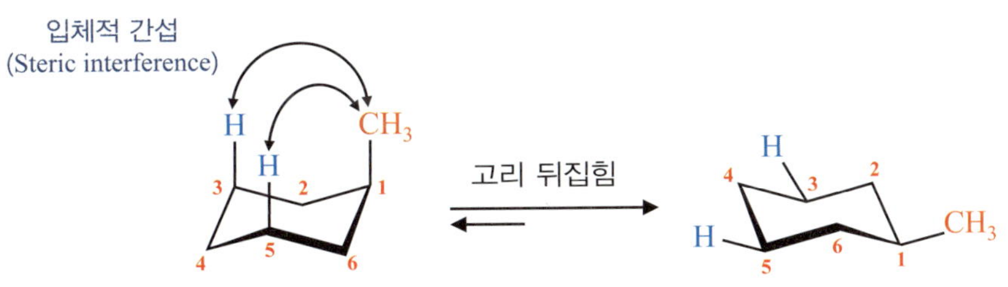


메틸사이클로헥세인에서 적도방향 결합을 선호하는 치환기

적도방향의 형태가 축방향의 형태보다 7.6 kJ/mol 만큼 더 안정하며, 이것은 어느 순간 약 95%의 메틸사이클로헥세인이 적도방향으로 메틸기를 갖는 것을 의미한다. 그렇기 때문에 **치환된 사이클로헥세인은 치환기가 축방향(axial) 결합보다는 적도방향(equatorial) 결합을 선호하게 된다.** 치환기가 클수록 입체 스트레인(steric strain)도 증가하게 된다.

**문제 2.4** 치환기가 축방향인 것과 적도 방향인 클로로사이클로헥세인(Chlorocyclohexane)의 2가지 의자 형태를 그리시오.

**문제 2.5** 시스-1,2-다이브로모사이클로헥세인(*cis*-1,2-Dibromocyclohexane)의 의자 형태를 그리시오. (참고: 축방향, 적도방향 관계없이 치환기가 고리의 같은 쪽에 있으면 시스이다.)

# 연습문제

**2.1** 다음 화합물의 IUPAC 명을 적으시오.

① 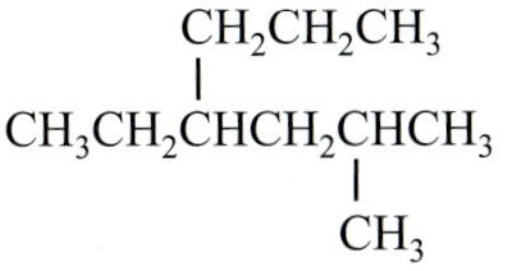

② 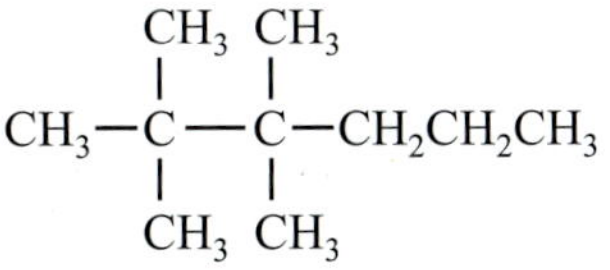

③ 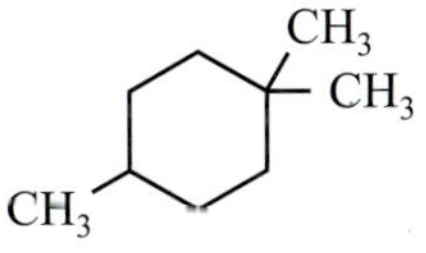

④ 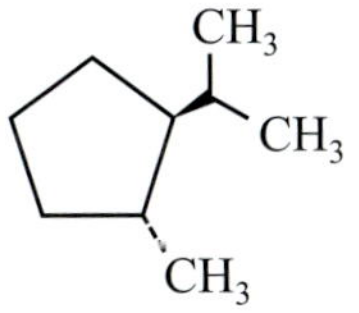

**2.2** 다음 화합물의 구조를 그리시오.

① 4-*tert*-Butyl-3-methylheptane

② *trans*-1,3-Dimethylcyclohexane

**2.3** 펜테인의 3개의 구조 이성질체를 그리고, 각각의 IUPAC 명을 적으시오.

**2.4** 연습문제 2.3에서 3개의 구조 이성질체 중 끓는점이 가장 낮은 이성질체는 무엇인가?

**2.5** 트랜스-1,3-다이메틸사이클로헥세인(*trans*-1,3-Dimethylcyclohexane)과 시스-1,3-다이메틸사이클로헥세인(*cis*-1,3-Dimethylcyclohexane) 중 어느 것이 더 안정할까? 의자 형태를 그려서 설명하시오.

**2.6** 트랜스-1,2-다이메틸사이클로헥세인(*trans*-1,2-Dimethylcyclohexane)의 가장 안정한 의자 형태를 그리시오.

**2.7** 다음 화합물의 작용기는 무엇인가?

① 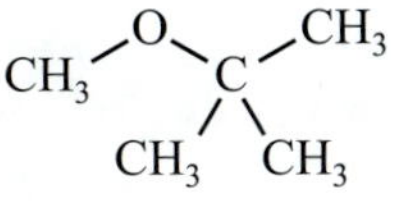

② 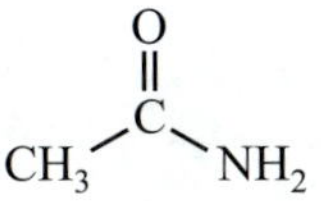

③ 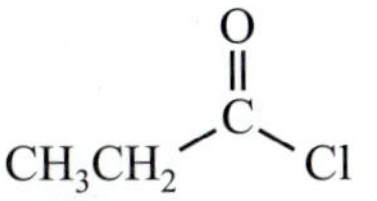

# 제3장

# 알켄과 알카인의 반응: 친전자성 첨가 반응

# 3-1 알켄의 특성

## 1. 생물학적인 역할

알켄(Alkene)은 분자 내 탄소와 탄소간 이중 결합을 가진 탄화수소로, 자연에 널리 존재하며 생물학적으로 중요한 역할을 한다. 예를 들어, 토마토의 붉은 색소를 나타내는 **라이코펜(lycopene)**은 항산화 및 항암효과가 있으며, **에틸렌(ethylene, ethene**의 관용명) 가스는 과일의 숙성을 유도하는 **식물 호르몬(plant hormone)**이다.

라이코펜이 함유된 도마토

에틸렌 가스를 발산하는 사과

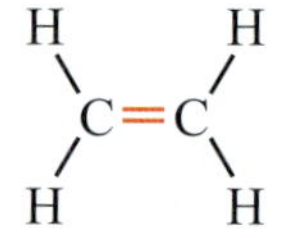

Ethylene (Ethene)

과일의 숙성을 유도하는 식물 호르몬

항산화 및 항암 효과를 나타내는 라이코펜의 구조식

또한 숲에서 식물들이 뿜어내는 살균물질이라는 의미인 **피톤치드(phytoncide)**는 휘발성 유기화합물로서 **터펜(terpene)** 성분으로 구성되어 있다. 그 중 알파-파이넨

피톤치드가 가득한 숲

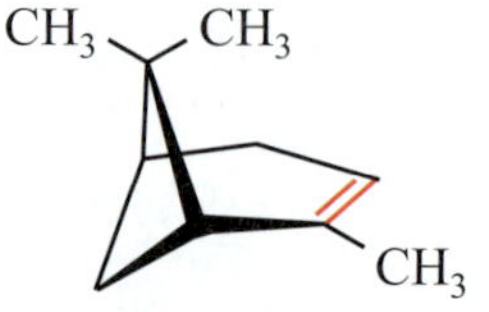

α-Pinene

피톤치드의 한 성분으로, 항균효과가 뛰어남

(α-pinene) 성분은 항균 효과(anti−microbial effect)가 뛰어나다.

이와 같이 알켄은 생명현상과 관계가 있으므로 그들의 화학적 성질과 화학 반응에 대하여 이해하는 것은 무엇보다 중요하다. 먼저 알켄과 알카인의 명명법에 대하여 알아보자.

## 3-2 알켄과 알카인의 명명법

### 1. 불포화 탄화수소(Unsaturated hydrocarbon)

**불포화 탄화수소(Unsaturated hydrocarbon)**는 화합물 내에 하나 이상의 탄소와 **탄소 간 이중 결합**을 지닌 알켄(alkene)이거나 또는 하나 이상의 **C−C 삼중 결합**을 지니고 있는 알카인(alkyne)이 해당한다.

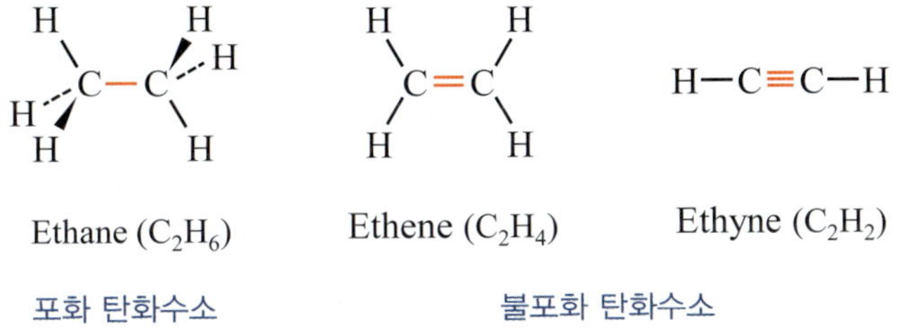


**포화 탄화수소와 불포화 탄화수소에서 탄소에 결합된 수소 수의 차이**

알켄과 알카인은 파이 결합으로 인하여 해당되는 알케인에 비하여 **탄소당 수소 수가 적으므로** '불포화되었다(unsaturated)'고 한다.

### 2. 알켄(Alkene)의 명명법

알켄 역시 알케인에 대해 사용했던 일련의 규칙에 따라 명명하는데, 이름의 말단에 '−ane'을 '−ene'으로 바꾸어 사용한다.

1) **이중 결합을 포함한 가장 긴 사슬을 찾는다.**

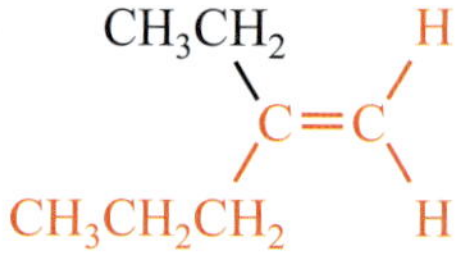


이중 결합을 포함한 탄소 5개인 사슬을 선택한다. (올바름)

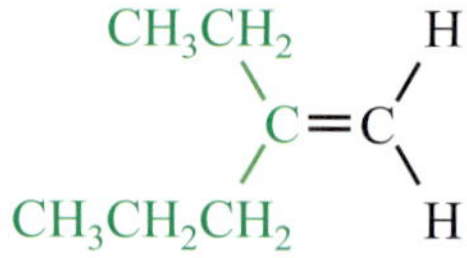


이중 결합을 포함하지 않은 탄소 6개인 사슬을 선택한다. (올바르지 않음)

2) 탄소 사슬에 번호를 매긴다. 이때 **이중 결합 탄소가 가장 작은 번호가 되도록 한다.** 이중 결합이 양쪽 말단으로부터 같은 거리에 있다면, 첫 번째 가지가 가장 작은 번호가 되도록 번호를 매긴다.

이중 결합이 왼쪽 말단으로부터는 4번 위치, 오른쪽 말단에서는 2번 위치이므로 오른쪽 말단에서 번호를 매긴다.

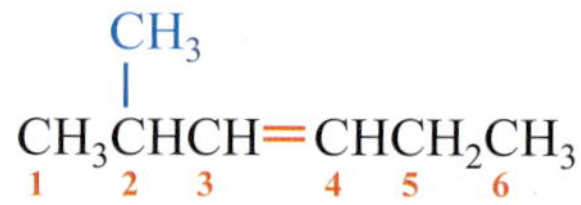


이중 결합이 양쪽 말단으로부터 같은거리에 있을 때, 첫 번째 치환기가 왼쪽 말단에서는 2번 위치, 오른쪽 말딘에서는 5번 위치이므로 왼쪽 말단에서 번호를 매긴다.

3) **명명을 한다.** 탄소 사슬에 있는 치환기의 번호를 매기고 알파벳 순서대로 적는다. 이중 결합의 위치는 번호를 써서 자리를 나타내는데 접미사 −엔(−ene) 앞에 번호를 적는다. **1개 이상의 이중 결합이 존재하면, −다이엔(−diene), −트라이엔(−triene), −테트라엔(−tetraene)의 접미사를 사용한다.**

Hex-2-ene

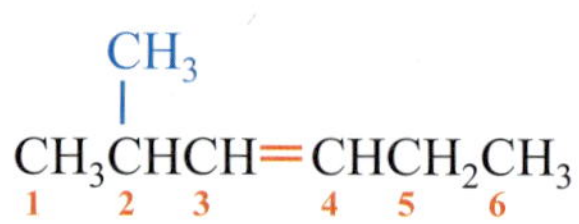


2-Methylhex-3-ene

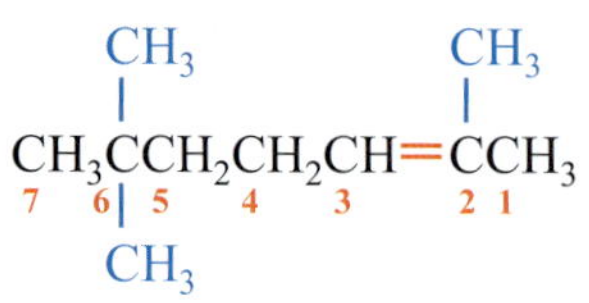


2,6,6-Trimethylhept-2-ene

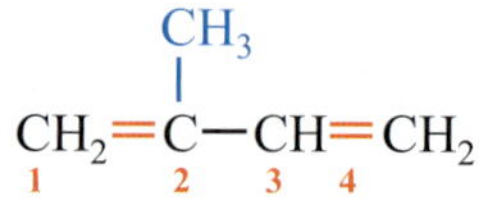


2-Methylbuta-1,3-diene

4) IUPAC 명명 규칙의 변경

1993년도에 IUPAC가 명명 규칙을 바꾸었는데, 예를 들어 그전에는 2-Butene으로 명명한 것을 규칙을 변경한 후에는 But-2-ene으로 명명하게 되었다. 이중 결합의 위치를 나타내는 숫자를 화합물의 이름 앞에 놓았던 것을 규칙 변경 후에는 접미사 −엔(−ene) 앞에 두게 된 것이다.

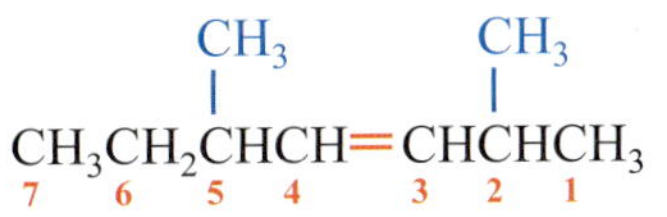

변경 전: 2,5-Dimethyl-3-heptene

변경 후: 2,5-Dimethylhept-3-ene

## 3. 사이클로알켄(Cycloalkene)의 명명법

사이클로알켄(Cycloalkene)은 고리형이므로 말단이 없기 때문에 **이중 결합이 C1과 C2 사이에 오도록 번호를 매기며, 첫 번째 치환기가 가장 작은 번호가 되도록 한다.** 또한 이중 결합의 위치가 C1과 C2 사이에 있으므로 이중 결합의 자리의 번호를 표시할 필요가 없다.

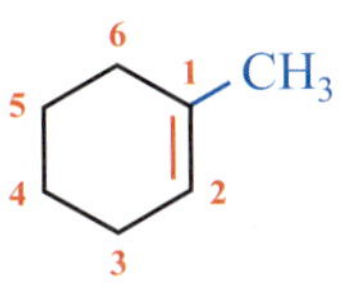

1-Methylcyclohexene

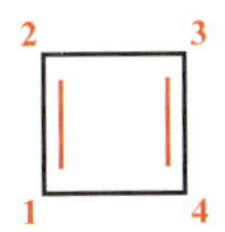

Cyclobuta-1,3-diene

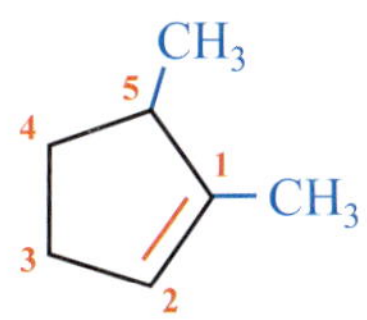

1,5-Dimethylcyclopentene

## 4. 알카인(Alkyne)의 명명법

알카인(alkyne)은 알켄에 사용했던 일련의 규칙에 따라 명명하는데, 이름의 말단에 '−ene'을 '−yne'으로 바꾸어 사용한다. 또한, **삼중 결합(triple bond) 탄소가 가장 작은 번호가 되도록** 하고 삼중 결합의 위치는 −yne 앞에 번호를 적는다.

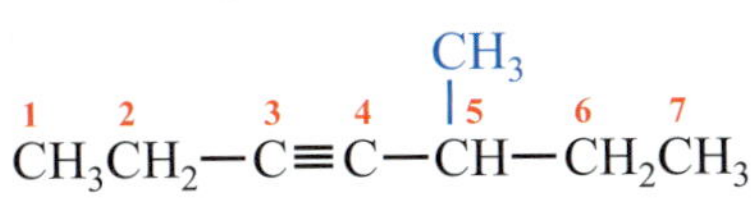

5-Methylhept-3-yne

## 5. 대표적 알켄의 관용명(Common name)

알켄은 IUPAC에서 제시하는 체계명 대신, 일반적인 명칭인 **관용명(common name)**으로 흔하게 불리기도 한다. 표 3.1에 그 대표적인 예들을 나타내었다.

**표 3.1 대표적인 알켄의 관용명**

| No. | 화합물 | IUPAC 체계명 | 관용명 |
|---|---|---|---|
| 1 | $CH_2=CH_2$ | Ethene | Ethylene |
| 2 | $CH_3CH=CH_2$ | Propene | Propylene |
| 3 | $CH_3C(CH_3)=CH_2$ | 2-Methylpropene | Isobutylene |
| 4 | $CH_2=C(CH_3)-CH=CH_2$ | 2-Methylbuta-1,3-diene | Isoprene |

**예제 3.1** 다음 알켄의 IUPAC명을 쓰시오.

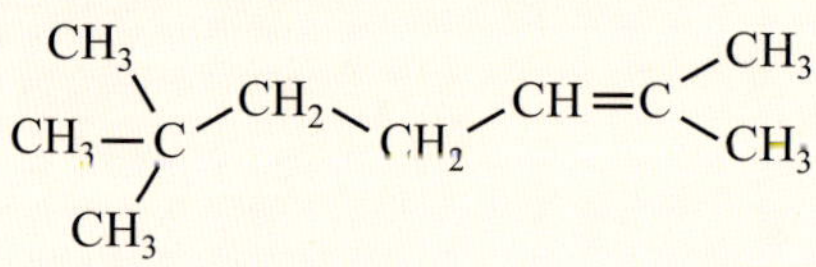

**풀이** 2,6,6-Trimethylhept-2-ene

**문제 3.1** 다음 화합물의 IUPAC 명을 쓰시오.

①
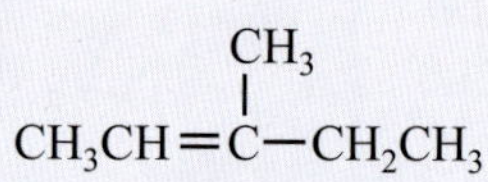

②
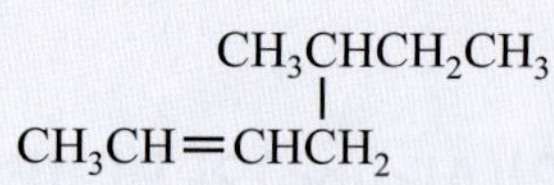

③
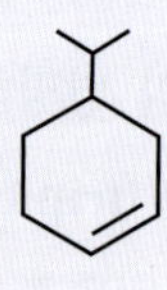

④
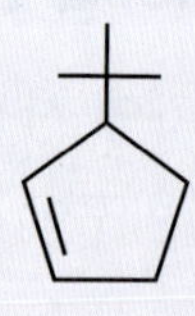

⑤
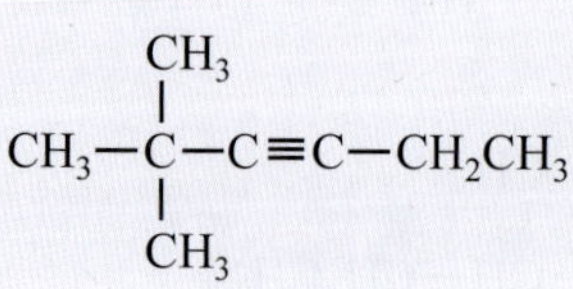

⑥
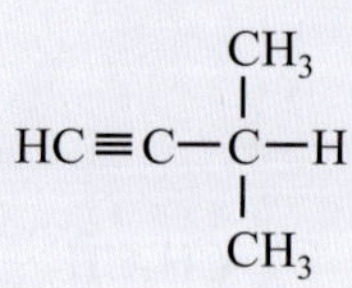

**문제 3.2** 다음 화합물의 구조를 그리시오.

① Cyclohexa-1,3-diene

② 1,3-Dibromobut-2-ene

③ 4,4-Dimethylpent-2-yne

④ Octa-1,5-diene

# 3-3 알켄의 *cis*-, *trans*- 이성질체

## 1. 알켄의 이중 결합: 회전 불가능

1–5절에서 언급했듯이 에텐은 한 탄소 원자의 3개의 $sp^2$ 혼성 오비탈 중 2개는 수소 원자의 1*s* 오비탈과 겹쳐서 C–H 시그마 결합 2개를 만들고, 나머지 $sp^2$ 혼성 오비탈 1개는 다른 탄소 원자의 $sp^2$ 혼성 오비탈과 겹치면서 C–C 시그마 결합을 형성한다. 또한, **한 탄소 원자의 혼성에 참여하지 않은 2*p* 오비탈은 다른 탄소 원자의 2*p* 오비탈과 측면으로 겹치면서 파이 결합(π 결합)을 형성**한다.

에테인의 C–C 단일 결합은 회전이 자유롭지만, 에텐의 이중 결합은 회전이 불가능하다. 그 이유는 **이중 결합 주위로 회전이 일어나면 π 결합이 깨지기 때문**이다.

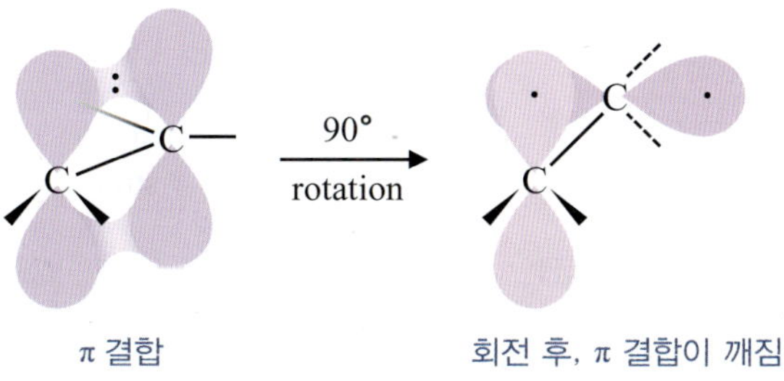


**알켄의 회전 불가능한 π 결합**

## 2. 알켄의 *cis*–, *trans*– 이성질체

### 1) But-2-ene의 *cis*-, *trans*- 이성질체

알켄의 C–C 이중 결합 주위로 회전이 안 된다는 사실은 화학적으로 중요한 의미를 가진다. 예를 들어 But-2-ene에서 C−C의 이중 결합 중심으로 화합물을 바라보면, 이중 결합을 한 각각의 탄소에 2개의 메틸기(methyl)가 각각 결합되어 있다는 사실을 알 수 있다. 이때, 사이클로알케인(cycloalkane)처럼 결합 회전이 일어날 수 없으므로, 메틸기가 같은 방향에 있는 ***cis*- 이성질체**와 메틸기가 반대 방향에 있는 ***trans*- 이성질체**가 생기게 된다. 이들은 서로 다른 화합물이다.

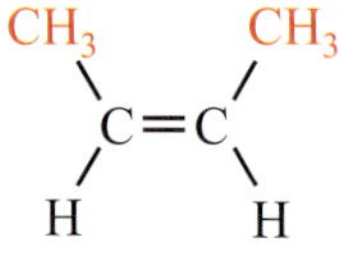

*cis*-But-2-ene

이중 결합의 각각의 탄소에 메틸기가 같은 방향으로 있으면 *cis*− 이성질체라고 한다.

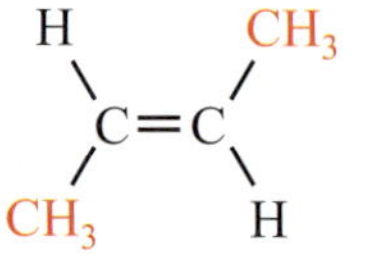

*trans* -But-2-ene

이중 결합의 각각의 탄소에 메틸기가 반대 방향으로 있으면 *trans*− 이성질체라고 한다.

### 2) *cis*-, *trans*- 이성질체의 안정성

비록 *cis*-와 *trans*- 알켄에서 이성질체 간 상호 전환이 자발적으로 일어나지는 않지만, 알켄을 강한 산 촉매로 처리하면 가능하다. 이 두 이성질체 간 평형에 도달하게 되면, 76:24 정도로 *trans*- 이성질체로 평형이 기울어지는 것을 볼 수 있다. 이는 ***cis*− 이성질체는 같은 방향으로 존재하는 덩치가 큰 치환기 사이에 입체 방해(steric interference)가 생기기 때문에 *trans*− 이성질체보다 불안정**하기 때문이다.

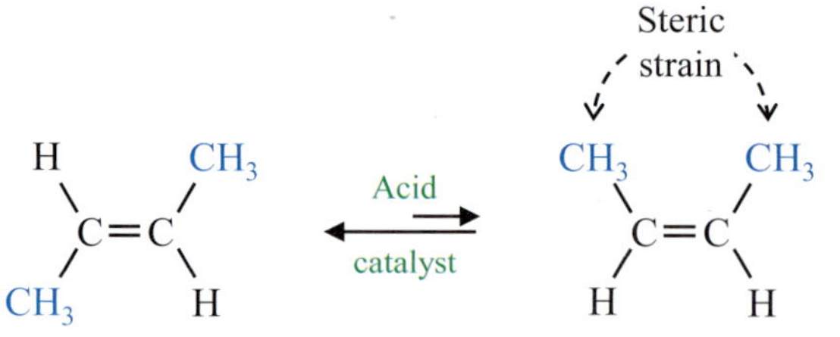


*trans* -But-2-ene (76%) *cis*-But-2-ene (24%)

*cis*−, *trans*− 이성질체의 안정성 비교

**예제 3.2** 4-Chloropent-2-ene의 *cis*-, *trans*- 이성질체를 그리시오.

**풀이**

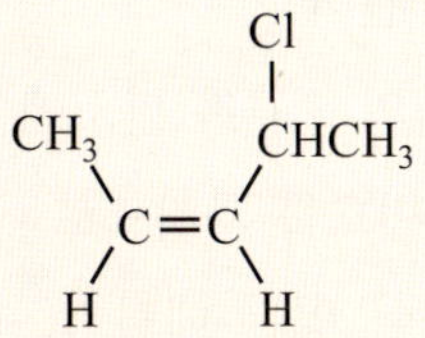

*cis*-4-Chloropent-2-ene

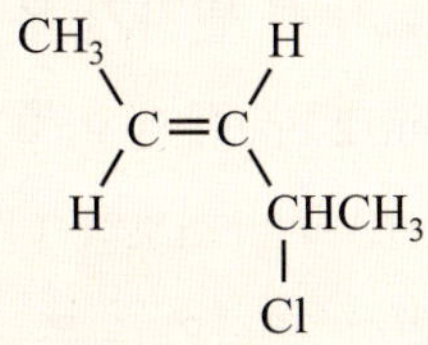

*trans*-4-Chloropent-2-ene

**문제 3.3** 다음 화합물 중 *cis*-, *trans*- 이성질체가 생기지 않는 것은 어느 것인가?

① $CH_3CH=CH_2$　　② $(CH_3)_2C=CHCH_3$

③ $BrCH=CHCl$　　④ $(CH_3)_2CHCH=CHCH_3$

## 3-4 알켄의 *E*, *Z* 명칭

3–3절에서 언급했듯이, 알켄의 이중 결합을 한 각각의 탄소에 2개의 치환기가 각각 결합되어 있을 때 *cis*-, *trans*- 이성질체가 생김을 보았다. 그러나 **치환기가 3개 또는 4개가 있는 알켄에서는 *E*, *Z* 체계에 따라 명명**하게 된다.

### 1. *E*, *Z* 체계(*E*, *Z* system)란?

먼저 이중 결합 중심의 각 탄소에 붙어 있는 2개의 치환기 중 어느 것이 우선순위인지 결정한다. 우선순위가 높은 치환기들이 이중 결합의 같은 쪽에 있다면 독일어로 '같은'이라는 의미인 **zusammen**의 *Z*로 표시하고, 반대편에 있다면 '반대'라는 의미인 **entgegen**의 *E*로 표시한다.

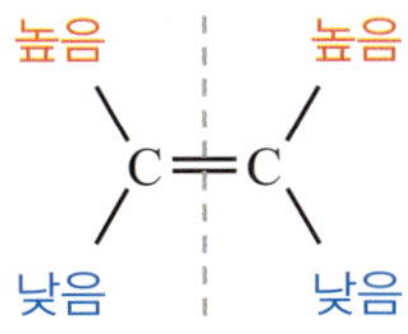


*Z* 배열

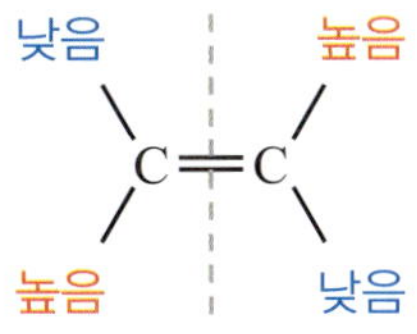


*E* 배열

## 2. 치환기의 우선순위 정하기

### 1) 치환기의 원자 번호가 큰 원자가 우선순위가 된다.

예를 들어, 2-Bromobut-2-ene에서 이중 결합 중심의 오른쪽 탄소에 붙어 있는 브로민(−Br)은 메틸기(−$CH_3$)의 탄소보다 더 큰 원자 번호를 가지므로 메틸기보다 높은 순위가 된다. 이중 결합 중심의 왼쪽 탄소에 붙어 있는 메틸기(−$CH_3$)는 수소(−H)보다 높은 순위가 된다.

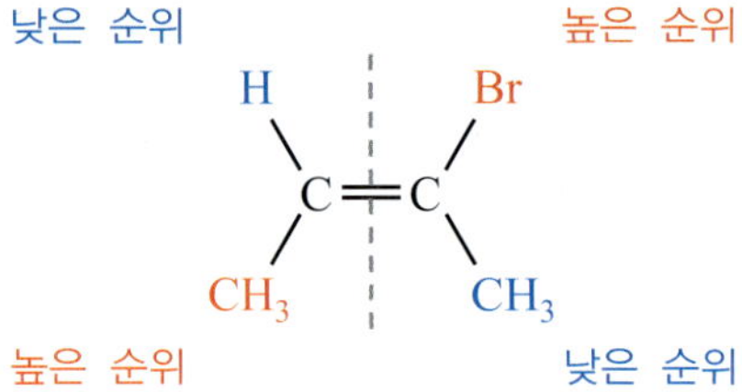

(*E*)-2-Bromobut-2-ene

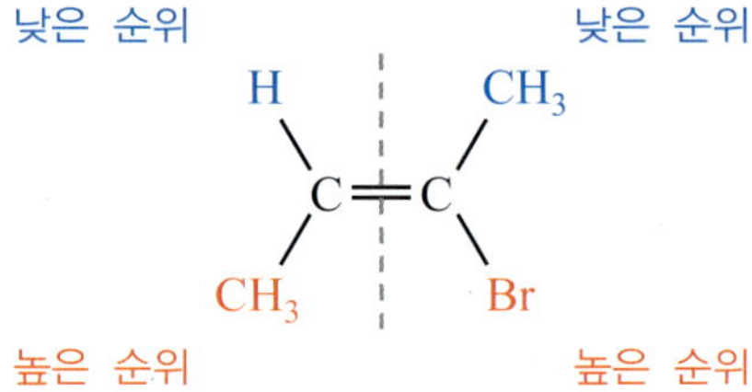

(*Z*)-2-Bromobut-2-ene

### 2) 치환기의 첫 번째 원자로 순위를 정할 수 없을 때

**이중 결합의 탄소로부터 두 번째, 세 번째 순서로 최초로 차이가 생길 때까지 비교해 본다.** 아래의 예를 살펴보면, −OH기와 −$OCH_3$는 둘 다 최초의 원자가 산소이므로 두 번째 원자를 비교한다. −OH는 수소인 반면 −$OCH_3$는 탄소가 되므로 −$OCH_3$의 우선순위가 높다.

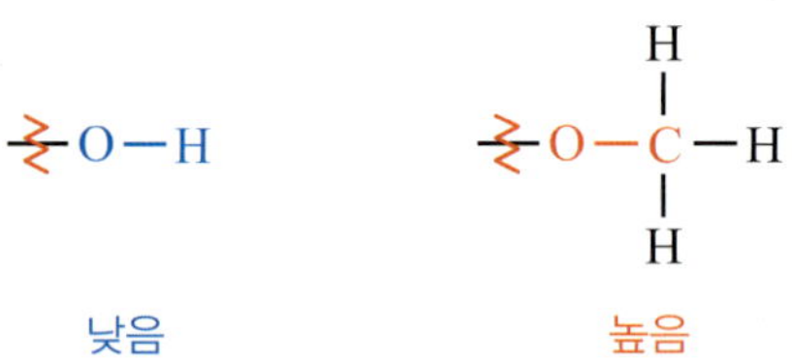


**예제 3.3** 다음 각 경우에서 치환기의 우선순위를 결정하시오.

①

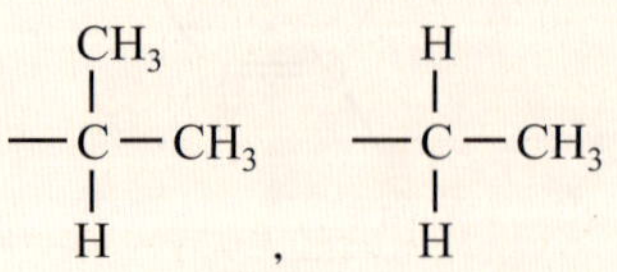

②

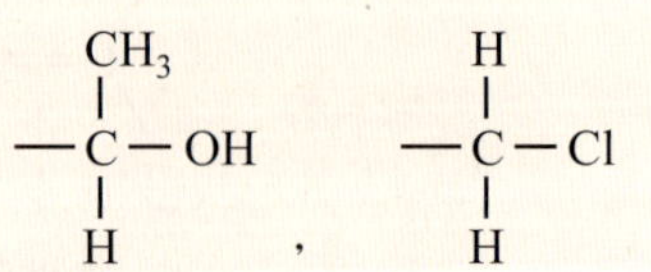

**풀이** ① 

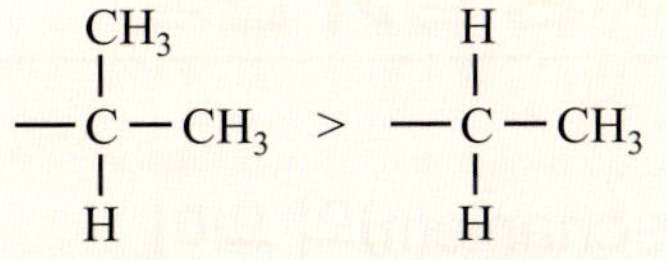

높음 낮음

② 

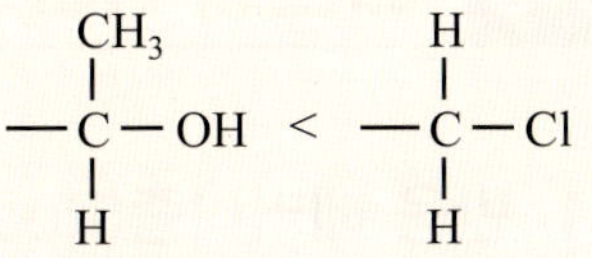

낮음 높음

### 3) 다중 결합의 원자는 같은 수의 단일 결합의 원자와 같다.

예를 들어, 알데하이드 작용기(aldehyde group, $-CH{=}O$)는 탄소 원자 하나가 2개의 산소와 단일 결합을 가진 것에 해당한다. 다음 2가지 예도 동일하다.

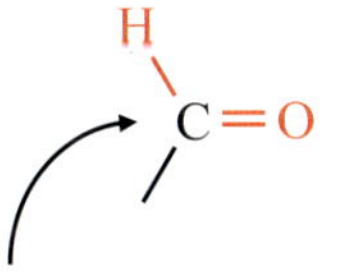

이 탄소는 H, O, O에 결합되어 있음

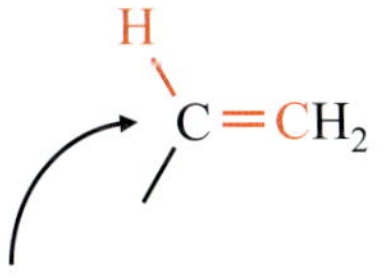

이 탄소는 C, C, H에 결합되어 있음

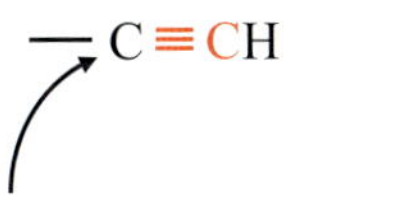

이 탄소는 C, C, C에 결합되어 있음

**예제 3.4** 다음 화합물의 이중 결합에 대해 *E* 또는 *Z* 배열을 결정하시오.

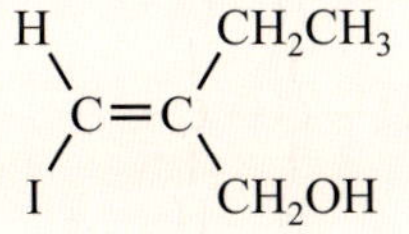

**풀이** *Z* 배열

**문제 3.4** 다음의 짝 중 어느 것이 더 우선 순위인가?

① $-Cl$ 또는 $-Br$ ② $-NH_2$ 또는 $-OH$

③ $-CH_2OH$ 또는 $-CH{=}O$

**문제 3.5** 다음 화합물에 대하여 *E* 또는 *Z* 배열을 결정하시오.

① 

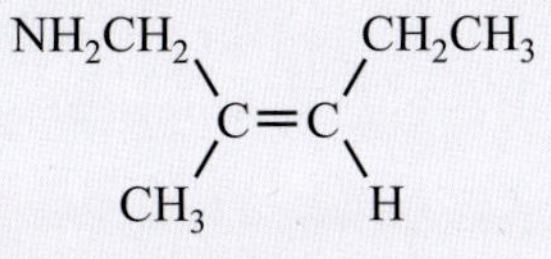

② 

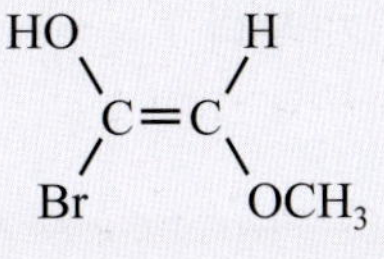

# 3-5 에텐과 HCl의 친전자성 첨가 반응

## 1. 반응 메커니즘(Reaction mechanism)의 의미

**반응 메커니즘(Reaction mechanism)**은 반응이 어떻게 일어나는지 전자의 이동을 세세하게 기술하는 것을 말한다. 화학 반응에서 어느 결합이 끊어지고 어느 결합이 생성되는지 결합의 생성 순서와 단계를 기술하는 것이다. 즉, **반응물 분자에서 결합의 끊어짐과 생성물 분자에서 결합의 생성 과정에서 전자의 움직임의 각 단계를 기술하는 것**이 반응 메커니즘이다.

## 2. 에텐과 HCl의 친전자성 첨가 반응(Electrophilic addition reaction) 메커니즘

에텐(Ethene)을 상온에서 염화 수소(hydrogen chloride, HCl)와 반응시키면 클로로에테인(Chloroethane)이 생성된다. 이 반응을 **알켄의 친전자성 첨가 반응(electrophilic addition reaction)**이라 하며, 두 단계로 반응이 일어난다.

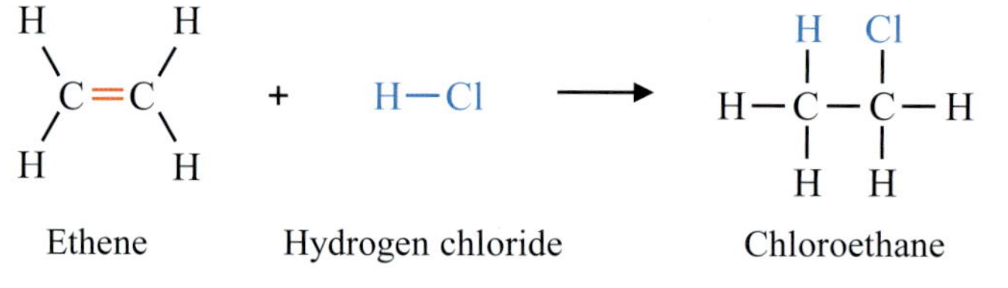

에텐과 HCl의 친전자성 첨가 반응에 의한 클로로에테인 생성

### 1) 탄소 양이온(Carbocation)의 생성

알켄(Alkene)의 파이 결합(π 결합)은 시그마 결합(σ 결합)보다 결합력이 약하고, HCl은 강산(강력한 양성자 주개)이므로 $H^+$를 잘 방출한다. 이때 $H^+$는 전자가 부족하기 때문에 전자가 풍부하고 결합력인 약한 π 결합을 공격할 수 있는 좋은 **친전자체(electrophile)**가 된다.

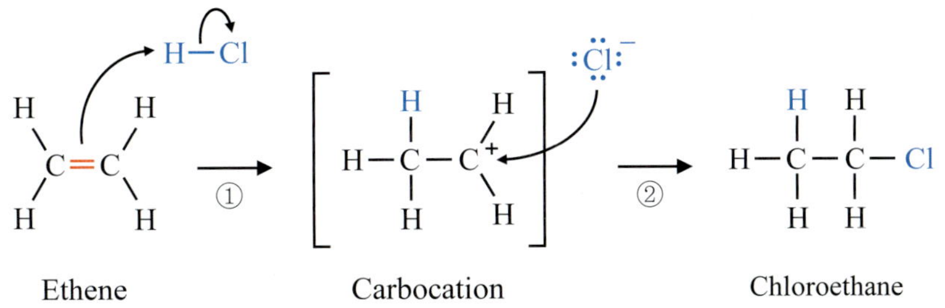


**에텐과 HCl의 친전자성 첨가 반응 메커니즘**

친전자체(Electrophile)는 전자가 부족한 화학종이기 때문에 전자를 좋아하며, 주로 양으로 하전되어 있다. 위의 반응 경로에 나타낸 **굽은 화살표(curved arrow)**는 **1개의 전자쌍의 이동**을 나타내는데, 전자가 풍부한 π 결합으로부터 전자가 부족한 화학종인 $H^+$로 움직이는 것을 의미한다.

이렇게 첫 번째 단계에서는 C=C의 π 결합과 H−Cl 결합이 끊어지고 새로운 C−H 공유 결합이 생성되면서 **탄소 양이온(carbocation)**이 생성된다

## 2) 탄소 양이온의 C-Cl의 공유 결합 형성

탄소 양이온은 양으로 하전된 불안정한 화학종이므로 두 번째 단계에서는 남아있던 **친핵체(nucleophile)**인 $Cl^-$가 탄소 양이온의 양으로 하전된 탄소와 전자를 주고받으면서 C−Cl의 공유 결합을 형성하고 중성 분자인 **첨가 생성물(addition product)**을 생성한다. **친핵체는 전자가 풍부한 화학종이므로 핵을 좋아하며, 주로 음으로 하전된 음이온(예 $OH^-$, $Cl^-$ 등)이나 고립 전자쌍을 가지고 있는 중성 분자(예 $NH_3$, $H_2O$ 등)이다.**

**예제 3.5** 다음 중 어느 것이 친전자체이며 어느 것이 친핵체인가?

① $CH_3OH$　　② HC≡CH

③ $BF_3$　　④ $CN^-$

**풀이** 친전자체: ③, 친핵체: ①, ②, ④

## 3. 에텐과 HCl의 친전자성 첨가 반응에서 에너지 변화

다음 그림은 에텐과 HCl과의 친전자성 첨가 반응이 일어날 때 에너지의 변화를 나타낸 도표이다.

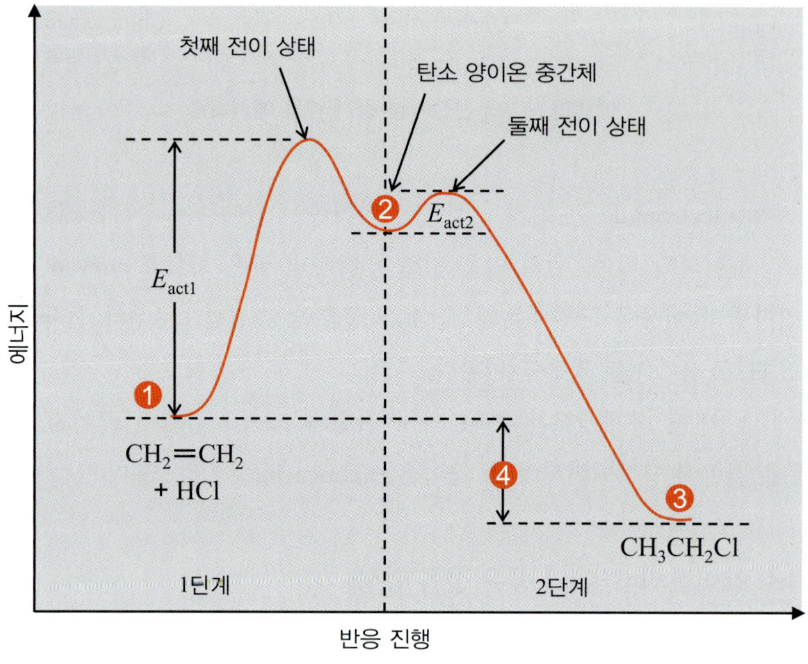


에텐과 HCl의 친전자성 첨가 반응에서 에너지 변화

### 1) 활성화 에너지의 비교

화학 반응이 일어나기 위해 **활성화 에너지(activation energy)**라고 하는 에너지 장벽을 넘어서야 한다. 활성화 에너지가 클수록 반응 속도는 느리다.

에너지 변화 그림에서 $E_{act1}$는 에텐과 HCl이 반응하여 **탄소 양이온 중간체(carbocation intermediate**, ②)가 생성될 때 넘어서야 하는 에너지 장벽이며, $E_{act2}$는 탄소 양이온이 $Cl^-$과 반응하여 최종 산물인 클로로에테인(chloroethane)을 생성하기 위해서 넘어서야 하는 에너지 장벽이다. $E_{act2}$가 $E_{act1}$ 보다 에너지 장벽이 낮다는 것은 반응의 속도는 $E_{act1}$에 의하여 결정되며, 탄소 양이온과 $Cl^-$와의 반응을 통해 최종 산물이 생성되는 과정은 힘들지 않게 진행된다는 것을 의미한다.

### 2) 반응물과 최종 생성물의 반응열 차이 비교

도표에서 ④는 반응물(①)과 최종 생성물(③) 사이의 에너지 차이이다. **자연계의 대부분은 반응물보다 최종 생성물의 에너지 수준(energy level)이 낮은 방향으로 화학 반응이 자발적으로 일어난다.** 이는 최종 생성물의 에너지 수준이 반응물의 에너지 수준보다 높은 흡열 반응을 선호하지 않는다는 것을 의미한다. 위의 반응에서도 최종 산물의 에너지 수준이 반응물의 그것보다 낮아서 에너지는 방출되고 반응은 유리하다.

# 연습문제

**3.1** 다음 알켄의 IUPAC 명을 적으시오.

①

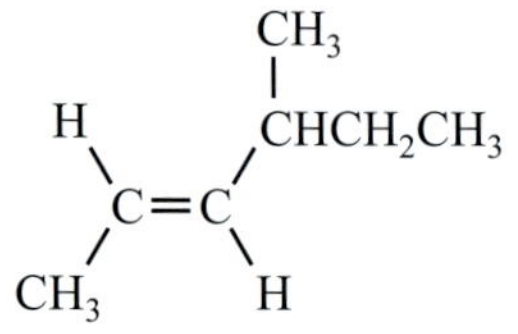

② $CH_2{=}C{=}CHCH_3$

③

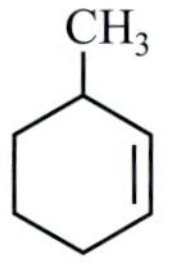

④

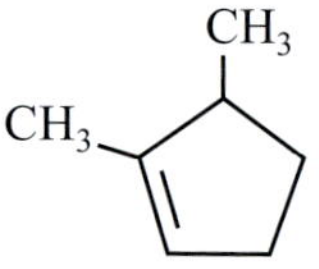

**3.2** 다음 화합물의 구조를 그리시오.

① 1-Ethyl-6-methylcyclohexene

② 3-Propylhept-2-ene

③ *cis*-4,4-Dimethylhex-2-ene

④ (*E*)-3-Methylhept-3-ene

**3.3** 다음 알켄의 *E* 또는 *Z* 입체화학을 정하시오.

①

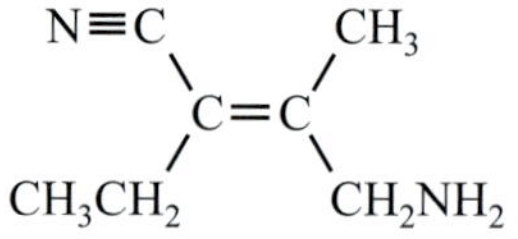

②

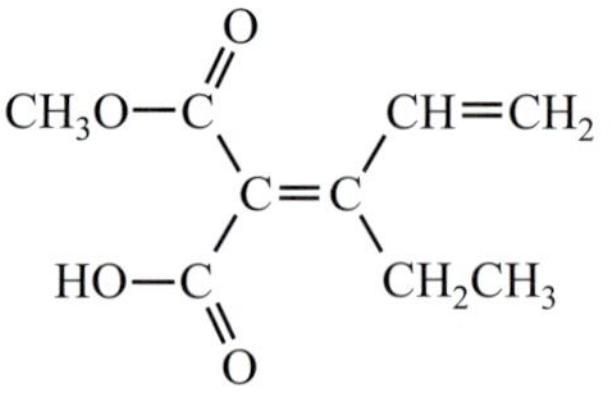

**3.4** 다음 중 어느 것이 친전자체인가?

① $Br^-$ ② $H_3O^+$
③ $CH_3O^-$ ④ $CH_3^+$

**3.5** 우선순위 결정 규칙에 따라 다음 각 경우에서 치환기들을 우선순위로 배열하시오.

① $-H$, $-Br$, $-I$, $-CH_3$
② $-CH_2CH_3$, $-CH_2CH_2CH_3$
③
$-CH(CH_3)_2$, 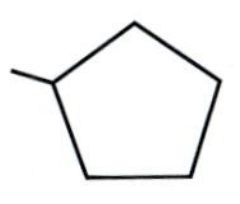

④
$-CH_2CH_2CH_2Br$, $-CH_2\underset{}{C}HCH_2Cl$ (with $CH_3$ on the central C)

⑤ $-CH_3$, $-CH_2CH_3$, $-CH{=}CH_2$, $-CH(CH_3)_2$
⑥ $-CH_3$, $-COOH$, $-CHO$, $-CH_2OH$

**3.6** 다음 중 *cis*–trans 이성질체가 존재하는 것은 어느 것인가?

① 2,3-Dimethylbut-2-ene
② Pent-2-ene
③ 2-Bromopent-2-ene
④ 모두 *cis*-trans 이성질체가 존재한다.

# 제4장

# 알켄과 알카인의 친전자성 첨가 반응의 종류

4장에서는 알켄(C=C)과 알카인(C≡C)이 여러 가지 시약과 첨가 반응을 하여 포화된 생성물을 만드는 것을 보여줄 것이다.

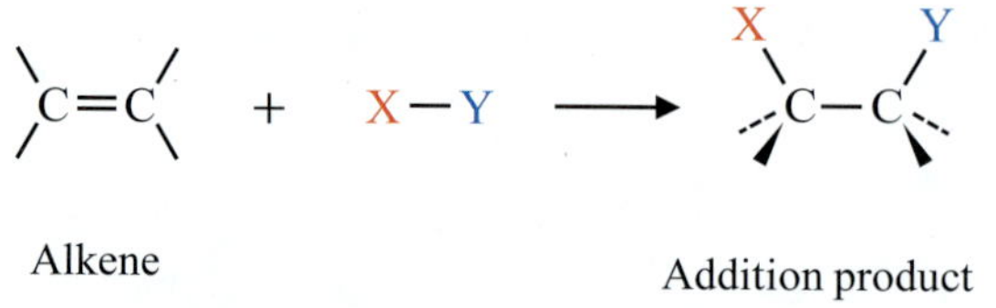


**알켄과 여러 시약과의 친전자성 첨가 반응에 의한 첨가 생성물 생성**

## 4-1 알켄과 HX의 첨가 반응: Markovnikov 규칙

3−5절에서 언급했듯이, 에텐을 상온에서 염화 수소(HCl)와 반응시키면 클로로에테인이 생성된다. **이 반응은 탄소 양이온 중간체를 거쳐 두 단계로 일어난다.**

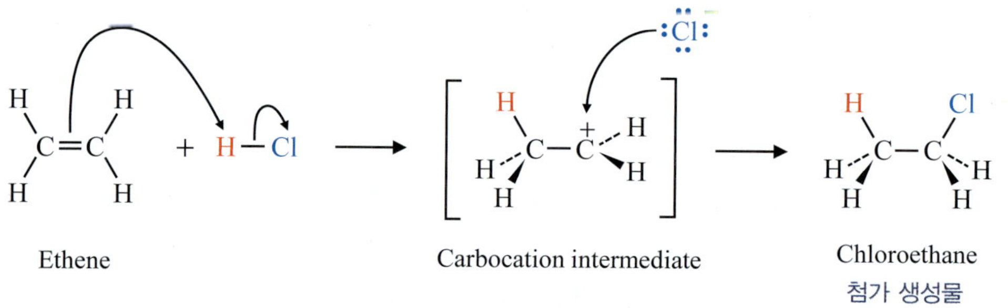


**Ethene과 HCl의 친전자성 첨가 반응 메커니즘**

### 1. 위치 특이성 반응(Regiospecific reaction)

알켄(Alkene)과 HX의 첨가 반응은 다양한 할로젠 원소가 치환된 알케인을 합성하는 일반적인 반응이다. 이때 HCl, HBr, HI 모두 반응에 사용되는 시약들이다. 여기서 사용되는 알켄이 C=C 이중 결합을 중심으로 좌우가 비대칭일 경우, 단일 첨가물(sole product)이 생긴다. 예를 들어, 2-메틸프로펜(2-Methylpropene)이 HCl과 반응하면 2-클로로-2-메틸프로페인(2-Chloro-2-methylpropane)과 1-클로로-2-메틸프로페인(1-Chloro-2-methylpropane)이 생성될 것으로 기대되나, **실제로는 두 생성물 중 하나만 생성된다.** 첨가되는 위치가 정해져 있다는 의미로 이를 **위치 특이성 반응(regiospecific reaction)**이라고 한다.

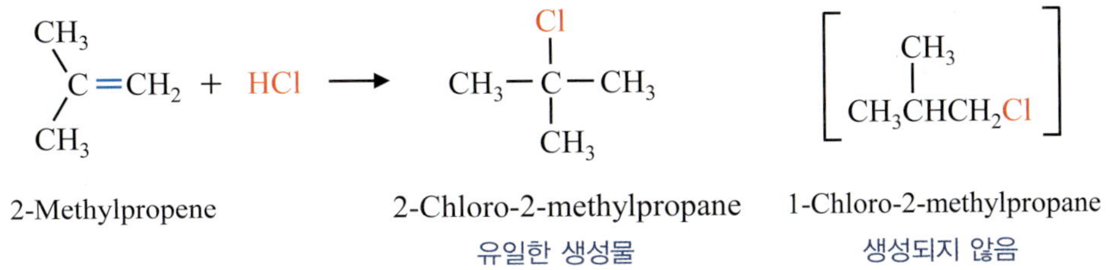


**비대칭 알켄의 친전자성 첨가 반응에 의한 특정한 화합물의 생성**

## 2. Markovnikov 규칙(Markovnikov's rule)

### 1) Markovnikov 규칙

1869년, 러시아의 화학자 Vladimir Markovnikov는 알켄과 HX의 첨가 반응에서는 알킬기가 많이 치환되어 있는 '안정한 탄소 양이온 중간체'가 생성된다는 **Markovnikov 규칙(Markovnikov's rule)**을 제안하였다. 예를 들어 2–메틸프로펜에 $H^+$ 첨가 반응이 일어날 때, 1차 탄소 양이온(primary carbocation)보다는 3차 탄소 양이온(tertiary carbocation)이 생성된다.

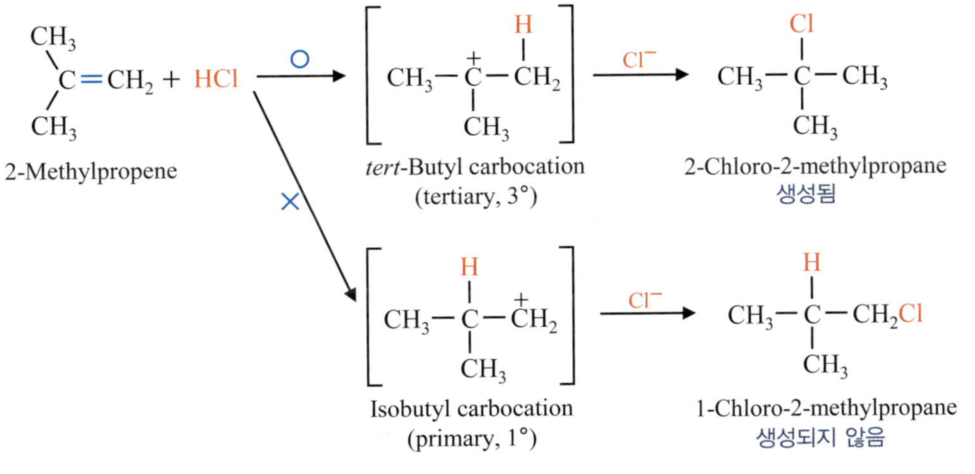


**2–Methylpropene과 HCl의 친전자성 첨가 반응에서 3차 탄소 양이온의 생성**

## 2) 탄소 양이온(Carbocation)의 안정성

탄소 양이온의 양으로 하전된 탄소는 $sp^2$ 혼성화가 되어 있고, 탄소와 결합되어 있는 알킬기의 평면에 수직인 $p$ 오비탈은 비어 있다.

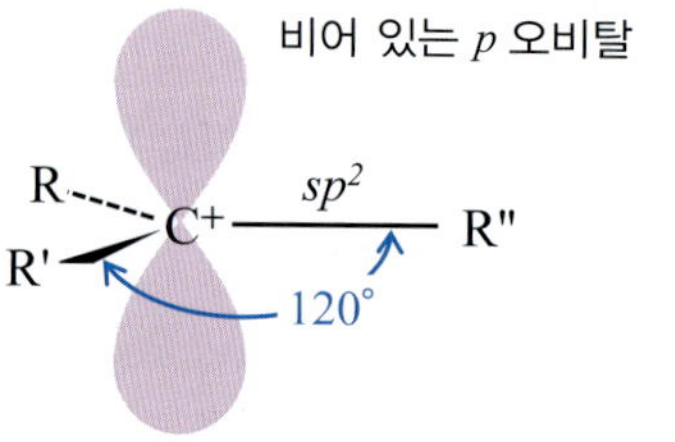


**탄소 양이온의 $sp^2$ 혼성화와 비어 있는 $p$ 오비탈**

**탄소 양이온의 안정성은 치환되어 있는 알킬기의 수가 증가할수록 커진다.** 왜냐하면 알킬기는 탄소 양이온의 양으로 하전된 탄소 원자에 전자를 밀어주기 때문이다.

*Less stable* *More stable*

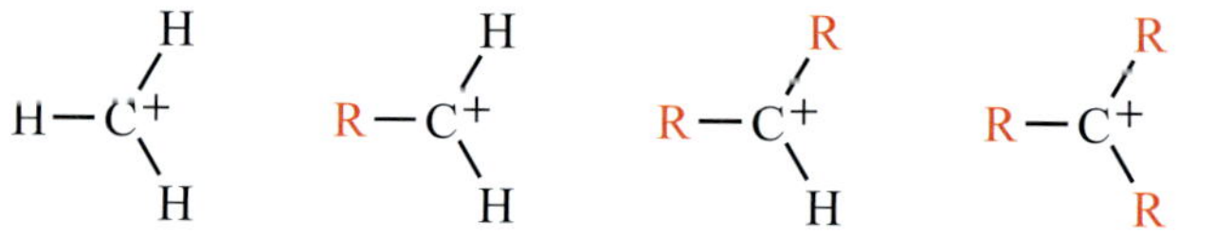

Methyl Primary, 1° Secondary, 2° Tertiary, 3°

**탄소 양이온의 안정성 비교**

---

**예제 4.1** 다음 반응에서 어떤 생성물이 예상되는가?

① $CH_3CH_2CH=CHCH_3 + HBr \xrightarrow{\text{Ether}}$

②

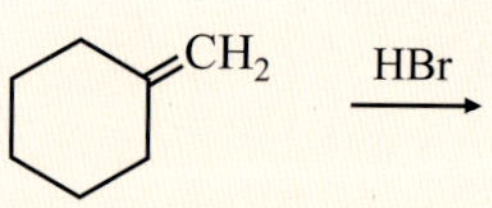

**풀이** ①

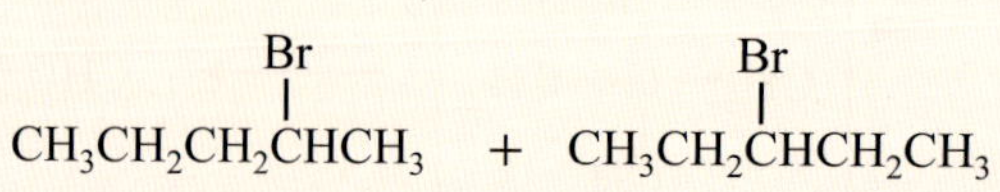

2개의 화합물이 생성되는 이유는 모두 2차 탄소 양이온 중간체를 거치기 때문이다.

② 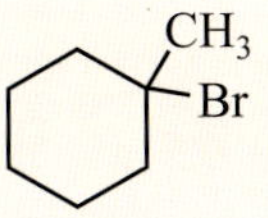

**문제 4.1** 다음 생성물을 만들려면 어떤 알켄을 출발 물질로 해야 하는가?

① 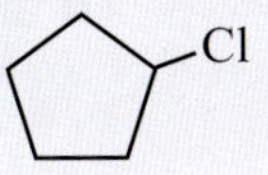


② 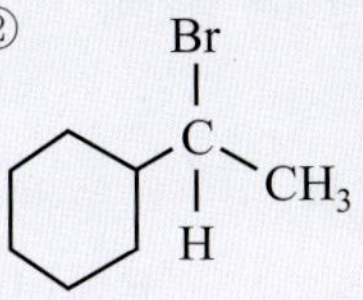


③ 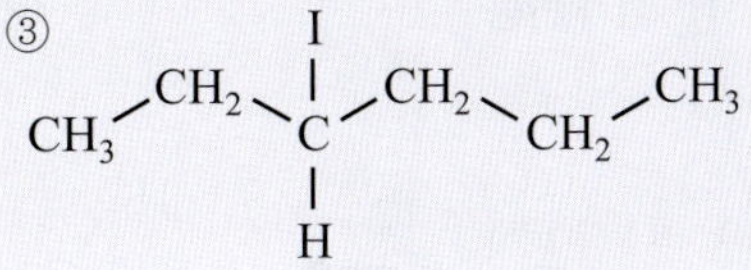


## 4-2 알켄과 산 촉매하에서 $H_2O$의 첨가 반응

**알켄에 $H_2O$가 첨가(hydration)**되면 알코올(ROH)이 생성되며, 공업적으로 고온, 산 촉매하에서 에텐(ethene)은 에탄올(ethanol)로 바뀌게 된다.

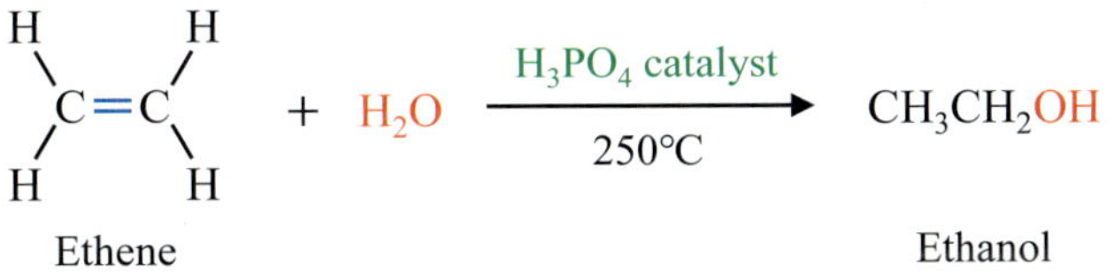


**Ethene과 $H_2O$의 친전자성 첨가 반응에 의한 에탄올의 생성**

### 1. 알켄(Alkene)과 $H_2O$의 첨가 반응 메커니즘

알켄에 대한 $H_2O$첨가 반응도 Markovnikov 규칙을 따른다. 먼저 알켄의 이중 결합에 $H^+$ 첨가 반응(①)을 하여 탄소 양이온 중간체(②)가 생기고, 그 다음은 $H_2O$와의 반응에서 $H^+$를 잃으면(③) 알코올이 만들어지고(④) 산 촉매가 재생된다(⑤).

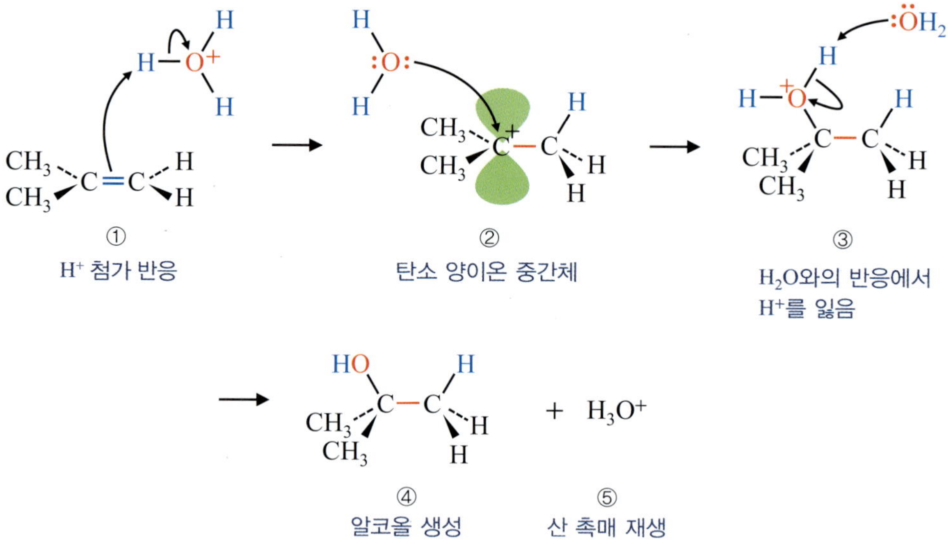


**알켄과 $H_2O$의 친전자성 첨가 반응에 의한 알코올의 생성 반응 메커니즘**

**예제 4.2** 산 촉매하에서 다음 알켄에 $H_2O$를 첨가하면 어떤 생성물을 얻을 수 있는가?

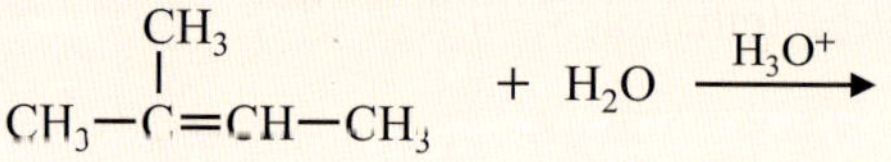

**풀이**

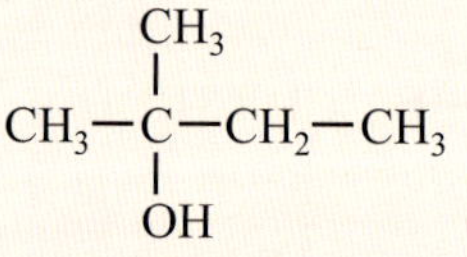

**문제 4.2** 어떤 알켄으로부터 다음 알코올을 만들 수 있는가?

①

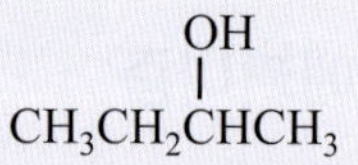

②

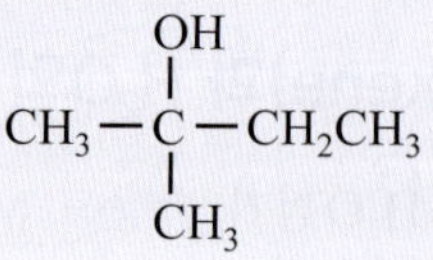

## 4-3 알켄과 할로젠의 첨가 반응

알켄(Alkene)에 할로젠($X_2$)이 첨가 반응을 할 때, 브로민(bromine, $Br_2$)과 염소(chlorine, $Cl_2$)는 쉽게 반응을 한다. 예를 들어, 에텐에 $Cl_2$를 첨가하면 용매로 자주 사용되는 1,2−dichloroethane이 합성된다.

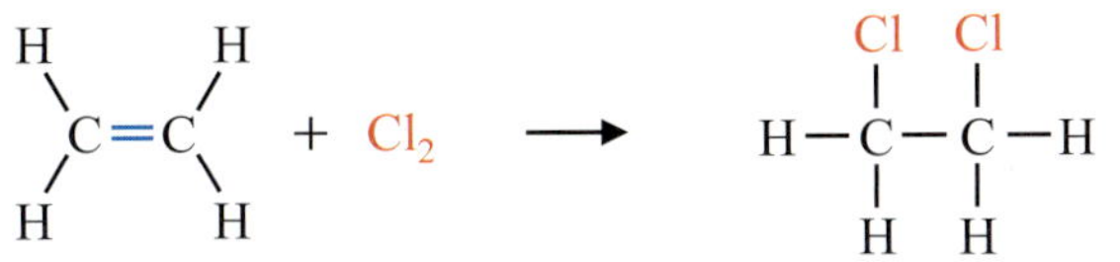


Ethene　　　　1,2-Dichloroethane

Ethene과 $Cl_2$이 친전자성 첨가 반응에 의한 1,2-Dichloroethane의 생성

### 1. 알켄과 $Br_2$의 첨가 반응: 불포화 여부 검사

알켄에 대한 $Br_2$의 첨가 반응은 불포화(unsaturation) 여부를 검사할 수 있는 간편한 방법이다. 즉, 미지의 시료에 붉은색을 띠는 $Br_2$ 몇 방울을 가했을 때, 바로 **붉은색이 사라지면 시료의 분자가 이중 결합을 가지고 있음을 의미한다.**

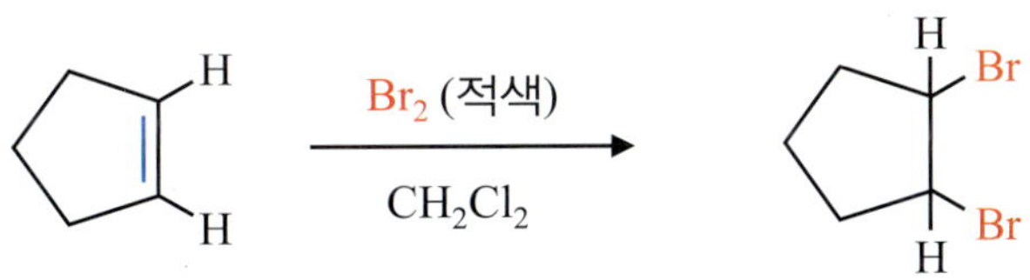


Cyclopentene　　　　1,2-Dibromocyclopentane

반응 후, $Br_2$의 적색이 사라짐

알켄과 $Br_2$의 친전자성 첨가 반응에 의한 불포화 여부 검사

### 2. 사이클로알켄(Cycloalkene)과 $Br_2$의 첨가 반응 메커니즘

지금까지 배운 바에 의하면, 알켄이 $Br_2$나 $Cl_2$와 반응할 때 가능한 반응 메커니즘은 친전자체(electrophile)인 $Br^+$가 알켄에 친전자성 첨가 반응(electrophilic addition reaction)을 하여 탄소 양이온이 생성되고, 마지막으로 $Br^-$가 반응하여 다이브로모알

케인(dibromoalkane)이 생성되는 것이다.

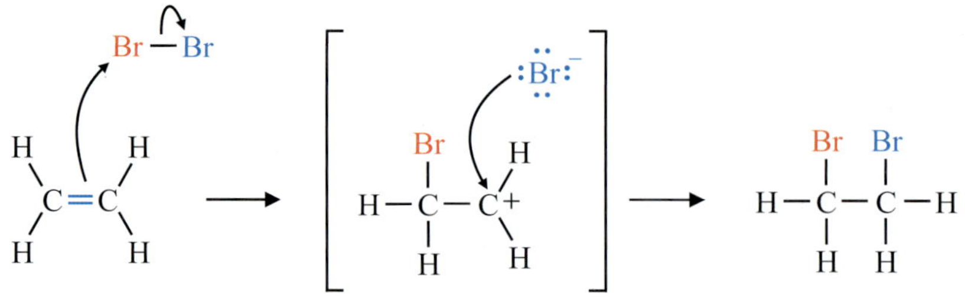

일반적인 알켄의 친전자성 첨가 반응 메커니즘

### 1) 안티 입체 화학(Anti stereochemistry)

사이클로펜텐(Cyclopentene)에 대한 $Br_2$의 첨가 반응에서 만약 탄소 양이온 중간체를 거친다면 시스(*cis*)와 트랜스(*trans*) 생성물의 혼합물 형태로 존재할 것이다. 그런데 실제 반응에서는 트랜스-1,2-다이브로모사이클로펜테인(*trans*-1,2-Dibromocyclopentane)만 생성된다. 여기서 중요한 입체 화학적인 특징은 생성물에 Br이 서로 '트랜스 형태'로 첨가된다는 것이며, 이를 **안티 입체 화학(anti stereochemistry)**이라 한다.

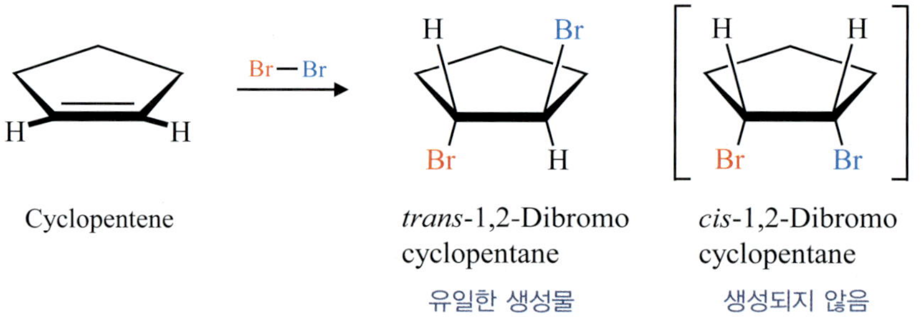


Cyclopentene과 $Br_2$의 친전자성 첨가 반응에 의한 *trans*-1,2-Dibromocyclopentane의 생성

### 2) 수정된 메커니즘: 브로모늄 이온 중간체 생성

사이클로펜텐에 대한 $Br_2$의 첨가 반응에서 나타나는 안티 입체 화학적인 결과, 즉 트랜스 형태의 생성물만 형성되는 현상을 설명하기 위해 반응 중간체를 탄소 양이온이 아닌 **브로모늄 이온(bromonium ion)**으로 추정할 수 있다. 브로모늄 이온은 분자

의 한 면을 효과적으로 차단(shield)함으로써 $Br^-$ 이온과의 반응은 더 접근이 용이한 반대 방향에서 일어나게 된다. 결국 '트랜스 생성물', 즉 '안티(anti) 생성물'이 형성된다.

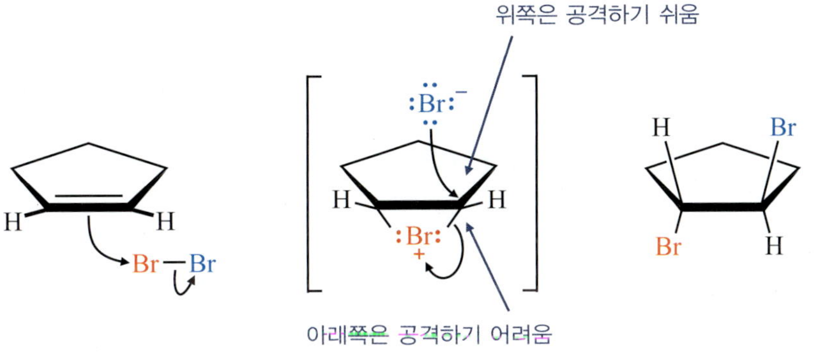


Cyclopentene　　Bromonium ion intermediate　　*trans*-1,2-Dibromo cyclopentane

Cyclopentene과 $Br_2$의 친전자성 첨가 반응 메커니즘

## 4-4 알켄과 $H_2$의 첨가 반응: 환원 반응

알켄의 C=C 결합에 대한 $H_2$ 첨가 반응은 **금속 촉매하에서** 일어나며, 알케인을 생성한다. 이처럼 수소가 첨가되는 반응을 **환원 반응(reduction)**이라고 한다.

알켄의 환원 반응에 의한 알케인의 생성

환원 반응은 수소를 받는 것뿐만 아니라, 전자도 받고, 산소를 주는 반응이다. 대부분 알켄의 수소 첨가 반응에서 **촉매로 사용되는 금속은 팔라듐(palladium, Pd) 금속이나 백금(platinum, $PtO_2$)이다.**

## 1. 환원 반응 메커니즘: syn 입체 화학

알켄의 수소 첨가 반응(hydrogenation)은 용액 중에서 일어나는 것이 아니라 **고체 촉매 표면에서 일어나는 반응**이다. 다음 그림은 알켄의 수소 첨가 반응 메커니즘을 보여준다.

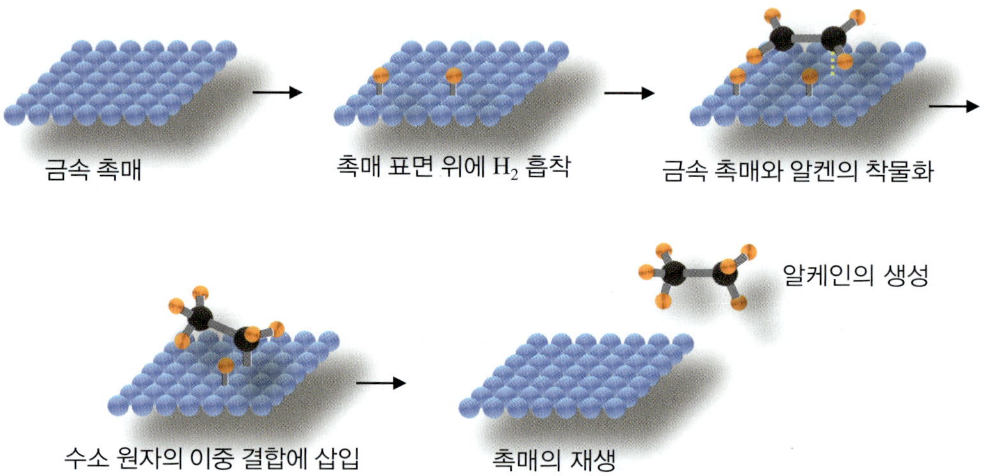


**알켄의 환원 반응 메커니즘**

첫 번째 단계에서 촉매 표면 위에 $H_2$가 흡착(adsorption)되고 수소 원자로 해리된다. 두 번째 단계에서 금속 촉매와 알켄 사이에 착물화(complexation)가 일어난다. 세 번째 단계에서 수소 원자가 촉매 표면으로부터 알켄의 이중 결합에 삽입(insertion)되면서 포화된 알케인이 생성되고 촉매는 재생된다. 이 반응은 수소 2개의 원자가 이중 결합의 같은 쪽으로 첨가되므로 **syn 입체 화학(syn stereochemistry)**으로 일어난다.

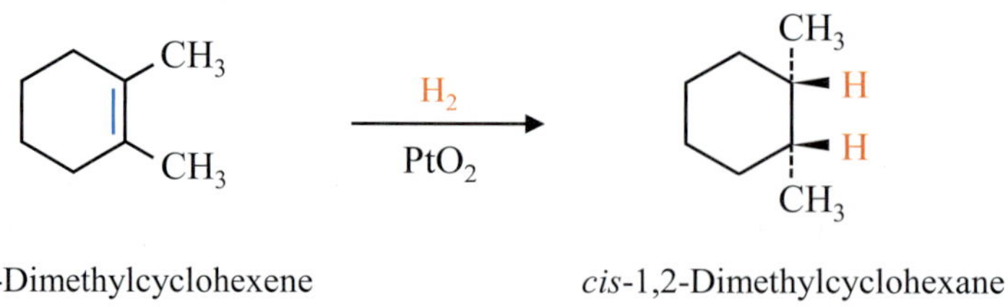


**1,2-Dimethylcyclohexene의 환원 반응에 의한 *cis*-1,2-Dimethylcyclohexane의 생성**

**예제 4.3** 금속 촉매하에서 3,3-다이메틸사이클로펜텐(3,3-Dimethylcyclopentene)의 수소 첨가 반응이 일어날 때, 어떤 생성물이 생기는가?

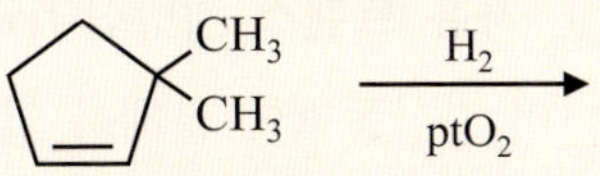


**풀이**

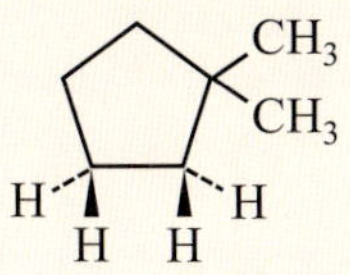


1,1-Dimethylcyclopentane

## 2. 식품산업: 마가린(Margarine)의 제조

알켄의 수소 첨가 반응은 불포화 식물성 기름(unsaturated vegetable oils)을 환원하여 마가린과 같은 포화된 지방(saturated fats)을 생성하는 반응에 이용된다. 식물성 기름은 글리세롤(glycerol) 한 분자와 3분자의 불포화 지방산(unsaturated fatty acid)의 에스터(ester) 결합으로 이루어져 있는데, 일반적으로 지방산은 다중 불포화(polyunsaturated)되고, 이중 결합은 **시스 입체 화학**을 가진다.

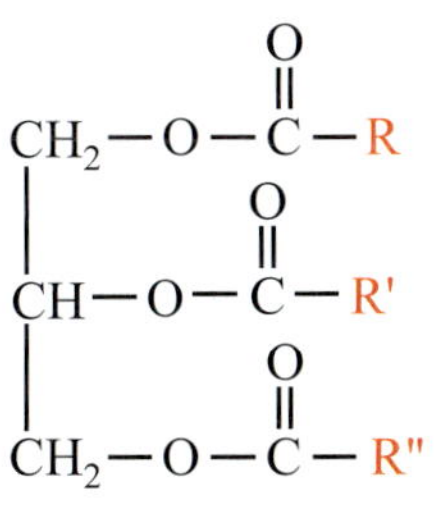


식물성 기름

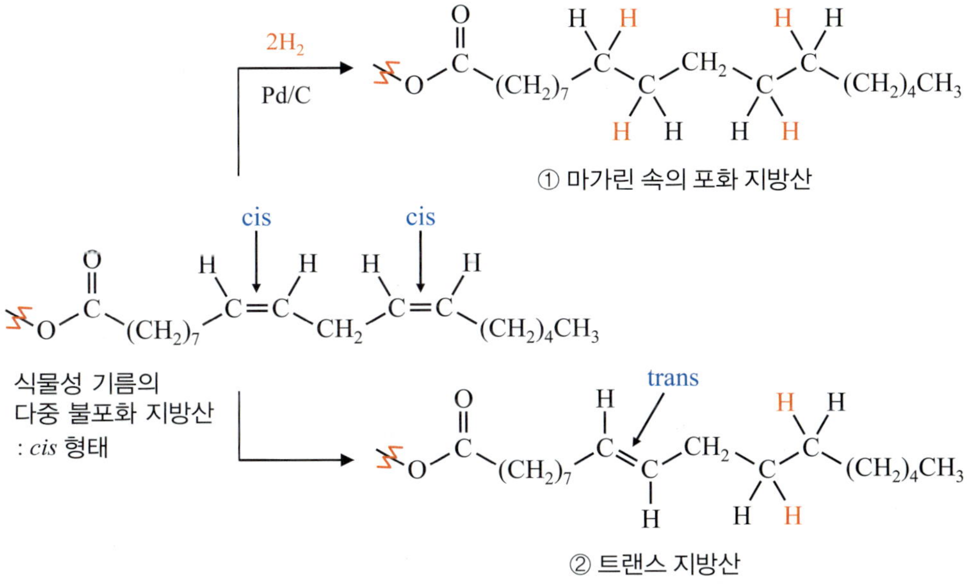


환원에 의한 불포화 식물성 기름을 이용한 마가린 제조 시 트랜스 지방산 생성

수소 첨가 반응이 완결되면 그에 상응하는 지방산을 생성하지만(①), 불완전하게 수소 첨가 반응이 이루어지면, 남아 있는 이중 결합의 부분적인 **시스–트랜스 이성질 현상**(***cis*–trans isomerization**)이 일어난다(②). **자유 트랜스 지방산**(**free trans fatty acid**)은 혈액 속의 콜레스테롤의 수치를 높이며 관상동맥에 문제를 일으킨다.

## 4-5 알켄의 산화 반응

일반적으로 산화는 산소를 받는 것이다. 이 절에서는 알켄의 산화 반응(oxidation)으로서 **에폭시화 반응**(**epoxidation**), **하이드록실화 반응**(**hydroxylation**), **쪼개짐 반응**(**cleavage**)을 소개하고자 한다.

### 1. 에폭시화 반응(Epoxidation)

**옥시레인**(**Oxirane**)이라고도 불리는 **에폭시화물**(**epoxide**)은 알켄을 과산화산(peroxyacid, $RCO_3H$)으로 처리할 때 산화를 통하여 합성된다. 다음 반응식에서 보듯이 에폭시화물은 삼각 고리에 산소 원자 1개를 가진 **고리형 에터**(**cyclic ether**)이다.

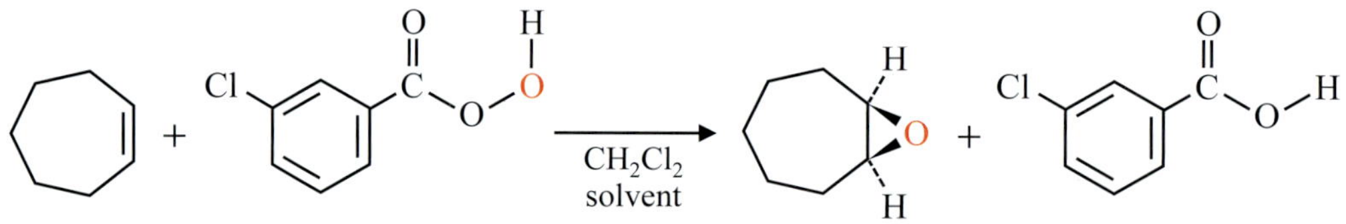


알켄과 과산화산과의 산화 반응에 의한 에폭시화물의 생성

#### 1) 에폭시화물(Epoxide)의 고리 열림 반응(Ring-opening reaction)

산 촉매하에서 에폭시화물은 $H_2O$와 **고리 열림 반응**(**ring–opening reaction**)을 진행하며, 그에 해당되는 **트랜스-1,2-다이올**(***trans*-1,2-diol**)이 생성된다. 다음은 반응 메커니즘을 나타낸 것이다.

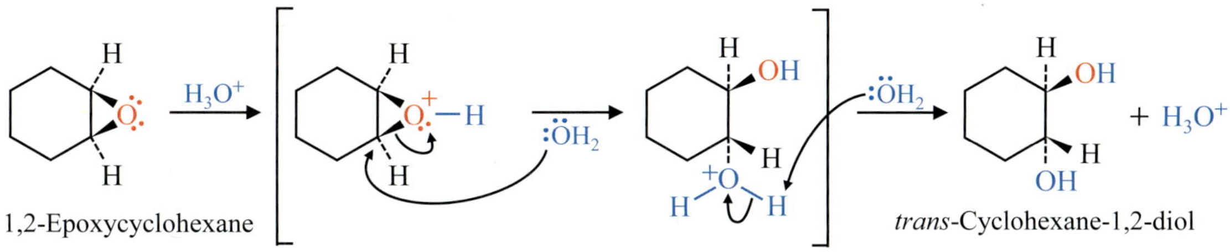


**에폭시화물과 $H_2O$의 고리 열림 반응에 의한 트랜스-1,2-다이올 생성 반응 메커니즘**

먼저, 산 촉매하에 에폭시화물의 고리 열림 반응은 에폭시화물에 $H^+$(양성자) 첨가 후, $H_2O$가 첨가되면서 일어난다. 이는 4-3절에서 사이클로펜텐의 $Br_2$ 첨가 반응에서 생성된 중간체인 브로모늄 이온(bromonium ion)이 $Br^-$의 첨가에 의해 고리가 열리는 것과 유사하다. 또한 분자의 한 면이 차단(shield)됨으로써 $H_2O$ 첨가 반응은 더 접근이 용이한 반대 방향에서 일어나 트랜스 생성물, 즉 '안티 생성물'인 **트랜스-1,2-다이올(*trans*-1,2-diol)**이 생성된다.

## 2. 하이드록실화 반응(Hydroxylation)

알켄의 하이드록실화 반응(hydroxylation)은 알켄이 **염기성 용액에서 $KMnO_4$**와 반응할 때 **시스-1,2-다이올(*cis*-1,2-diol)**이 생성되는 반응이다.

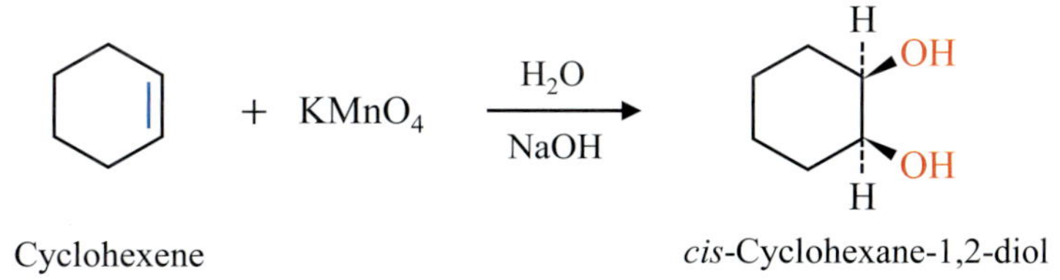


**염기성 용액에서 알켄과 $KMnO_4$의 산화 반응에 의한 시스-1,2-다이올 생성**

## 3. 쪼개짐 반응(Cleavage)

**산성 용액에서 알켄이 $KMnO_4$와 산화 반응**을 일으키면 이중 결합이 쪼개지며 카보닐기(carbonyl group)를 가진 화합물을 얻는다. 이를 **쪼개짐 반응(cleavage)**이라 한다.

이중 결합의 탄소가 4개의 치환기를 가지면, 2개의 케톤(ketone)이 생성되며(①),

이중 결합의 탄소에 수소 1개가 결합되어 있으면 카복실산(carboxylic acid)이 생성된다(②). 이중 결합의 한 개의 탄소에 수소가 2개 결합되어 있으면 이산화 탄소($CO_2$)를 생성한다(②).

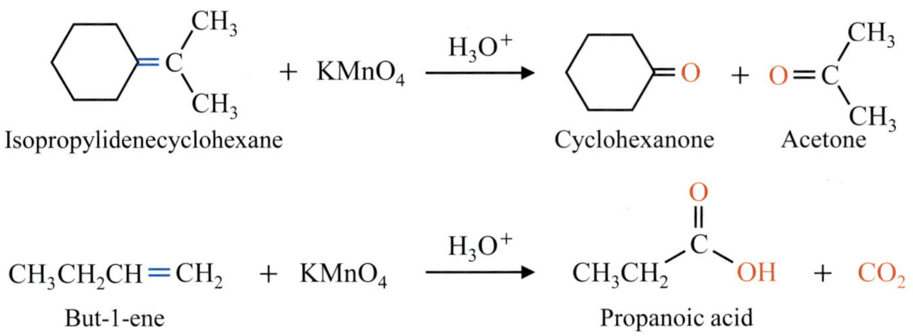


**산성 용액에서 알켄과 $KMnO_4$의 산화 반응에 의한 카보닐 화합물 생성**

**예제 4.4** 미지의 알켄을 산성 용액에서 $KMnO_4$와 반응시켰더니, 아세톤과 이산화 탄소가 생성되었다. 이 알켄의 구조를 예측하시오.

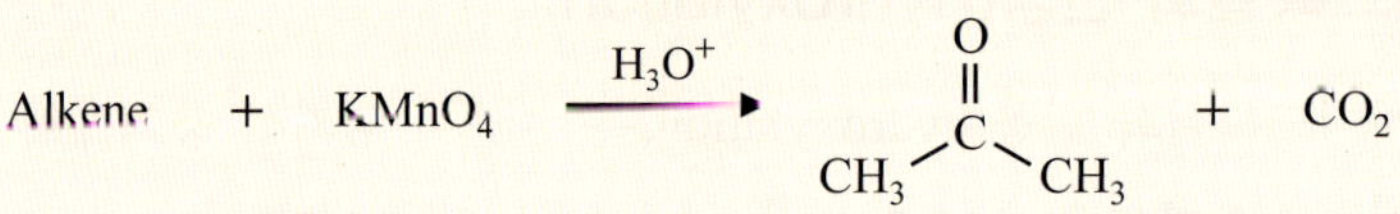


**풀이**

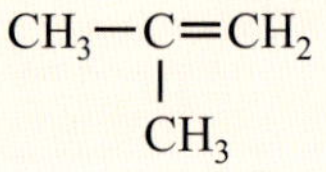

**문제 4.3** 알켄을 산성 용액에서 $KMnO_4$와 반응시켰더니, 2당량의 $CH_3CH_2CO_2H$ 화합물이 생성되었다. 이 알켄의 구조를 그리시오.

$$\text{Alkene} + KMnO_4 \xrightarrow{H_3O^+} 2\ CH_3CH_2CO_2H$$

**문제 4.4** 다음 반응식에서 예측되는 생성물의 구조를 그리시오.

①

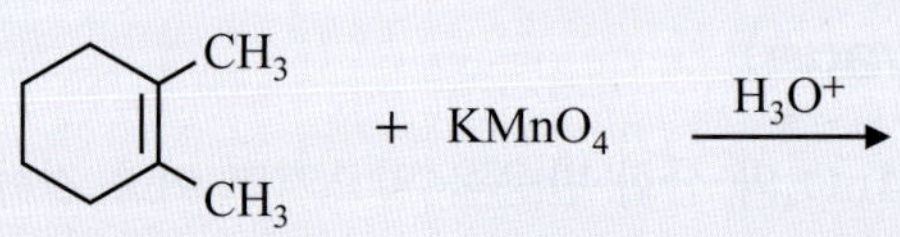

②

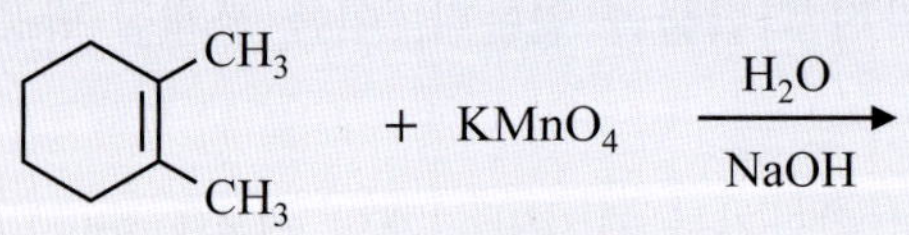

# 4-6 알켄의 라디칼의 첨가 반응: 고분자 합성

## 1. 생물학적 고분자(Biological polymer)

고분자(Polymer)는 단량체(monomer)라고 부르는 작은 분자가 수많은 반복적인 결합을 형성할 때 생성되는 화합물이다. 자연에서는 생물학적 고분자(biological polymer)를 만들어 이용하는 생물이 많다. 셀룰로스(cellulose)는 포도당(glucose)의 단량체가 반복되어 만들어지며, 단백질(protein)은 아미노산(amino acid) 단량체, 핵산(nucleic acid)은 뉴클레오타이드(nucleotide) 단량체가 반복되어 이루어진 고분자이다.

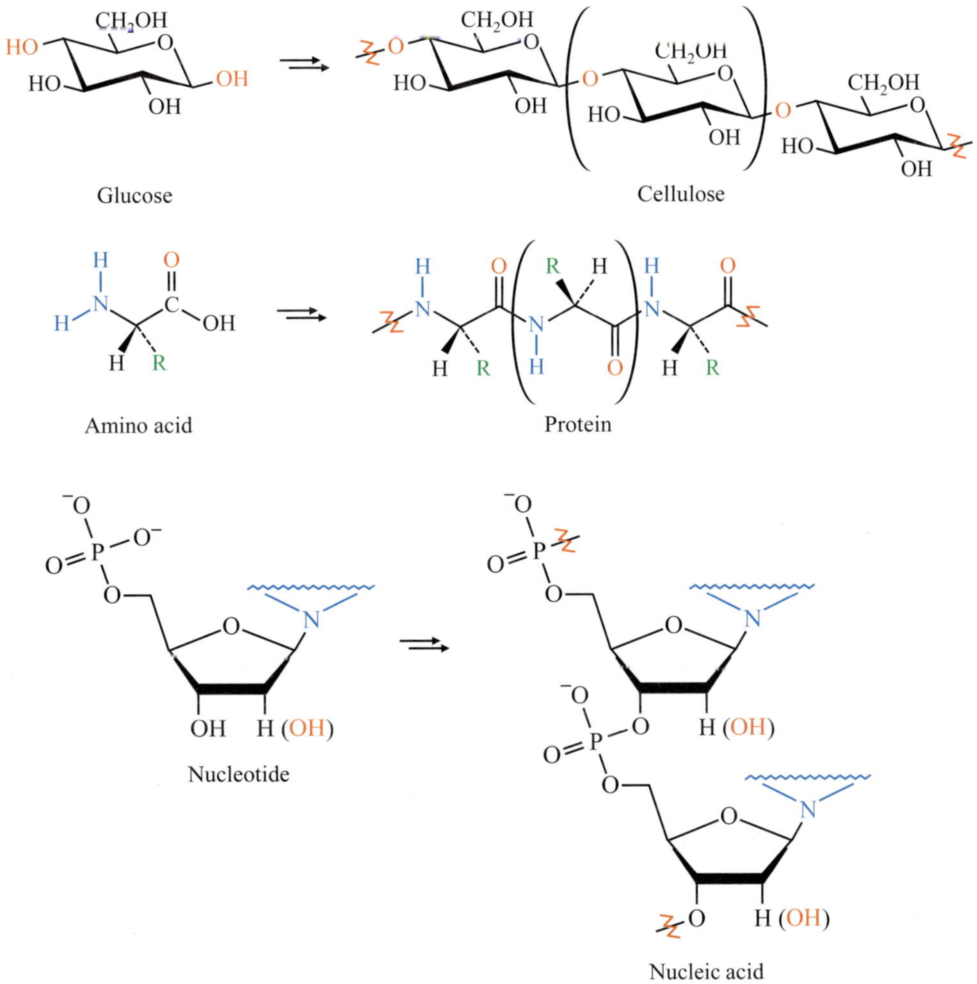


셀룰로스, 단백질, 핵산의 생물학적 고분자

## 2. 폴리에틸렌(Polyethylene)의 합성

에틸렌(Ethylene)을 단량체로 하는 가장 간단한 고분자인 폴리에틸렌(polyethylene)의 합성에 대해 살펴보자. 폴리에틸렌을 합성하기 위해서는 고온(100～250℃), 고압(1000～3000기압)에서 **과산화벤조일(benzoyl peroxide)과 같은 촉매가 필요하다.**

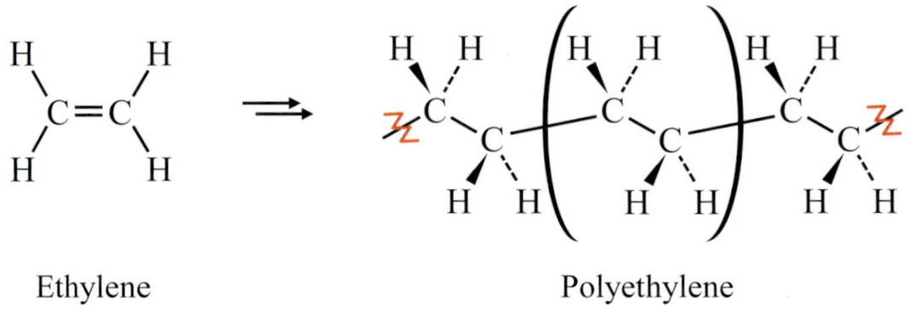


에틸렌를 이용한 폴리에틸렌의 합성

알켄의 **라디칼 중합 반응(radical polymerization)**은 개시 단계(initiation), 전파 단계(propagation), 종결 단계(termination)의 3단계로 이루어진다.

### 1) 개시 단계(Initiation)

중합 반응은 촉매에 의해 소량의 라디칼(radical)이 생성되면서 시작된다. 과산화벤조일이 개시제로 사용될 때, 가열에 의하여 O−O 결합이 대칭적으로 끊어지고(symmetrical bond breaking), 벤조일옥시 라디칼(benzoyloxy radical)이 생성된다. 이 라디칼은 에틸렌의 C=C 이중 결합에 첨가되어 **탄소 라디칼(carbon radical)**을 생성한다.

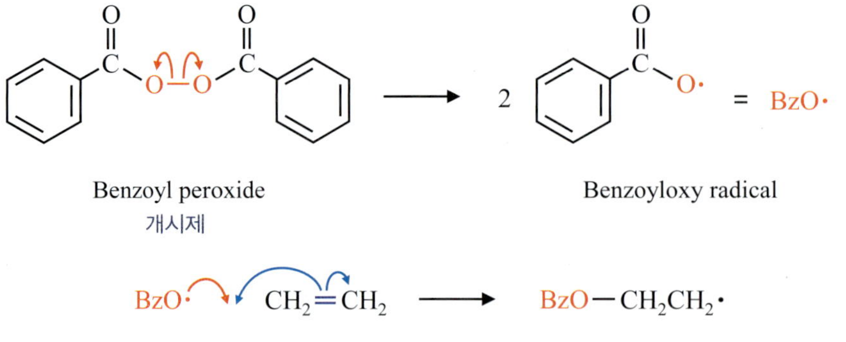


개시제에 의한 탄소 라디칼의 생성

### 2) 전파 단계(Propagation)

개시 단계에서 생성된 탄소 라디칼이 다른 에틸렌 분자에 첨가되면서 중합이 일어난다. 수백~수천 번 반복적으로 이러한 중합 반응이 일어나면서 고분자 사슬(polymer chain)이 만들어진다.

$$\mathrm{BzOCH_2CH_2\cdot} + \mathrm{CH_2{=}CH_2} \longrightarrow \mathrm{BzOCH_2CH_2CH_2CH_2\cdot}$$

$$\xrightarrow[\text{many times}]{\text{Repeat}} \mathrm{BzO(CH_2CH_2)_nCH_2CH_2\cdot}$$

**에틸렌 분자의 반복적인 중합에 의한 고분자 사슬의 생성**

### 3) 종결 단계(Termination)

라디칼이 소진되는 반응이 일어남으로써 결국 중합 반응이 종결된다.

$$2\,\mathrm{R{-}CH_2CH_2\cdot} \longrightarrow \mathrm{R{-}CH_2CH_2CH_2CH_2{-}R}$$

**라디칼 소진에 의한 알켄의 중합 반응 종결**

## 3. 대표적인 알켄의 고분자와 그의 용도

앞에서 살펴본 폴리에틸렌뿐만 아니라 다양한 알켄의 고분자가 산업적인 용도로 많이 이용되고 있다. 표 4.1에서 대표적인 알켄의 고분자와 그 용도가 정리되어 있다.

**표 4.1 대표적인 알켄의 고분자 및 그 용도**

| 단량체 | 화학식 | 고분자 | 응용 |
|---|---|---|---|
| Ethylene | $CH_2{=}CH_2$ | Polyethylene(PE) | 식품 자루, 포장재, 엉덩이 관절, 우유 용기 |
| Propene (Propylene) | $CH_2{=}CHCH_3$ | Polypropylene (PP) | 밧줄, 양탄자 |
| Chloroethylene (Vinyl chloride) | $CH_2{=}CHCl$ | Polyvinyl chloride(PVC) | 절연체, 필름, 파이프 |
| Styrene | $CH_2{=}CHC_6H_5$ | Polystyrene | 발포제, 커피 컵, 포장재 |
| Tetrafluoro ethylene | $CF_2{=}CF_2$ | Teflon | 기능성 등산복(Gore-Tex membrane), 후라이팬 코팅재(nonstick coatings), 의료 보형물 |

# 4-7 콘쥬게이션 다이엔

지금까지 이중 결합을 1개만 가진 불포화 화합물에 대하여 살펴보았다. 이번에는 **단일 결합과 이중 결합이 교대로 되어 있는**, 즉 콘쥬게이션(conjugated)된 화합물의 친전자성 첨가 반응(electrophilic addition)의 특징을 살펴보고자 한다.

다음 화합물 중 뷰타-1,3-다이엔(Buta-1,3-diene)은 **콘쥬게이션 다이엔(conjugated diene)**이지만, 펜타-1,4-다이엔(Penta-1,4-diene)은 비콘쥬게이션 다이엔(nonconjugated diene)이다.

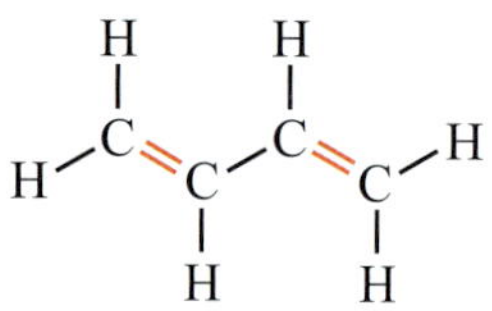

Buta-1,3-diene
Conjugated diene

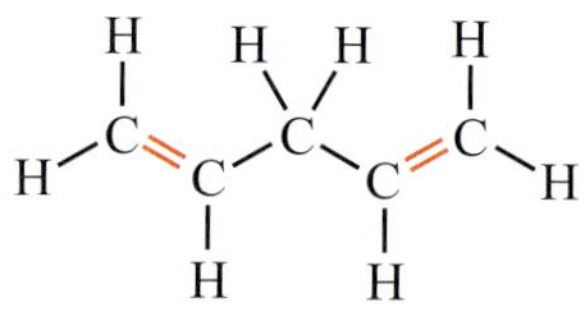

Penta-1,4-diene
Non-conjugated diene

**콘쥬게이션 다이엔과 비콘쥬게이션 다이엔의 비교**

## 1. 1,2-첨가 반응(1,2-Addition reaction)과 1,4-첨가 반응 (1,4-Addition reaction)

콘쥬게이션 다이엔(Conjugated diene)의 첨가 반응의 생성물로, 일반 알켄과 같이 Markovnikov 규칙에 따라 한 가지의 생성물을 예측할 수 있다. 그러나 콘쥬게이션

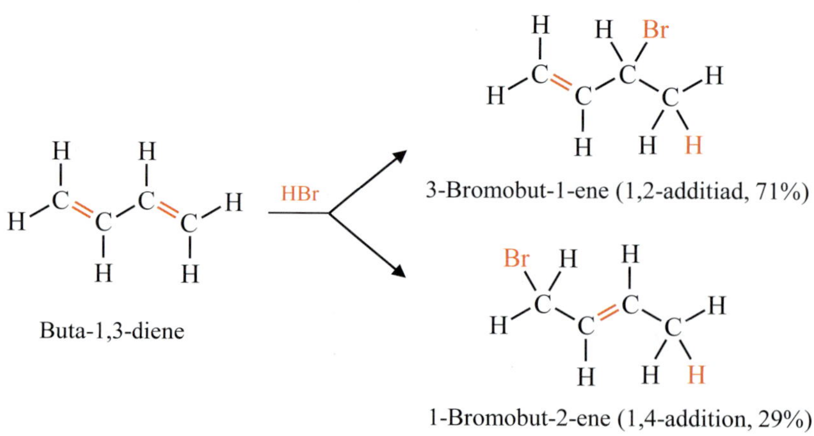


**Buta-1,3-diene과 HBr의 친전자성 첨가 반응에 의한 1,2-첨가와 1,4-첨가 혼합물 생성**

다이엔에 HX가 첨가될 때, 보통 생성물이 혼합물로 생긴다. 예를 들어, 뷰타-1,3-다이엔에 HBr을 반응시키면, 3-브로모뷰트-1-엔(3-Bromobut-1-ene)과 1-브로모뷰트-2-엔(1-Bromobut-2-ene)의 혼합물을 얻는다. 이때, 3-브로모뷰트-1-엔은 Markovnikov 규칙에 따라 첨가되어 만들어진 **1,2-첨가(1,2-addition)** 생성물이지만, 1-브로모뷰트-2-엔은 이중 결합이 C2와 C3 사이로 자리를 이동하고, HBr이 C1과 C4에 첨가된 **1,4-첨가(1,4-addition)** 생성물이다.

## 2. 1,4-첨가 반응과 알릴 탄소 양이온(Allylic carbocation)

1,4-첨가 반응이 일어날 때, 반응의 중간체(intermediate)로 알릴 탄소 양이온(allylic carbocation)이 생성된다. 알릴(allylic)은 '이중 결합 다음'이라는 뜻이다. $H^+$가 뷰타-1,3-다이엔의 π 결합에 첨가될 때, 비알릴 탄소 양이온(non-allylic carbocation, 1차)과 **알릴 탄소 양이온(allylic carbocation**, 2차)이 생성될 가능성이 있으나, **알릴 탄소 양이온이 훨씬 더 안정하므로 빠르게 형성된다.**

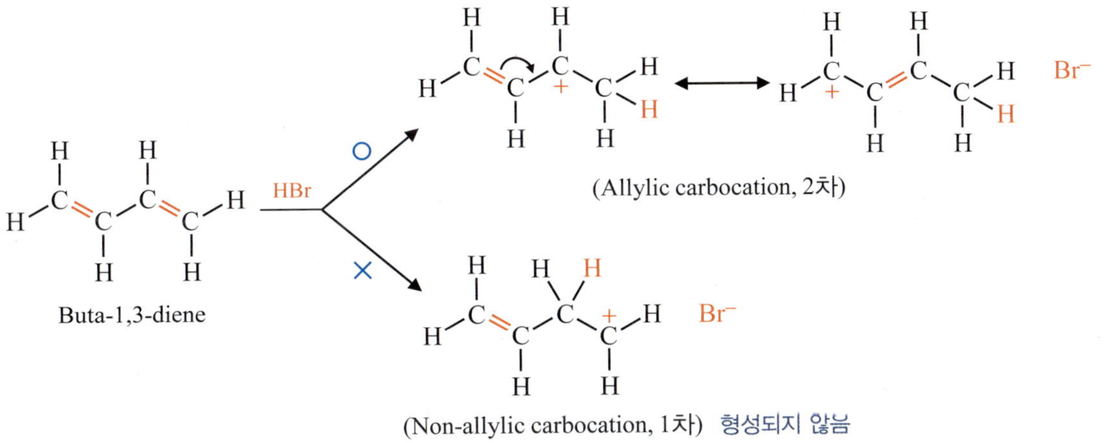


Buta-1,3-diene과 HBr의 친전자성 첨가 반응에 의한 알릴 탄소 양이온의 생성

## 3. 알릴 탄소 양이온의 안정성

알릴 탄소 양이온의 안정성을 설명하기 위해서 먼저 알릴 탄소 양이온의 오비탈을 살펴보자. 탄소 원자 3개는 $sp^2$ 혼성화되어 있으며, 각 탄소는 $p$ 오비탈을 가지고 있

다. 또한 2개의 전자는 3개의 $p$ 오비탈 사이에서 자유롭게 움직일 수 있다. 그러므로 중간 탄소 원자의 $p$ 오비탈은 좌우의 탄소 원자 중 어느 하나의 $p$ 오비탈과 잘 겹칠 수 있다.

### 1) 알릴 탄소 양이온의 공명 구조(Resonance form)

알릴 탄소 양이온은 2가지 종류로 그릴 수 있는데, 다음 그림처럼 이중 결합을 왼쪽에, 비어 있는 $p$ 오비탈을 오른쪽에 그리거나 이중 결합을 오른쪽에, 비어 있는 $p$ 오비탈을 왼쪽에 그릴 수 있다.

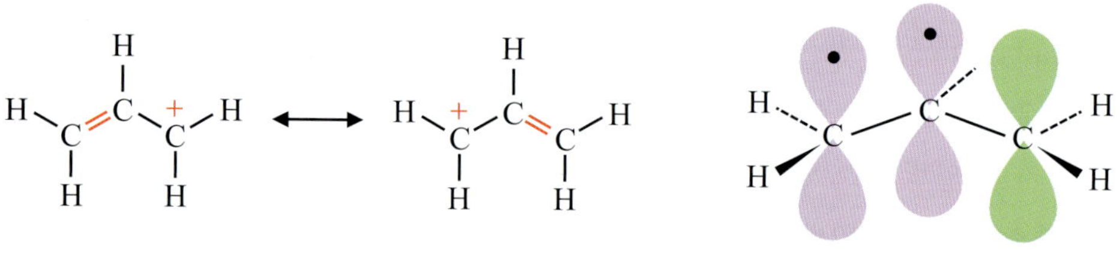

알릴 탄소 양이온의 공명 구조

이러한 2개의 구조를 **공명 구조(resonance form)**라 하고 **쌍방 화살표**로 나타낸다. 알릴 탄소 양이온은 이 두 공명 구조 사이를 왔다 갔다 하는 것이 아니라, 두 구조 사이의 어딘가에 있다고 볼 수 있다.

즉, 알릴 탄소 양이온의 $\pi$ 전자들이 분자에 퍼져 있고, 양전하가 3개의 탄소 원자에 동등하게 나뉘어 **비편재화(delocalized)**되어 있기 때문에 **알릴 탄소 양이온은 공명에 의해 안정화되어 있다.** 가능한 공명 구조가 많을수록 안정성은 커진다.

$$\overset{1/2+}{CH_2} \cdots CH \cdots \overset{1/2+}{CH_2}$$

알릴 탄소 양이온의 $\pi$ 전자와 양전하의 비편재화

그러므로 뷰타-1,3-다이엔에 $H^+$가 첨가되어 생성된 알릴성 탄소 양이온이 $Br^-$ 이온과 반응하여 반응이 완결될 때, 1,2−첨가 생성물과 1,4−첨가 생성물이 혼합되어 얻어진다.

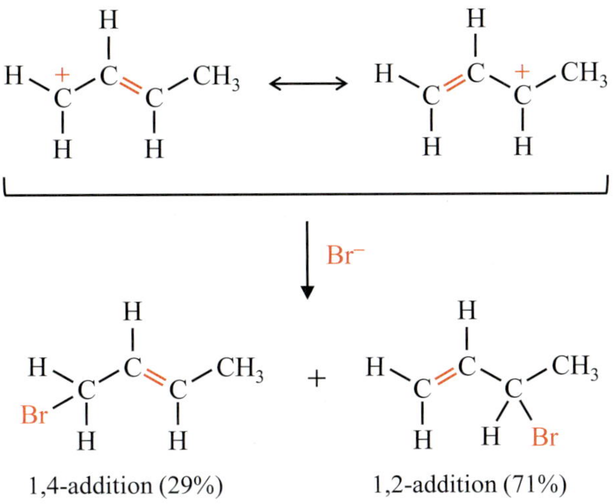


Buta-1,3-diene과 HBr의 친전자성 첨가 반응에 의한 1,2–첨가와 1,4–첨가 반응 메커니즘

## 4-8 공명 구조

일반적으로 어떤 3개의 원자가 각 원자의 *p* 오비탈과 함께 그룹을 이루면 두 개의 공명 구조를 갖는다.

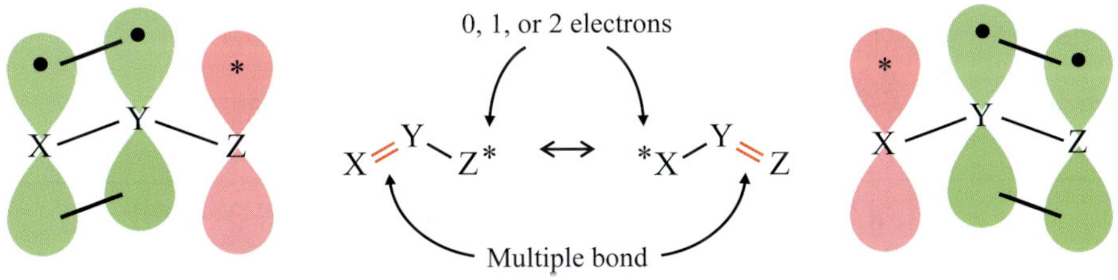


공명 구조를 갖는 분자 구조

즉, 원자 X, Y 및 Z는 C, N, O, P, S 또는 다른 원자일 수 있고, **별표(*)는 Z 원자의 *p* 오비탈이 비어 있거나(양이온), 하나의 전자(라디칼) 또는 비공유 전자쌍을 갖고 있음(음이온)을 의미한다.** 2개의 공명 구조는 이중 결합의 위치와 별표(*)가 그룹을 이루는 3개의 원자의 한쪽 끝에서 다른 쪽 끝으로 바뀐 것이 다르다.

## 1. 아세트산 음이온(Acetate ion)의 공명 구조

아세트산 음이온(Acetate ion)에서 2개의 산소가 π 전자와 음전하를 동등하게 공유함으로써 2개의 C−O 길이가 동일하다는 사실을 공명 이론으로 설명이 가능하다.

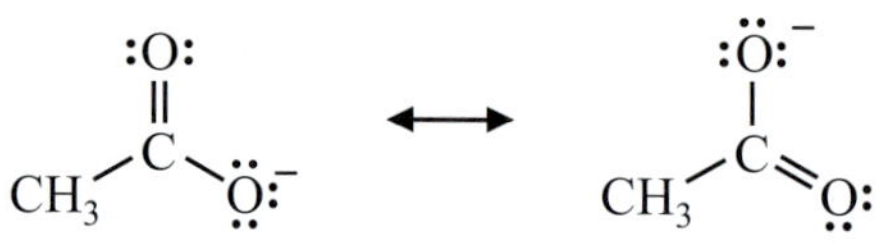

Acetate ion의 공명 구조

## 2. 나이트로메테인(Nitromethane)의 공명 구조

나이트로메테인(Nitromethane)은 2개의 공명 구조를 가지는데 이중 결합을 위쪽의 산소나 아래쪽의 산소에 나타낼 수 있다.

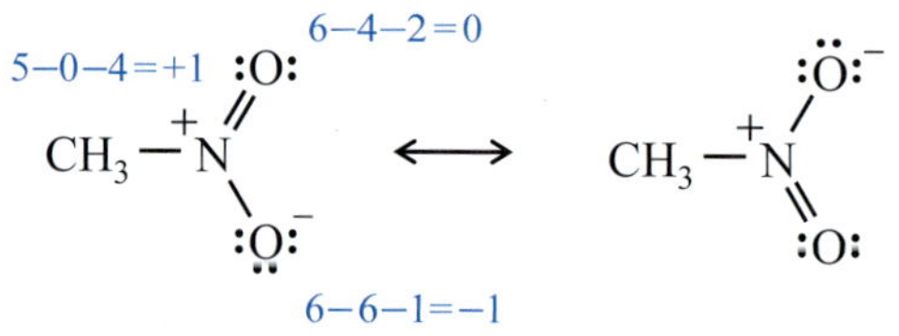


Nitromethane의 공명 구조

위의 공명 구조에서 각 원자의 형식 전하(formal charge)는 원자가 전자(valence electrons)에서 비공유 전자수(lone−pair electrons)와 결합수를 뺀 수이다.

| 원자의 형식 전하 = 원자가 전자 − 비공유 전자수 − 공유 결합수 |
|---|

**문제 4.5** 펜타-1,3-다이엔(Penta-1,3-diene)과 HCl이 반응하여 생성되는 모든 화합물의 구조를 그리시오.

$$CH_2=CH-CH=CH-CH_3 + HCl \longrightarrow$$

**문제 4.6** 다음 이온의 공명 구조를 그리시오.

① 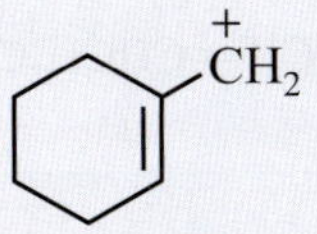

② 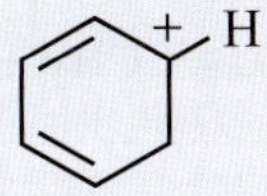

## 4-9 알카인의 반응

### 1. 알카인(Alkyne)

알카인(Alkyne)은 C−C의 삼중 결합을 가지고 있는 탄화수소이며, C≡C 결합은 한 개의 *sp*−*sp* 시그마 결합과 2개의 파이 결합으로 구성된다. 알카인의 일반식은 $\mathbf{C_nH_{2n-2}}$이다. 3−2절에서 배운 대로 이름의 말단을 '−yne'으로 쓰고, **삼중 결합 탄소가 가장 작은 번호**가 되도록 하며 삼중 결합의 위치는 −yne 앞에 번호를 적는다.

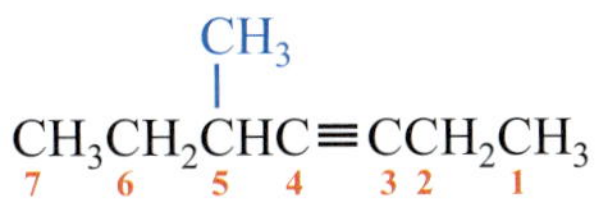

5-Methylhept-3-yne

또한, **삼중 결합과 이중 결합을 모두 포함한 화합물은 엔아인(enyne)**으로 표기한다. 이때 **삼중 결합보다 이중 결합에 더 작은 번호가 주어지도록** 해야 한다.

Pent-1-en-4-yne

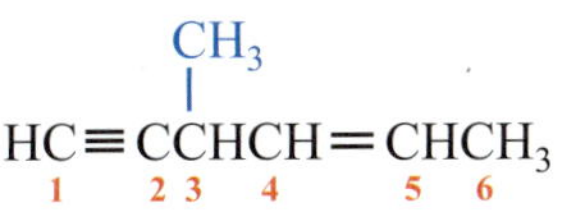

3-Methylhex-4-en-1-yne

> **문제 4.7** 다음 화합물을 IUPAC에 맞게 명명하시오.
>
> ① 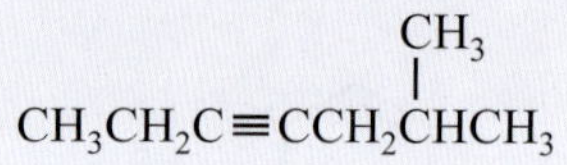
>
> ② $CH_3CH{=}CHCH_2C{\equiv}CCH_3$

## 2. 알카인(Alkyne)의 반응

### 1) $H_2$ 첨가 반응(환원 반응)

알카인을 팔라듐 촉매 위에서 $H_2$ 2당량으로 환원시키면 알켄 중간체를 거쳐 알케인으로 쉽게 전환된다. 만약에 알켄 단계에서 반응을 정지시키고자 한다면, **Lindlar 촉매(palladium on calcium carbonate, Pd/CaCO$_3$)**를 사용한다. 그러면 ***cis*−알켄**을 얻을 수 있는데, 이는 수소화 반응(hydrogenation)이 **syn−입체 화학**으로 일어나기 때문이다.

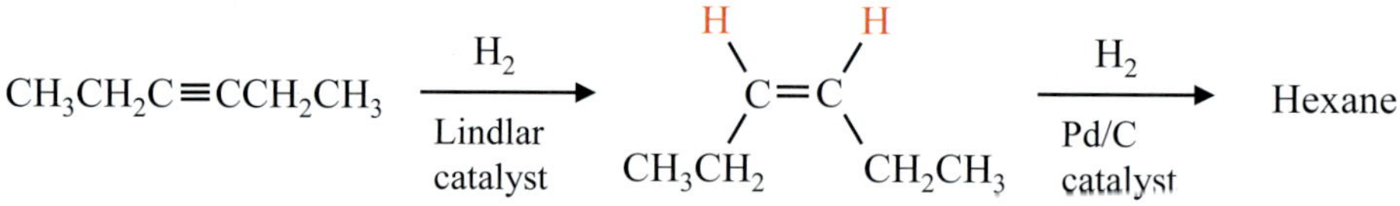


Hex-3-yne　　*cis*-Hex-3-ene

Lindlar 촉매를 이용한 알카인의 환원 반응에 의한 *cis*−알켄의 합성

### 2) HX 첨가 반응

알카인은 HCl, HBr, HI와 반응하여 첨가 생성물을 형성한다. 1당량의 HX와 반응 후에는 알켄을 생성하지만, 과량의 HX에 의해서는 **Markovnikov 규칙**에 따라 반응이 진행된다.

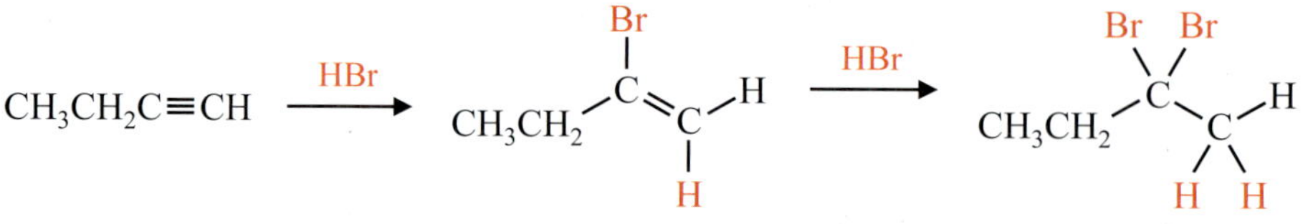


But-1-yne　　2-Bromobut-1-ene　　2,2-Dibromobutane

But-1-yne과 HBr의 친전자성 첨가 반응

### 3) $X_2$ 첨가 반응

알카인에 1당량의 $Br_2$ 또는 $Cl_2$가 첨가되면 **트랜스 생성물**, 즉 안티(anti) 생성물이 형성된다. 과량의 $X_2$와 반응을 하면 4개의 할로젠이 첨가된 알케인이 형성된다.

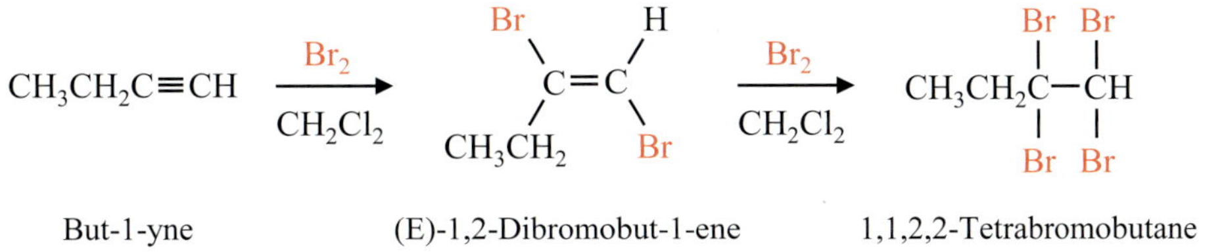


But-1-yne과 $Br_2$의 친전자성 첨가 반응에 의한 트랜스 생성물 형성

### 4) $H_2O$ 첨가 반응

알카인에 $H_2O$가 첨가되는 반응은 $HgSO_4$ 촉매하에서 황산(sulfuric acid, $H_2SO_4$)으로 처리될 때 일어난다. **Markovnikov 규칙**에 따라 안정한 탄소 양이온이 생성되는 방향으로 물의 첨가 반응이 일어난다. 이때 반응 중간에 생성되는 **엔올(enol)**은 수소의 자리 옮김으로 인하여 **더 안정한 케톤으로 빠르게 상호 전환된다.**

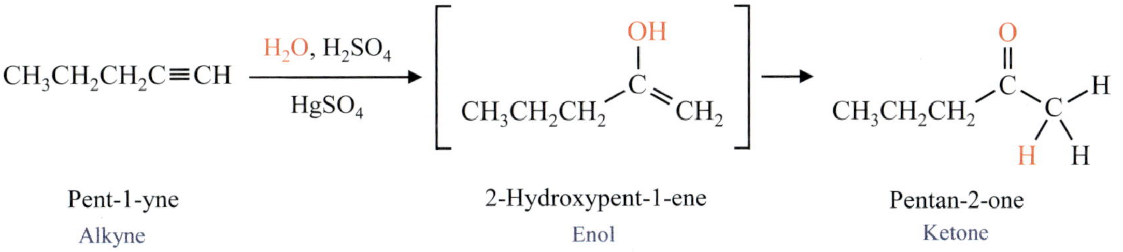


Pent-1-yne과 $H_2O$의 친전자성 첨가 반응에 의한 엔올로부터 케톤으로의 전환

알카인의 내부에 삼중 결합이 있을 때(R−C≡C−R′)는 2개의 케톤 혼합물이 생성되지만, **말단에 삼중 결합이 있을 때(R−C≡C−H)**는 오직 단일 생성물인 **메틸 케톤(methyl ketone)이 형성**된다.

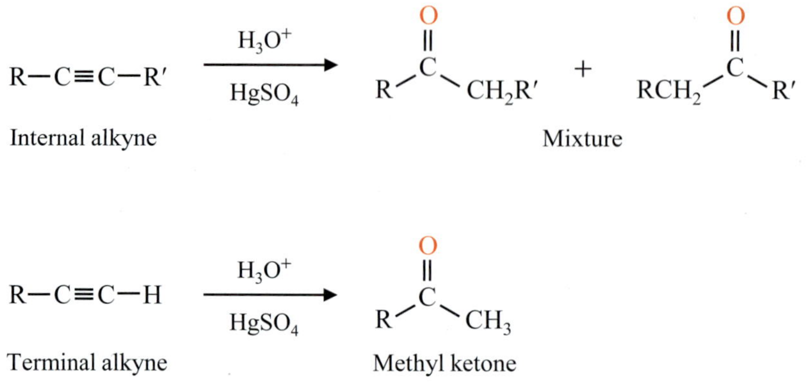


Internal 알카인 또는 Terminal 알카인과 $H_2O$의 친전자성 첨가 반응에 의한 생성물 비교

### 5) 아세틸렌화 음이온(Acetylide anion)의 생성 반응

알켄의 p$K_a$ = 44이면 말단 알카인(terminal alkyne, R−C≡C−H)의 p$K_a$ = 25로서 **알켄보다 약산성을 띤다.** 그래서 말단 알카인을 센 염기인 $NaNH_2$로 처리하면, 말단 수소가 제거되어 **아세틸렌화 음이온(acetylide anion)**이 형성된다.

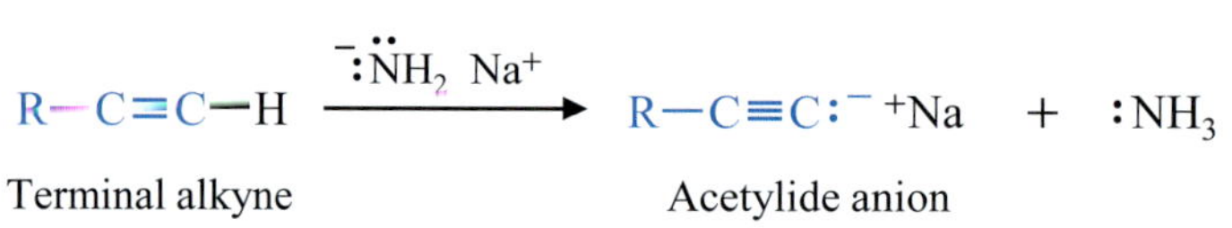


말단 알카인과 $NaNH_2$의 반응에 의한 아세틸렌화 음이온(acetylide anion)의 생성

차후 7장에서 다루겠지만, **아세틸렌화 음이온은 탄소수를 늘린 알케인을 합성하는 데 매우 유용하게 사용된다.**

**예제 4.5** 4-메틸펜트-1-아인(4-Methylpent-1-yne)에 물의 첨가 반응을 통하여 생성되는 화합물은 무엇인가?

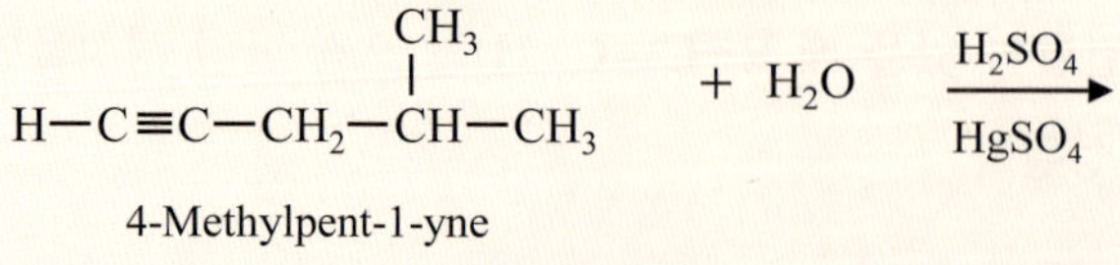

**풀이**

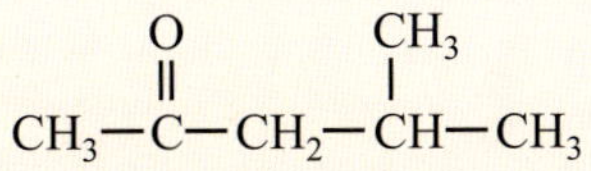

4-Methylpentan-2-one

**문제 4.8** 다음 반응식에서 생성물을 예측하시오.

① $CH_3CH_2CH_2C\equiv CH \quad + \quad Cl_2 \quad \longrightarrow$

②

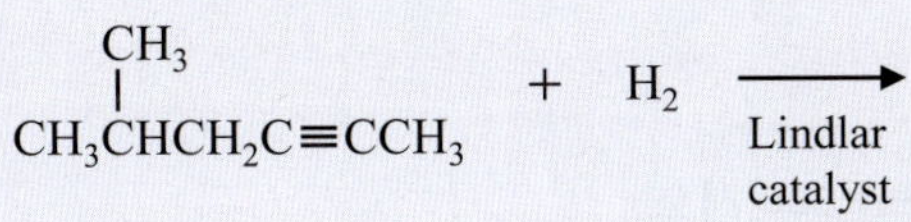


**문제 4.9** 어떤 알카인에 $H_2O$를 첨가하면 다음과 같은 케톤을 얻을 수 있는 지 예측하시오.

①

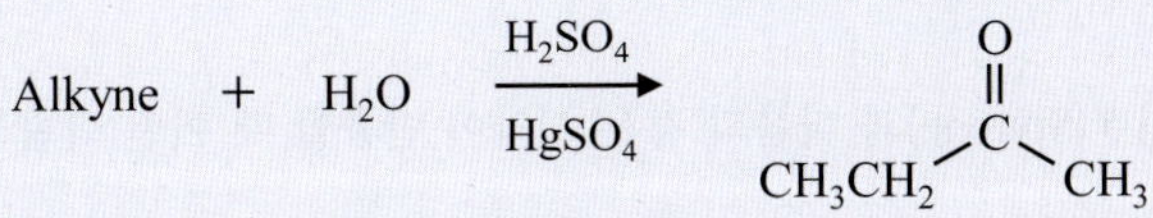

②

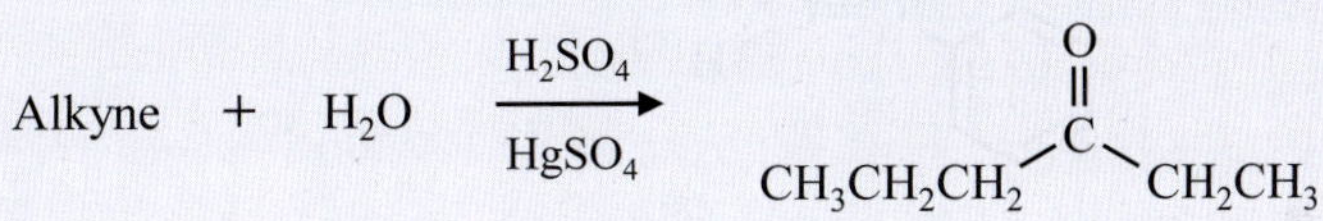

# 연습문제

**4.1** 다음 화합물의 IUPAC 명을 적으시오.

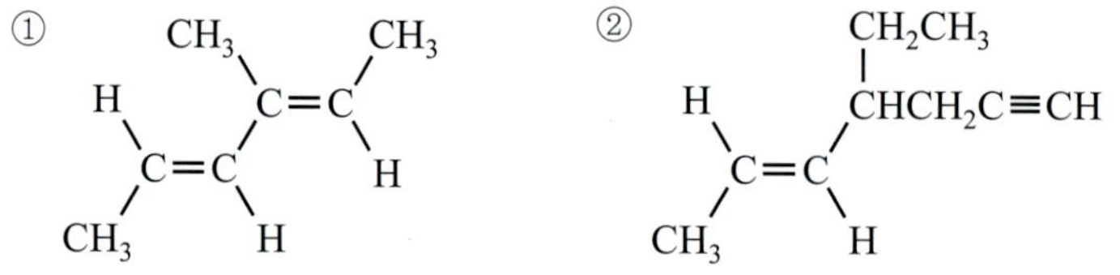

**4.2** 다음 화합물의 구조를 그리시오.

① 3,5-Dimethylhex-4-ene-1-yne

② 1-Methylcyclopenta-1,3-diene

**4.3** 스타이렌(Styrene)과 다음과 같은 시약이 반응할 때 어떤 화합물이 생성되는가?

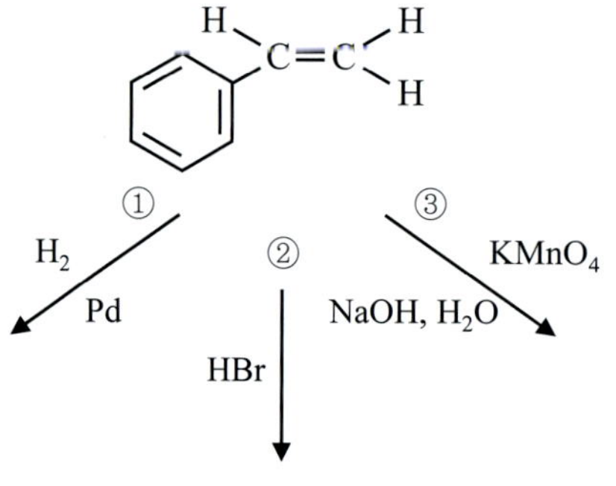


**4.4** 헥스-1-아인(Hex-1-yne)과 다음과 같은 시약이 반응할 때 어떤 화합물이 생성되는가?

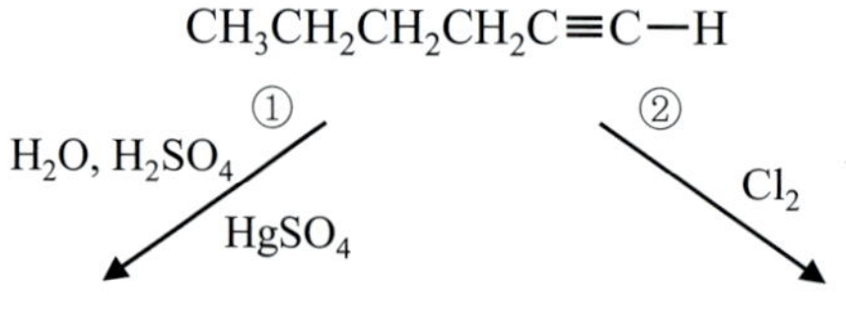

**4.5** 다음 반응식에서 각 단계별 생성되는 화합물의 구조를 시스 또는 트랜스 입체 화학을 고려하여 그리시오.

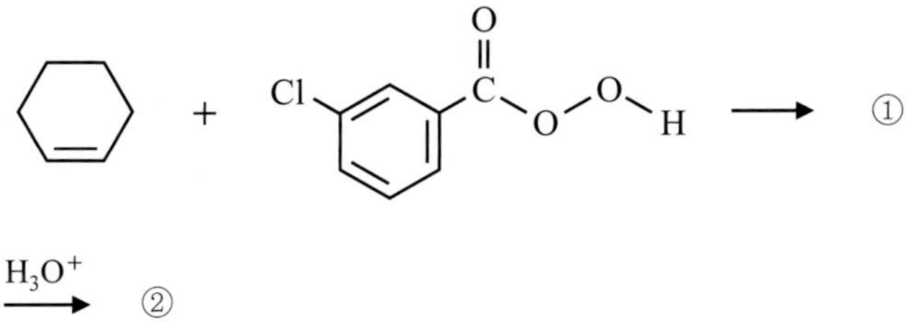


**4.6** 다음 반응에서 해당하는 반응물과 반응에 필요한 시약을 적으시오.

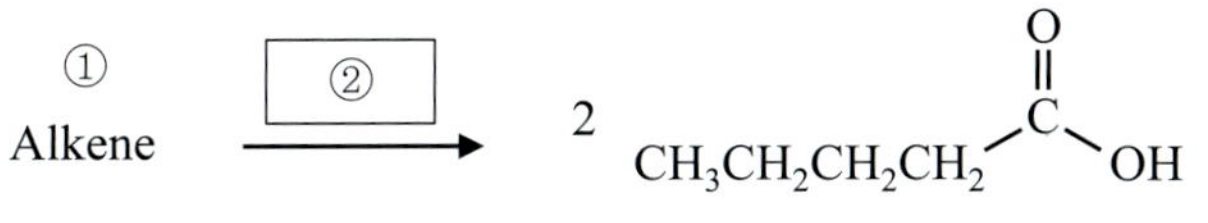


**4.7** 다음 케톤을 얻기 위하여 어떤 알카인을 수화 반응시키겠는가?

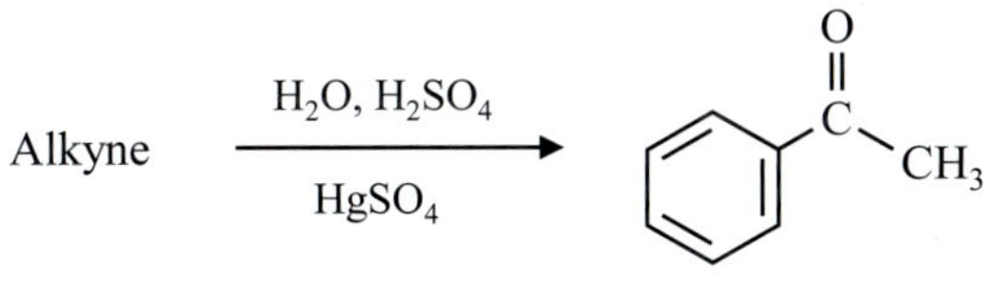


**4.8** 다음 알코올을 얻기 위하여 어떤 알켄(alkene)을 수화 반응시키겠는가?

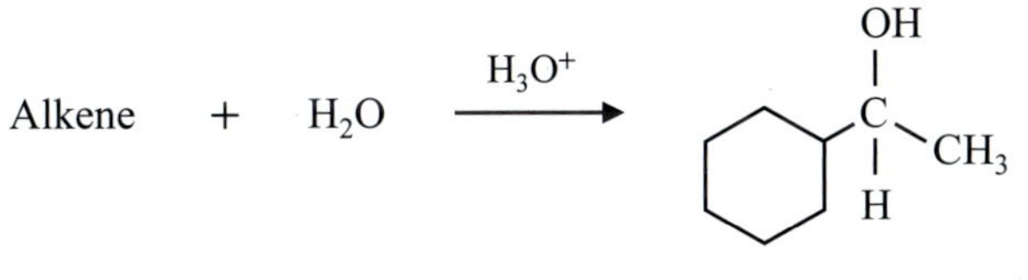

**4.9** 뷰타-1,3-다이엔과 HBr이 반응하여 생성되는 모든 화합물의 구조를 그리시오.

$$CH_2{=}CH{-}CH{=}CH_2 \xrightarrow{HBr}$$

**4.10** 다음 벤질 양이온(benzyl cation)의 공명 구조를 그리시오.

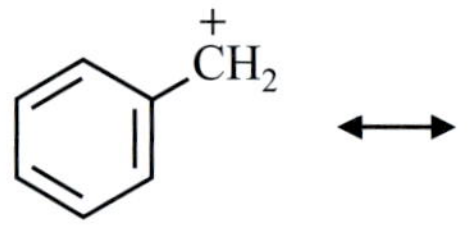

# 제5장

# 방향족 화합물

유기화학의 발달 초기에는 **방향족(aromatic)**이라는 용어가 '향기로운 화합물'을 기술하는 데 쓰였다. 이들은 주로 식물성 기름, 향유(balsams), 수지(resins)로부터 얻어졌다. 학문이 발전하면서 방향족으로 분류되는 물질이 화학적 성질 측면에서 다른 화합물과 다르다는 것을 알게 되었다.

녹매화

항암 효과를 나타내는 Benzaldehyde 성분 96.3%가 함유됨

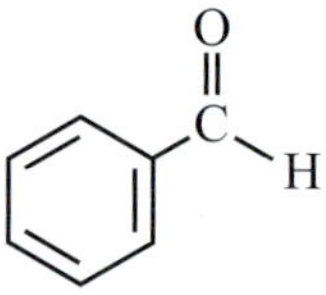


Benzaldehyde

오늘날의 방향족은 좋은 향기와의 관련성보다는 3개의 이중 결합을 지닌 벤젠과 같은 육각형의 고리 화합물군을 의미한다. **벤젠(benzene)**은 실험실에서 용매로 많이 사용되지만, 벤젠에 오래 노출될수록 백혈구의 수치가 감소되므로 건강에 악영향을 끼칠 수 있다.

담배 연기

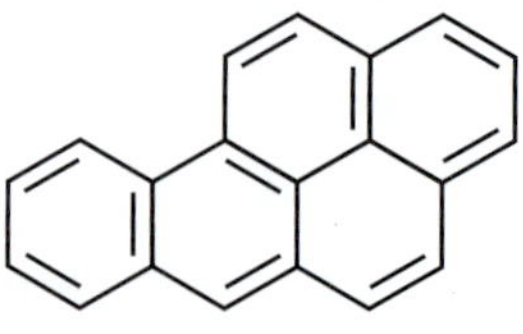

Benzo[a]pyrene

담배 연기의 한 성분이며 발암 물질

본 장에서는 방향족 화합물(aromatic compounds)이 이중 결합을 지닌 알켄(alkene)과 반응성에서 어떤 차이점이 있는지 알아보고자 한다.

# 5-1 벤젠의 특성

## 1. 벤젠의 치환 반응

벤젠(Benzene, $C_6H_6$)은 단일 결합(single bond)과 이중 결합(double bond)이 교대로 된 육각형의 고리 화합물로서 탄소가 6개인 알케인($C_6H_{14}$)보다 수소가 8개가 부족한 **불포화 탄화수소(unsaturated hydrocarbon)**이다. 하지만 알켄과는 달리 첨가 반응을 하지 않을 뿐만 아니라 반응성도 약하다.

다음의 예를 살펴보면, 사이클로헥센(Cyclohexene)은 $Br_2$와 빠르게 반응하여 트랜스-1,2-다이브로모사이클로헥세인(*trans*-1,2-Dibromocyclohexane)이라는 첨가 생성물을 형성한다. 그러나 벤젠은 $Br_2$와 느리게 반응하여 $C_6H_5Br$이라는 **치환 생성물을 형성**한다.

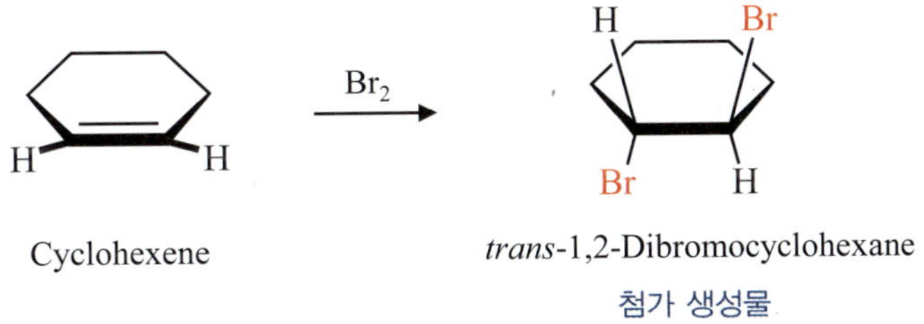


사이클로헥센과 $Br_2$의 친전자성 첨가 반응

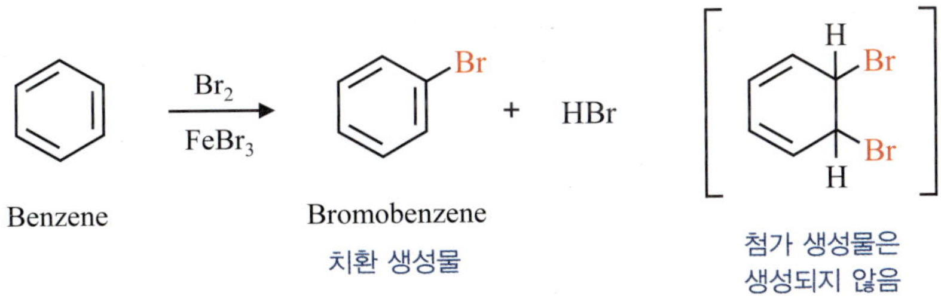


벤젠과 $Br_2$의 친전자성 치환 반응

## 2. 벤젠의 공명 혼성 구조(Resonance hybrid structure)

벤젠은 이중 결합을 지니고 있음에도 불구하고 6개의 C−C 결합 길이가 같으며, 각 C−C 결합의 길이는 **단일 결합(154 pm)과 이중 결합(134 pm)의 중간인 139 pm**를 나타낸다. 벤젠은 **정육각형 모양**(regular hexagon shape)을 한 평평한 분자이며, 모든 C−C−C 결합각이 **120°**이다. 6개의 탄소 원자는 $sp^2$ 혼성화되어 있으며, 각 탄소는 육각 고리의 면에 수직한 $p$ 오비탈을 가진다.

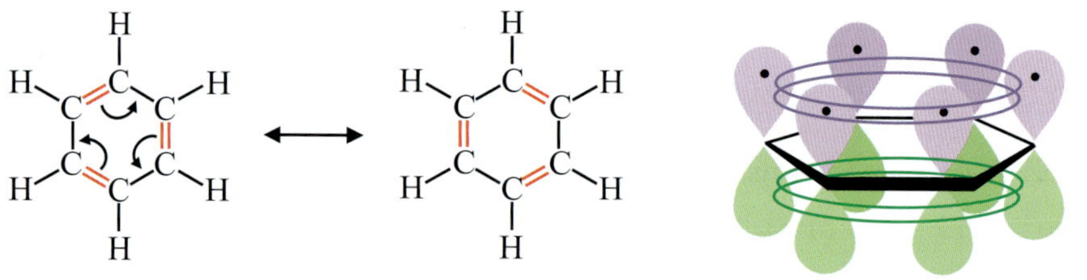

벤젠의 공명 혼성 구조

$p$ 오비탈은 이웃한 $p$ 오비탈과 겹쳐서 3개의 파이 결합을 만들지만, 벤젠의 $\pi$ 전자들은 알켄의 $\pi$ 결합을 이루는 $\pi$ 전자들처럼 편재화되어 있지 않고 벤젠 고리에 전체적으로 **비편재화(delocalized)**되어 있는 **공명 혼성 구조(resonance hybrid structure)**를 가진다. 공명 구조에 대해 4−7절과 4−8절에서 언급했듯이, 벤젠의 참된 구조(true structure)는 두 공명 구조 사이의 어느 곳에 있다고 볼 수 있다.

**벤젠은 이러한 공명 혼성 구조로 인하여 알켄보다 더 안정하여 반응성은 떨어지게 된다.**

# 5-2 방향족 화합물의 명명법

방향족 화합물은 대체로 관용명을 많이 가지고 있는데, 몇 가지 관용명으로 널리 사용되고 있는 것은 IUPAC 명명 체계에서도 사용을 허락하고 있다. 표 5.1에는 몇 가지 방향족 화합물의 관용명이 정리되어 있다.

**표 5.1** 몇 가지 방향족 화합물의 관용명

| No. | 구조 | 이름 | No. | 구조 | 이름 |
|---|---|---|---|---|---|
| 1 | 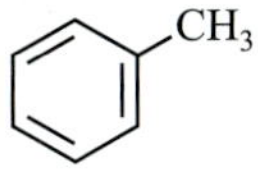 | Toluene | 5 | 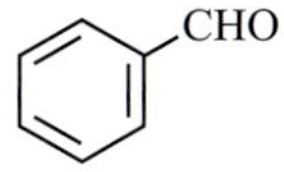 | Benzaldehyde |
| 2 | 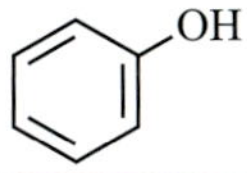 | Phenol | 6 | 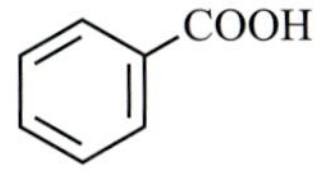 | Benzoic acid |
| 3 | 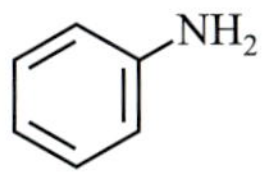 | Anline | 7 | 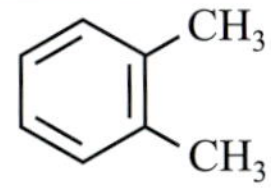 | *ortho*−Xylene |
| 4 | 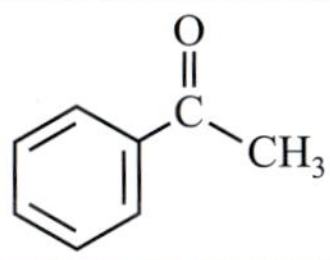 | Acetophenone | 8 | 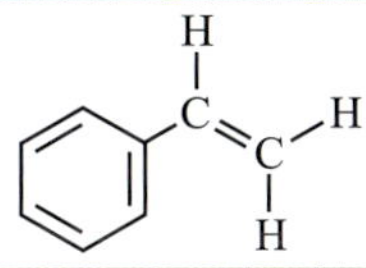 | Styrene |

## 1. 일치환 벤젠(Monosubstituted benzene)

벤젠에 치환기(substituent)가 1개 있는 경우, 기본명(parent name)을 벤젠으로 쓰고 다른 탄화수소와 같이 체계적으로 명명한다. 예를 들어 $C_6H_5Cl$은 클로로벤젠(Chlorobenzene), $C_6H_5CH_2CH_3$는 에틸벤젠(Ethylbenzene)이라 한다. 또한 벤젠에서 수소 하나가 제거되고 남아있는 부분을 **페닐기(phenyl group**, $-C_6H_5$)라 부르며, $C_6H_5CH_2-$에 대해서는 **벤질기(benzyl group**)라고 부른다.

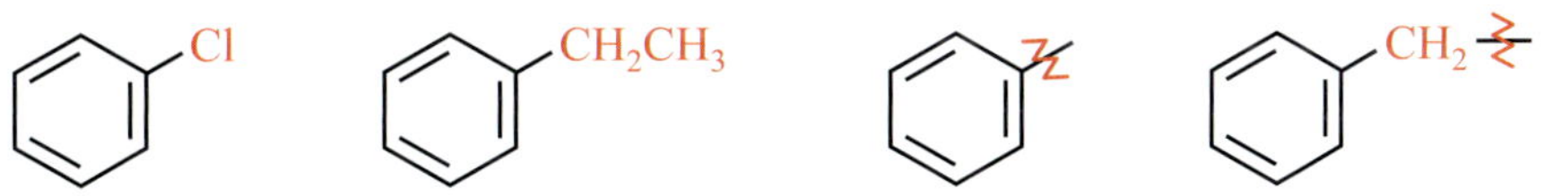

Chlorobenzene　Ethylbenzene　Phenyl group　Benzyl group

**일치환 벤젠**　**방향족 치환기**

## 2. 이치환 벤젠(Disubstituted benzene)

벤젠에 치환기(substituent)가 2개 있으면, 접두사 **오쏘(*ortho*−, *o*−)**, **메타(*meta*−, *m*−)**, **파라(*para*−, *p*−)로 구분**짓는다. 오쏘−이치환 벤젠은 1번과 2번 탄소에, 메타−이치환 벤젠은 1번과 3번 탄소에, 파라−이치환 벤젠은 1번과 4번 탄소에 치환기가 위치한다.

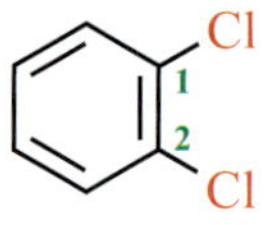

*ortho*-Dichlorobenzene

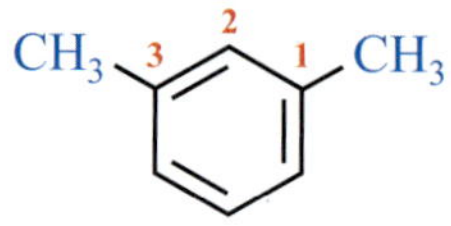

*meta*-Xylene

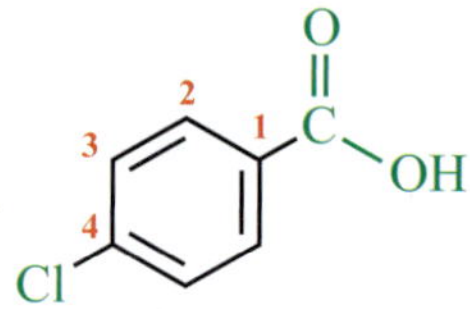

*para*-Chlorobenzoic acid

**이치환 벤젠**

## 3. 3개 이상 치환기를 가진 벤젠

치환기를 3개 이상 가진 벤젠에서는 **첫 번째 치환기를 1번으로 하고 두 번째 치환기가 가장 작은 번호가 되도록** 순서를 매긴다. 이름을 표기할 때는 알파벳 순서대로 치환기를 나열한다.

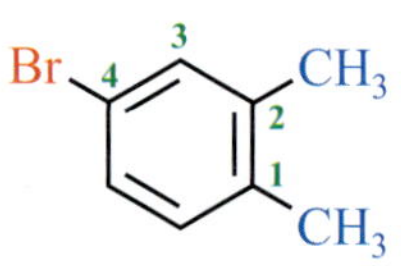

4-Bromo-1,2-Dimethylbenzene

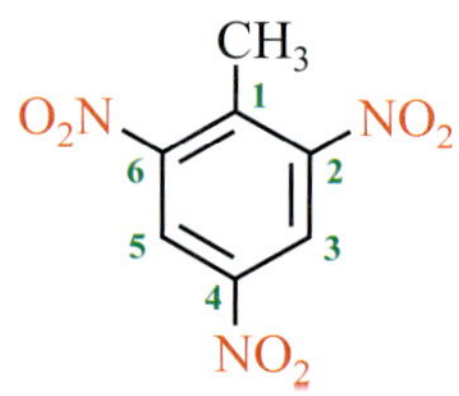

2,4,6-Trinitrotoluene (TNT)

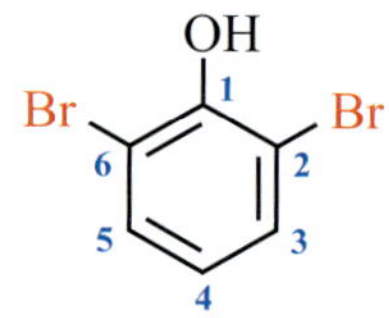

2,6-Dibromophenol

**3개 이상 치환기를 가진 벤젠**

두 번째와 세 번째 예에서는 벤젠 대신 각각 톨루엔(toluene)과 페놀(phenol)이라는 기본명(parent name)을 사용하였다. 이처럼 표 5.1에 기록된 일치환 방향족 화합물은 기본명으로 사용할 수 있으며 이때 **'주요한 치환기(principal substituent)'**, 즉 **톨루엔의 $-CH_3$와 페놀의 $-OH$가 있는 탄소를 1번으로 번호를 매겨야 한다.**

**예제 5.1** 다음 화합물을 IUPAC 명명법에 따라 명명하시오.

① 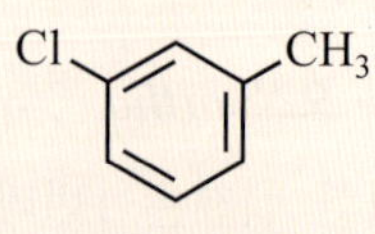

② 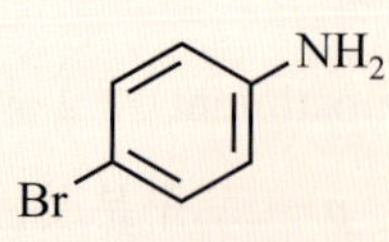

**풀이** ① *meta*−Chlorotoluene ② *para*−Bromoaniline

**문제 5.1** 다음 화합물을 IUPAC 명명법에 따라 명명하시오.

①

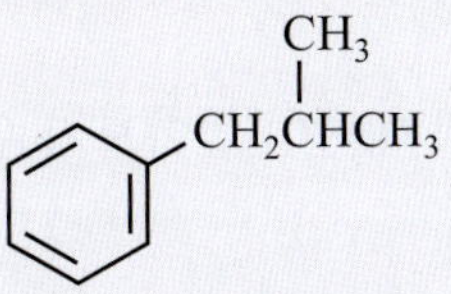


②

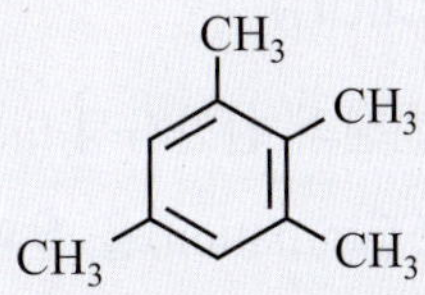


**문제 5.2** 다음 화합물에 해당하는 구조를 그리시오.

① *para*-Bromochlorobenzene

② 4-Ethyl-2-chloro-3,5-dinitrotoluene

# 5-3 친전자성 방향족 치환 반응과 알켄의 친전자성 첨가 반응의 비교

방향족 화합물의 **친전자성 방향족 치환 반응(electrophilic aromatic substitution reaction)**에 대하여 살펴보기 전, 4장에서 배운 알켄의 친전자성 첨가 반응(electrophilic addition reaction)에 대해 다시 한번 살펴보자.

## 1. 알켄(Alkene)의 친전자성 첨가 반응(Electrophilic addition reaction)

알켄에 HCl이 첨가될 때, 친전자체(electrophile)인 $H^+$가 이중 결합의 π 전자에 접근하여, 탄소 하나에 σ 결합을 형성하고 다른 탄소에 양전하를 띠는 '탄소 양이온 중간체(carbocation intermediate)'가 형성된다. 이때 탄소 양이온은 곧 $Cl^-$의 공격으로 첨가 생성물을 형성한다.

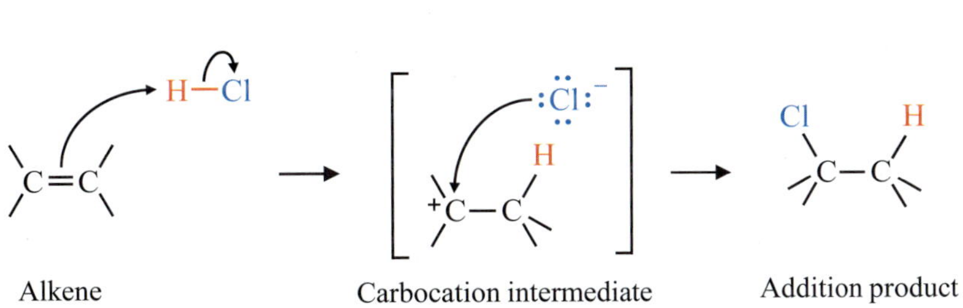


알켄의 친전자성 첨가 반응

## 2. 친전자성 방향족 치환 반응(Electrophilic aromatic substitution reaction)

다음은 벤젠의 친전자성 방향족 치환 반응에 대하여 알아보기 위하여 벤젠의 브로민화 반응(bromination)을 살펴보자.

### 1) 반응 속도 느림

**방향족 화합물은 그 공명 구조로 인하여 알켄보다 훨씬 더 안정**하기 때문에 친전자체에 대한 반응성이 작다. 예를 들어 벤젠과 $Br_2$와의 반응이 일어나려면, **$FeBr_3$**라는 **촉매를 사용하여 $Br_2$를 $Br^+$ 라는 강력한 친전자체로** 만들어주어야 한다.

$$Br\text{-}Br \quad + \quad FeBr_3 \longrightarrow Br^+ \quad + \quad FeBr_4^-$$

$FeBr_3$ 촉매에 의한 $Br_2$로부터 $Br^+$ 친전자체로의 전환

친전자체 $Br^+$는 전자가 풍부한 벤젠 고리와 반응하여 탄소 양이온 중간체를 형성하는데, 이는 3개의 공명 구조를 가짐으로써 알켄의 친전자성 첨가 반응 시 생성되는 탄소 양이온보다 훨씬 더 안정하다.

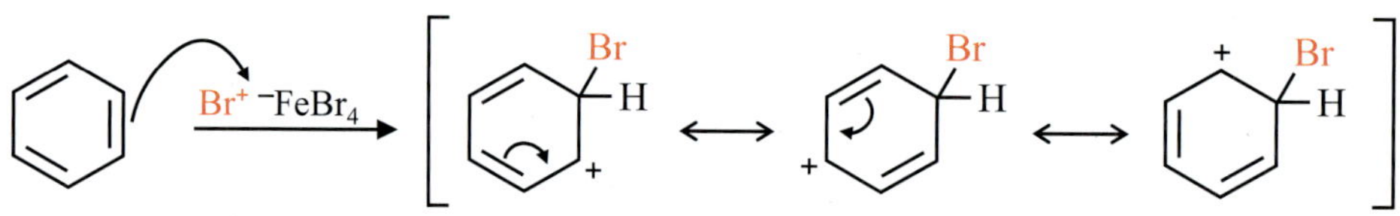


방향족 탄소 양이온의 공명에 의한 안정화

그러므로 **벤젠 고리의 친전자체의 반응은 알켄의 친전자체 반응보다 활성화 에너지(activation energy)가 상당히 높으므로 반응 속도가 느리다.**

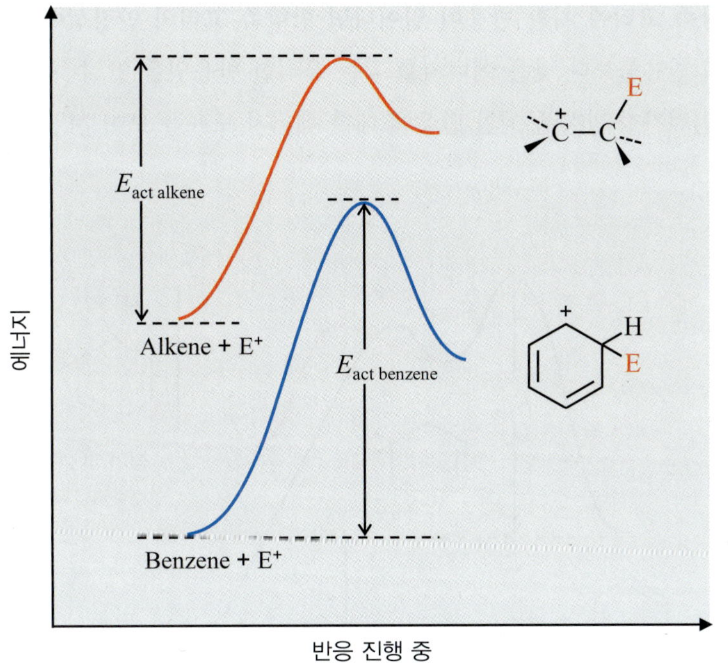


**벤젠 고리의 친전자성 방향족 치환 반응의 활성화 에너지**

벤젠 고리의 친전자체의 반응은 알켄의 친전자체 반응보다 활성화 에너지가 상당히 높으므로 반응 속도가 느리다.

### 2) 공명으로 인한 벤젠 고리의 안정성 유지

벤젠 고리에 친전자체가 반응하여 탄소 양이온 중간체가 형성되었을 때, $Br^-$가 첨가되어 첨가 생성물이 생성되기보다는 $FeBr_4^-$가 탄소로부터 $H^+$를 떼냄으로써 **방향족 고리가 회복되어 방향족 치환 생성물이 형성**된다.

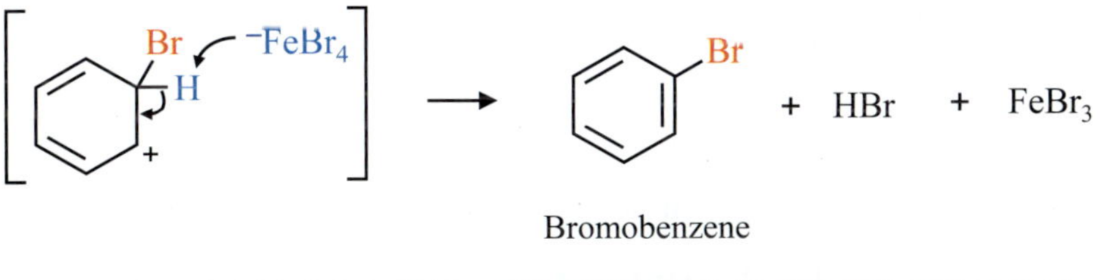


**벤젠 고리의 친전자성 방향족 치환 반응을 통한 공명에 의한 안정성 유지**

만약, 방향족 고리에 첨가 반응이 일어나면 방향족의 공명의 안정성을 잃음으로써 첨가 생성물이 반응물보다 훨씬 높은 에너지를 갖는 불리한 반응이라고 할 수 있다.

반면에 **방향족 고리에 치환 반응이 일어나면 방향족 고리의 안정성이 유지**되며, 치환 생성물이 반응물보다 낮은 에너지를 갖는 유리한 반응임을 알 수 있다. 다음 그림은 벤젠의 친전자성 방향족 치환 반응에 대한 에너지 도표를 보여준다.

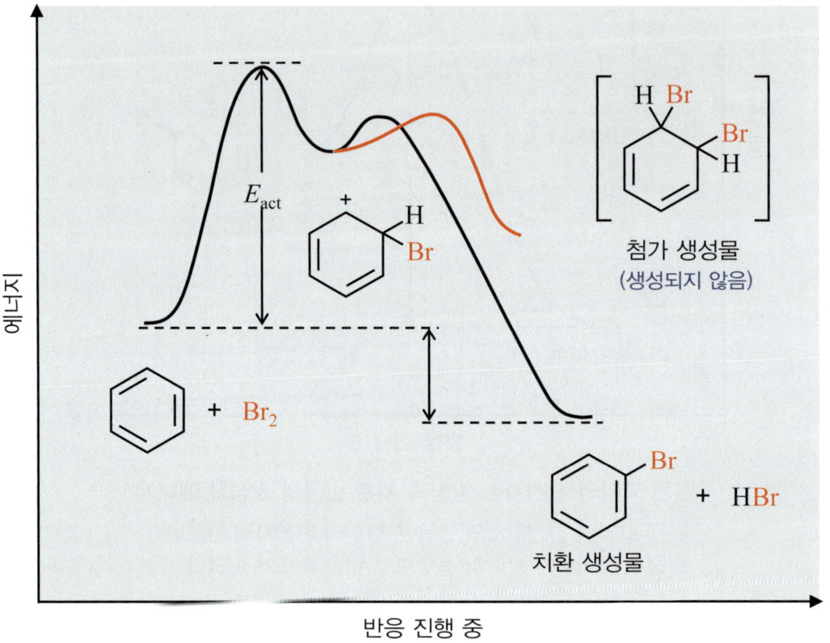


**벤젠 고리의 치환 생성물과 반응물에 대한 에너지 비교**

벤젠 고리의 치환 생성물이 첨가 생성물보다 낮은 에너지를 갖는 것으로 보아 방향족 친전자성 치환 반응이 유리함을 알 수 있다.

## 5-4 친전자성 방향족 치환 반응의 종류

친전자성 방향족 치환 반응을 통하여 방향족 고리에 여러 가지 치환기를 도입할 수 있다. 예를 들어 **할로젠화 반응(halogenation**, −Cl, −Br, −I), **나이트로화 반응(nitration**, $-NO_2$), **설폰화 반응(sulfonation**, $-SO_3H$), **알킬화 반응(alkylation**, −R), **아실화 반응(acylation**, −COR) 등이다. 반응의 종류에 따라서 반응에 사용되는 촉매의 종류나 반응 조건은 다르다.

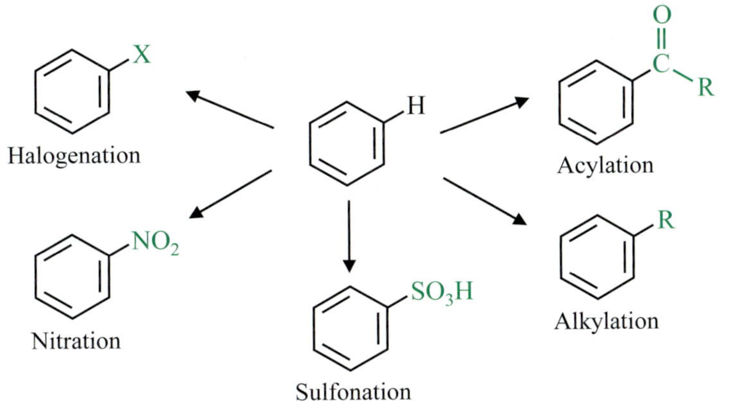


벤젠의 친전자성 방향족 치환 반응의 종류

## 1. 염소화 반응(Chlorination)

**$FeCl_3$라는 촉매의 존재하에서** 방향족 고리에 $Cl_2$를 반응시키면 클로로벤젠(Chlorobenzene)이 생성된다. 이러한 종류의 반응은 수많은 의약품을 합성하는 데 사용된다.

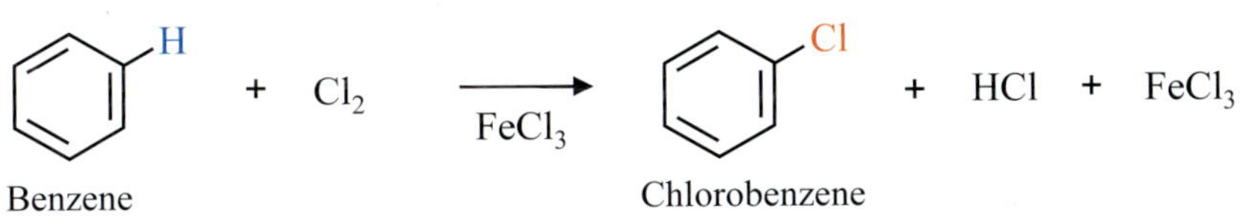


벤젠의 염소화 반응

반응 메커니즘은 5-3절에서 보여준 브로민화 반응(bromination)과 같다.

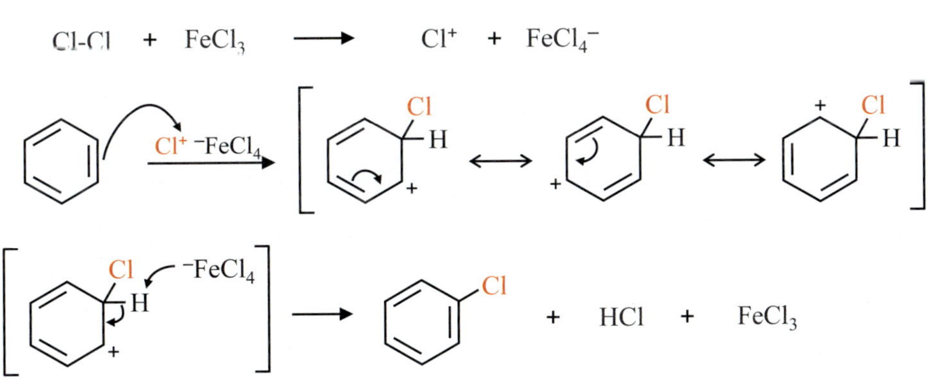


벤젠의 염소화 반응 메커니즘

## 2. 나이트로화 반응(Nitration)

방향족 고리에 **진한 질산(nitric acid, $HNO_3$)**과 **황산(sulfuric acid, $H_2SO_4$)을 함께** 넣어 반응시키면 나이트로화 반응이 일어난다. 이때 $HNO_3$와 $H^+$가 반응하여 $H_2O$가 떨어져 나가면 친전자체인 $NO_2^+$(nitronium ion)가 생성되며, 염소화 반응과 동일한 반응 메커니즘으로 치환 반응이 진행되어 나이트로벤젠(Nitrobenzene)이 생성된다.

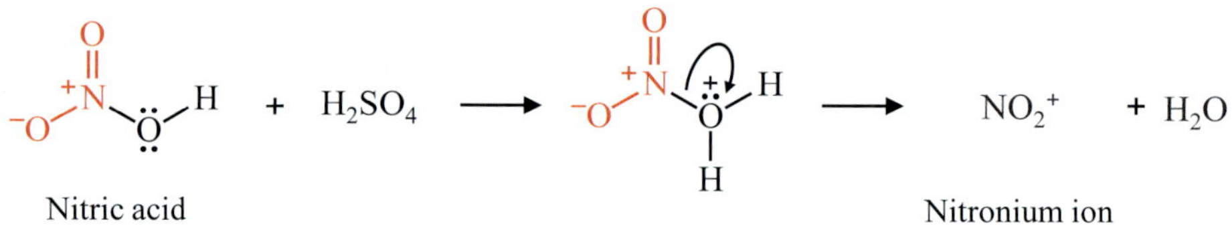


$H_2SO_4$의한 $HNO_3$로부터 $NO_2^+$ 친전자체로의 전환

또한 나이트로벤젠을 **철(iron, Fe)**, **주석(tin, Sn)** 또는 **$SnCl_2$로 처리할 경우**, 나이트로기(nitro group, $-NO_2$)가 **아미노기(amino group, $-NH_2$)로 환원**된다. 이는 방향족 고리에 아미노기를 붙이는 것으로써 염료와 약품의 공업적 합성의 중요한 부분이다.

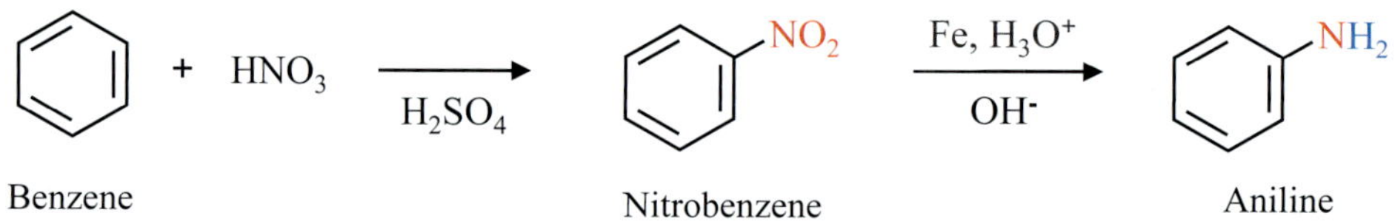


벤젠으로부터 나이트로화 반응을 통한 아닐린의 합성

## 3. 설폰화 반응(Sulfonation)

방향족 고리를 $SO_3$와 $H_2SO_4$의 혼합물인 **발연 황산(fuming sulfuric acid)**으로 반응시키면 설폰화 반응이 일어난다. 친전자체는 $HSO_3^+$이며, 치환 반응 메커니즘은 염소화 반응과 동일하게 진행되어 벤젠설폰산(benzenesulfonic acid)이 생성된다. 이 반응은 설파계(sulfa drug family) 항생물질과 같은 화합물의 합성에서 중요한 단계이다.

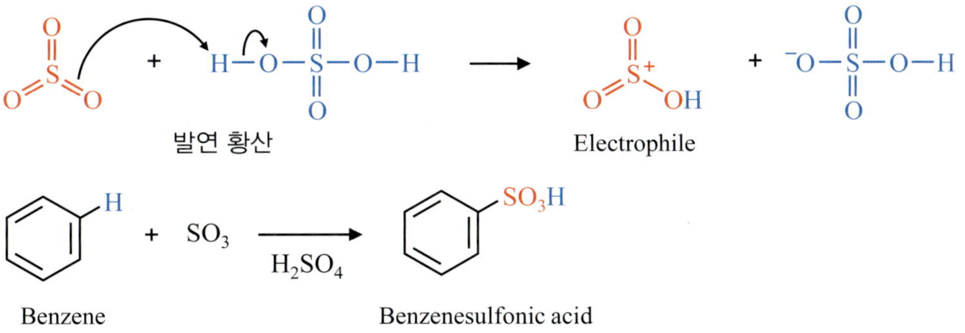


**벤젠과 발연 황산의 설폰화 반응에 의한 벤젠설폰산의 합성**

## 4. Friedel-Crafts 알킬화 반응(Friedel-Crafts alkylation)

벤젠 고리에 알킬기를 도입하는 반응을 Friedel-Crafts 알킬화 반응이라고 한다. **$AlCl_3$ 촉매하에서** 방향족 고리에 RCl을 반응시키면 친전자체인 $R^+$가 생성된다. 치환 반응 메커니즘은 다음과 같다.

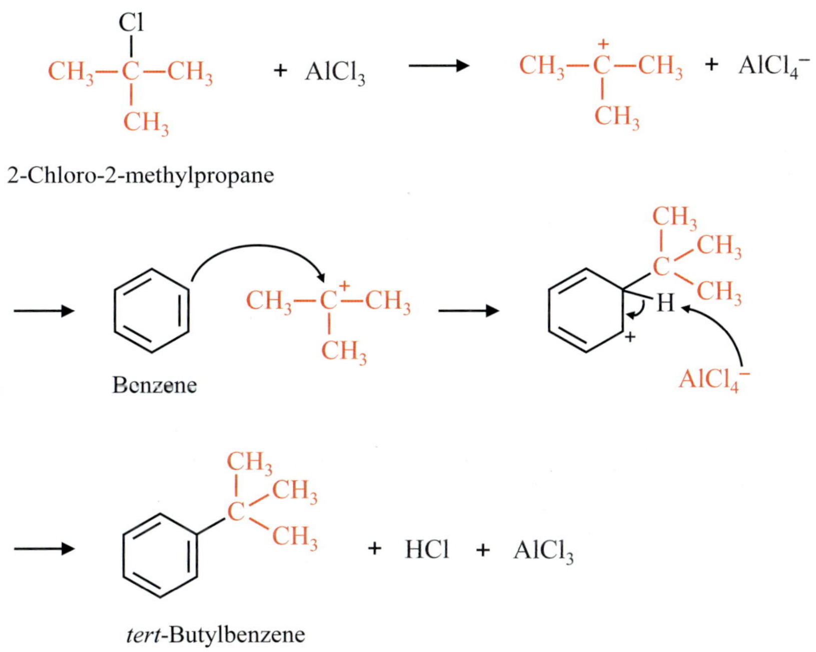


**벤젠과 2-Chloro-2-methylpropane의 Friedel-Crafts 알킬화 반응 메커니즘**

### 1) Friedel-Crafts 알킬화 반응의 한계

먼저, 할로젠화 알킬(R−X)만 반응에 이용될 수 있으며 클로로벤젠과 같은 **방향족 할로젠화물(Ar−X)은 반응하지 않는다.** 또한 전자가 풍부한 벤젠 고리의 **전자를 잡아당기는 그룹(electron−withdrawing group)**인 −C≡N, $-NO_2$, $-SO_3H$, −COR이 이미 **방향족 고리에 치환되어 있는 경우**에는 벤젠보다 반응성이 떨어지므로 Friedel−Crafts 알킬화 반응은 진행되기가 어렵다.

## 5. Friedel−Crafts 아실화 반응(Friedel−Craft Acylation)

**$AlCl_3$ 촉매하에서** 방향족 고리에 RCOCl을 반응시키면 친전자체인 $RC=O^+$가 생성되며 아실기(acyl group, R−C=O)가 방향족 고리에 도입된다.

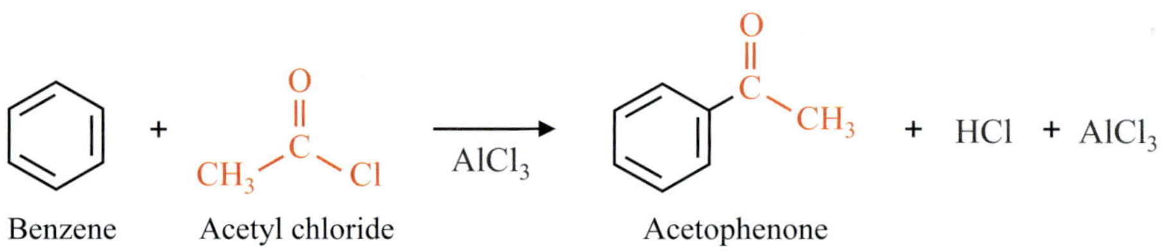


벤젠과 Acetyl chloride의 Friedel−Crafts 아실화 반응

# 5-5 친전자성 방향족 치환 반응에서 치환기의 효과

치환기 1개가 이미 존재하는 방향족 고리에 친전자성 방향족 치환 반응을 할 때, 방향족 고리에 존재하는 치환기가 미치는 영향에 대해 살펴보자.

## 1. 치환기는 방향족 고리의 상대적 반응성에 영향을 미친다.

다음 화합물들의 나이트로화 반응의 상대적인 속도는 다음과 같다.

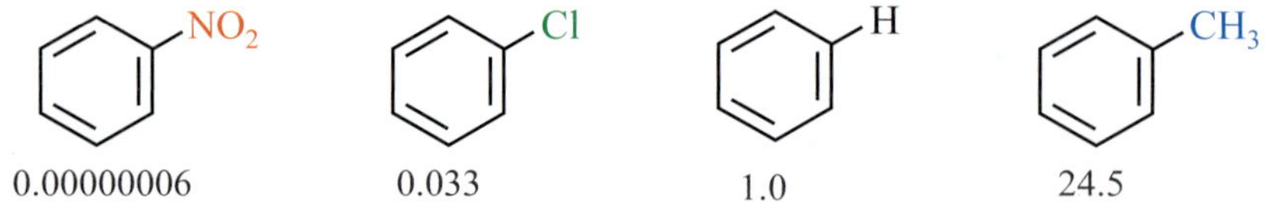


치환기 종류에 따른 나이트로화 반응의 상대적인 속도 비교

**전자를 잡아당기는 치환기(Electron-withdrawing group**, $-NO_2$ 또는 $-Cl$ 등)는 방향족 고리로부터 전자 밀도를 끌어내기 때문에 **고리 비활성화 치환기(ring-deactivating group)**라고 하며, 벤젠보다 반응성을 감소시킨다. 공격하는 친전자체에 대해서 π 전자를 내어주는 정도가 감소하기 때문이다.

반대로 벤젠에 비하여 방향족 고리에 **전자를 밀어주는 치환기(electron-donating group**, $-CH_3$ 등)는 방향족 고리가 친전자체로부터 공격을 받기 쉽도록 만들기 때문에 **고리 활성화 치환기(ring-activating group)**라고 한다. 벤젠 고리를 친전자체에 대해서 반응성을 증가시키는 역할을 한다.

## 2. 첫 번째 치환기는 두 번째 치환기의 배향에 영향을 미친다.

치환기는 반응성에 영향을 줄 뿐 아니라 첫 번째 치환기가 두 번째 치환기의 위치 결정에도 영향을 미친다. 예를 들어 $-OH$기는 오쏘와 파라 위치로 치환이 더 잘 일어나도록 하며, 반면에 $-CN$기는 메타 위치로 치환이 일어나도록 한다. 이때, $-OH$기는 **오쏘-와 파라-지향기(ortho-and para-directing group)**, $-CN$기는 **메타-지향기(meta-directing group)**라 한다.

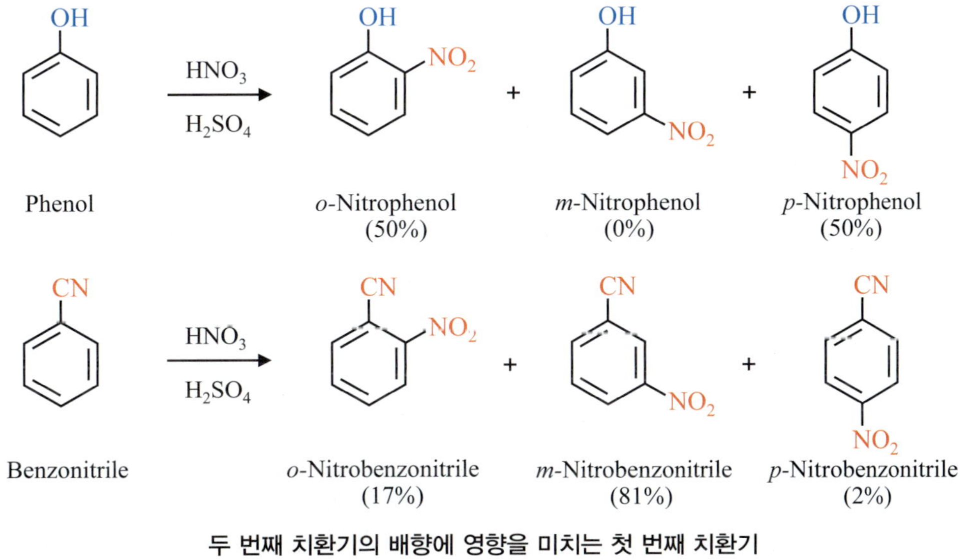


두 번째 치환기의 배향에 영향을 미치는 첫 번째 치환기

일반적으로 **오쏘-와 파라-지향기**는 전자를 내어 놓는 성질이 있어 벤젠 고리를 활성

화한다. **메타−지향기**는 전자를 잡아당기는 성질이 있어 벤젠 고리를 비활성화시킨다.

표 5.2는 치환기를 **오쏘와 파라 지향−고리 활성화 치환기**, **메타 지향−고리 비활성화 치환기**, **오쏘와 파라 지향−고리 비활성화 치환기**의 세 부류로 구분한 것이다.

**표 5.2 오쏘와 파라 및 메타 지향성기의 예**

| 지향기의 종류 | 지향기의 벤젠 고리에 미치는 영향 | 치환기 |
|---|---|---|
| 오쏘(*ortho*−)와 파라(*para*−) | 고리 활성화 치환기 (Ring activating group) | ① $-\ddot{N}H_2$ ② $-\ddot{O}H$ ③ $-\ddot{O}CH_3$ ④ $-\ddot{N}HCCH_3$ (C=O) ⑤ $-CH_3$ (alkyl) ⑥ 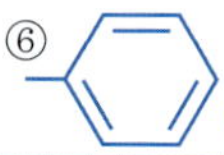 (phenyl) |
| | 고리 비활성화 치환기 (Ring deactivating group) | ⑦ $-\ddot{F}:$ ⑧ $-\ddot{Cl}:$ ⑨ $-\ddot{Br}:$ ⑩ $-\ddot{I}:$ |
| 메타(*meta*−) | 고리 비활성화 치환기 (Ring deactivating group) | ⑪ $-CH$ (C=O) ⑫ $-COCH_3$ (C=O) ⑬ $-COH$ (C=O) ⑭ $-CCH_3$ (C=O) ⑮ $-SO_3H$ ⑯ $-C{\equiv}N$ ⑰ $-NO_2$ ⑱ $-\overset{+}{N}R_3$ |

Least reactive　　　　　　　　　　Most reactive
*치환기의 반응성: ⑱ <<< ⑦ < Benzene < ⑥ <<< ①

## 3. 오쏘와 파라 지향기는 탄소 양이온(Carbocation)을 안정화시킨다.

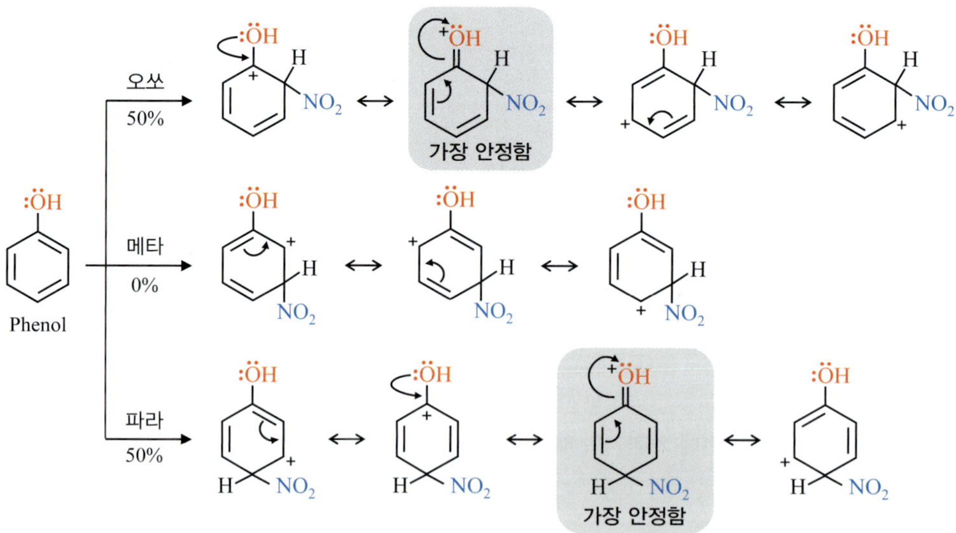


**페놀의 −OH기의 전자를 밀어주는 성질에 의한 오쏘와 파라 탄소 양이온의 안정화**

일반적으로 알킬기(alkyl)와 페닐기(phenyl)를 제외한 오쏘와 파라 지향기는 **비공유 전자쌍**을 가지고 있으며, 이 전자쌍은 친전자성 방향족 치환 반응에서 생성되는 탄소 양이온 중간체의 양전하를 지닌 탄소에 전자를 내어줌으로써 **탄소 양이온을 안정화시킨다.**

예를 들어, 페놀의 나이트로화 반응에서 생긴 탄소 양이온 중간체 중 오쏘와 파라 탄소 양이온 중간체가 메타의 탄소 양이온 중간체보다 안정한 이유는 −OH기에 있는 산소 원자의 비공유 전자쌍이 탄소 양이온 중간체에 전자를 내어줌으로써 탄소 양이온을 안정화시키기 때문이다. 게다가 더 많은 공명 구조를 가능하게 한다.

## 4. 메타 지향기는 탄소 양이온을 불안정하게 한다.

일반적으로 메타 지향기는 **전기 음성도(electronegativity)가 매우 큰 원자**이거나, 벤젠 고리에 붙어 있는 **원자에 양전하를 가지고 있거나, 다중 결합**이 있다. 이들은 보통 전자를 잡아 당기는 성질이 있어서 고리를 비활성화하며 탄소 양이온을 불안정하게 한다.

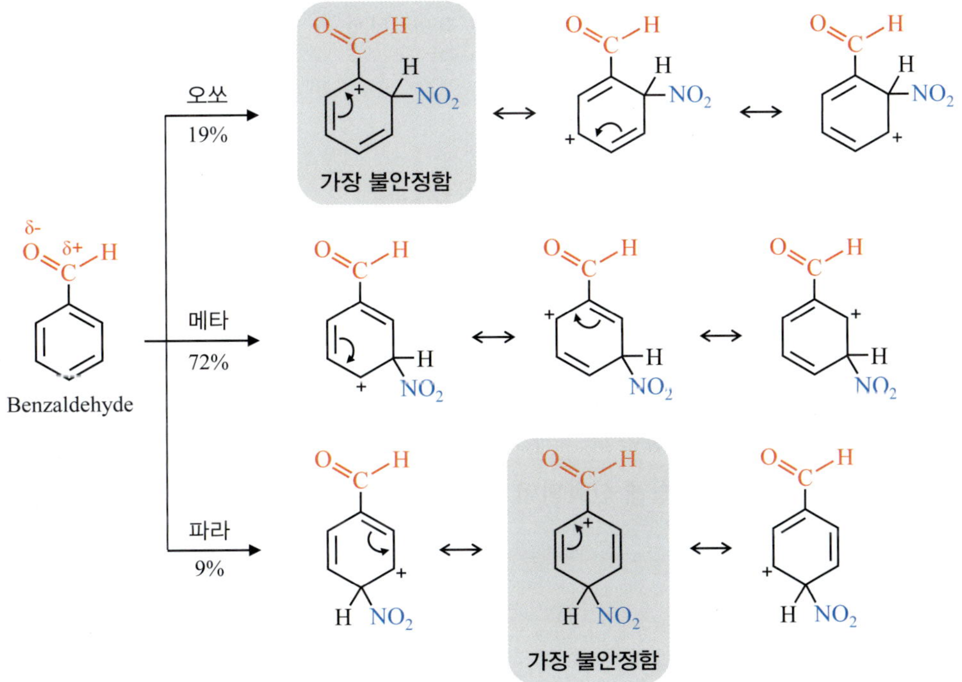


**벤즈알데하이드의 −CHO기의 전자를 당기는 성질에 의한 오쏘와 파라 탄소 양이온의 불안정화**

예를 들어, 벤즈알데하이드(benzaldehyde)의 나이트로화 반응에서 생긴 탄소 양이온 중간체 중 메타 탄소 양이온 중간체가 오쏘와 파라 탄소 양이온 중간체보다 유리한 이유는 불안정한 탄소 양이온 중간체가 생성되지 않으며 유리한 공명 구조가 3개이기 때문이다.

### 5. 오쏘와 파라 지향-고리 비활성화 치환기

할로젠기(Halogen group)인 −F, −Cl, −Br, −I는 **전기 음성도가 크므로 벤젠 고리의 전자를 잡아 당겨서 고리를 비활성화**시킨다. 그런데 **비공유 전자쌍**도 가지고 있으므로 친전자성 방향족 치환 반응에서 생성되는 탄소 양이온 중간체의 양전하를 지닌 탄소에 전자를 내어줌으로써 **탄소 양이온을 안정화시키기 때문에** 오쏘와 파라 지향-고리 비활성화 치환기로 분류된다.

**문제 5.3** 친전자성 방향족 치환 반응에서 다음 치환기를 가진 화합물들을 반응성 크기 순서대로 나열하시오.

① Chlorobenzene, Benzene, Benzoic acid, Aniline

② Toluene, Phenol, Nitrobenzene, Benzaldehyde

## 5-6 방향족 화합물의 산화·환원

### 1. 방향족 화합물의 산화(Oxidation)

벤젠은 불포화되었음에도 불구하고 알켄과는 달리 $KMnO_4$ 같은 센 산화제와 반응하지 않는 것으로 보아 방향족 고리가 매우 안정함을 알 수 있다. 오히려 **방향족 고리에 붙어 있는 알킬기는 쉽게 산화되어 카복실기(carboxyl group)로 변환**되는데 이 반응의 메커니즘은 복잡하다.

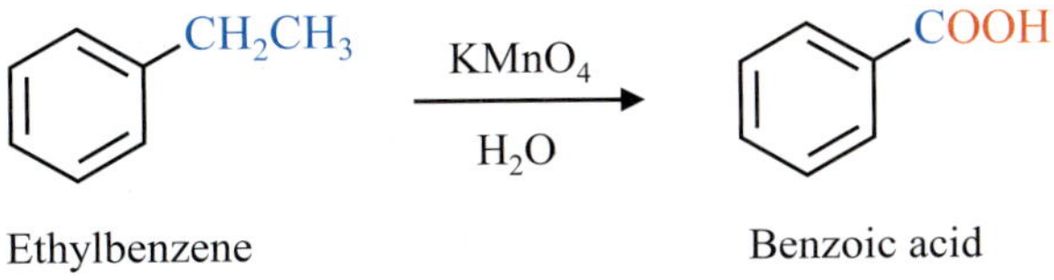


**알킬벤젠의 산화에 의한 카복실산의 생성**

## 2. 방향족 화합물의 환원(Reduction)

방향족 고리는 전형적인 알켄의 수소 첨가 반응 조건하에서 환원 반응을 하지 않고 오로지 **높은 온도와 압력하에서** 방향족 고리의 환원이 일어남으로써 방향족 고리가 깨진다.

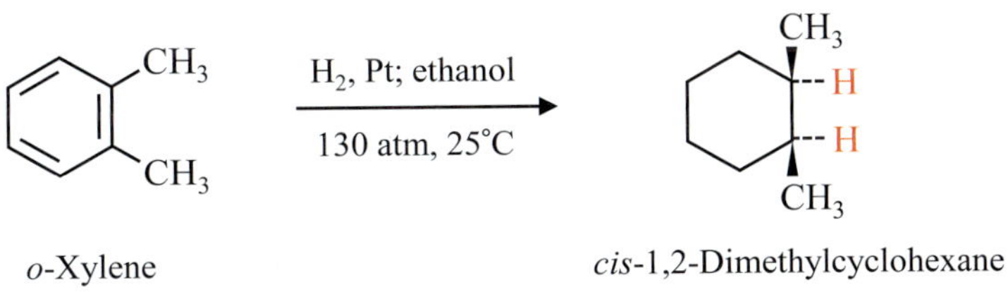


***o*–Xylene의 환원 반응**

**문제 5.4** 다음 화합물을 $KMnO_4$로 산화시키면 어떤 생성물이 만들어지는지 구조를 그리시오.

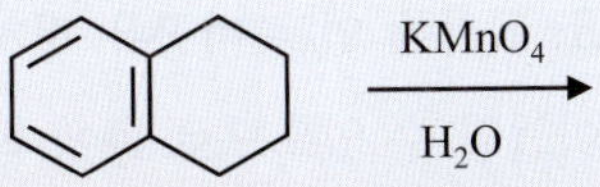


# 5-7 다른 방향족 화합물

## 1. 여러 고리 방향족 화합물(Polycyclic aromatic compound)

**여러 고리 방향족 화합물(polycyclic aromatic compound)**의 대표적인 예는, 좀약으로 알려진 벤젠 고리 2개가 접합된 **나프탈렌(naphthalene)**이다. 또한 담배 연기, 고기의 탄 부위 및 굴뚝의 그을음에서 발견되는 **벤조[a]피렌(benzo[a]pyrene)**은 5개의 벤젠 고리가 접합된 것으로서 발암 물질(carcinogen)로 알려져 있다.

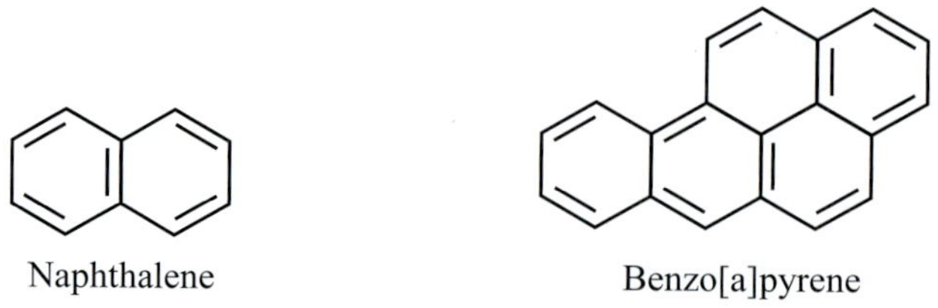


여러 고리 방향족 화합물

## 2. 헤테로고리 방향족 화합물(Heterocyclic aromatic compound)

**헤테로고리 방향족 화합물(heterocyclic aromatic compound)**은 방향족 고리 안에 탄소 이외에 질소, 황 및 산소와 같은 원소를 가진 고리형 화합물을 의미한다. 대표적인 질소 함유 헤테로고리 화합물인 **피리딘(pyridine)**, **피롤(pyrrole)**, **피리미딘(pyrimidine)**, **이미다졸(imidazole)**은 자연계에 널리 존재하는데, 그중 피롤과 이미다졸은 육각 고리가 아니고 오각 고리임에도 **벤젠처럼 6개의 π 전자계를 형성함으로써 방향족 성질을 나타낸다.**

### 1) 피리딘(Pyridine)

피리딘(Pyridine)은 6개의 고리 원자 각각에 π 전자를 1개씩 가지는데, 피리딘의 질소 원자에 있는 **비공유 전자쌍은 방향족계에 포함되어 있지 않기 때문**에 양성자를 받아들일 수 있으므로 물에 녹는다. 또한 피리딘은 염기이므로 **산–염기 중화 반응**을 하여 염을 형성한다.

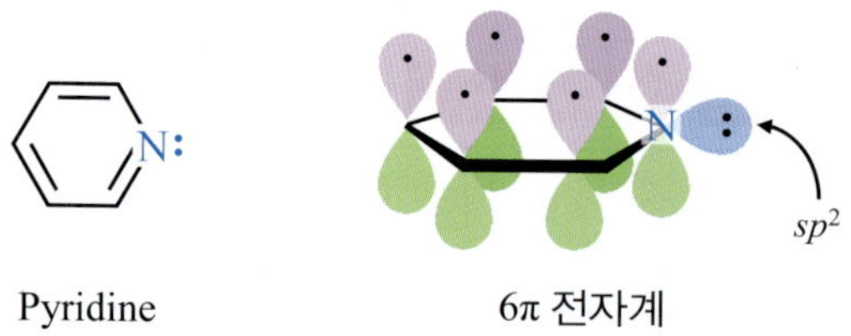


피리딘의 비공유 전자쌍은 방향족성 6π 전자계에 포함되어 있지 않음

피리딘의 산–염기 중화 반응

### 2) 피롤(Pyrrole)

피롤(Pyrrole)은 **질소의 비공유 전자쌍이 고리 원자에 있는 4개의 π 전자와 합쳐서 벤젠처럼 방향족성 6π 전자계를 형성**한다. 즉 피롤의 비공유 전자쌍은 6개의 방향족성 전자의 일부가 되기 때문에 양성자($H^+$, proton)를 쉽게 받을 수 없으므로 물에 녹지 않고 약한 염기이다.

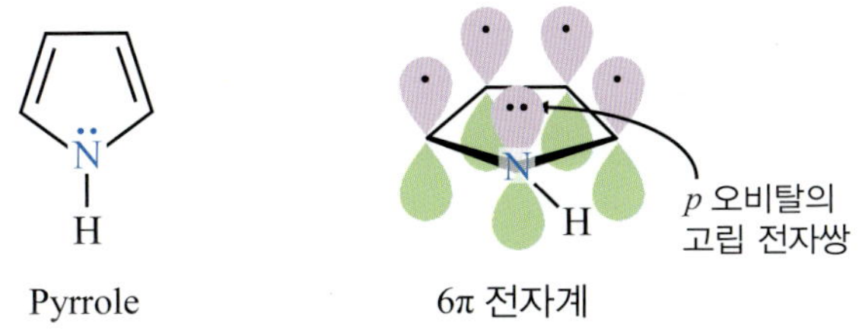


**피롤의 방향족성 6π 전자계의 형성**

또한 피리딘은 벤젠보다 친전자성 방향족 치환 반응에서 반응성이 약한데 이는 질소가 고리로부터 전자를 잡아당겨 반응성을 감소시키기 때문이다. 이에 반하여 피롤은 질소 원자의 비공유 전자쌍을 고리에 집어 넣어 반응성을 증가시킨다.

### 3) 피리미딘(Pyrimidine)과 이미다졸(Imidazole)

피리미딘(Pyrimidine)은 피리딘과 같이 6개의 고리 원자의 각각에 π 전자 1개를 가지며, 이미다졸(imidazole)은 피롤처럼 질소의 비공유 전자쌍이 고리 원자에 있는 4개의 π 전자와 합쳐서 벤젠처럼 방향족성 6π 전자계를 형성한다.

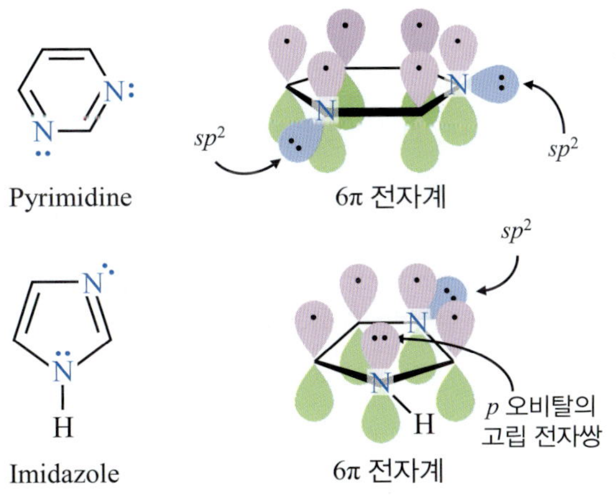


**피리미딘과 이미다졸의 방향족성 6π 전자계의 형성**

## 5-8 유기 합성

신약개발을 위한 제약산업 분야와 화학산업 분야에서는 기존의 화합물보다 경제성을 고려하여 **유기 합성(organic synthesis)**을 시도한다. 유기분자의 합성을 고안하기 위하여 유기 반응성에 관한 모든 지식들이 동원되며, 그 지식을 실현할 수 있는 계획으로 체계화하는 것이 필요하다. 예제와 문제를 통해 몇 가지 합성의 예를 살펴보고자 한다.

**예제 5.2** 벤젠을 사용하여 다음 화합물을 합성하시오.

① *meta*-Chloronitrobenzene ② *para*-Bromobenzoic acid

**풀이** ①

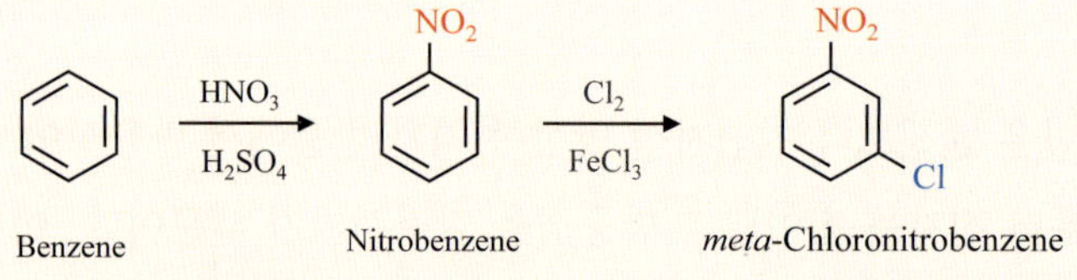


②

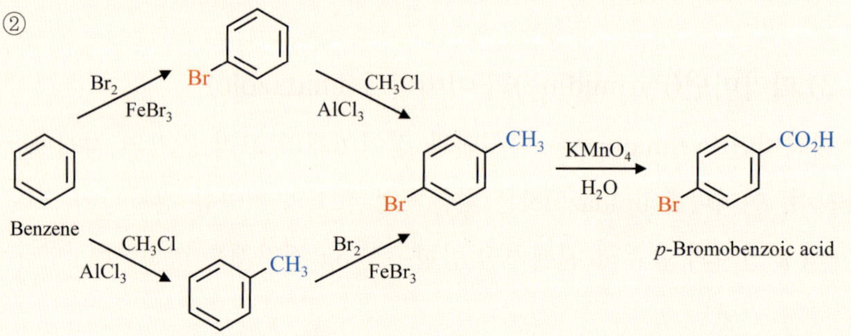


**문제 5.5** 벤젠을 사용하여 다음 화합물을 합성하여 보시오.

① *para*-Ethylnitrobenzene

② Methylcyclohexane

# 연습문제

**5.1** 다음 화합물의 IUPAC 명을 적으시오.

① 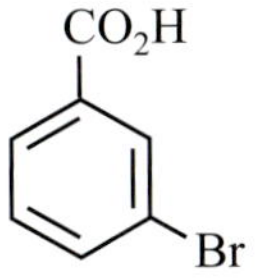

② 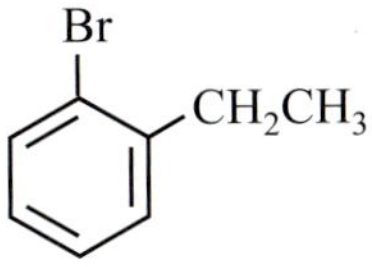

③ 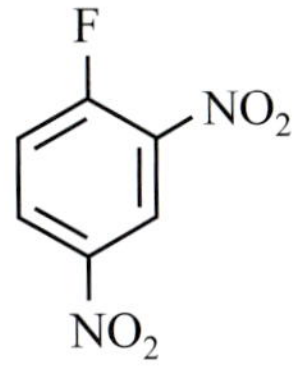

**5.2** 다음 화합물의 구조를 그리시오.

① 2,4,6−Trinitrotoluene

② *o*−Aminobenzoic acid

③ 3−Methyl−2−phenylpentane

**5.3** 다음 반응식을 통하여 생성되는 화합물의 구조식과 IUPAC 명을 쓰시오.

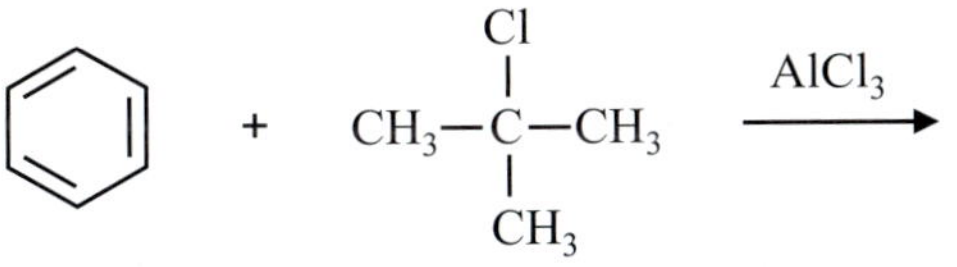

**5.4** 다음 치환기를 고리 활성화 치환기 또는 고리 비활성화 치환기 및 *o*,*p*−지향기 또는 *m*−지향기로 분류하시오.

① $-\ddot{\underset{..}{O}}CH_2CH_3$

② 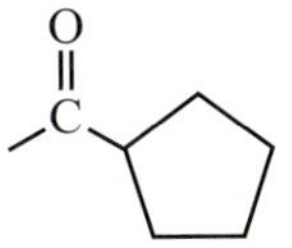

③ $-\ddot{N}(CH_3)_2$

**5.5** 다음 반응의 주생성물을 예측하시오.

① 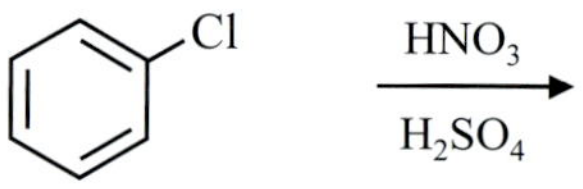


② 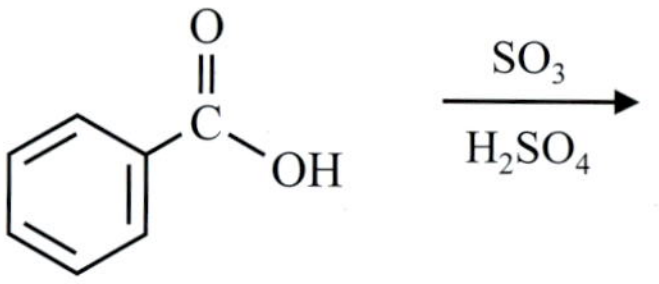


**5.6** 다음 화합물을 Friedel–Crafts 아실화 반응을 시킬 때 반응성의 크기 순서대로 배열하시오. 반응하지 않는 화합물은 어느 것인가?

① 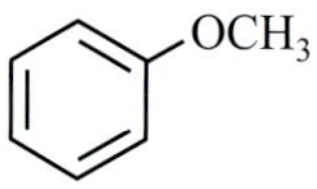

② 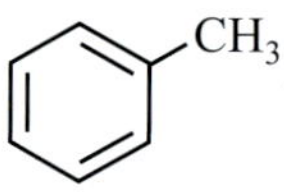

③ 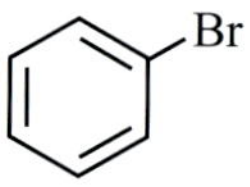

④ 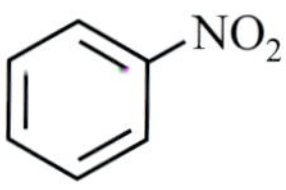


**5.7** 다음 반응의 주생성물의 구조를 그리고 명명하시오.

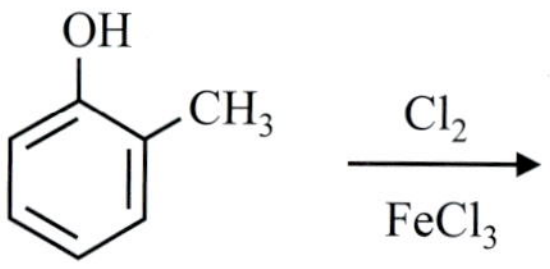

**5.8** 다음 합성 과정 중 무엇이 잘못되었는가?

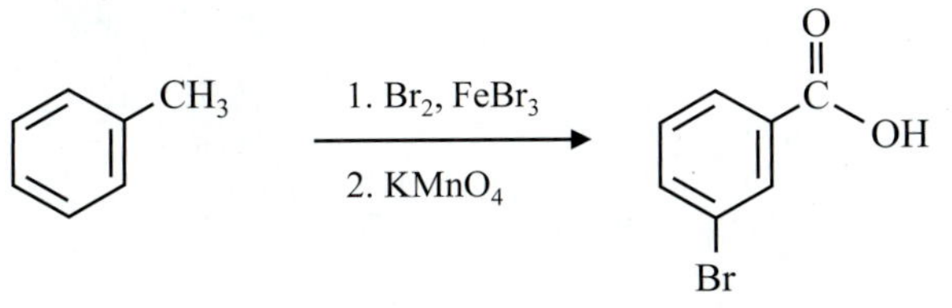


**5.9** 다음 반응과정 중 단계별 필요한 시약을 적으시오.

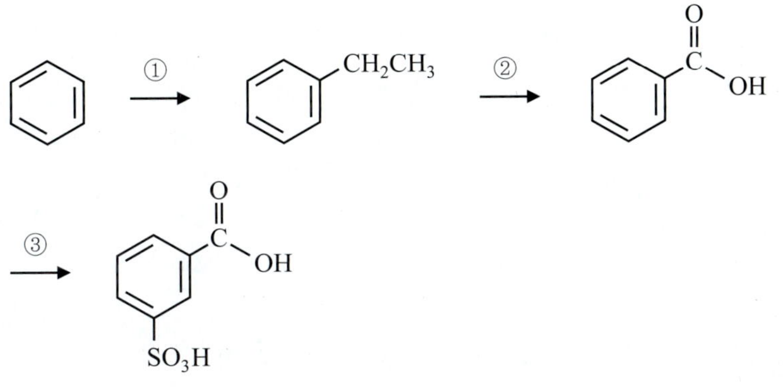


**5.10** 피롤과 피리딘 중 산과 반응하는 것은 어느 것인가? 반응식으로 설명하시오.

# 제6장

# 입체 이성질체와 광학 활성

6장에서는 생명체 내에서 일어나는 생화학 반응을 통하여 흔히 볼 수 있는 **입체 이성질 현상(stereoisomerism)**에 대하여 살펴보고자 한다. 이는 생화학 반응이 선택적으로 일어나는 것을 의미한다.

**입체 이성질체(Stereoisomer)** 분자는 모두 결합 방식(구조)은 같지만 3차원 공간 배열이 다르다. 이미 2장에서 배운 시스-트랜스 이성질체(*cis*–*trans* isomers)도 입체 이성질체의 한 종류에 해당된다.

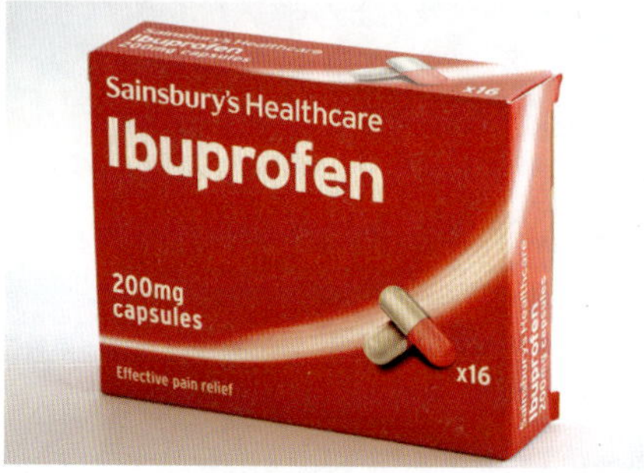


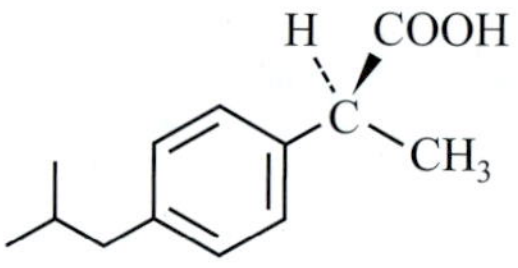


(*S*)-Ibuprofen

진통 효과를 나타내는 이부프로펜의 *S* 입체 이성질체

## 6-1 거울상 이성질체

### 1. 손잡이성(Handedness)

우리의 손을 거울에 비추어 보았을 때 거울에 비친 모습은 같아 보이지만 겹쳐지지 않는다. 쉬운 예로 오른손 야구 글로브를 왼손에 착용했을 때 손에 맞지 않는데, 이는 왼손의 거울에 비친 상(거울상)은 오른손이며, 실제로 같지 않음을 알 수 있다.

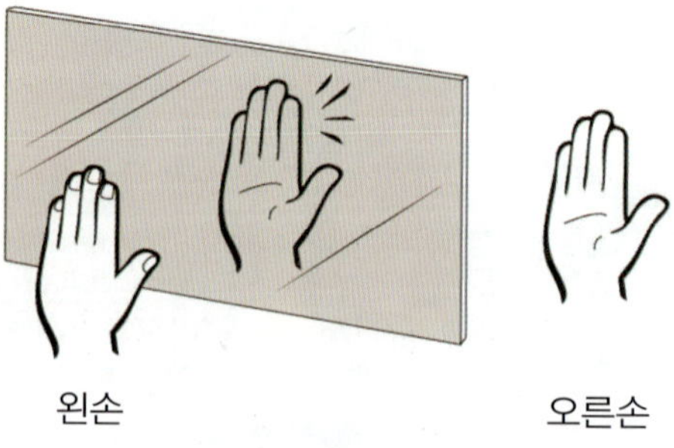


**왼손의 거울상은 오른손**

왼손의 거울상은 오른손과 같으므로 서로 겹쳐지지 않는다.

이와 같은 손잡이성(handedness)은 유기화학과 생화학(biochemistry)에서 매우 중요한 의미를 갖는다. 이는 $sp^3$ 혼성화 탄소 원자의 정사면체 입체화학(tetrahedral stereochemistry)의 결과로써 일차적으로 일어나기 때문이다.

많은 의약품들과 우리 체내의 거의 대부분의 분자(아미노산, 탄수화물, 핵산 등) 및 생명의 기초가 되는 수많은 화학 반응은 손잡이성이 있다. 효소(enzyme)와 관련된 기질(substrate) 간의 상호작용이 가능한 것은 '분자의 손잡이성(molecular handedness)'으로 인함이다.

## 2. 거울상 이성질체(Enantiomer)

### 1) 유기화학에서 거울상 이성질체란?

임의의 분자 $CH_3X$, $CH_2XY$, CHXYZ의 구조에 대해 살펴보자. 3개의 분자에 대해 거울에 비친 거울상이 존재하는데, $CH_3X$, $CH_2XY$ 분자는 그들 각각의 거울상과 겹쳐진다. 반면에 CHXYZ 분자는 그의 거울상과 겹쳐지지 않음으로 거울상과 동일하지 않다. 그것은 왼손과 오른손이 겹쳐지지 않는 것과 같은 이유이다.

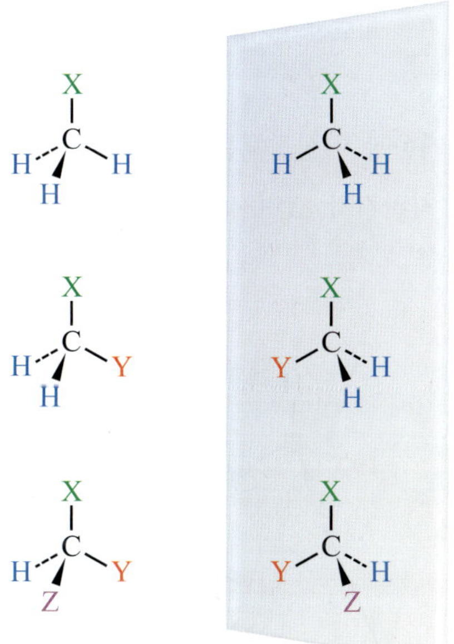

CHXYZ 분자의 거울상 이성질체

즉, 거울상과 겹쳐지지 않으므로 거울상과 동일하지 않은 분자를 **거울상 이성질체**(**enantiomer**)라고 한다. 거울상 이성질체는 서로 오른손과 왼손의 관계와 같다. 그러므로 유기화학에서는 정사면체 ***sp*³ 혼성화 탄소** 원자에 '4개의 서로 다른 치환기'가 결합될 때 거울상 이성질체가 존재한다.

### 2) 락트산의 거울상 이성질체

락트산(Lactic acid)은 중심 탄소 원자에 4개의 서로 다른 치환기가 결합되어 있으므로 한 쌍의 거울상 이성질체가 존재한다. 발효유에는 2가지 모두 존재하지만, 근육에는 (+)-거울상 이성질체만 존재한다.

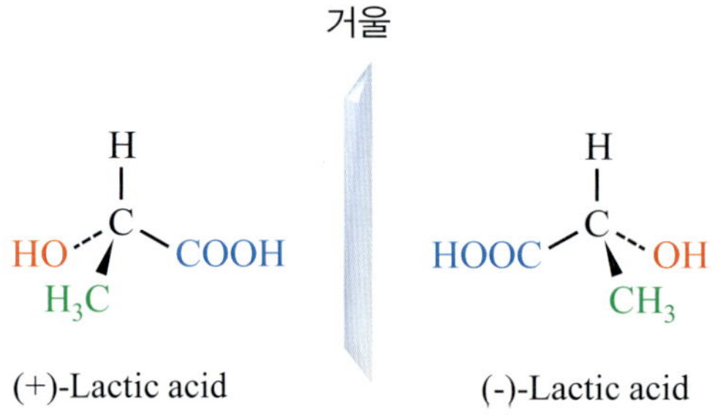


락트산의 거울상 이성질체

다음과 같이 락트산의 거울상 이성질체는 서로 겹쳐보고자 하여도 서로 겹쳐지지 않는다. 즉, −H와 −OH 치환기가 겹쳐지면 −COOH와 $-CH_3$ 치환기는 겹쳐지지 않는다.

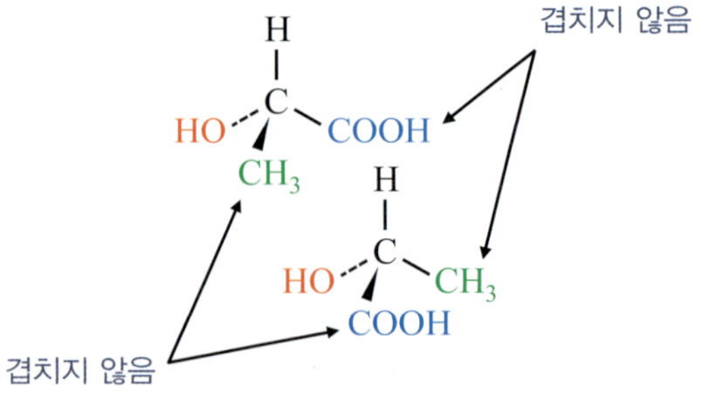


락트산의 거울상 이성질체는 서로 겹쳐지지 않으므로 서로 동일하지 않음

# 6-2 카이랄성

## 1. 카이랄 중심(Chirality center)

거울상 이성질체(Enantiomer)를 가지는 분자를 **카이랄(chiral)**이라고 하며, 유기 분자에서 4개의 다른 치환기가 결합되어 있는 탄소를 **카이랄 중심(chirality center)** 또는 **입체 중심(stereocenter)**이라고 한다. 다음 그림의 구조식에서 카이랄 중심을 *(별표)로 표시하였다. 이 예에서 $-CH_2$, $-CH_3$, C=C, C≡C, C=O는 카이랄 중심이 될 수 없다(적어도 동일한 결합이 2개 이상이므로).

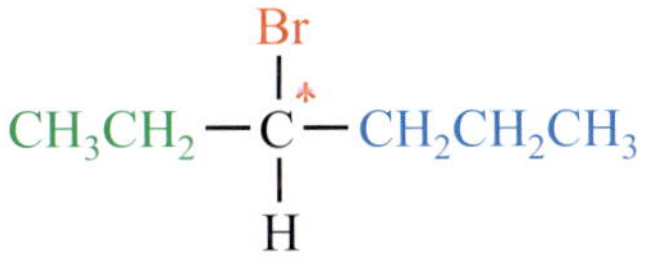

3-Bromohexane

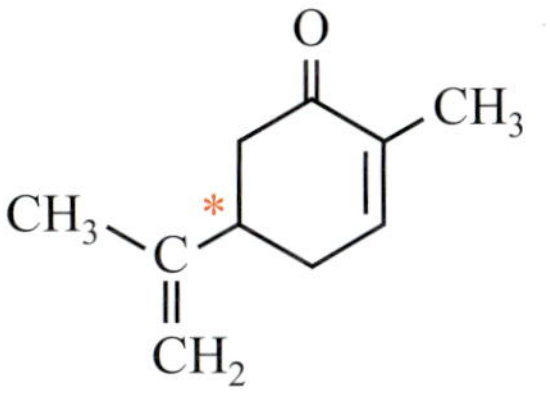

Carvone (spearmint oil)

## 2. 카이랄(Chiral): 대칭면이 존재하지 않음

카이랄 분자를 확인하는 또 다른 방법은 **대칭면(plane of symmetry)**이 존재하는지 확인하는 방법이다. 대칭면은 분자나 다른 물체의 중앙을 가로질러 잘라 보았을 때, 좌우가 대칭이 되게 하는 면이다. **대칭면이 존재하는 분자**나 물체를 **비카이랄(nonchiral 또는 achiral)**이라고 부른다.

다음과 같이 안경에는 대칭면이 있으므로 비카이랄이며, 발에는 대칭면이 존재하지 않으므로 카이랄이다.

안경 (Achiral)
대칭면이 있음

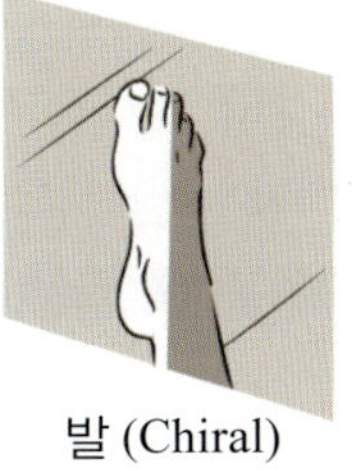

발 (Chiral)
대칭면이 없음

**안경과 발의 대칭면 유무 비교**

또한 뷰탄산(butanoic acid, $CH_3CH_2CH_2COOH$)은 대칭면을 가지므로 비카이랄이며, 락트산은 대칭면이 없으므로 카이랄이다.

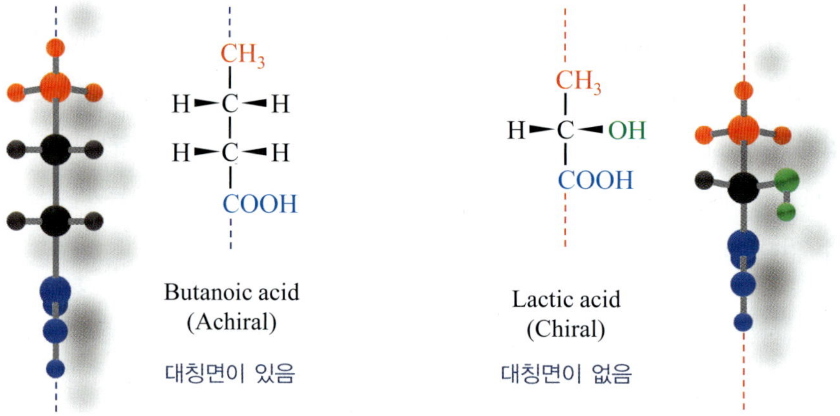


**뷰탄산과 락트산의 대칭면 유무 비교**

**예제 6.1** 다음 2-에틸사이클로헥산온(2-Ethylcyclohexanone)은 카이랄인가?

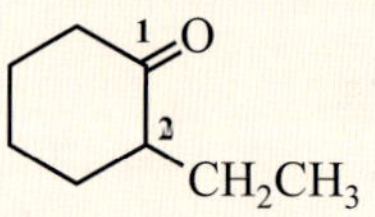


2-Ethylcyclohexanone

**풀이** 2번 탄소에 결합된 4개의 기, 즉 $-CH_2CH_3$, $-H$, 고리 안의 $C=O$기 및 $-CH_2$가 모두 다르므로 2-에틸사이클로헥산온은 카이랄이다.

**문제 6.1** 다음 분자 중 어느 것이 카이랄인가? 카이랄이라면 구조를 그려서 분자의 카이랄 중심을 확인하시오.

① 1,3-Dichloropentane ② *cis*-1,4-Dimethylcyclohexane

③ 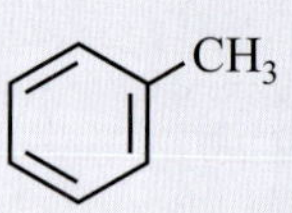


④ 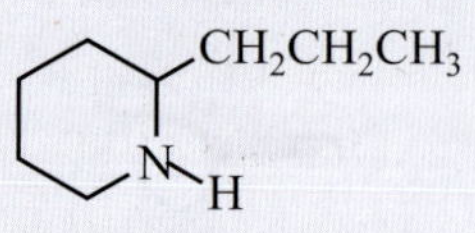

# 6-3 광학 활성

## 1. 평면 편광(Plane–polarized light)

일반적으로 빛은 진행 방향에 대해 수직인 수많은 진동면을 가지는 전자기파(electromagnetic waves)로 구성되어 있다. 하지만 빛이 **편광체(polarizer)**를 통과하면 한 평면 내에서 진동하는 전자기파만이 통과하게 되는데 이러한 빛을 **평면 편광(plane–polarized light)**이라 한다.

## 2. 광학 활성(Optically active)

편광이 설탕과 같은 특정 유기분자를 통과할 때 편광면이 회전된다는 사실은 19세기 초 프랑스의 과학자 Jean Baptiste Biot가 발견하였다. 물론 모든 유기분자가 이와 같은 성질을 나타내는 것은 아니며, 편광면을 회전시키는 물질을 **광학 활성(optically active)**이 있다고 한다.

## 3. 편광의 회전 방향과 회전 각도

편광의 회전 방향과 회전 각도는 편광계(polarimeter)라는 기기로 측정할 수 있다. 광학 활성인 유기 분자의 용액을 시료관에 넣고, 편광을 통과시키면 편광면의 회전이 일어난다.

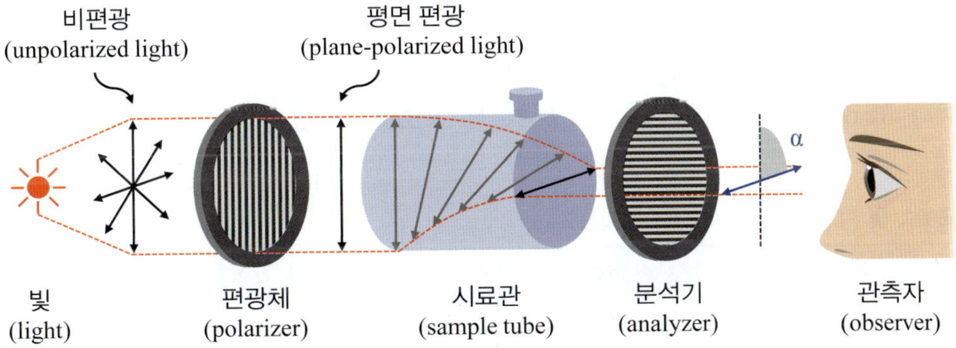


편광계에 의한 편광면의 회전 방향 및 회전 각도 측정

### 1) 회전 방향

측정을 통하여 편광의 회전 방향을 알 수 있다. 광학활성 분자가 편광면을 왼쪽으로 회전시키면 **좌회전성**(**levorotatory**, − 부호로 표시)이라 하고 오른쪽으로 회전시키면 **우회전성**(**dextrorotatory**, + 부호로 표시)이라고 한다.

### 2) 회전 각도

편광면의 회전 정도는 광학 활성 분자의 수에 영향을 받기 때문에 **시료의 농도와 시료를 담고 있는 통의 길이**에 달려 있다. 또한 회전 정도는 사용한 빛의 파장에도 영향을 받기 때문에 표준 조건을 선택해야만 한다.

## 4. 고유 광회전도(Specific rotation)

편광면의 회전 정도를 표준화하기 위하여 파장은 **소듐 D선**(**sodium D line**, 589.6 nm)의 빛을 사용한다. 시료관의 길이 단위는 dm이며, 시료의 농도는 g/mL 단위를 사용한다. **고유 광회전도**(**specific rotation,** $[\alpha]_D$)를 구하는 공식은 다음과 같다.

$$[\alpha]_D = \frac{\text{관측값 (회전 각도)}}{\text{시료관의 길이}(l, \text{dm}) \times \text{시료의 농도}(\text{C, g/mL})} = \frac{\alpha}{l \times C}$$

고유 광회전도는 녹는점, 끓는점과 마찬가지로 광학 활성 화합물의 특성을 나타내는 고유한 성질이다. 예를 들어 (+)-락트산의 $[\alpha]_D = +3.82$이고 (−)-락트산의 $[\alpha]_D = -3.82$이면, 두 거울상 이성질체들은 편광을 같은 정도로 회전시키지만 방향이 반대이다. 표 6.1에 몇 가지 유기분자의 고유 광회전도를 나타냈다.

**표 6.1** 몇 가지 유기분자의 고유 광회전도

| 화합물 | $[\alpha]_D$ | 화합물 | $[\alpha]_D$ |
|---|---|---|---|
| Sucrose | +66.47 | Acetic acid | 0 |
| Cocaine | −16 | Chloroform | 0 |

## 6-4 라셈 혼합물

### 1. 거울상 이성질체(Enantiomer)의 발견

19세기 중엽 프랑스의 과학자 Louis Pasteur는 포도주를 발효하던 중, 타타르산(tartaric acid)의 소듐 암모늄염(sodium ammonium tartrate)의 두 종류의 결정을 발견하게 된다.

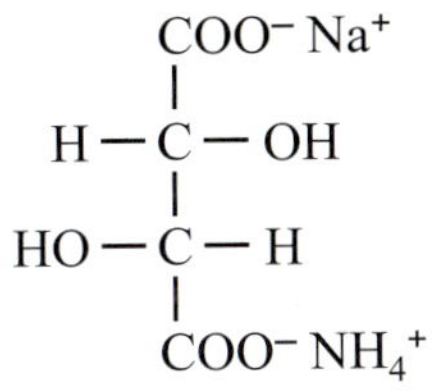

Sodium ammonium tartrate

**포도주의 발효 중 발견된 sodium ammonium tartrate**

이 두 종류의 결정들을 분리하니, 서로 거울상(mirror images)으로서 하나가 '오른손잡이 결정(right−handed crystal)'이면 다른 하나는 '왼손잡이 결정(left−handed crystal)'이었다. 즉 각각의 결정의 용액은 광학 활성이며 고유 광회전도는 같은 값으로 부호만 반대이다.

### 2. 라셈 혼합물(Racemic mixture)

오른손잡이 결정과 왼손잡이 결정의 50:50의 혼합물을 **라셈 혼합물(racemic mixture 또는 racemate)**이라고 부른다. 그러나 라셈 혼합물은 **광학 비활성(optically inactive)**을 나타낸다.

마침내 Pasteur는 포도주의 발효 과정 중 광학 이성질체인 거울상 이성질체를 발견하였으며, 이들은 녹는점, 끓는점과 같은 물리적 특성은 동일하나 편광면을 회전시키는 방향만이 다르다.

> 거울상 이성질체는 서로 겹쳐지지 않으며, 서로 동일하지 않다.
> 카이랄 중심(chirality center)이 있고, 대칭면(plane of symmetry)이 존재하지 않으며, 편광면을 돌린다(광학 활성).

## 6-5 입체화학적 배열

카이랄 중심(Chiral center)에 결합된 4개의 서로 다른 치환기들의 3차원적인 배열을 표현하는 방법이 필요하다.

### 1. 치환기의 우선순위 정하기

먼저 4개의 치환기의 순위를 정해야 한다. 3-4절에서 언급한 알켄의 *E*, *Z* 입체화학을 정할 때 사용한 **순위 결정 규칙**을 그대로 적용하면 된다. 순위 결정 규칙을 간단하게 정리하면 다음과 같다.

① 카이랄 중심에 결합된 4개의 서로 다른 치환기 중 **원자 번호가 큰 원자**가 우선순위가 된다.

② 치환기의 첫 번째 원자에서 **순위를 정할 수 없을 때**는 두 번째, 세 번째 원자로 넘어가면서 최초로 차이가 생길 때까지 비교한다.

③ **다중 결합의 원자**들은 같은 수의 단일 결합의 원자들과 같다.

### 2. *R* 배열과 *S* 배열

#### 1) *R* 배열 또는 *S* 배열 정하기

카이랄 중심에 결합된 4개의 치환기의 우선순위를 결정한 후, 우선순위가 가장 낮은 4번 치환기를 우리로부터 멀리 뒤로 향하도록 하고 남아있는 3개의 치환기가 1번 → 2번 → 3번 순서로 시계 방향이면, 카이랄 중심은 ***R* 배열**(***R* configuration**)이라고 한다. 반면에 3개의 치환기가 1번 → 2번 → 3번 순서로 반시계 방향이면, 카이랄 중심은 ***S* 배열**(***S* configuration**)이라고 한다.

순위가 가장 낮은 4번을 뒤로 보내며(점선으로 표현함), 치환기의 순서가 시계 방향이면 R 배열, 반시계 방향이면 S 배열이다.

### 2) (+)-알라닌의 배열 정하기

예를 들어 (+)-알라닌(alanine)의 배열에 대해 살펴보자. $-NH_2$가 우선순위 1번이고 $-H$가 순위 4번이 된다. $-CH_3$와 $-COOH$는 두 치환기 모두 첫번째 원자로 탄소를 가지고 있으므로, 탄소 다음 원자를 보면 $-COOH$의 산소가 $-CH_3$의 수소보다 앞선다. 따라서 $-COOH$가 2번 우선순위가 된다.

광회전도의 부호인 (+) 또는 (−)는 *R*, *S* 배열과 상관관계가 없다. (+)-알라닌은 *S* 배열을 가지는데 우연히 우회전성(+)일 뿐이다. (−)-글리세르알데하이드(glyceraldehyde)도 *S* 배열을 가지지만 우연히 좌회전성(−)일 뿐이다.

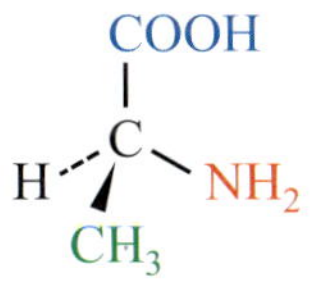


(*S*)-(+)-Alanine

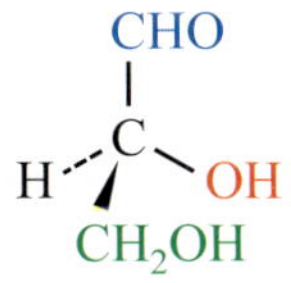


(*S*)-(−)-Glyceraldehyde

광회전도의 부호인 (+) 또는 (−)는 R, S배열과 상관관계가 없다.

**예제 6.2** (*S*)-펜테인-2-올((*S*)-Pentan-2-ol)의 사면체 구조를 실선, 점선 및 쐐기형선을 이용하여 그리시오.

**풀이**

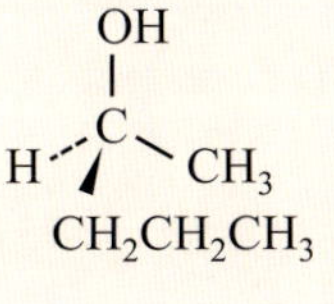


**문제 6.2** *R*, *S* 배열 규칙에 따라 다음 치환기들의 우선순위를 결정하시오.

① $-H$, $-CH_3$, $-C_6H_5$, $-Cl$

② $-C(CH_3)_3$, $-CH(CH_3)_2$, $-CH_2CH_3$, $-CH_3$

③ $-COOH$, $-CO_2CH_3$, $-CH_2OH$, $-OH$

④ $-CN$, $-CH_2NH_2$, $-CH_2NHCH_3$, $-NH_2$

**문제 6.3** 다음 분자의 *R*, *S* 배열을 결정하시오.

①

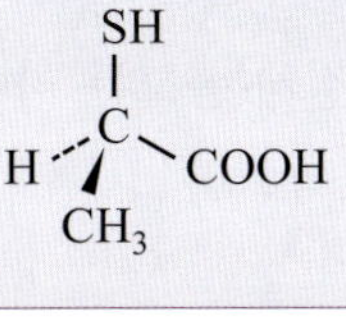


②

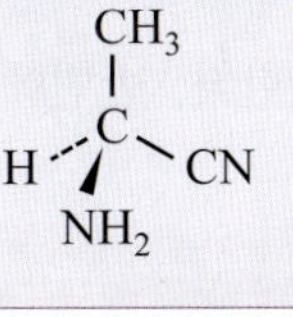

# 6-6 부분 입체 이성질체

지금까지 카이랄 중심이 한 개뿐이고 한 쌍의 거울상 이성질체가 존재하는 유기분자에 대해 살펴보았다. 이 절에서는 **두 개 이상의 카이랄 중심을 가지는 분자**에 대해 다루고자 한다.

## 1. 2개의 카이랄 중심을 지닌 트레오닌의 입체 이성질체

일반적인 규칙에 의하면, $n$개의 카이랄 중심을 가지는 분자는 최대 $2^n$개까지의 입체 이성질체가 존재할 수 있다. 트레오닌(Threonine, 2-Amino-3-hydroxybutanoic acid)이라는 아미노산의 경우, 2개의 카이랄 중심(C2와 C3)을 가지고 있으므로 4개의 입체 이성질체가 존재한다. 2*R*, 3*R* 입체 이성질체는 2*S*, 3*S*의 거울상 이성질체이고, 2*R*, 3*S* 입체 이성질체는 2*S*, 3*R*의 거울상 이성질체이다.

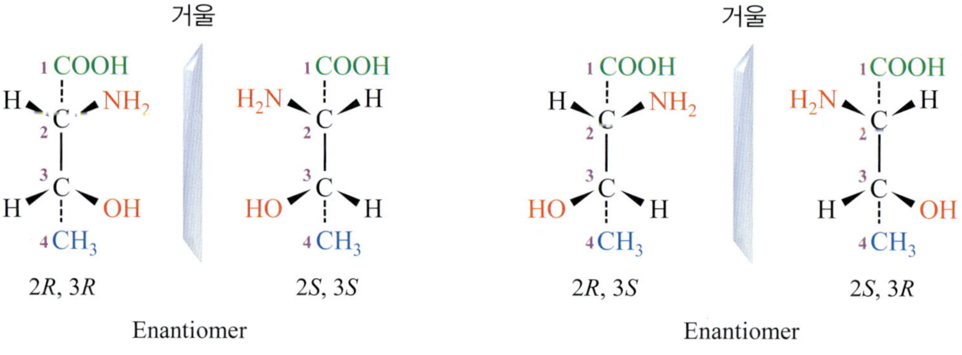


트레오닌의 4개의 입체 이성질체

## 2. 트레오닌의 부분 입체 이성질체(Diastereomers)

그런데 2*R*, 3*R* 이성질체와 2*R*, 3*S* 이성질체와의 관계는 입체 이성질체이지만, 거울상 이성질체는 아니다. 이와 같은 관계를 **부분 입체 이성질체(diastereomers)**라고 한다. 즉, 부분 입체 이성질체는 어느 카이랄 중심의 배열은 반대이지만, 다른 카이랄 중심은 동일한 배열을 한다. 반면에 거울상 이성질체는 모든 카이랄 중심이 반대 배열을 하는 점이 다르다.

### 3. 트레오닌의 2*S*, 3*R* 입체 이성질체: 인간에게 필수적인 영양소

표 6.2에 트레오닌의 4개의 입체 이성질체가 나타나 있다. 4개의 입체 이성질체 중, 2*S*, 3*R* 이성질체만 동·식물에서 자연적으로 발생하며 인간에게 필수적인 영양소이다. 이와 같은 결과를 통하여 생물학적 중요한 유기분자는 대부분 카이랄임을 알 수 있다.

**표 6.2** 트레오닌의 4개의 입체 이성질체 간의 관계

| No. | 입체 이성질체 | 거울상 이성질체 | 부분 입체 이성질체 |
|---|---|---|---|
| 1 | 2*R*,3*R* | 2*S*,3*S* | 2*R*,3*S*와 2*S*,3*R* |
| 2 | 2*S*,3*S* | 2*R*,3*R* | 2*R*,3*S*와 2*S*,3*R* |
| 3 | 2*R*,3*S* | 2*S*,3*R* | 2*R*,3*R*과 2*S*,3*S* |
| 4 | 2*S*,3*R* | 2*R*,3*S* | 2*R*,3*R*과 2*S*,3*S* |

## 6-7 메조 화합물

### 1. 2개의 카이랄 중심을 지닌 타타르산의 입체 이성질체

이번에는 2개의 카이랄 중심을 가진 화합물인 타타르산(tartaric acid)을 살펴보자. 타타르산은 다음과 같이 4개의 입체 이성질체로 나타날 수 있다.

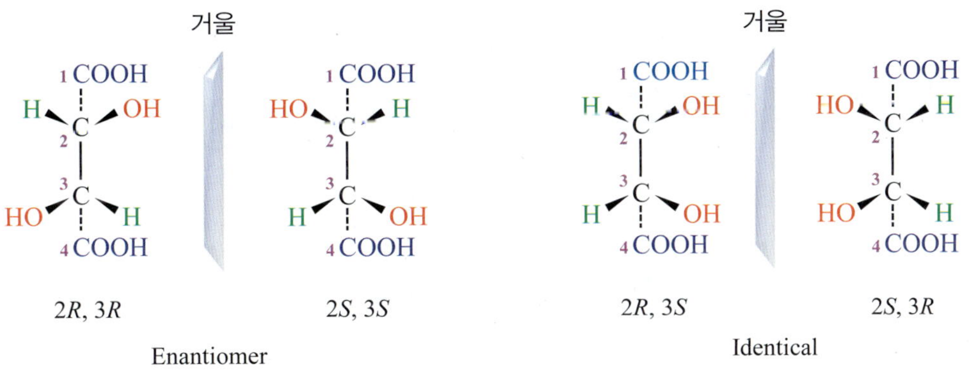


타타르산의 4개의 입체 이성질체

## 2. 타타르산의 메조 화합물(Meso compound)

타타르산(Tartaric acid)의 2*R*, 3*R* 입체 이성질체는 2*S*, 3*S*의 거울상 이성질체이지만, 2*R*, 3*S* 입체 이성질체는 2*S*, 3*R*과 동일한 구조이다. 왜냐하면 2*R*, 3*S*와 2*S*, 3*R*은 대칭면을 가지고 있기 때문이다. 이 대칭면으로 인하여 카이랄 중심을 2개나 가지고 있음에도 불구하고 비카이랄(achiral)이다.

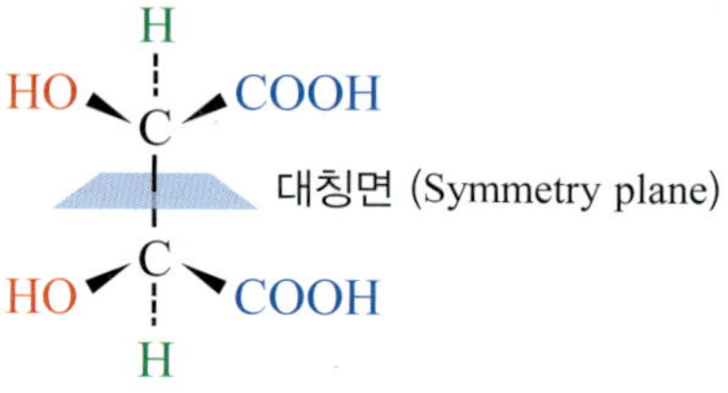


타타르산의 2*R*, 3*S*와 2*S*, 3*R*의 대칭면을 가진 동일한 입체 이성질체(메조 화합물)

이처럼 카이랄 중심을 가지고 있으면서 비카이랄인 화합물을 **메조 화합물(meso compound)**이라고 한다. 타타르산의 경우 2개의 거울상 이성질체와 1개의 메조 화합물을 합쳐 모두 3개의 입체 이성질체가 존재하는 셈이다.

## 3. 타타르산의 거울상 이성질체와 메조 화합물의 비교

표 6.3은 타타르산의 거울상 이성질체와 메조 화합물의 물리적 성질을 비교하여 나타낸 것이다.

**표 6.3** 타타르산의 거울상 이성질체와 메조 화합물의 물리적 성질 비교

| No. | 입체 이성질체 | 밀도 (g/cm$^3$) | 녹는점 (℃) | 용해도 (20℃, g/100mL $H_2O$) | $[\alpha]_D$ |
|---|---|---|---|---|---|
| 1 | (+) | 1.7598 | 168~170 | 139.0 | +12 |
| 2 | (−) | 1.7598 | 168~170 | 139.0 | −12 |
| 3 | Meso | 1.6660 | 146~148 | 125.0 | 0 |

거울상 이성질체는 편광면을 회전하는 부호만 다르고 모두 같은 물리적 성질을 가지고 있는 데 반하여, 메조 화합물은 이 거울상 이성질체의 부분 입체 이성질체이기

때문에 이들과 물리적 성질이 다른 전혀 별개의 화합물이다.

**예제 6.3** 다음 구조 중 어느 것이 메조 화합물인가?

① 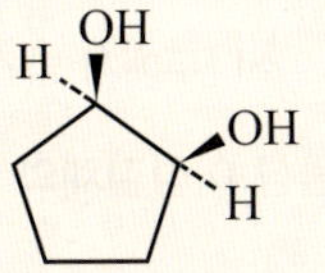 ② 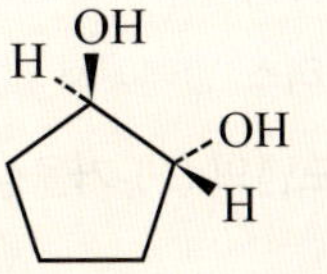

**풀이** ① 카이랄 중심이 있지만 대칭면이 존재하므로 비카이랄이다. 그러므로 메조 화합물이다.

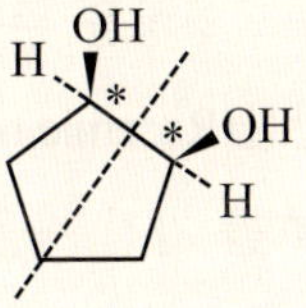

② 카이랄 중심이 있고 대칭면이 존재하지 않으므로 메조 화합물(meso compound)이 아니다.

**문제 6.4** 다음 화합물 중 어느 것이 메조형인가?

① 2,3-Dichloropentane

② 2,4-Dibromopentane

**문제 6.5** (*R*)-5-Bromohex-2-ene과 Bromocyclohexane은 어떤 관계의 이성질체인가?

## 6-8 자연의 카이랄성과 카이랄 의약품

### 1. 자연에서 서로 다른 거울상 이성질체의 서로 다른 생물학적 특성

카이랄 분자(Chiral molecule)인 서로 다른 거울상 이성질체는 물리적인 성질이 같더라도 생물학적인 성질은 일반적으로 다르다. 예를 들어, 항암효과를 나타내는 리모넨(limonene)의 경우, (+)-거울상 이성질체는 오렌지향이나 레몬향을 가지고 있지만 (−)-거울상 이성질체는 소나무의 향기를 가지고 있다.

(+)-Limonene (−)-Limonene

시트러스 열매에서 발견됨 소나무에서 발견됨

**리모넨의 (+)-거울상 이성질체와 (−)-거울상 이성질체의 특성**

## 2. 카이랄 의약품(Chiral drugs)의 치료 효과

카이랄성(Chirality)의 변화가 분자의 생물학적 성질에도 영향을 주는 것을 **카이랄 의약품(chiral drugs)**의 예를 통하여 살펴보자. 라셈 혼합물(Racemic mixture) 내에 치료에 도움이 되지 않는 거울상 이성질체가 존재하면, 약효를 가진 거울상 이성질체를 이용하는 몸의 능력에 영향을 끼치거나 부작용을 나타내기도 한다. 예를 들어, (*S*)-이부프로펜((*S*)-Ibuprofen)은 진통제(analgesic agent)로 사용되는 화합물이다. 만약 라셈 혼합물 내에 (*R*)-이부프로펜((*R*)-Ibuprofen)이 존재하면, *S* 거울상 이성질체의 체내에서 진통 효력의 속도가 현저히 감소한다.

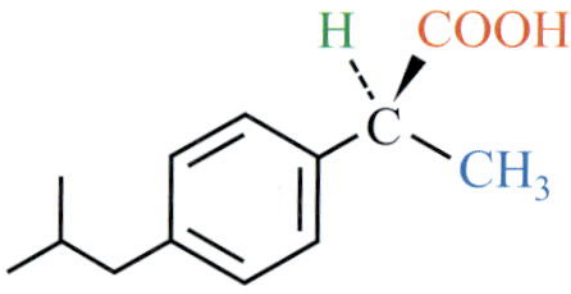


(*S*)-Ibuprofen

*S* 거울상 이성질체는 진통제로서 약효를 나타내지만, *R* 거울상 이성질체는 진통 효과가 없다.

이러한 이유로 거울상 이성질체를 선택적으로 합성(selective synthesis)하는 것이 의약 산업에서 매우 중요하다.

## 3. 치료 효과: 카이랄 생물학적 기질과 카이랄 거울상 이성질체와의 상호관계

거울상 이성질체가 서로 다른 생물학적 성질을 갖는 이유는 무엇일까? 치료 효과(Theraputic effect)를 나타내기 위해서는 생물학적 수용체(biological substrate)에 의약품이 맞게 결합해야 한다. 그런데 이 생물학적 수용체도 카이랄인 경우가 많다. 오른손에는 오른손 장갑만이 맞는 것처럼 카이랄 기질에는 한 개의 거울상 이성질체만이 맞을 수 있기 때문이다.

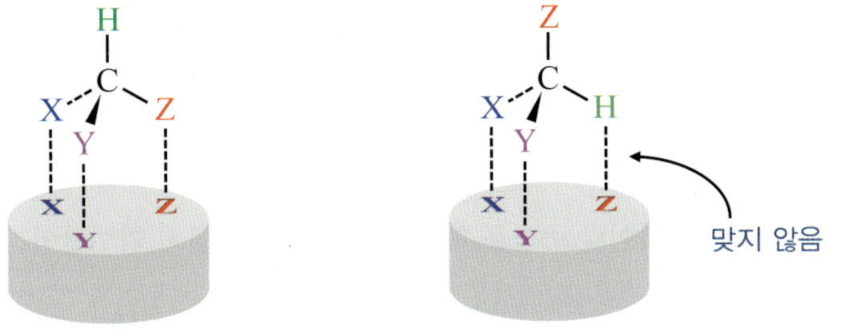


**카이랄 생물학적인 기질과 카이랄 거울상 이성질체 사이의 상호관계**

카이랄 생물학적인 기질과 카이랄 거울상 이성질체가 잘 맞아야 치료 효과가 나타난다.

## 연습문제

**6.1** 다음 중 카이랄인 물체는 어느 것인가?

① 와인잔 ② 몽키스패너
③ 농구공 ④ 콜라캔

**6.2** 다음 화합물의 카이랄 중심을 확인하고, 어느 화합물이 카이랄인지 찾으시오.

①
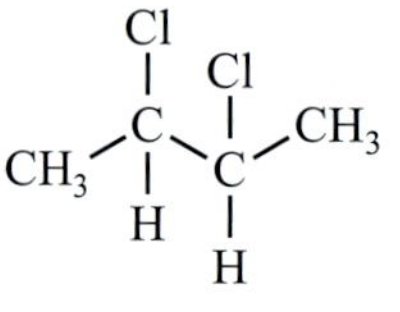


②
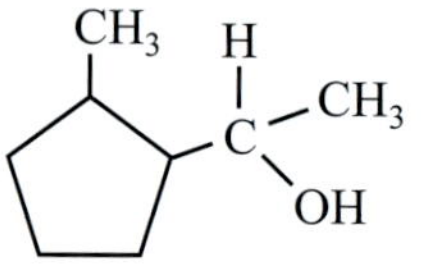


③
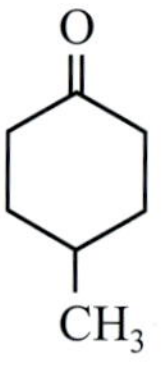


④
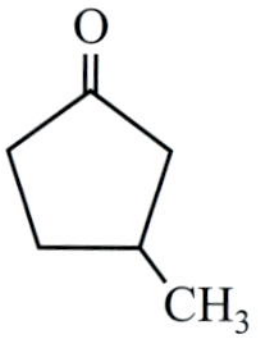


**6.3** 담즙산(Cholic acid) 3.00 g을 5.00 mL 용매에 녹여 1.00 cm인 시료관에 넣고 광회전도(α)를 측정하였더니 +2.22였다. 담즙산의 $[\alpha]_D$를 구하시오.

**6.4** 자연에 존재하는 (*S*)-세린의 $[\alpha]_D$는 −6.83이다. (*R*)-세린의 $[\alpha]_D$는 얼마이겠는가?

**6.5** *R*, *S* 배열 규칙에 따라 다음 치환기들의 우선순위를 결정하시오.

① $-NH_2$, $-SH$, $-SO_3H$, $-OCH_2OH$
② $-Br$, $-Cl$, $-CH_3$, $-CH_2Cl$

**6.6** (*S*)-3-클로로펜트-1-엔((*S*)-3-Chloropent-1-ene)의 사면체 구조를 실선, 점선 및 쐐기 형선을 이용하여 그리시오.

**6.7** 다음 분자의 *R*, *S* 배열을 결정하시오.

① 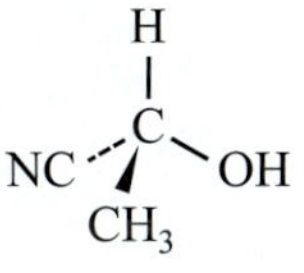

② 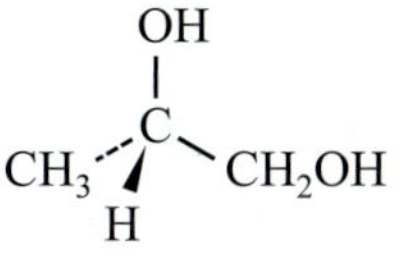

③ 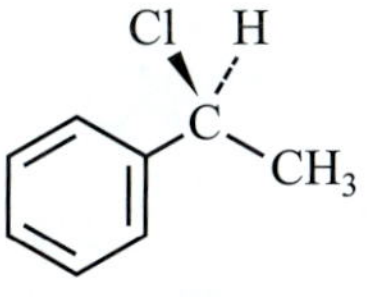

④ 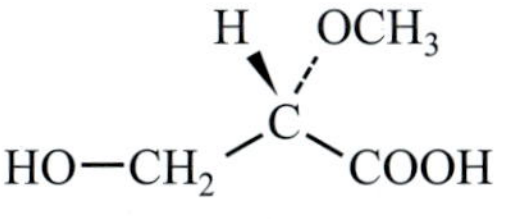

**6.8** 다음 중 광학 활성이 아닌 화합물은 어느 것인가?

① *cis*-1,2-Dimethylcyclobutane
② *cis*-1,3-Dimethylcyclobutane
③ *cis*-1,3-Dimethylcyclohexane
④ 3-Methylhexane

**6.9** 연습문제 6.7에서 메조 화합물은 어느 것인가?

**6.10** 치환기로서 메틸기를 포함하여 5개의 탄소로 구성된 카이랄 카복실산의 구조를 그리시오.

# 제7장

# 유기할로젠화물

7-1 할로젠화 알킬의 명명법
7-2 할로젠화 알킬의 제법
7-3 할로젠화 알킬의 친핵성 치환 반응
7-4 $S_N2$ 반응의 특성
7-5 $S_N1$ 반응의 특성
7-6 할로젠화 알킬의 제거 반응
7-7 할로젠화 알킬에서 치환 반응과 제거 반응의 경쟁

지금까지 탄소와 수소로 이루어진 탄화수소에 대하여 살펴보았다. 7장에서는 1개 또는 그 이상의 할로젠 원자가 포함된 **유기할로젠화물(organohalides)**의 화학에 대하여 알아보도록 하자.

할로젠(Halogen)으로 치환된 유기화합물은 자연계에 널리 존재하며 특히, 해조류나 다양한 해양 생명체에서 발견된다. 해양생물들이 살고 있는 바닷물에는 다량의 염소 이온(chloride, $Cl^-$)과 브로민 이온(bromide, $Br^-$)이 존재하기 때문이다. 뿐만 아니라 화산 및 산불에서도 많은 양이 방출되고 있다.

**산불이나 해조류에 널리 존재하는 유기할로젠화물**

또한 할로젠 원소가 포함된 화합물은 공업용 용매, 흡입용 마취제, 냉매 및 살충제 등 산업용으로 널리 응용되고 있다. 다양한 유기할로젠화물이 알려져 있지만, 7장에서는 $sp^3$ 혼성화 탄소 원자에 결합되어 있는 **할로젠화 알킬(alkyl halide, RX)**의 명명법, 합성법, 친핵성 치환 반응, 제거 반응 등에 대해 살펴보고자 한다.

## 7-1 할로젠화 알킬의 명명법

보통 화합물의 종류를 **할로젠화 알킬(alkyl halide)**이라고 부르지만, 기본 알케인 사슬에 할로젠을 치환기로 여겨서 체계적인 이름으로는 **할로알케인(haloalkane)**이다.

1) 먼저, 가장 긴 탄소 사슬을 찾아서 기본 탄화수소로 명명한다.

2) 번호를 매길 때, 첫 번째 치환기가 말단의 탄소로부터 가장 가까이에 있는 탄소에서 번호를 매긴다.

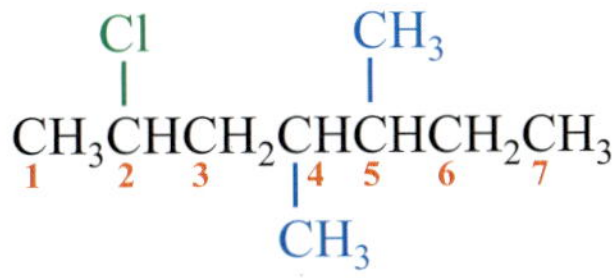

2-Chloro-4,5-dimethylheptane

3) 만약 양쪽 말단으로부터 같은 거리에 치환기가 있을 경우, 치환기의 첫 글자의 알파벳 순서가 우선되는 치환기의 말단에서부터 번호를 매긴다.

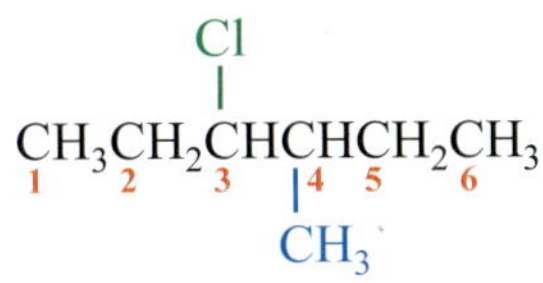

3-Chloro-4-methylhexane

4) 최종 화합물의 이름을 명명한다. 서로 다른 치환기가 존재할 때는 치환기의 알파벳 순서대로 열거하며, 동일한 치환기가 두 개 이상 존재할 때는 다이-(di-), 트라이-(tri-), 테트라-(tetra-) 등의 접두사를 사용한다.

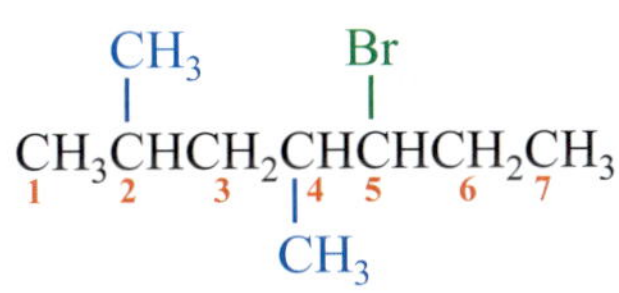

5-Bromo-2,4-dimethylheptane

5) 이와 같이 체계적인 이름 외에도 간단한 할로젠화 알킬들은 알킬을 먼저 부르고 그 다음 할로젠을 확인하여 명명한다.

$CH_3CH_2Br$

Bromoethane
(Ethyl bromide)

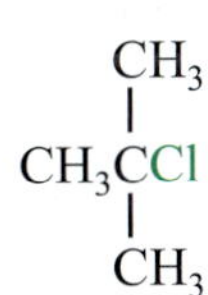

2-Chloro-2-methylpropane
(*tert*-Butyl chloride)

**예제 7.1** 다음 할로젠화 알킬을 IUPAC 체계명으로 명명하시오.

① $BrCH_2CH_2CH_2CH_2Cl$

② 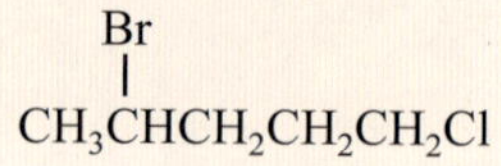


③ 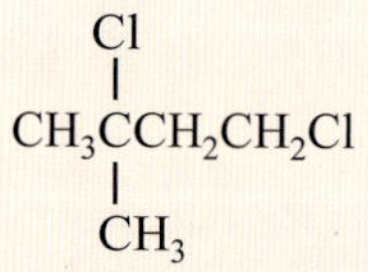


④ 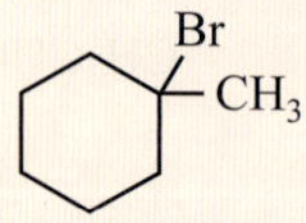


**풀이**

① 1-Bromo-4-chlorobutane ② 4-Bromo−1−chloropentane

③ 1,3-Dichloro-3-methylbutane ④ 1-Bromo-1-methylcyclohexane

**문제 7.1** 다음 IUPAC명에 해당하는 구조를 그리시오.

① 3,3-Dichloro-2-methylpentane

② 3-Iodo-2,2,4,4-tetramethylpentane

# 7-2 할로젠화 알킬의 제법

## 1. 알케인(Alkane)과 염소($Cl_2$) 또는 브로민($Br_2$)의 치환 반응

이 절에서는 할로젠화 알킬(alkyl halide, RX)을 만드는 방법에 대해 알아보고자 한다. 먼저 2−5절에서 언급했듯이 빛($hv$)의 존재하에서 알케인(alkane)은 염소($Cl_2$) 또는 브로민($Br_2$)과의 반응에 의해 연쇄적으로 염소 또는 브로민으로 치환된 할로젠화 알킬을 얻을 수 있다.

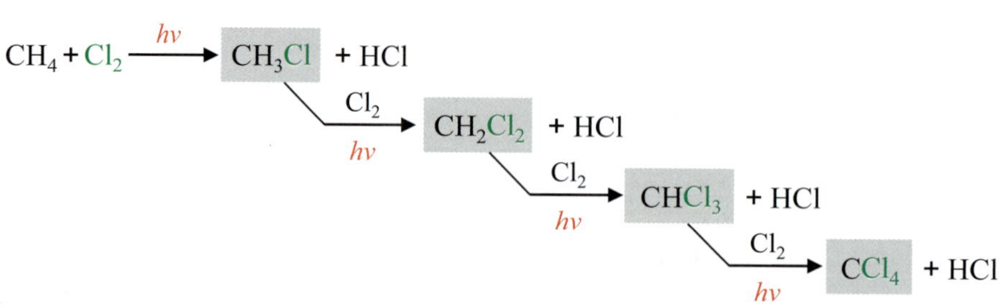


알케인과 염소($Cl_2$)와의 치환 반응에 의한 할로젠화 알킬의 합성

## 2. 알켄(Alkene)과 HX 또는 $X_2$의 친전자성 첨가 반응

또한 알켄에 HX 또는 $X_2$의 친전자성 첨가 반응(electrophilic addition)을 통하여 할로젠화 알킬을 얻을 수 있다(친전자성 첨가 반응은 4-1 및 4-3절을 참고하시오).

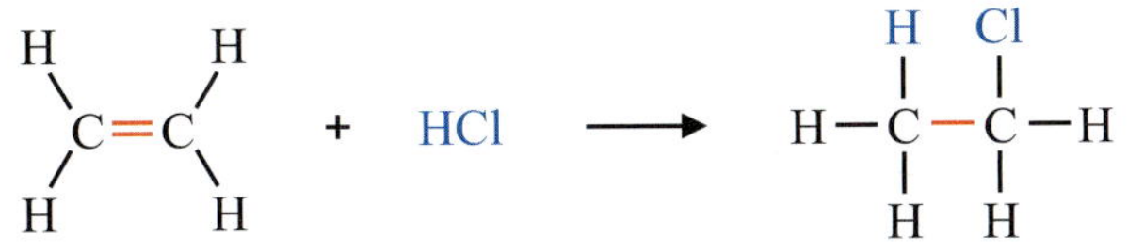


Ethene Chloroethane

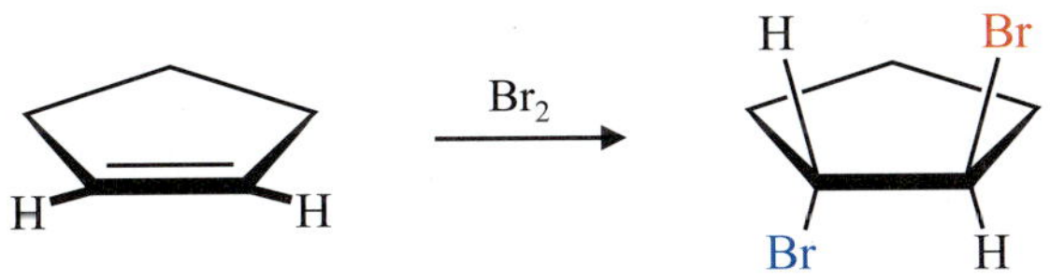


Cyclopentene *trans*-1,2-Dibromocyclopentane

알켄과 HCl 또는 $Br_2$의 친전자성 첨가 반응에 의한 할로젠화 알킬의 합성

## 3. 3차 알코올(3° Alcohol)과 HCl의 반응

할로젠화 알킬을 합성하는 가장 일반적인 방법은 알코올(alcohol)로부터 만드는 것이다. 이 반응은 알코올과 HCl, HBr, HI를 반응시킴으로써 간단하게 수행할 수 있다. 이때 3차 알코올(tertiary alcohol, 3° alcohol)과 반응이 가장 잘 일어난다.

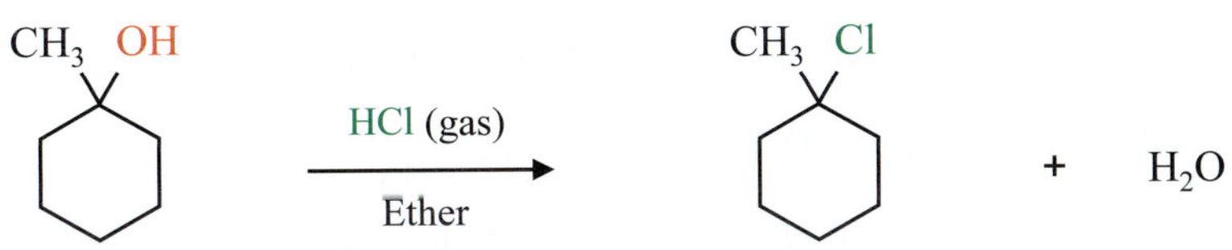


1-Methylcyclohexanol 1-Chloro-1-methylcyclohexane

3차 알코올

3차 알코올과 HCl의 반응에 의한 할로젠화 알킬의 합성

## 4. 1차 알코올 또는 2차 알코올과 $SOCl_2$ 및 $PBr_3$와의 반응

반면에 HX(HCl, HBr, HI)와 1차 알코올(primary alcohol, 1° alcohol), 2차 알코

올(secondary alcohol, 2° alcohol)의 반응은 느리다. 1차, 2차 알코올은 염화 싸이오닐(thionyl chloride, $SOCl_2$)이나 트라이브로민화 인(phosphorus tribromide, $PBr_3$)으로 처리하면 할로젠화 알킬을 잘 얻을 수 있다.

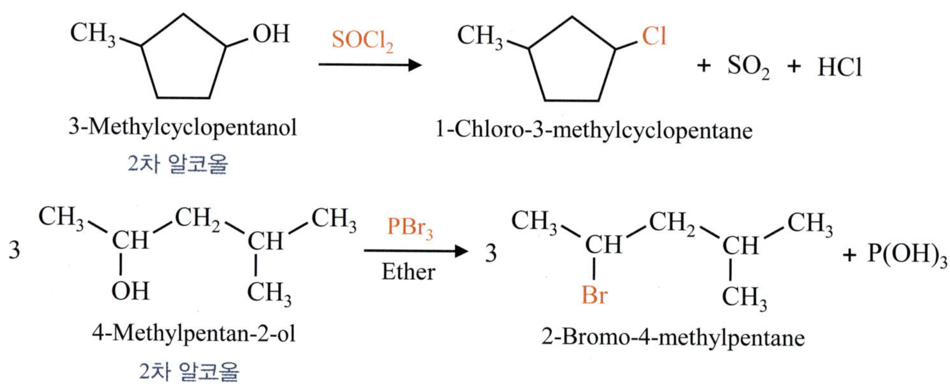


**2차 알코올과 $SOCl_2$ 또는 $PBr_3$와의 반응에 의한 할로젠화 알킬의 합성**

**문제 7.2** 다음 할로젠화 알킬은 어떤 알코올로부터 만들 수 있는가?

① $BrCH_2CH_2CH(CH_3)CH_3$ ② $CH_3CH(CH_3)CH_2Cl$

## 7-3 할로젠화 알킬의 친핵성 치환 반응

### 1. 할로젠화 알킬(RX)의 친핵성 치환 반응(Nucleophilic substitution reaction)

친핵성 치환 반응이 일어나는 동안, 친핵체(nucleophile, Nu: 또는 $Nu:^-$)는 기질(substrate, RX)과 반응하여 이탈기(leaving group, $X:^-$)의 자리에 친핵체의 치환이 일어나고 생성물(R−Nu)이 만들어진다.

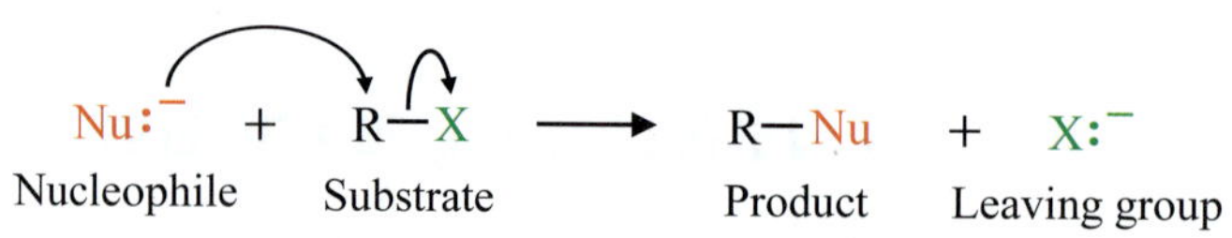


**할로젠화 알킬의 친핵성 치환 반응**

간단한 예로 할로젠화 알킬은 사이안화 이온(cyanide, $CN^-$)같은 친핵체와 반응할 때, 친핵체에 의해 Br기가 CN기로 치환되는 반응이 일어난다.

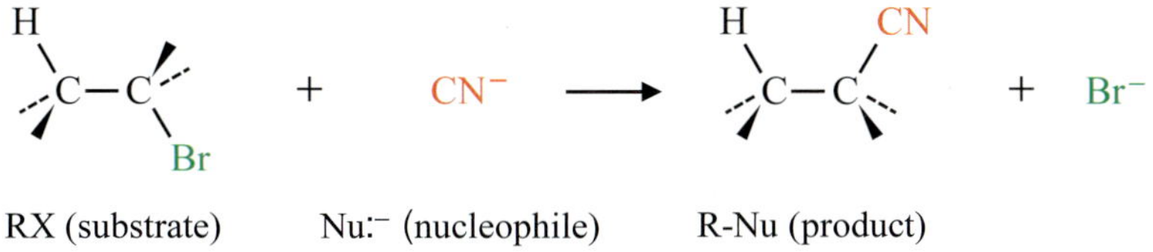

할로젠화 알킬(RX)과 $CN^-(Nu^-)$의 친핵성 치환 반응

## 2. 친핵성 치환 반응에서 친핵체(Nucleophile)의 종류

표 7.1에는 여러 가지 친핵체가 정리되어 있다. 중성이거나 음으로 하전된 어떤 화학종이라도 **비공유 전자쌍(lone-pair electrons)**을 가지고 있으면 친핵체로 작용할 수 있다.

**표 7.1** 친핵성 치환 반응에서 여러 가지 친핵체의 종류

| $Nu:^- + CH_3Br \longrightarrow CH_3Nu + Br^-$ | | | | | |
|---|---|---|---|---|---|
| No. | 화학식 | 이름 | No. | 화학식 | 이름 |
| 1 | $H_2O$ | Water | 7 | $I^-$ | Iodide |
| 2 | $NH_3$ | Ammonia | 8 | $CN^-$ | Cyanide |
| 3 | $CH_3CO_2^-$ | Acetate | 9 | $SH^-$ | Hydrosulfide |
| 4 | $Cl^-$ | Chloride | 10 | $R-C\equiv C:^-$ | Acetylide anion |
| 5 | $OH^-$ | Hydroxide | 11 | RMgX | Grignard reagent |
| 6 | $CH_3O^-$ | Methoxide | | | |

유기화학에서 가장 일반적이고 활용성이 높은 반응인 할로젠화 알킬의 친핵성 치환 반응을 통하여 수많은 화합물을 만들 수 있다. 표 7.1에 정리된 친핵체 중 **아세틸렌화 음이온(acetylide anion**, $R-C\equiv C:^-$)과 **Grignard 시약(Grignard reagent**, RMgX)을 이용한 유기합성 반응을 소개하고자 한다.

## 3. 할로젠화 알킬(RX)에 의한 대표적인 유기 합성

### 1) 아세틸렌화 음이온(Acetylide anion)과의 반응에 의한 알케인(Alkane) 합성

4-9절에서 배운 것처럼, 말단 알카인(terminal alkyne)을 강염기인 $NaNH_2$로 처리하면 말단 수소가 제거되어 친핵체로 작용할 수 있는 '아세틸렌화 음이온'이 만들어진다.

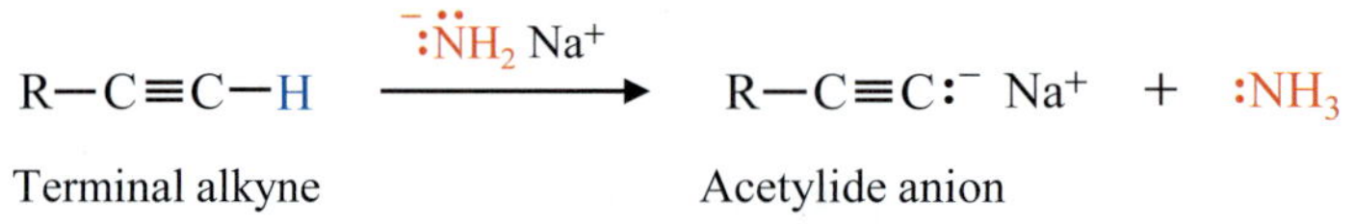


아세틸렌화 음이온의 생성

할로젠화 알킬과 아세틸렌화 음이온의 친핵성 치환 반응은 **탄소수를 늘린 알케인(alkane)**을 합성하는 데 매우 유용하게 이용되며, 이는 $S_N2$ 반응 메커니즘으로 반응이 진행된다. $S_N2$ 반응 메커니즘에 대해서는 7-4절에서 배우게 될 것이다.

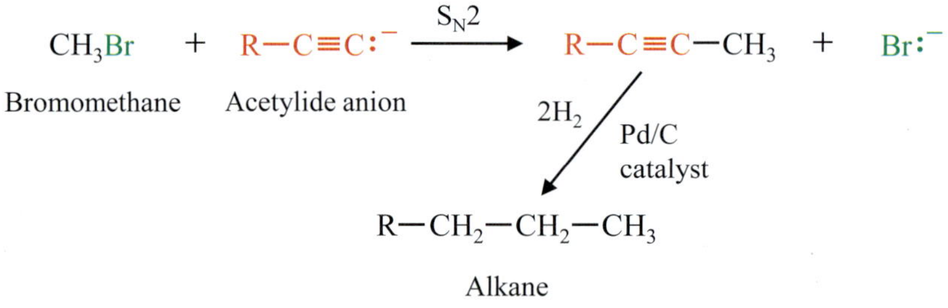


할로젠화 알킬과 아세틸렌화 음이온과의 친핵성 치환 반응에 의한 알케인 합성

### 2) Grignard 시약에 의한 알케인 합성

할로젠화 알킬은 에터(ether) 용매에서 마그네슘 금속과 반응하면 **RMgX**를 형성한다. 이런 종류의 화합물을 발견자 Victor Grignard의 이름을 따서 'Grignard 시약(Grignard reagent)'이라고 부른다.

$$RX + Mg \xrightarrow[\text{Ether}]{} RMgX$$

R: Alkyl (1°, 2°, 3°), alkenyl, aryl
X: Cl, Br, I

Grignard 시약의 합성

RMgX는 탄소-금속 결합을 가지기 때문에 **유기금속 화합물**(**organometallic compound**)이라고도 한다. 탄소-마그네슘 결합은 강하게 편극화(polarized)되며, 따라서 전자가 풍부한 탄소는 친핵성을 나타낸다. 이때 RMgX를 $H_2O$로 처리하면 알케인을 얻을 수 있다.

$$RX \xrightarrow{Mg} RMgX \xrightarrow{H_2O} R{-}H \text{ (Alkane)}$$

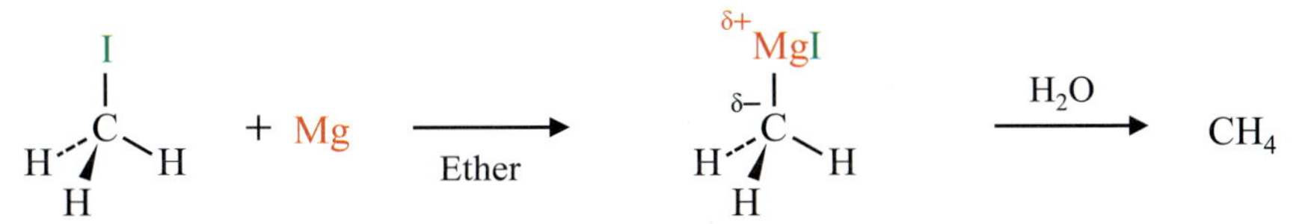


Grignard 시약에 의한 알케인의 합성

**예제 7.2** 다음 친핵성 치환 반응에서 어떤 화합물이 생성되는가?

① 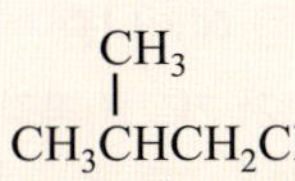 + $SH^-$ ⟶

② $CH_3CH_2CH_2Br$ + $R{-}C{\equiv}C{:}^-$ ⟶

③ 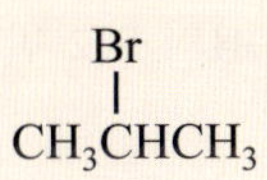 + LiI ⟶

**풀이**

① 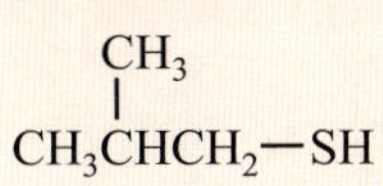

② $CH_3CH_2CH_2{-}C{\equiv}C{-}R$

③ 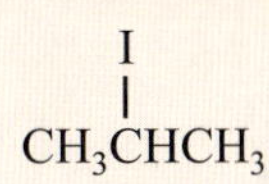

# 7-4 $S_N2$ 반응의 특성

친핵성 치환 반응(Nucleophilic substitution reaction)은 $S_N1$과 $S_N2$ 반응 메커니즘에 의해 일어난다. 여기서 '$S_N$'은 '치환(substitution)', '친핵성(nucleophilic)'을 의미하는 표시이다.

## 1. $S_N2$ 반응의 입체 화학적 배열: 뒤집힘(Inversion)

$S_N2$ 반응 메커니즘의 특성은 친핵체가 **이탈기**(leaving group)의 반대 방향으로부터 기질(RX)을 공격할 때, 중간체(intermediate) 없이 **한 단계**(**single step**)로 반응이 일어난다는 것이다. 또한 친핵체가 기질(RX)의 한쪽 면으로 접근하여 탄소와 부분적으로 결합을 형성하고 동시에 이탈기인 할로젠 음이온이 다른 쪽 면에서 부분적으로 떨어져 나감에 따라 **전이 상태**(**transition state**)를 거쳐 입체 화학적 배열(stereochemical configuration)이 **뒤집히게 된다**(**inversion**).

다음은 (*S*)-2-클로로뷰테인((*S*)-2-Chlorobutane)이 $OH^-$와 반응하여 (*R*)-뷰테인-2-올((*R*)-Butan-2-ol)이 생성되는 반응의 메커니즘이다.

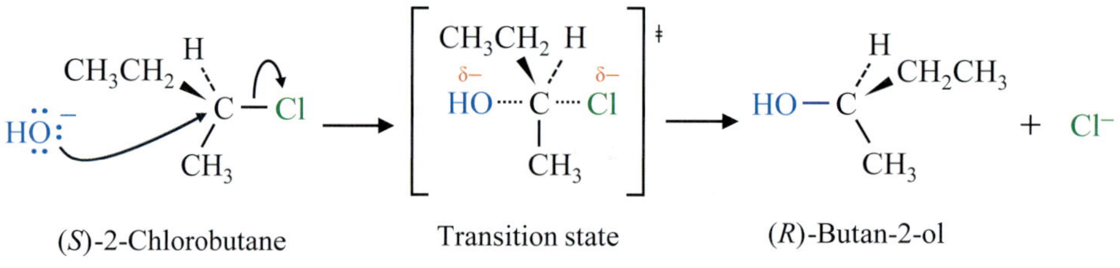


(*S*)-2-Chlorobutane과 $OH^-$와의 $S_N2$ 반응 메커니즘

$S_N2$ 반응 메커니즘은 이탈기의 180° 반대 방향으로 친핵체가 기질을 공격함으로써 한 단계 반응으로 일어나며 입체 화학적 배열이 뒤집힌다.

**예제 7.3** (*S*)-2-아이오도펜테인((*S*)-2-Iodopentane)과 NaOH의 $S_N2$ 반응으로부터 얻어지는 생성물은 무엇인가?

**풀이**

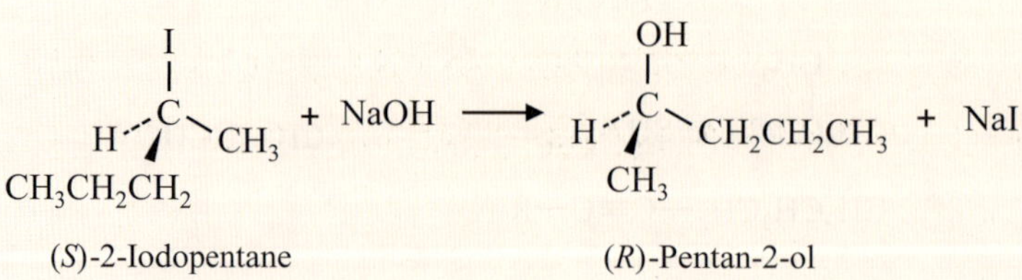

**문제 7.3** (*R*)-2-클로로뷰테인((*R*)-2-Chlorobutane)과 $CH_3COONa$의 $S_N2$ 반응으로부터 얻어지는 생성물은 무엇인가?

## 2. $S_N2$ 반응 속도: 기질(RX)과 친핵체($Nu:^-$)의 농도에 의존

모든 화학 반응에서 반응 속도는 반응물의 농도와 직접적인 관련이 있다. 다음 반응식은 $OH^-$가 $CH_3Br$과 반응하여 $CH_3OH$가 되는 $S_N2$ 반응이다. $CH_3Br$(RX, 기질)과 $OH^-$($Nu:^-$, 친핵체)가 충돌하여 반응하는 한 단계 반응이다.

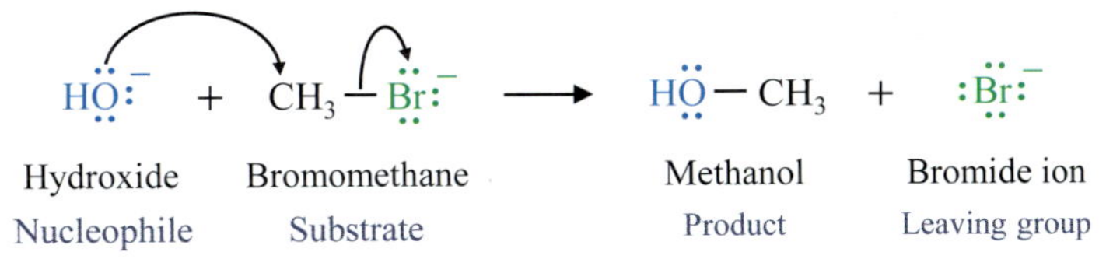


$S_N2$에서의 '2'는 $S_N2$ 반응의 속도가 2가지 화학종인 기질과 친핵체의 농도에 의존하는 **이분자성(bimolecular)**이라는 의미이다.

$$\text{반응 속도} = k \times [\text{기질}] \times [\text{친핵체}]$$
$$= k \times [CH_3Br] \times [OH^-]$$

($k$: 반응 속도 상수, $[CH_3Br]$: $CH_3Br$의 몰농도, $[OH^-]$: $OH^-$의 몰농도)

**기질과 친핵체의 농도에 비례하는 $S_N2$ 반응 속도**

**예제 7.4** $S_N2$반응에서 $CH_3Br$의 농도와 NaOH의 농도를 각각 2배로 하면, 반응 속도는 어떻게 변하겠는가?

**풀이** 반응 속도는 4배로 빨라진다.

## 3. $S_N2$ 반응: 유리한 할로젠화 알킬(RX, 기질)의 구조

### 1) $S_N2$ 반응에서 유리한 할로젠화 알킬(기질)의 구조

$S_N2$ 반응은 친핵체와 할로젠화 알킬의 탄소 원자 사이에 부분적으로 결합이 형성

되기 때문에, 부피가 크고 입체 장애(steric hindrance)가 있는 기질은 친핵체의 접근이 쉽지 않다. 즉 입체 장애가 큰 할로젠화 알킬의 경우 친핵체의 공격으로부터 '가려 막혀(shielded)' 있으므로, $CH_3X$가 반응성이 가장 크고, 할로젠화 *tert*−뷰틸 ($(CH_3)_3C-X$)과 같이 곁가지 수가 증가하면 반응이 정지된다.

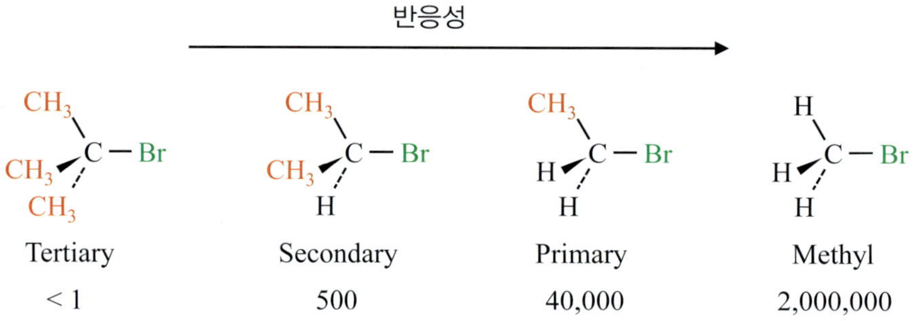


$S_N2$ 반응에서 유리한 할로젠화 알킬의 구조

### 2) $S_N2$ 반응에 대해 반응성이 없는 할로젠화 알킬

또한 할로젠화 바이닐(vinylic halide, $R_2C=CRX$)과 할로젠화 아릴(aryl halide)은 $S_N2$ 반응에 대해 반응성이 전혀 없다. 이와 같이 반응성이 나타나지 않는 것 역시 **입체 장애(steric hindrance)**에 기인하는 것이다.

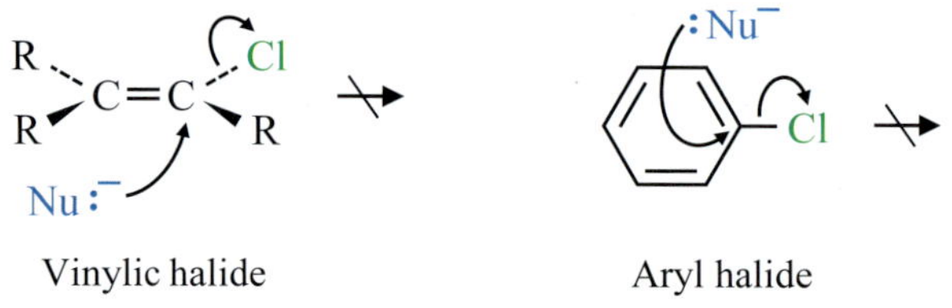


$S_N2$ 반응에 대해 반응성이 없는 할로젠화 알킬

**예제 7.5** 다음의 $S_N2$ 반응에서 $OH^-$와 더 빠르게 반응하는 것은 어느 것인가?

① Bromobenzene 또는 Benzyl bromide($C_6H_5CH_2Br$)

② $CH_3Cl$ 또는 $(CH_3)_2CHCl$

③ $CH_3CH=CHBr$ 또는 $H_2C=CHCH_2Br$

**풀이** ① Benzyl bromide($C_6H_5CH_2Br$) ② $CH_3Cl$ ③ $H_2C=CHCH_2Br$

### 4. $S_N2$ 반응: 좋은 이탈기의 조건

$S_N2$ 반응에 영향을 미칠 수 있는 또 다른 변수는 이탈기의 성질이다. 이탈기는 음전하를 가지고 떨어져 나가기 때문에 가장 **좋은 이탈기(good leaving group)**는 강산(strong acid)의 음이온, 즉 **강산의 짝염기(conjugate base)**인 약한 염기(weak base)이다.

그러므로 $I^-$, $Br^-$및 $Cl^-$는 좋은 이탈기이며, $F^-$, $OH^-$, $OR^-$ 및 $NH_2^-$는 강염기(strong base)로서 나쁜 이탈기(poor leaving group)이다.

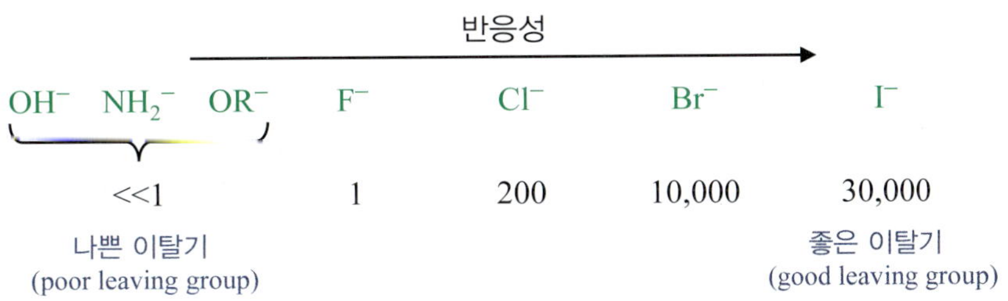


$S_N2$ 반응에서의 좋은 이탈기

**예제 7.6** 다음 각쌍 중에서 어느 것이 더 좋은 이탈기인가?

① $Cl^-$ 또는 $I^-$ ② $Cl^-$ 또는 $NH_2^-$ ③ $OH^-$ 또는 $Br^-$

**풀이** ① $I^-$ ② $Cl^-$ ③ $Br^-$

## 7-5 $S_N1$ 반응의 특성

친핵성 치환 반응(Nucleophilic substitution reaction)은 지금까지 설명한 $S_N2$ 반응 메커니즘으로도 일어나지만 또다른 메커니즘인 $S_N1$ 반응으로도 일어날 수 있다.

### 1. $S_N1$ 반응: 유리한 할로젠화 알킬(RX, 기질)의 구조

일반적으로 $S_N1$ 반응은 **3차 기질(tertiary substrate)**에서만 일어나고 물과 알코올과 같은 **극성 용매(polar solvent)**에서 중성이나 산성 조건하에서만 일어난다.

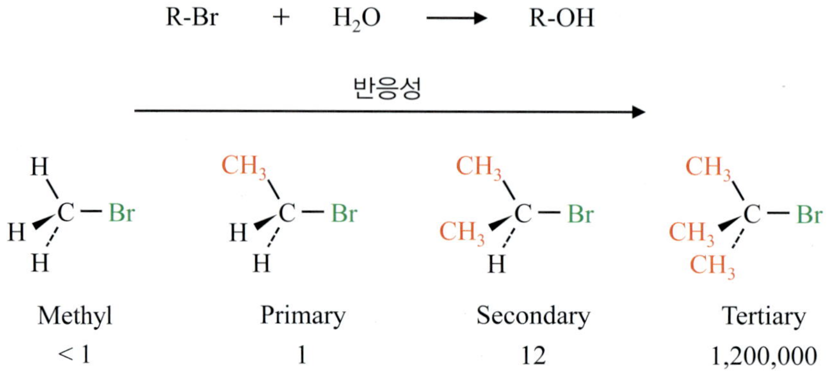


$S_N1$ 반응에서 유리한 할로젠화 알킬의 구조

## 2. $S_N1$ 반응 메커니즘: 탄소 양이온 생성(2단계 반응)

$S_N2$ 반응에서는 친핵체가 기질(RX)의 한쪽 면으로 접근하여 탄소와 부분적으로 결합을 형성하고 동시에 이탈기가 다른 쪽 면에서 부분적으로 떨어져 나가면서 반응이 진행되었다. 이와는 달리 $S_N1$ 반응은 친핵체가 접근하기 전에 자발적으로 이탈기가 떨어져 나감으로써 **탄소 양이온이 먼저 생성**되고, 그 다음 친핵체와 반응하여 치환 생성물이 형성되는 **두 단계로 반응**이 진행된다.

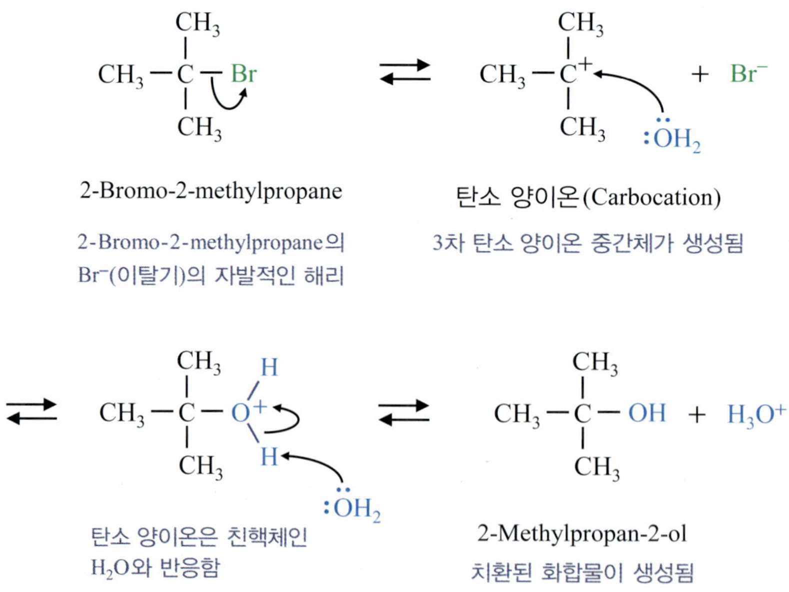


2–Bromo–2–methylpropane과 $H_2O$와의 $S_N1$ 반응 메커니즘

## 3. $S_N1$ 반응: 극성 용매에 의한 탄소 양이온의 안정화

결국 $S_N1$ 반응은 탄소 양이온 중간체가 안정할수록 반응이 더 빠르게 일어난다. 앞서 언급한 물이나 알코올 용매는 극성 용매로서 용매 분자의 전자가 풍부한 **쌍극자(dipole)**의 끝부분이 탄소 양이온 주위를 배향하여 양이온을 안정화시킴으로써 $S_N1$ 반응이 빠르게 진행된다.

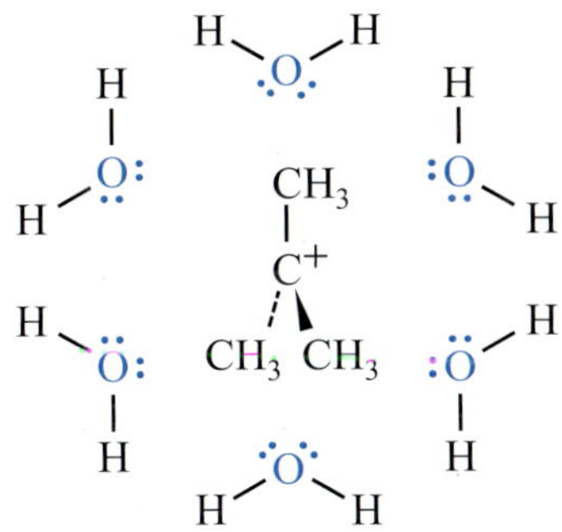

극성 용매인 물에 의한 탄소 양이온의 안정화

## 4. $S_N1$ 반응 속도: 기질(RX)의 농도에만 의존

$OH^-$가 $CH_3Br$과 반응하여 $CH_3OH$가 되는 $S_N2$ 반응과는 다르게, $(CH_3)_3CBr$과 $H_2O$의 $S_N1$ 반응에서의 반응 속도는 $(CH_3)_3CBr$(기질)의 농도에만 의존하고 $H_2O$(친핵체)의 농도와는 무관하다. $S_N1$에서의 '1'은 $S_N1$ 반응 속도가 기질의 농도에만 좌우되므로 **일분자성(unimolecular)**이라는 의미이다.

$$\text{반응 속도} = k \times [\text{기질}]$$
$$= k \times [(CH_3)_3CBr]$$

($k$ : 반응 속도 상수, $[(CH_3)_3CBr]$: $(CH_3)_3CBr$의 몰농도)

**예제 7.7** $S_N1$반응에서 $(CH_3)_3CBr$의 농도를 2배로 하고 $H_2O$의 농도를 반으로 줄이면 반응 속도는 어떻게 되는가?

**풀이** 반응 속도는 2배 빨라진다.

## 5. $S_N1$ 반응의 입체 화학: 라셈 혼합물(Racemic mixture)의 생성

$S_N1$ 반응은 탄소 양이온 중간체를 거쳐서 반응이 일어나기 때문에 입체 화학적 결과가 $S_N2$ 반응과는 다르다. 탄소 양이온은 평면 구조(planar)이며 $sp^2$ 혼성화가 되어 있으므로 비카이랄(nonchiral, achiral)이다.

다음과 같이 카이랄 반응물의 한 개의 거울상 이성질체에 $S_N1$ 반응이 일어나면, 대칭적인 탄소 양이온 중간체는 좌우에서 친핵체와 동등하게 반응할 수 있으므로 **거울상 이성질체의 50:50의 혼합물인 라셈 혼합물이 생성**된다. 이 생성물은 **광학 비활성(optically inactive)**을 나타낸다.

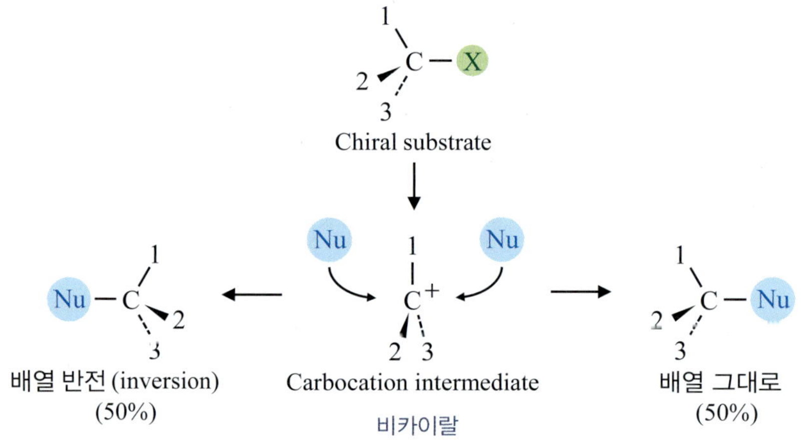


$S_N1$ 반응에 의한 라셈 혼합물의 생성

**예제 7.8** ($S$)-3-브로모-3-메틸헥세인(($S$)-3-Bromo-3-methylhexane)과 $CH_3OH$의 $S_N1$ 반응으로부터 얻어지는 생성물의 입체 화학을 그리시오.

**풀이**

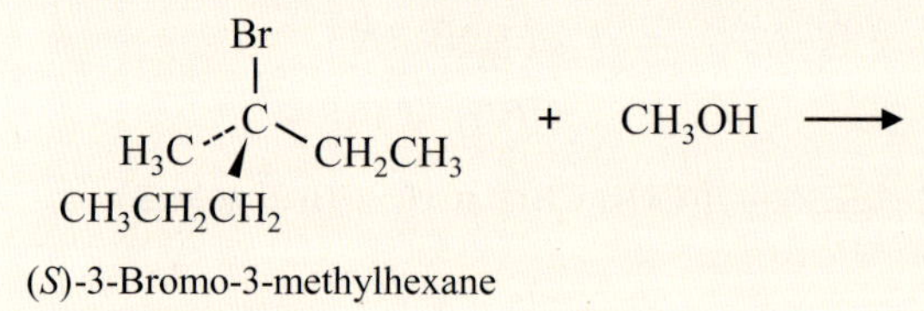


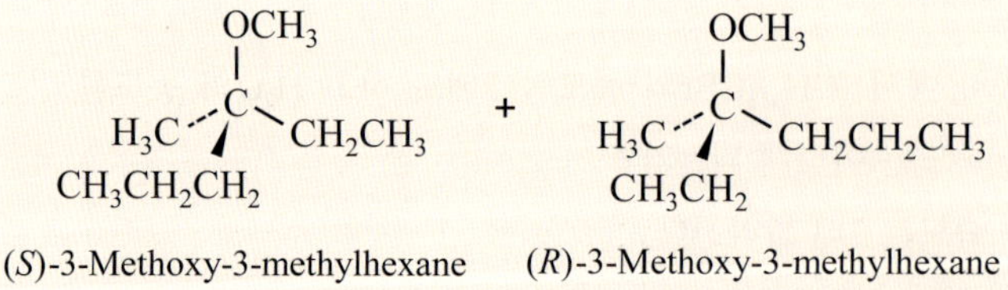

**문제 7.4** 다음 반응물과 $H_2O$의 $S_N1$ 반응으로부터 얻어지는 생성물의 입체 화학을 그리시오.

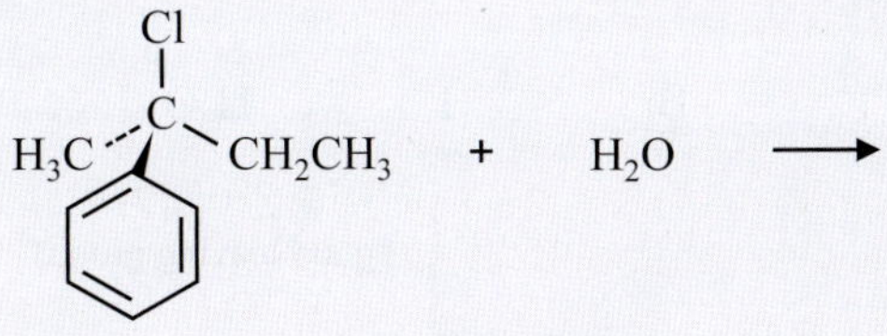


## 6. $S_N1$ 반응에서의 좋은 이탈기

$S_N1$ 반응의 가장 좋은 이탈기(best leaving group)는 $S_N2$ 반응에서와 같이 **강산의 음이온(강산의 짝염기)**이다. 7–2절에서 할로젠화 알킬을 합성하는 가장 일반적인 방법으로 3차 알코올과 HCl, HBr, HI의 반응을 언급한 바가 있다. 다음은 *tert*–뷰틸 알코올과 HBr이 반응하여 할로젠화 알킬이 생성되는 $S_N1$ 반응 메커니즘을 보여준다. **이때 $OH^-$는 나쁜 이탈기(poor leaving group)이므로 양성자가 첨가(protonation)되어 좋은 이탈기인 $H_2O$로 만들어 떨어지게 된다.**

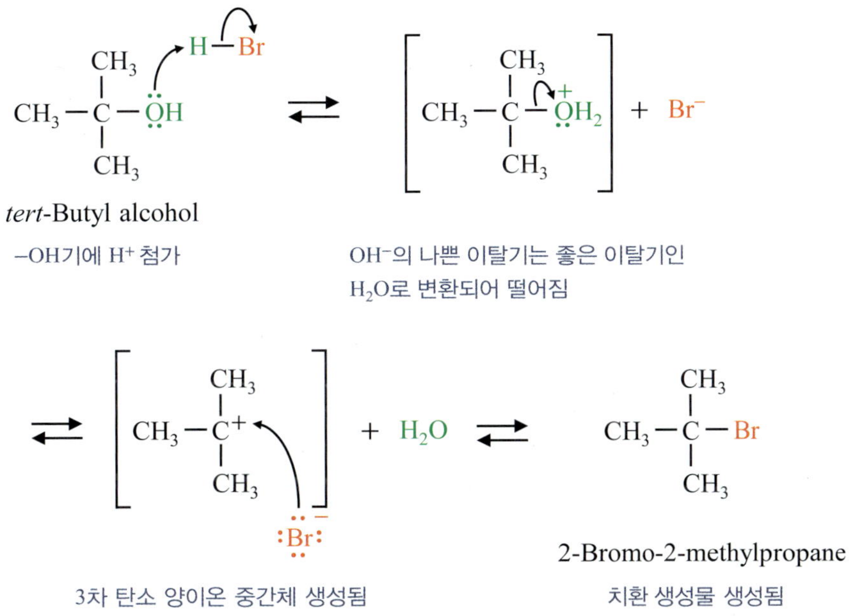


**나쁜 이탈기($OH^-$)에서 좋은 이탈기($H_2O$)로의 변환**

그러므로 강산의 음이온(강산의 짝염기)뿐만 아니라 물과 같이 아주 **약한 산**(**weak acid**)도 $I^-$만큼 좋은 이탈기가 된다.

$$HO^- \quad < \quad Cl^- \quad < \quad Br^- \quad < \quad I^- \quad \approx \quad H_2O$$

나쁜 이탈기 (poor leaving group) 좋은 이탈기 (good leaving group)

$S_N1$ 반응에서의 좋은 이탈기

## 7-6 할로젠화 알킬의 제거 반응

지금까지 할로젠화 알킬의 친핵성 치환 반응에 대하여 살펴보았다. 그러나 친핵체인 $OH^-$가 염기(base)로서 역할을 할 경우, 이탈기가 결합되어 있는 탄소의 이웃 탄소에 있는 $H^+$(양성자, proton)가 제거되는 **제거 반응**(**elimination reaction**)이 일어나기도 한다. 이런 제거 반응의 결과로 **알켄**(**alkene**)이 생성된다.

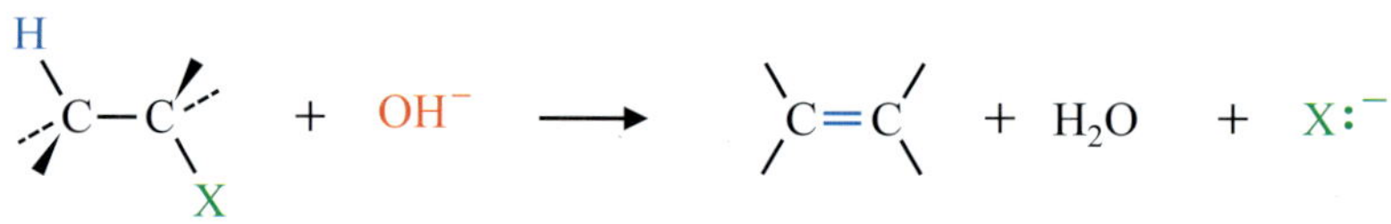

할로젠화 알킬의 제거 반응에 의한 알켄의 생성

할로젠화 알킬로부터 HX를 제거하는 것은 알켄을 합성하는 매우 유용한 방법이지만 '위치 화학(regiochemistry)' 문제로 치환 반응보다 훨씬 복잡하다.

### 1. Zaitsev 규칙(Zaitsev's rule)

**비대칭적 구조의 할로젠화 알킬**(**unsymmetrical alkyl halide**)로부터 HX가 제거되면 알켄의 혼합물이 만들어진다. 우리의 목표는 주생성물(major product)이 무엇이 될 것인가를 예측하는 것이다. 러시아의 화학자인 Alexander Zaitsev에 의해 제시된 **Zaitsev 규칙**(**Zaitsev's rule**)에 따르면(1875년), 친핵체인 염기에 의해 제거 반응이 일어날 때, 일반적으로 이중 결합 중심의 탄소에 **더 많은 알킬 치환기를 가진 알켄**이 주로 생성된다.

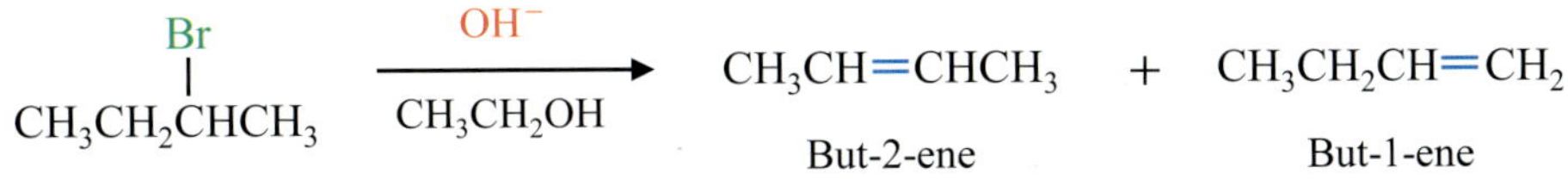

2-Bromobutane

But-2-ene (81%)

But-1-ene (19%)

이중 결합 중심의 탄소에 메틸기가 2개임

이중 결합 중심의 탄소에 에틸기가 1개임

**예제 7.9** 다음 할로젠화 알킬의 제거 반응에서 얻을 수 있는 생성물은 무엇인가?

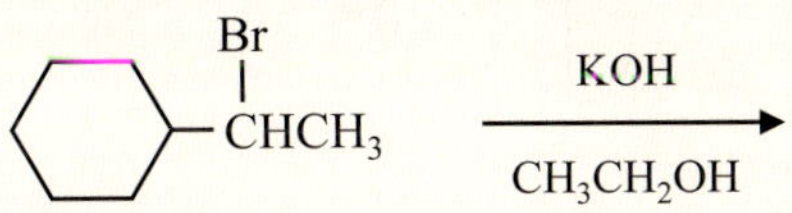

**풀이**

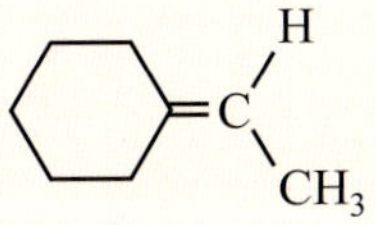

**예제 7.10** 다음 할로젠화 알킬의 제거 반응에서 주로 생성되는 알켄은 무엇인가?

①

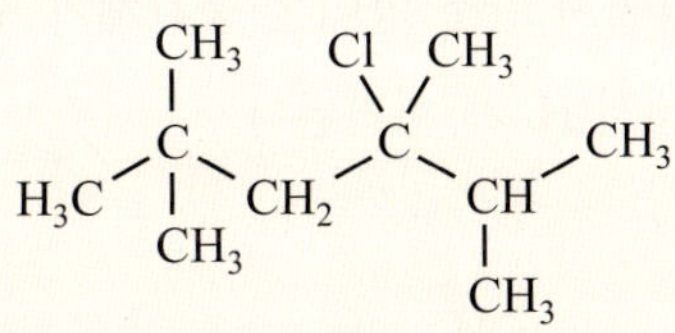

②

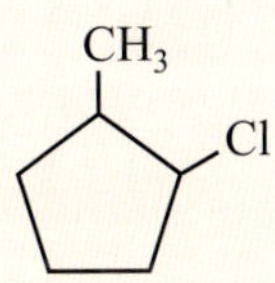

**풀이**

①

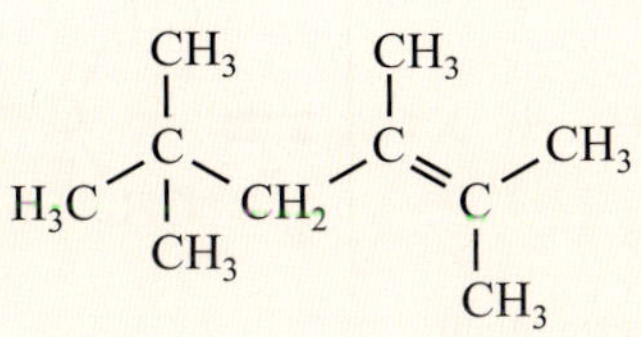

②

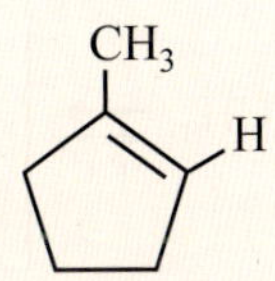

**문제 7.5** 다음 알켄은 어떤 할로젠화 알킬로부터 만들 수 있는가?

①

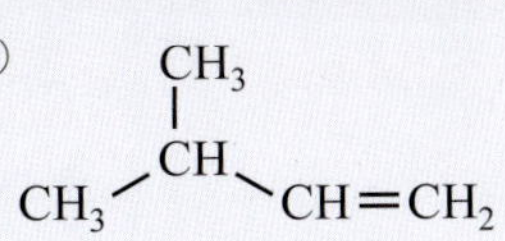

②

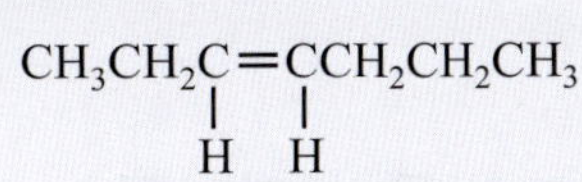

## 2. E2 반응 메커니즘

제거 반응이 복잡한 또다른 이유는 여러 다른 메커니즘으로 반응이 일어나기 때문이다. **C−H와 C−X 결합이 끊어지는 시간적인 차이**에 의해 일어나는 E2, E1 및 $E1_CB$ 반응 중 먼저 E2 반응에 대하여 살펴보자.

E2 반응에서는 친핵체인 $OH^-$(염기, base)에 의해 C−H 결합의 끊어짐(cleavage)과 C−X 결합의 끊어짐이 동시에 일어나 **한 단계**로 알켄이 생성된다.

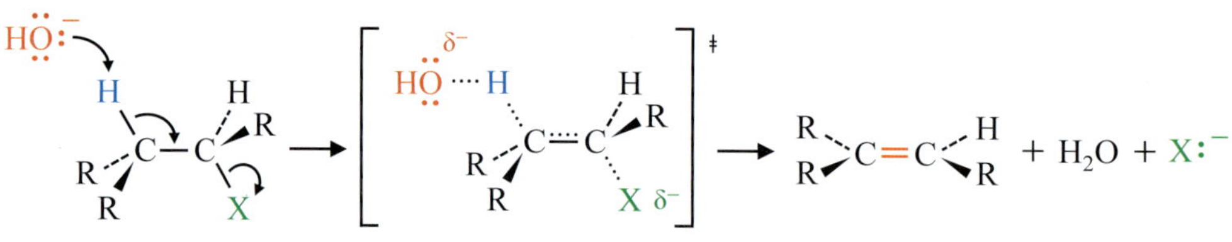


E2 반응 메커니즘

## 3. E1 반응 메커니즘

E1 반응에서는 C−X 결합이 먼저 끊어져 **탄소 양이온 중간체가 생성**되고 그 다음 $OH^-$에 의해 탄소 양이온의 이웃 탄소에서 $H^+$가 제거된다.

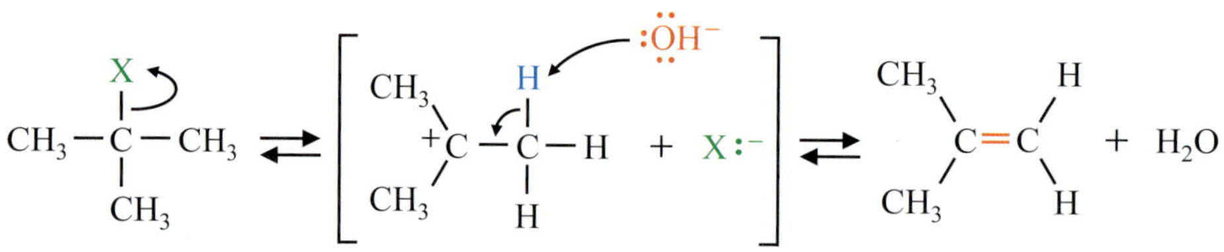


E1 반응 메커니즘

## 4. $E1_CB$ 반응 메커니즘

$E1_CB$ 반응에서는 $OH^-$에 의한 $H^+$의 제거가 먼저 일어나고 **탄소 음이온 중간체**

(**carbanion intermediate**)가 생성되면서 즉각적으로 이웃 탄소에 있는 이탈기를 밀어내게 된다. 이때 이탈기가 X:$^-$로 떨어져 나가면서 알켄이 생성된다.

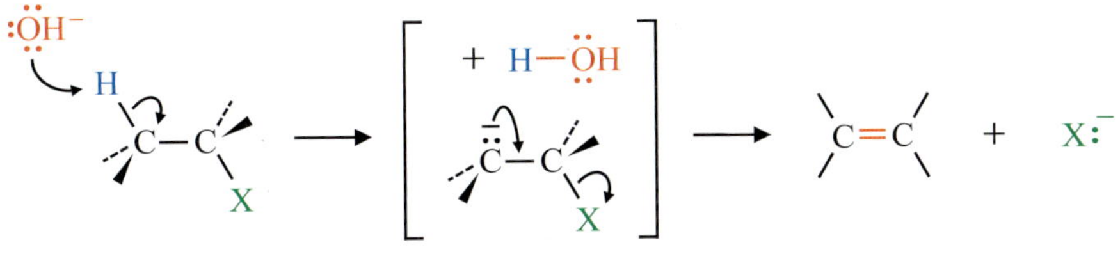

Carbanion intermediate

**$E1_CB$ 반응 메커니즘**

$E1_CB$ 반응은 생물학적 경로(biological pathway)에서 우세하지만, 일반적으로 이탈기가 $OH^-$와 같이 '나쁜 이탈기인 경우'에 일어난다. 특히 **HO−C−CH−C=O**의 경우처럼 생성되는 탄소 음이온 중간체가 공명(resonance)에 의해 안정화되는 기질에서 흔히 $E1_CB$ 반응이 잘 일어난다.

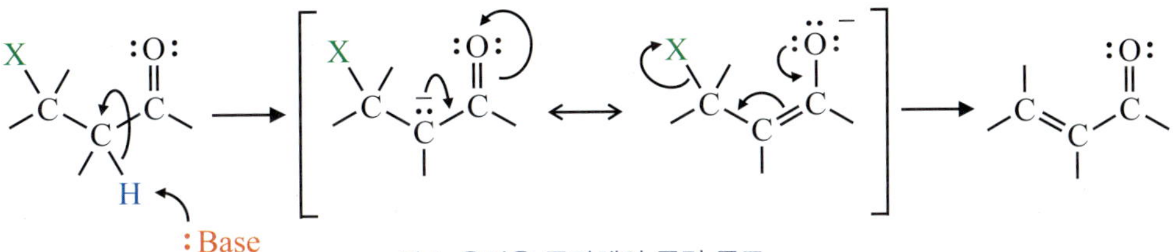

탄소 음이온 중간체의 공명 구조

**$E1_CB$ 반응에 유리한 기질의 구조**

**예제 7.11** 다음 반응들이 $S_N1$, $S_N2$, E1, E2, $E1_CB$ 중 어떤 반응인지 확인하시오.

①

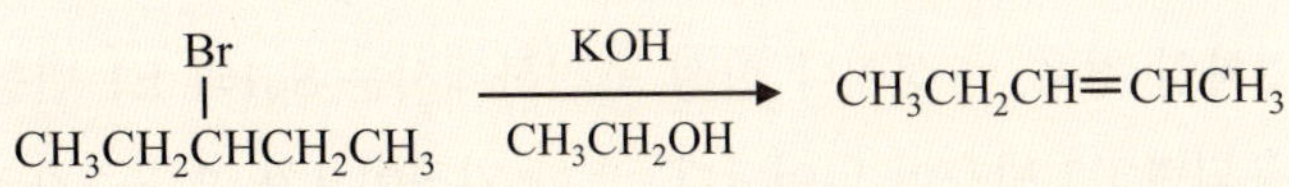

②

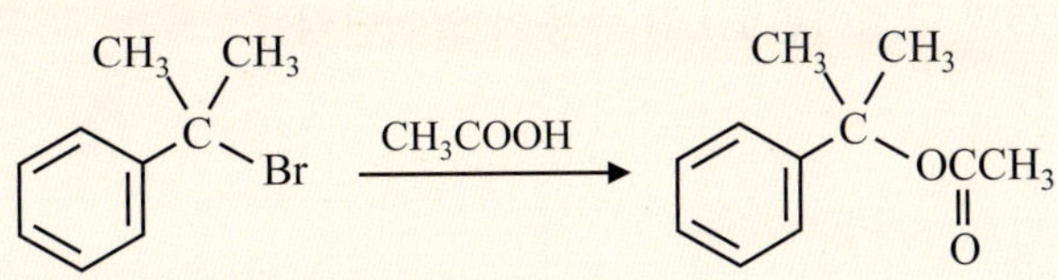

③ $(CH_3)_2CHCH_2CH_2Br \xrightarrow{NaOH} (CH_3)_2CHCH_2CH_2OH$

④ 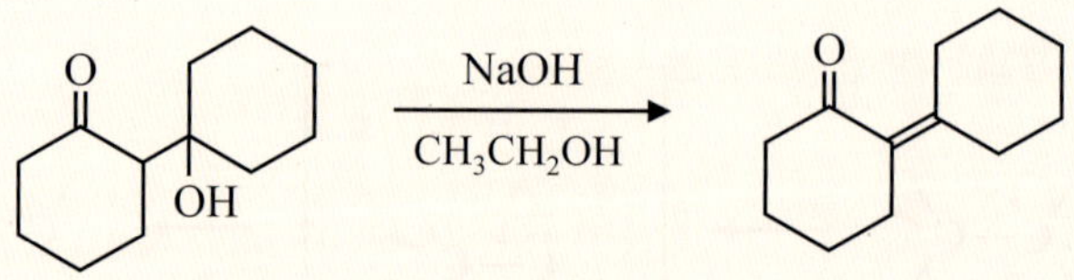


**풀이** ① E2 ② $S_N1$ ③ $S_N2$ ④ $E1_CB$

## 7-7 할로젠화 알킬에서 치환 반응과 제거 반응의 경쟁

지금까지 할로젠화 알킬(RX)의 친핵성 치환 반응(nucleophilic substitution reaction)과 제거 반응(elimination reaction)에 대해 살펴보았다. 어떤 반응 조건에서 치환 반응이 일어날지 제거 반응이 일어날지를 예측하는 것은 원하는 생성물을 얻기 위해 필수적이다. 또한 반응이 일분자성(unimolecular) 반응일지 이분자성(bimolecular) 반응일지에 대한 질문 역시 뚜렷하게 대답하기 어렵지만 대체로 일반화할 수는 있다.

**기질이 1차일 경우**, 친핵체로 $I^-$, $Br^-$, $CN^-$와 같은 친핵체가 사용되면 $S_N2$ 반응이 일어날 것이며, $OH^-$나 $RO^-$ 같은 강염기가 사용되면 $S_N2$ 반응과 더불어 E2 반응도 함께 일어난다.

**기질이 2차일 경우**, 약염기성 친핵체가 사용되면 $S_N2$ 반응이 우세하고, 강염기가 친핵체로 사용되면 E2 반응이 우세하다.

**기질이 3차일 경우**, 중성이나 산성 조건하에서는 $S_N1$과 E1 반응이 진행되고, 강염기가 이용되면 E2 반응이 일어난다. 또한 기질이 1차, 2차, 3차와 관계없이 HO−C−CH−C=O의 구조이면 $E1_CB$ 반응이 일어난다.

# 연습문제

**7.1** 다음 화합물의 IUPAC 명을 적으시오.

① 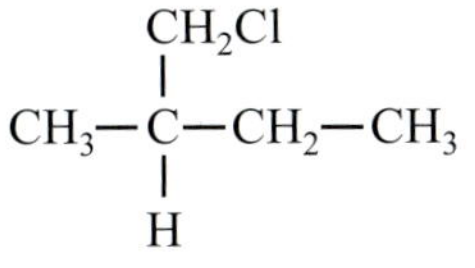

② $CH_3CH{=}CHCH_2CH_2Br$

③ $ClCH_2CH_2C{\equiv}CCH_2Br$

**7.2** 다음 화합물의 구조를 그리시오.

① 3-Bromo-3-ethylhexane

② *cis*-1-Bromo-2-methylcyclohexane

**7.3** 다음 쌍에서 어느 것이 좋은 이탈기인가?

① $OH^-$, $H_2O$

② $Cl^-$, $H_2O$

③ $F^-$, $I^-$

**7.4** 다음 각 쌍의 화합물 중 $S_N2$ 반응성 크기에 따라 순서를 정하시오.

①

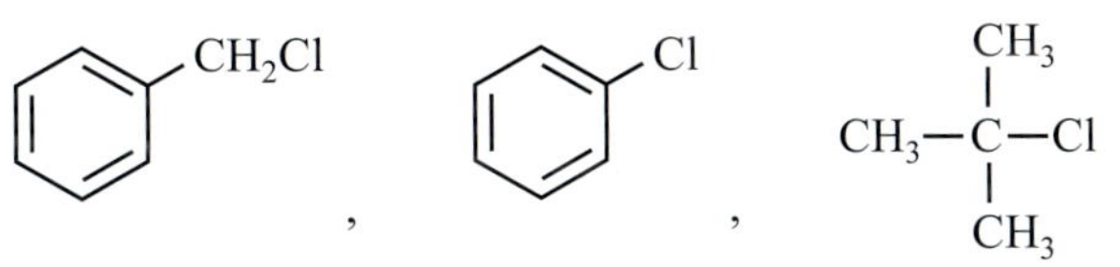

②

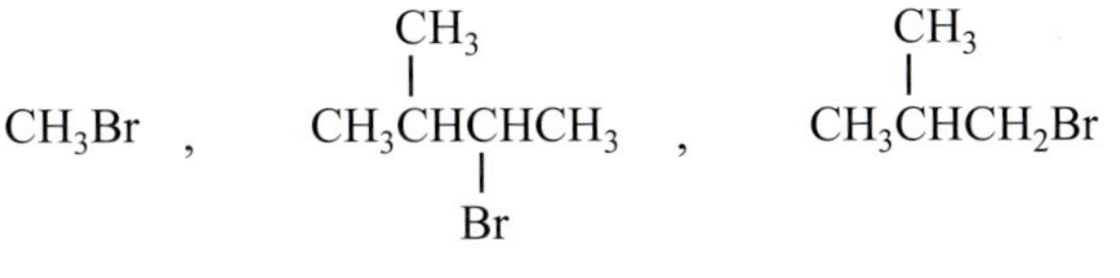

# 연습문제

**7.5** $CH_3Br$과 $SH^-$가 반응하여 $CH_3SH$가 생성되는 반응은 $S_N2$ 반응이다. 다음의 변화는 반응 속도에 어떤 영향을 미치는가?

① $CH_3Br$의 농도는 반으로 하고 $SH^-$의 농도는 4배로 한다.

② 용매를 첨가하여 반응용액 부피를 2배로 한다.

**7.6** (*R*)-2-Bromopentane과 친핵체인 $CH_3COO^-$가 $S_N2$ 반응을 할 때, 생성물의 입체 화학을 나타내시오.

**7.7** 다음 반응에서 생성물을 예측하시오.

①

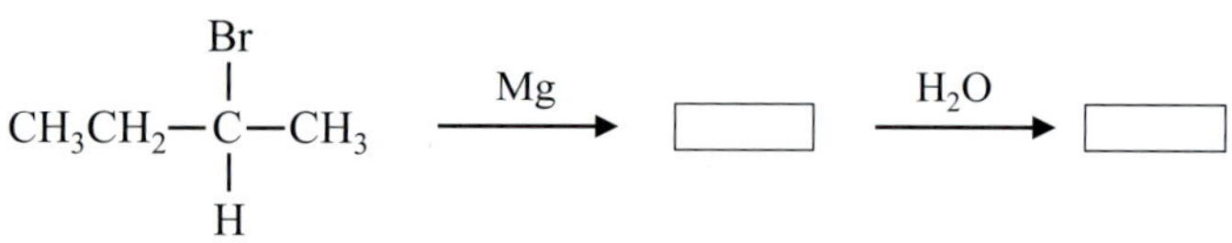


②

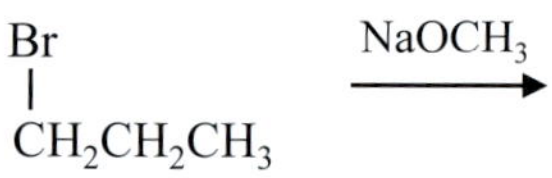


**7.8** 다음 반응에서 필요한 시약은 무엇인가?

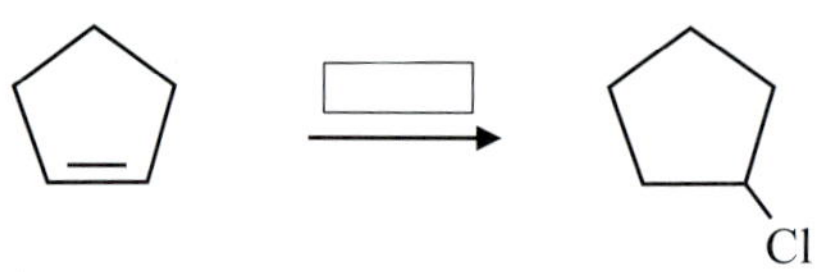

**7.9** 다음 제거 반응에서 주로 생성되는 알켄은 무엇인가?

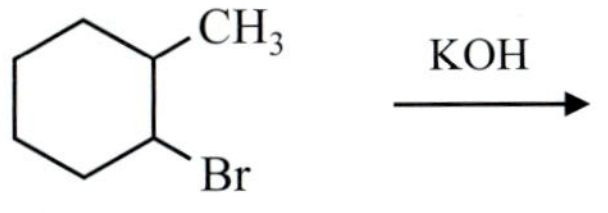


**7.10** 다음 에탄올(Ethanol)로부터 다이에틸 에터(Diethyl ether)를 어떻게 합성할 수 있는가? (여러 단계 필요함)

$$CH_3CH_2OH \longrightarrow CH_3CH_2OCH_2CH_3$$

Ethanol　　　　　Diethyl ether

# 제8장

# 알코올, 페놀, 에터

알코올(Alcohol), 페놀(phenol) 및 에터(ether)는 자연계에 널리 존재하는 유기화합물의 일종이다. 특히 알코올의 한 종류인 에탄올(ethanol)은 인류가 만든 최초의 유기화합물 중 하나로서 곡물을 발효시켜 수천 년 동안 생산해 왔으며, 주로 자동차의 연료, 산업용 용매 및 주류로 이용된다.

막걸리

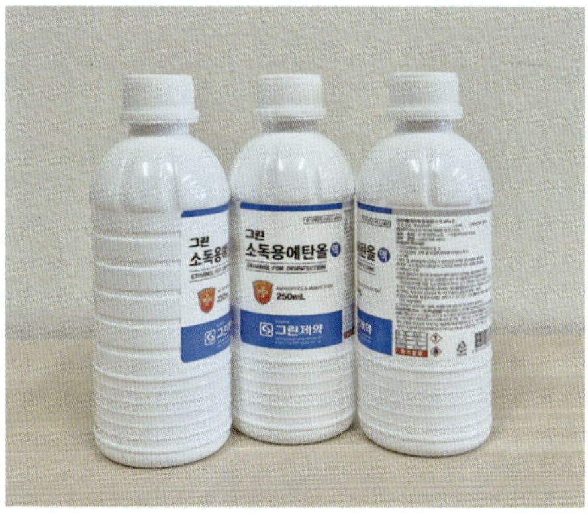


에탄올

에탄올이 함유된 한국의 전통주 막걸리와 바이러스 시대에 손소독제의 베이스가 되는 에탄올

페놀(Phenol) 자체는 소독제이며 다양한 접착제와 방부제 생산의 중간체로도 사용된다. 또한 다이에틸 에터(diethyl ether)는 한때 마취제로 사용되었다.

$CH_3CH_2-OH$

Ethanol

연료, 용매 및 주류

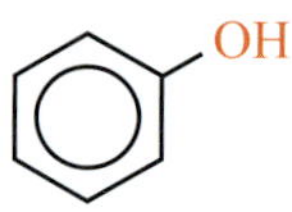


Phenol

소독제

$CH_3CH_2-O-CH_2CH_3$

Diethyl ether

마취제

**알코올**의 작용기(functional group)는 −OH기(hydroxyl group)이고 일반식으로는 **R−OH**로 표기한다. **페놀**은 방향족 고리에 −OH기가 결합된 **Ar−OH**로 표기할 수 있다. 또한 **에터**는 산소 원자에 2개의 유기 원자단(알킬기, 아릴기, 바이닐기)이 결합되어 있으며 일반식은 **R−O−R′**이다.

알코올, 페놀, 에터는 산업, 제약 및 생물학적 분야에 많이 응용되고 있다. 이들 화합물의 공통점은 탄소−산소 단일 결합을 가진다는 것이다. 이 장에서는 이러한 결합을 가진 화합물의 반응성을 살펴보고자 한다.

## 8-1 알코올, 페놀, 에터의 명명법

### 1. 알코올(Alcohol)의 명명법

알코올은 IUPAC 체계에 따라 기본 알케인(alkane)의 이름의 접미사에 '−올(−ol)'을 사용하여 명명한다. 이때 −ol 앞에 하이드록실(hydroxyl group, −OH)기의 위치를 숫자로 나타낸다.

1) 먼저, 하이드록실기를 포함한 가장 긴 탄소 사슬을 찾아서 기본 알케인으로 정하고, '−e'를 '−ol'로 바꾸어 명명한다. 이때 2개의 모음이 인접할 때에는 e를 삭제하고 −ol을 적는다.

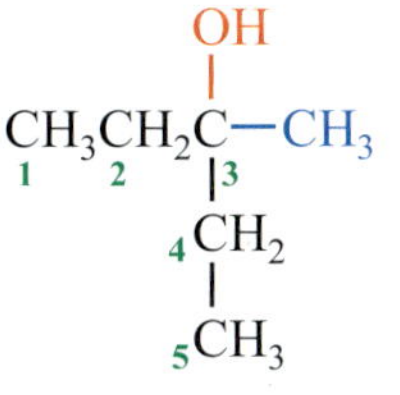


3-Methylpentan-3-ol

2) 번호를 매길 때는 하이드록실기가 더 가까운 말단의 탄소로부터 번호를 매긴다.

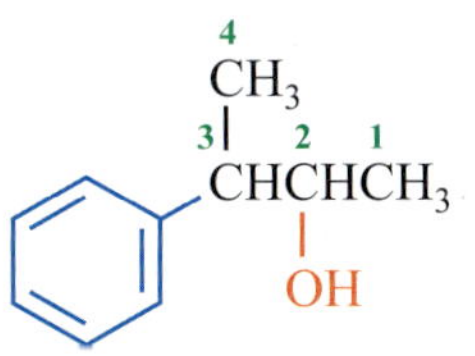


3-Phenylbutan-2-ol

3) 최종 화합물의 이름을 명명한다.

서로 다른 치환기가 존재할 때, 치환기의 알파벳 순서대로 열거하며, −OH기가 결합된 위치를 확인한다. *트랜스*-사이클로헥세인-1,4-다이올(*trans*-Cyclohexane-1,4-diol)의 명명에서 말단의 −e를 삭제하지 않는 이유는 다음 글자 d가 모음이 아니기 때문이다.

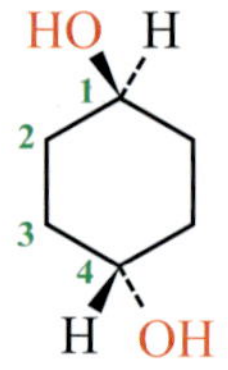

*trans*-Cyclohexane-1,4-diol

4) 이와 같은 체계적인 이름 외에도 관용명(common name)으로 잘 알려진 알코올도 있다.

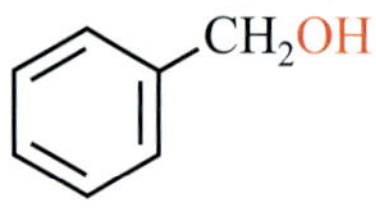

Benzyl alcohol
(Phenylmethanol)

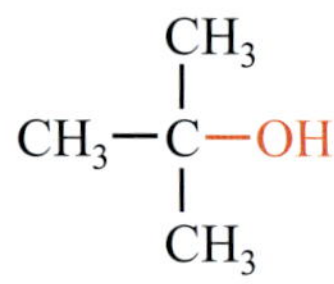

*tert*-Butylalcohol
(2-Methylpropan-2-ol)

$HO-CH_2-CH_2-OH$

Ethylene glycol
(Ethane-1,2-diol)

자동차 부동액

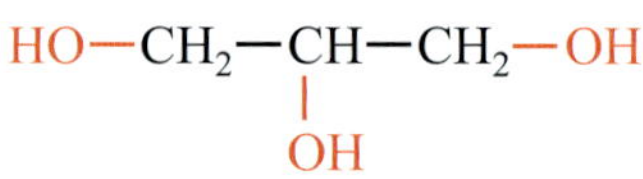

Glycerol
(Propane-1,2,3-triol)

식품과 화장품의 습윤제

## 2. 페놀의(Phenol) 명명법

페놀은 5장에서 살펴본 방향족 화합물(aromatic compounds)의 명명 규칙에 따라 명명된다. 기본명(parent name)은 −벤젠(−benzene)보다는 −페놀(−phenol)로 명명된다.

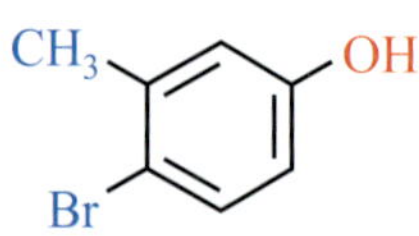

4-Bromo-3-methylphenol

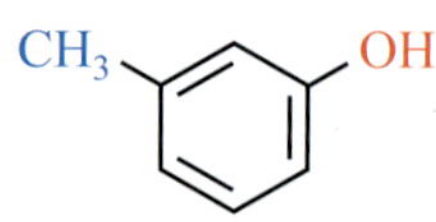

*m*-Methylphenol
(*m*-Cresol)

## 3. 에터(Ether)의 명명법

다른 작용기가 없는 간단한 에터는 2개의 유기 치환기를 알파벳 순으로 나열하고 '에터(ether)'라는 단어를 뒤에 붙인다.

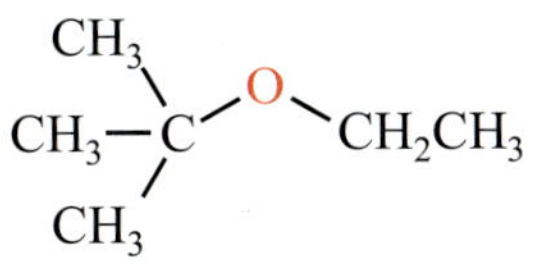

*tert*-Butyl ethyl ether

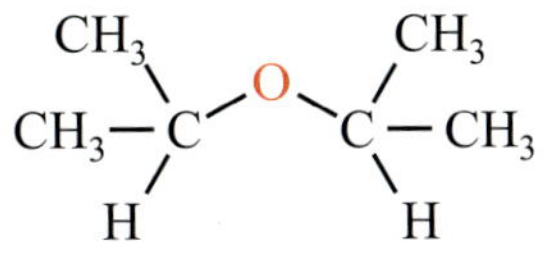

Diisopropyl ether

다른 작용기가 존재할 경우에 에터 부분은 '알콕시(alkoxy) 치환기'로 명명한다.

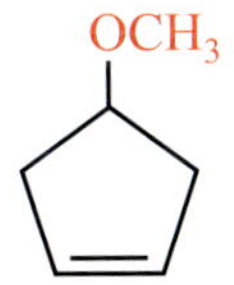

4-Methoxycyclopentene

이중 결합이 C1과 C2 사이에 오도록 번호를 매기므로 이중 결합의 자리의 번호를 표시할 필요가 없음

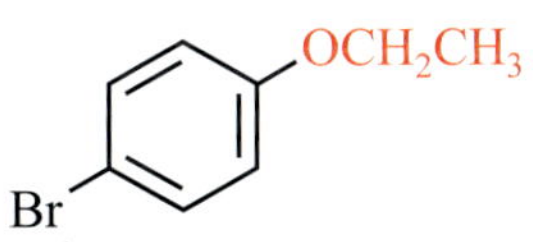

*p*-Bromoethoxybenzene

**예제 8.1** 다음 화합물을 IUPAC 체계명으로 명명하시오.

①

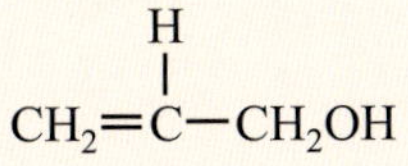

②

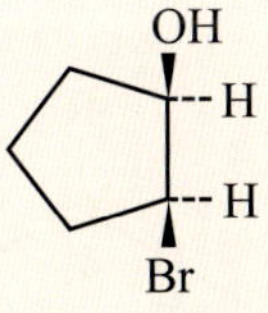

③

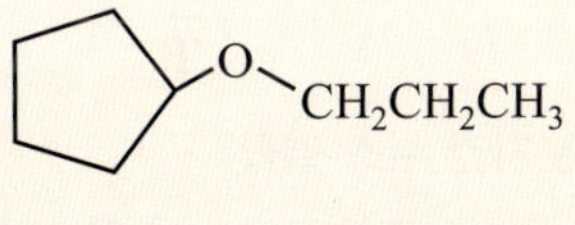

④

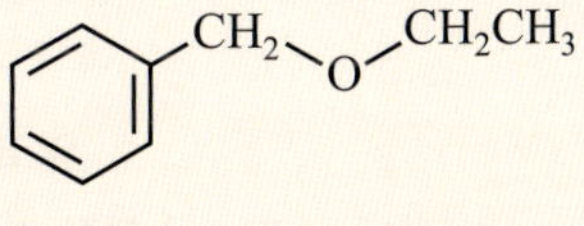

**풀이**

① Prop-2-en-1-ol

② *cis*-2-Bromocyclopentanol

③ Cyclopentyl propyl ether

④ Benzyl ethyl ether

**문제 8.1** 다음 IUPAC명에 해당하는 구조를 그리시오.

① *o*−Bromophenol

② 2−Ethylbut−2−en−1−ol

③ 2,4,6−Trinitrophenol

## 8-2 알코올과 페놀의 특성

8−2절에서는 알코올(alcohol)과 페놀(phenol)의 특성에 대해 살펴보고자 한다.

### 1. 알코올과 페놀: 수소 결합으로 인한 높은 끓는점

알코올(R−O−H)과 페놀(Ar−O−H)의 결합각은 정사면체의 값(메탄올의 경우, 108.5°)을 가지며, 여기에서 산소는 $sp^3$ 혼성이다.

알코올과 페놀은 $H_2O$처럼 액체 상태에서 높은 끓는점을 가지는데 이는 −OH기의 수소 원자와 다른 분자의 산소의 고립 전자쌍(lone pair electrons) 간에 약한 힘인 **수소 결합(hydrogen bond)**이 존재하기 때문이다. 물의 경우, 분자량(MW=18)이 작지만 액체 상태에서 기체 상태로 바뀌기 위해서는 수소 결합이라는 분자간 힘을 극복해야 하기 때문에 끓는점이 높은 것처럼 알코올과 페놀도 마찬가지이다.

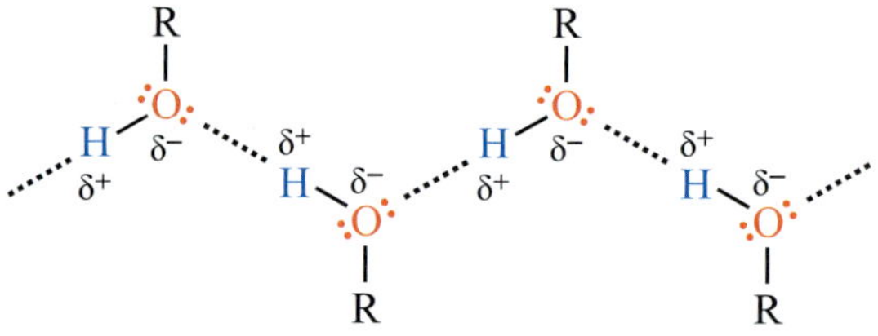

**알코올과 페놀의 분자간 수소 결합**

알코올이나 페놀은 분자 간 존재하는 수소 결합으로 인하여 높은 끓는점을 가진다.

### 2. 알코올과 페놀: 약산(Weak acid) 또는 약염기(Weak base)의 역할

물과 유사하게 알코올과 페놀은 **상대에 따라 '약한 산' 또는 '약한 염기'로 작용하**

**는 양쪽성을 나타낸다.** 알코올과 페놀은 강산을 만나면 약한 염기의 역할을 하여 옥소늄 이온(oxonium ion)을 생성한다.

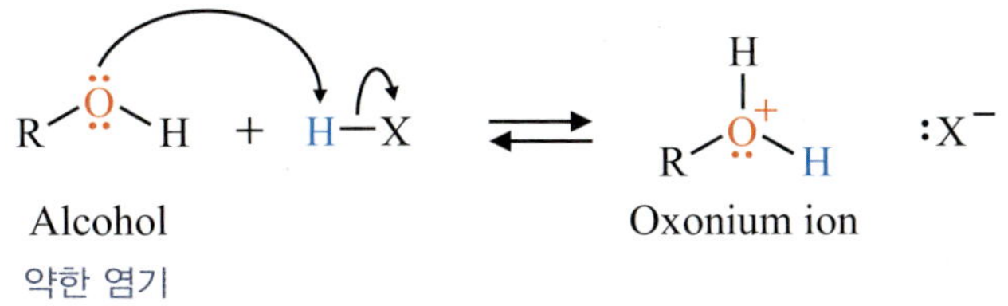


**약한 염기(Weak base)로 작용하는 알코올**

또한 약한 산으로서 알코올과 페놀은 수용액에서 아주 조금 해리되어 $H^+$(양성자, proton)를 내어주고 **$RO^-$(알콕시화 이온, alkoxide ion)** 또는 **$ArO^-$(페녹시화 이온, phenoxide ion)**을 생성한다.

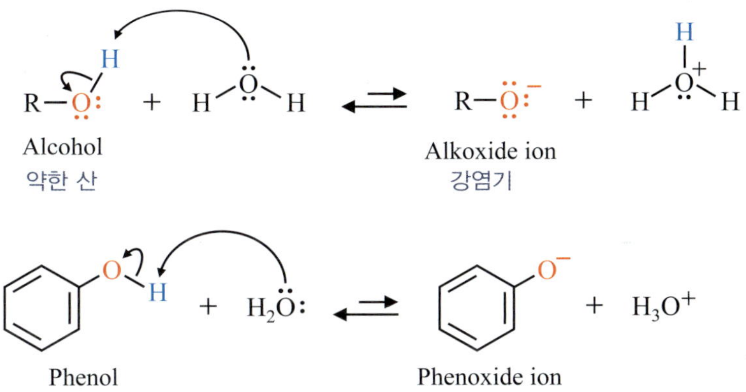


**약한 산(Weak acid)으로 작용하는 알코올과 페놀**

## 8-3 알코올과 페놀의 산성도 비교

이 절에서는 알코올과 페놀의 **산성도(acidity)**에 대해 비교해 보고자 한다. 1–7절에서 언급한 것처럼 산의 세기는 **산 해리 상수(acid dissociation constant, $K_a$)**로 표기할 수 있다. 강산과 약산은 상대적인 개념이며 **$K_a$ 값이 클수록, $pK_a$ 값이 작을수록 더 강산**이 된다.

$$HA + H_2O \rightleftharpoons A^- + H_3O^+$$

$$K_a = \frac{[H_3O^+][A^-]}{[HA]}$$

$$pK_a = -\log K_a$$

## 1. 알코올의 산성도(Acidity)

표 8.1이 보여주듯이 알코올(메탄올, 에탄올)은 물과 비슷한 정도의 산성도를 나타내는 아주 약한 산이기 때문에 아민(amine)과 같은 약한 염기와는 반응을 하지 않고, NaOH와 같은 금속 수산화물(metal hydroxide)과는 제한된 정도만 반응을 한다.

**표 8.1 몇 가지 알코올과 페놀의 산성도 비교**

| No. | 화합물 | $pK_a$ | |
|---|---|---|---|
| 1 | $CH_3CH_2OH$ | 16.00 | ↑ 약한 산 |
| 2 | $H_2O$ | 15.74 | |
| 3 | $CH_3OH$ | 15.54 | |
| 4 | *p*-Methylphenol | 10.17 | |
| 5 | Phenol | 9.89 | |
| 6 | *p*-Nitrophenol | 7.15 | ↓ 강한 산 |

하지만 알코올은 **알칼리 금속(alkali metal**, Na 또는 K)과 반응하여 강염기인 알콕시화물(alkoxide)과 수소 기체를 발생한다.

$$2\,CH_3OH + 2\,Na \longrightarrow 2\,CH_3O^-\,Na^+ + H_2$$

Methanol (약한 산) Sodium Sodium methoxide (강염기(약산의 짝염기는 강염기))

**약산인 알코올과 Na 금속의 반응**

## 2. 페놀의 산성도

**페놀은 알코올보다 약 100만 배 이상 더 강한 산이다.** 페놀은 묽은 NaOH 수용액과 산–염기 중화 반응을 하여 페녹시화 소듐(sodium phenoxide)을 생성한다.

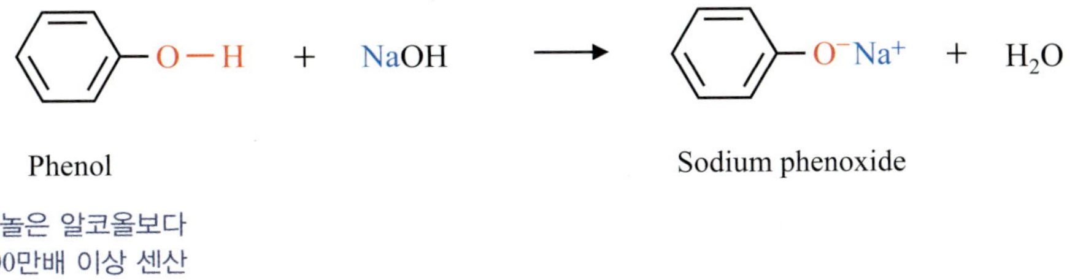


페놀의 산–염기 중화 반응

### 1) 페놀(Phenol)이 알코올(Alcohol)보다 더 강산인 이유

페놀이 알코올보다 더 강한 산성을 나타내는 이유는 페놀의 짝염기인 **페녹시화 이온(phenoxide ion)의 음전하가 공명**으로 인하여 방향족 고리에 퍼지게 됨으로써(비편재화, delocalization) 안정화되기 때문이다. **즉, 페녹시화 이온의 안정성이 증가하여 페놀의 해리(dissociation)가 증가하므로 알코올보다 페놀이 더 강산을 나타낸다.**

반면에 알코올의 짝염기인 알콕시화 이온(alkoxide ion)은 음전하가 산소 원자에만 편재되므로 페녹시화 이온보다 덜 안정하기 때문에 페놀보다 알코올이 더 약산이다.

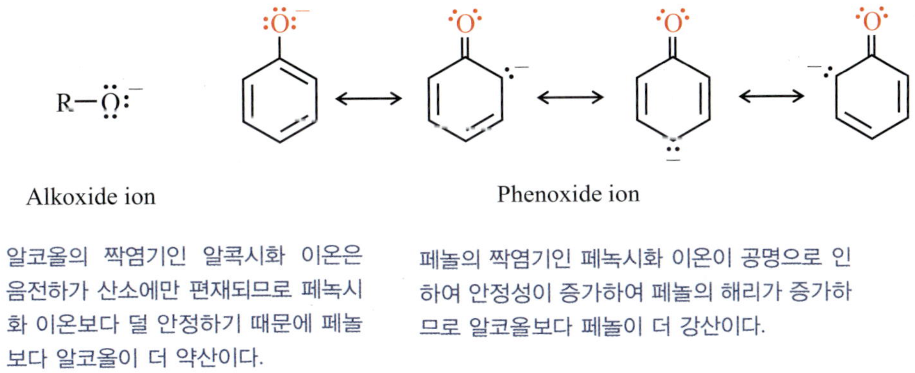


알코올과 페놀의 산성도에 영향을 미치는 그들의 짝염기의 안정성 비교

### 2) 페놀에 결합되어 있는 치환기에 따른 산성도 차이

표 8.1에서 볼 수 있듯이 치환된 페놀은 치환기가 전자를 잡아당기는 기(electron−withdrawing group)인가 또는 전자를 밀어주는 기(electron−donating group)인가에 따라 페놀보다 더 산성(more acidic)이거나 또는 덜 산성(less acidic)이기도 하다. **즉, 전자를 잡아당기는 기(예 $-NO_2$기)를 가진 페놀은 이들 치환기가 페녹시화 이온의 음전하를 비편재화시킴으로써 페녹시화 이온이 안정화되어 더 산성이다.** 전자를 잡아당기는 기의 산성화 효과는 페놀에 나이트로기(nitro group, $-NO_2$)가 오쏘(*ortho*−, *o*−) 또는 파라(*para*−, *p*−)로 위치할 때 크게 증가하게 된다.

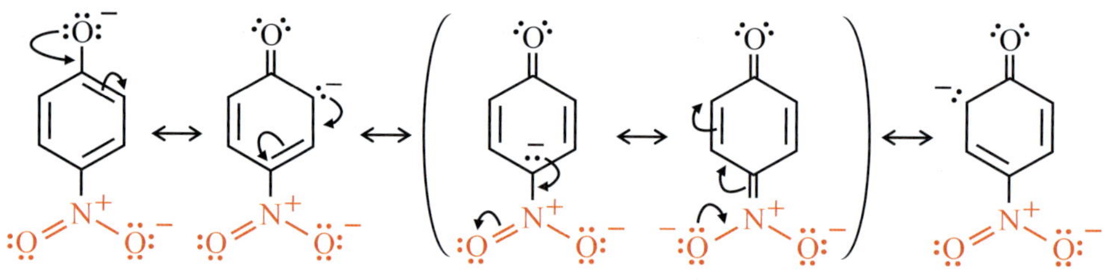

페놀의 산성도에 영향을 미치는 전자를 잡아당기는 치환기의 효과

또한 **전자를 밀어주는 기(예 $-CH_3$기)를 가진 페놀은 전자를 밀어주는 치환기가 전하를 집중시키기 때문에 페녹시화 이온이 불안정하며, 덜 산성이 된다.**

**예제 8.2** 다음 화합물을 산도가 증가하는 순서대로 나열하시오.

① $(CH_3)_2CHOH$, $(CF_3)_2CHOH$, $CH_3OH$

② Phenol, *p*-Methoxyphenol, *p*-(Trifluoromethyl)phenol

**풀이**

① *Less acidic* → *More acidic*

$(CH_3)_2CHOH < CH_3OH < (CF_3)_2CHOH$

② *Less acidic* → *More acidic*

*p*-Methoxyphenol < Phenol < *p*-(Trifluoromethyl)phenol

## 8-4 알코올의 제법

알코올(Alcohol)은 알켄, 할로젠화 알킬, 카보닐 화합물(carbonyl compound)인 알데하이드(aldehyde), 케톤(ketone), 카복실산(carboxylic acid), 에스터(ester) 등 여러 가지 화합물로부터 제조될 수 있다. 또한 알코올이 다른 종류의 화합물로 전환될 수도 있다.

이미 4-2절에서 산 촉매하에 알켄에 $H_2O$가 첨가되면 알코올(ROH)이 생성되는 것을 배운 바가 있다. 이 절에서는 **환원(reduction)에 의한 카보닐 화합물(carbonyl compound)로부터 알코올을 합성하는 반응**에 대하여 알아보고자 한다.

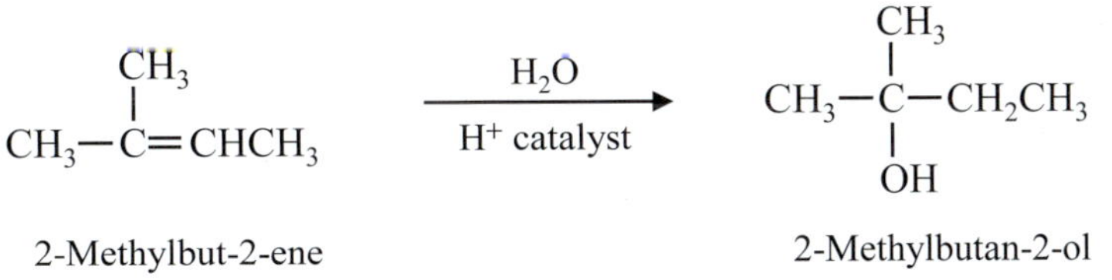


알켄과 $H_2O$의 친전자성 첨가 반응에 의한 알코올의 합성

### 1. 알데하이드(Aldehyde) 또는 케톤(Ketone)의 환원

#### 1) 알데하이드는 1차 알코올로, 케톤은 2차 알코올로 환원

실험실이나 생체 내에서 알코올을 합성하는 가장 일반적인 방법 중 하나는 카보닐 화합물들을 환원(reduction)시키는 방법이다. 즉, C=O 결합에 수소가 첨가되어 알코올이 생성되는 것이다. 알데하이드와 케톤은 알코올로 쉽게 환원되는데 이때, **알데하이드는 1차 알코올로, 케톤은 2차 알코올로 환원된다.**

#### 2) 알코올의 분류

알코올은 하이드록실기(hydroxyl group)를 함유하고 있는 탄소에 결합된 알킬기(alkyl group)의 개수에 따라 **1차 알코올(primary alcohol), 2차 알코올(secondary alcohol), 3차 알코올(tertiary alcohol)로 분류된다.**

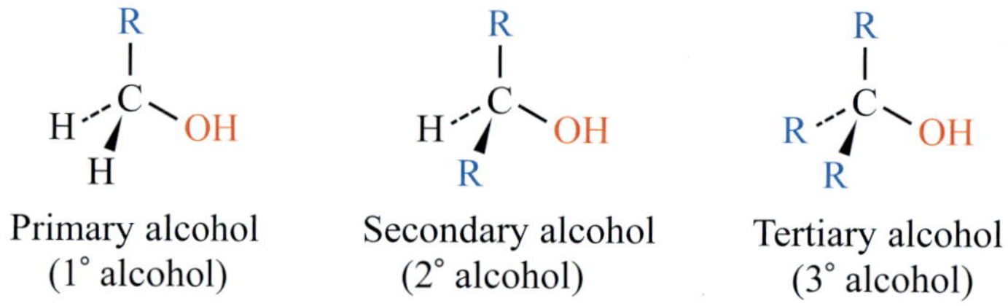


**알코올의 분류**

### 3) 환원제: $NaBH_4$

알데하이드 또는 케톤을 환원시키기 위한 환원제(reducing agent)로는 보통 **$NaBH_4$**(sodium borohydride)가 많이 사용된다. 이 환원제는 공기 중 수분에도 안정하며 취급이 용이하기 때문이다.

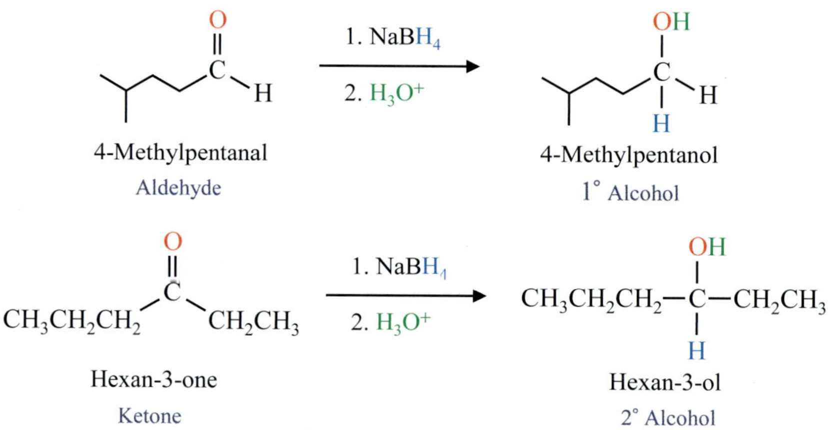


**$NaBH_4$에 의해 알데하이드는 1차 알코올로, 케톤은 2차 알코올로 환원된다.**

### 4) 알데하이드 또는 케톤의 환원 반응 메커니즘

환원 반응 메커니즘은 친핵성 $H:^-$(수소화 이온, hydride)가 카보닐기의 양으로 편극된 탄소에 첨가되면서 시작된다. 두 번째 단계에서 $H_3O^+$의 첨가에 의해 알코올이 생성된다.

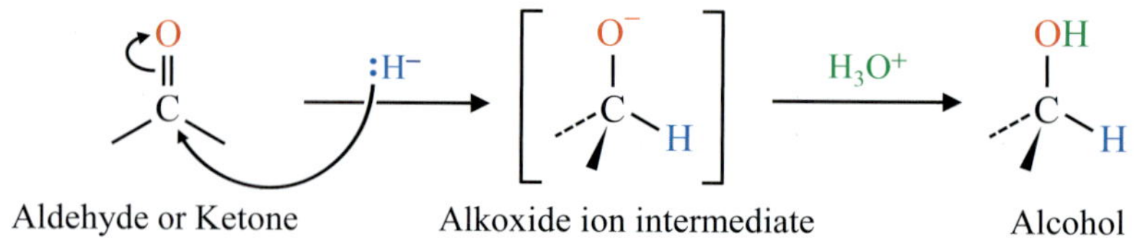


**알데하이드 또는 케톤의 환원 반응 메커니즘**

## 2. 카복실산(Carboxylic acid) 또는 에스터(Ester)의 환원

### 1) $LiAlH_4$에 의한 카복실산 또는 에스터의 환원

**카복실산(Carboxylic acid) 또는 에스터(ester)는 1차 알코올로 환원된다.** 이 반응은 $NaBH_4$보다 더 강력한 환원제인 **$LiAlH_4$**를 필요로 한다. 물론 $LiAlH_4$는 알데하이드와 케톤도 환원시킨다.

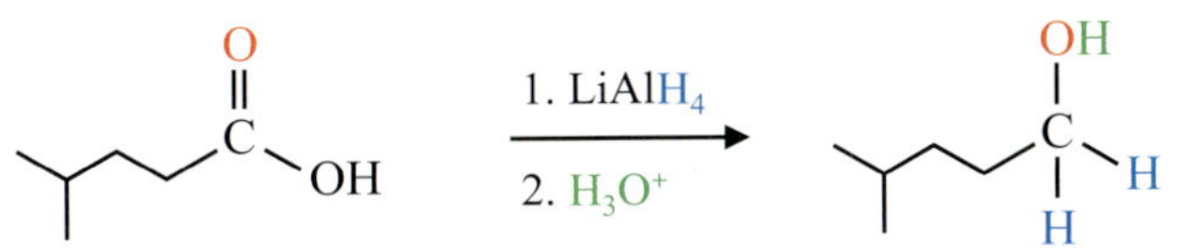

4-Methylpentanoic acid
Carboxylic acid

4-Methylpentanol
1° Alcohol

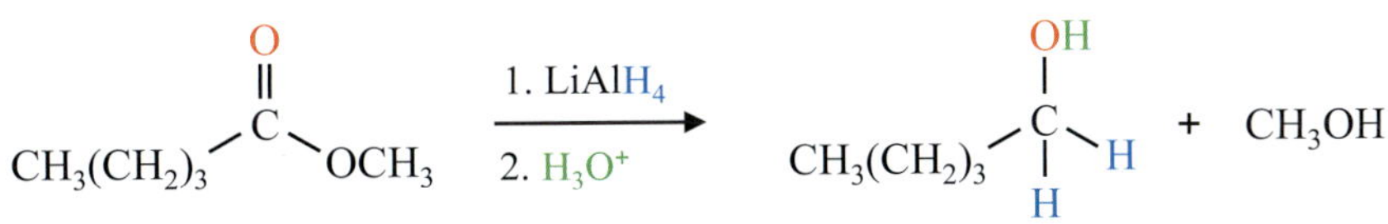

Methylpentanoate
Ester

Pentanol
1° Alcohol

$LiAlH_4$에 의한 카복실산 또는 에스터의 1차 알코올로의 환원

### 2) 카복실산 또는 에스터의 환원 반응 메커니즘

카복실산과 에스터의 환원 반응 메커니즘을 다음에 나타내었다. 알데하이드 중간체를 거쳐서 계속 더 환원되어 1차 알코올이 된다.

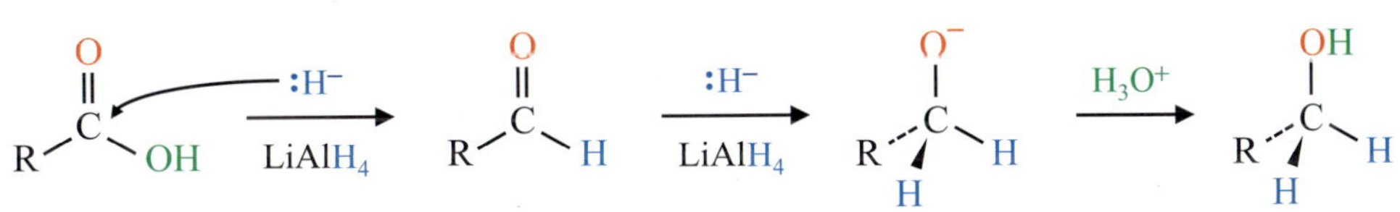

Carboxylic acid　Aldehyde (분리가 안 됨)　Alkoxide ion　1° Alcohol

카복실산의 환원 반응 메커니즘

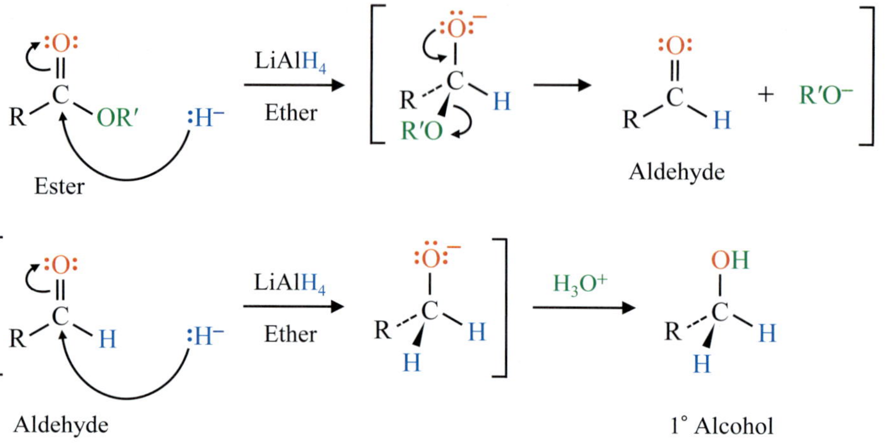


**에스터의 환원 반응 메커니즘**

**예제 8.3** 각 반응식에서 원하는 생성물을 얻기 위해서 어떤 시약(들)을 사용해야 하는가?

①

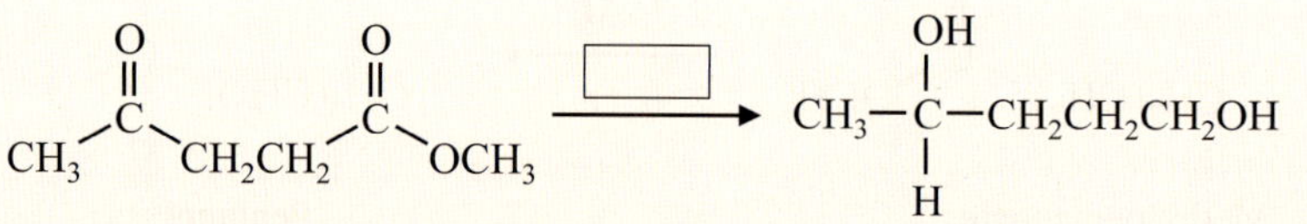

②

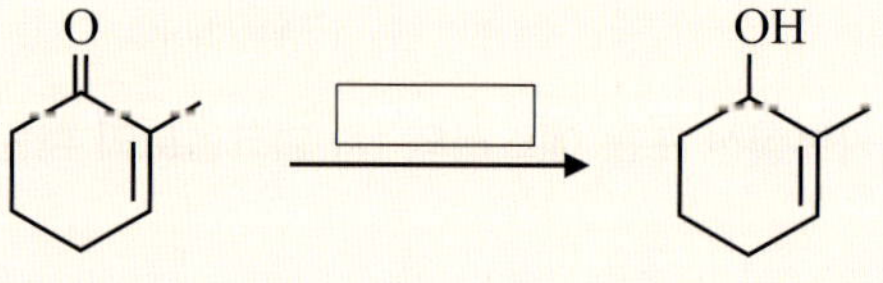

③

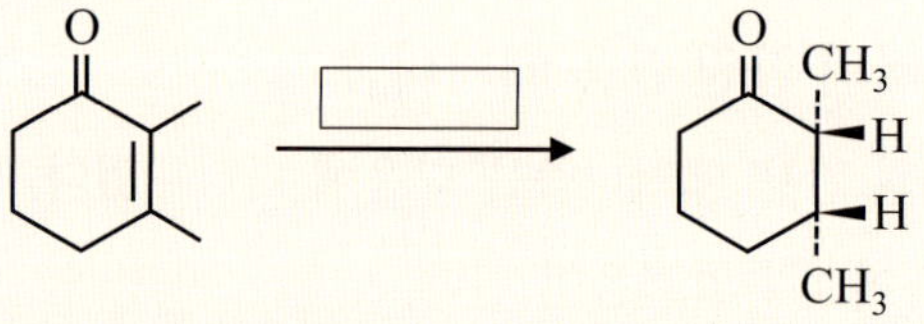

**풀이**

① 1. $LiAlH_4$, 2. $H_3O^+$

② 1. $NaBH_4$ 또는 $LiAlH_4$, 2. $H_3O^+$

③ $H_2$, $PtO_2$

**문제 8.2** 어떤 카보닐 화합물을 $LiAlH_4$로 환원시키면 다음과 같은 알코올이 얻어지는가? 모든 가능성을 나타내시오.

① $(CH_3)_2-\underset{|}{\overset{}{C}}H-CH_2-OH$

② 

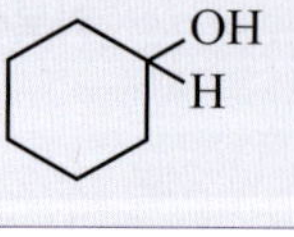

## 3. 카보닐 화합물(Carbonyl compound)과 Grignard 시약의 반응

7−3절에서 배운 Grignard 시약(RMgX)은 할로젠화 알킬(RX)과 마그네슘 금속의 반응으로 합성된다.

$$\underset{\text{Alkyl halide}}{RX + Mg} \xrightarrow{\text{Ether}} \underset{\text{Grignard reagent}}{RMgX}$$

R: Alkyl (1°, 2°, 3°), aryl, vinylic
X: Cl, Br, I

### 1) 알데하이드 또는 케톤과 Grignard 시약에 의한 알코올 생성 메커니즘

Grignard 시약은 알데하이드, 케톤, 에스터와 반응하여 알코올을 생성하는데, C=O 결합의 양으로 편극된 탄소에 $R:^-$ ($R:^-$ $^+MgX$)가 첨가되고 두 번째 단계에서 $H_3O^+$의 첨가에 의해 알코올이 생성된다.

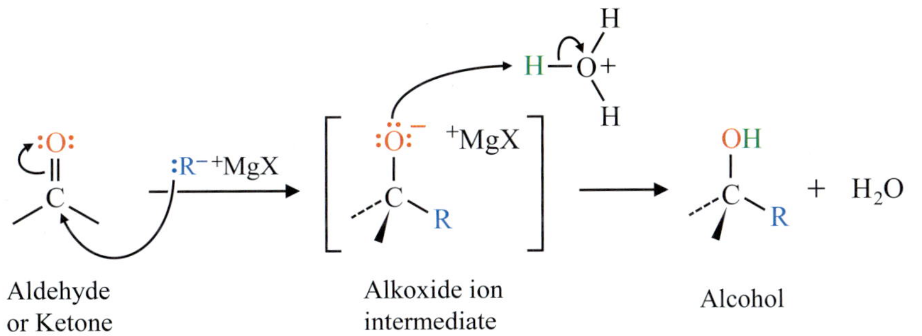


알데하이드 또는 케톤과 Grignard 시약의 첨가 반응에 의한 알코올 생성 메커니즘

### 2) Grignard 시약의 첨가 반응에 의한 차수 높은 알코올로의 전환

**이때 Grignard 시약과 알데하이드가 반응하면 2차 알코올이, 케톤과 반응하면 3차 알코올이 생성된다.** 차수가 하나씩 높은 알코올이 생성되는 이유는 C=O 결합에 알킬(−R)이 첨가되기 때문이다.

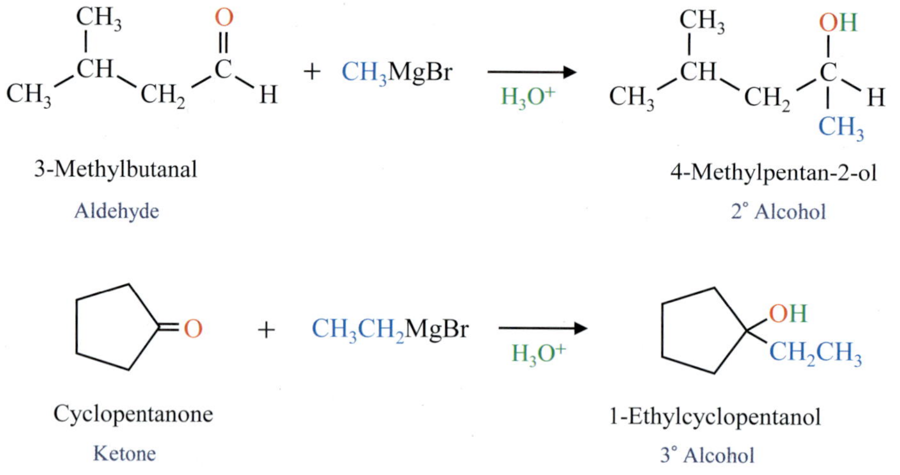


Grignard 시약의 첨가 반응에 의해 알데하이드는 2차 알코올로, 케톤은 3차 알코올로 전환

### 3) 에스터(Ester)와 Grignard 시약에 의한 3차 알코올 생성 메커니즘

**에스터의 경우, Grignard 시약 2분자와 반응하여 3차 알코올을 생성한다.** 이때 하이드록실기를 가진 탄소에 결합되는 2개의 치환기는 Grignard 시약에서 온 것이다.

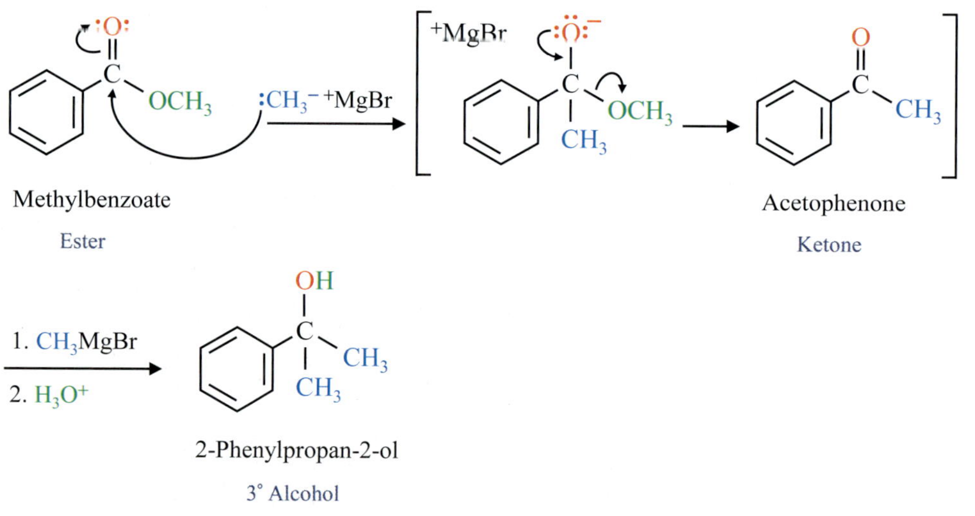


에스터와 Grignard 시약의 첨가 반응에 의한 3차 알코올 생성 메커니즘

알데하이드, 케톤 및 에스터는 Grignard 시약과 반응하여 알코올을 생성하지만, **카복실산(carboxylic acid)은 카복실기의 산성 수소(acidic hydrogen)가 Grignard**

**시약과 반응하여 탄화수소(hydrocarbon)를 생성**하기 때문에 알코올 생성 반응으로 진행되지 않는다.

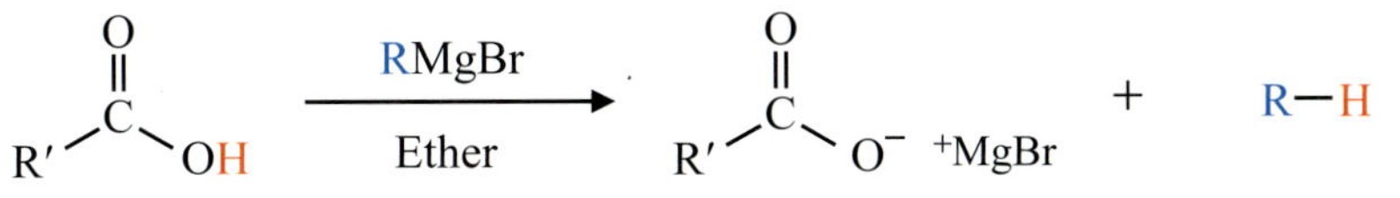

Carboxylic acid　　　　Carboxylic acid salt　　　　Hydrocarbon

**카복실산과 Grignard 시약과의 반응에 의한 탄화수소의 생성**

**예제 8.4** 다음 알코올을 합성하기 위해 어떤 카보닐 화합물과 Grignard 시약을 반응시켜야 하는가?

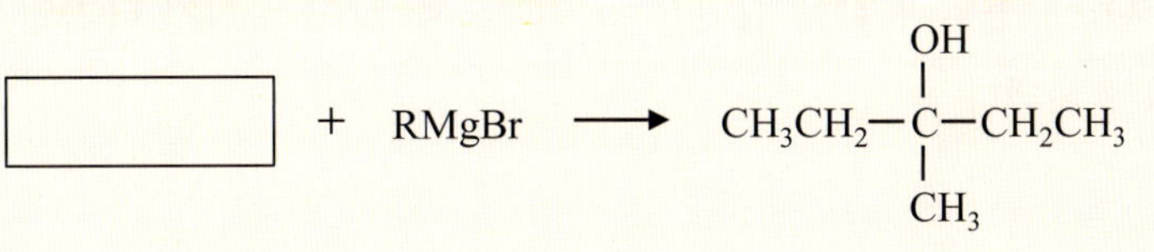

**풀이**

①

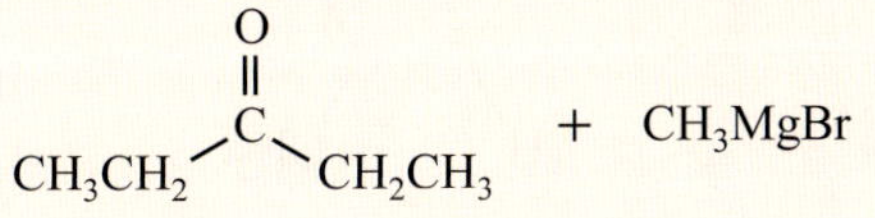

②

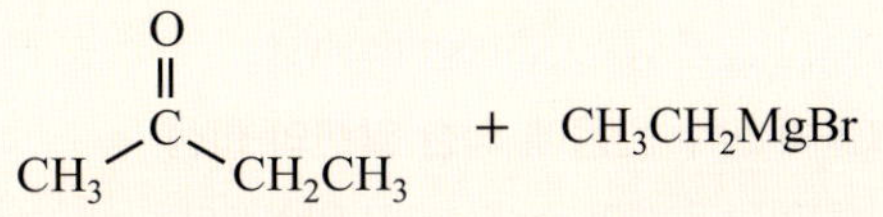

③

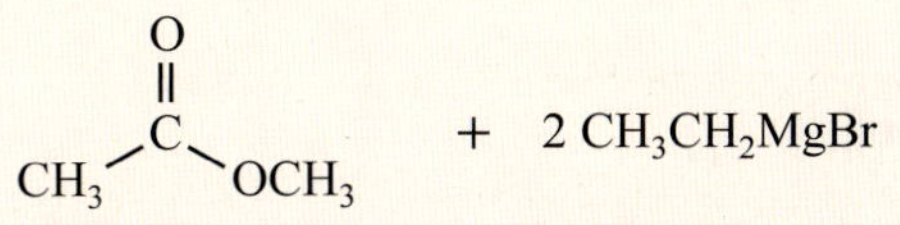

**문제 8.3** 카보닐 화합물에 Grignard 시약을 첨가하여 다음 알코올을 합성하는 방법을 서술하시오(가능한 경우를 모두 생각하시오).

①

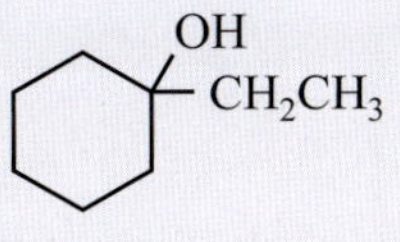

②

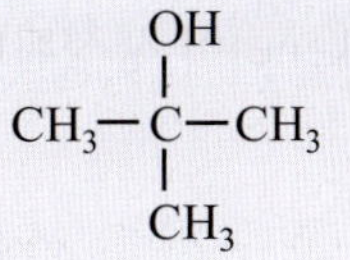

# 8-5 알코올의 반응

이 절에서는 알코올의 여러 반응 중 **알코올의 탈수 반응(dehydration)**과 **알코올의 산화(oxidation)**를 살펴볼 것이다. 이후 **알코올로부터 에터(ether)의 합성**에 대하여 알아보고자 한다.

## 1. 알코올의 탈수 반응(Dehydration)

### 1) 알코올의 탈수 반응에 의한 알켄(Alkene)의 합성

실험실이나 생물학적 경로에서 중요한 반응 중 하나는 알코올에서 알켄(alkene)이 생성되는 **알코올의 탈수 반응(dehydration)**이다. 알코올의 탈수 반응은 3차 알코올을 황산($H_2SO_4$) 수용액과 같은 강산으로 처리할 때 물이 떨어져 나가면서 진행된다. 이때 알켄이 생성된다.

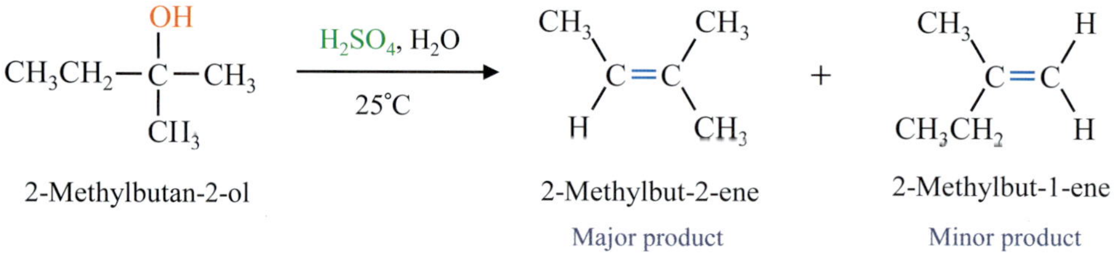


**알코올의 탈수 반응에 의한 알켄의 합성**
많이 치환된 알켄이 주생성물로 얻어진다.

### 2) 알코올의 탈수 반응 메커니즘

산 촉매에 의한 탈수 반응은 **Zaitsev 규칙**(7−6절)에 따라 일어나며, **더 많이 치환된 알켄이 주생성물로 얻어진다.** 이 반응의 메커니즘은 E1 반응이다. 강산의 양성자가 알코올의 −OH의 산소에 첨가됨으로써 좋은 이탈기인 $H_2O$로 변환되어 자발적으로 떨어져 나간 후, 탄소 양이온 중간체가 생성된다. 탄소 양이온의 이웃 탄소로부터 $H^+$를 잃으면 알켄(alkene)이 생성된다.

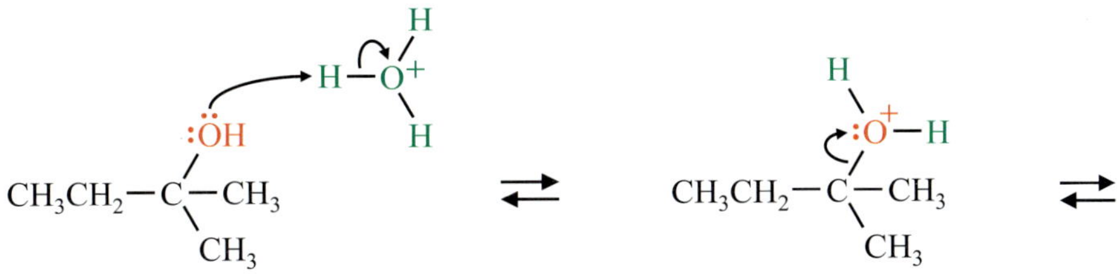

$-OH$기에 $H^+$가 첨가됨

$OH^-$는 나쁜 이탈기이므로 $H^+$가 첨가되어 좋은 이탈기인 $H_2O$로 변환되어 떨어짐

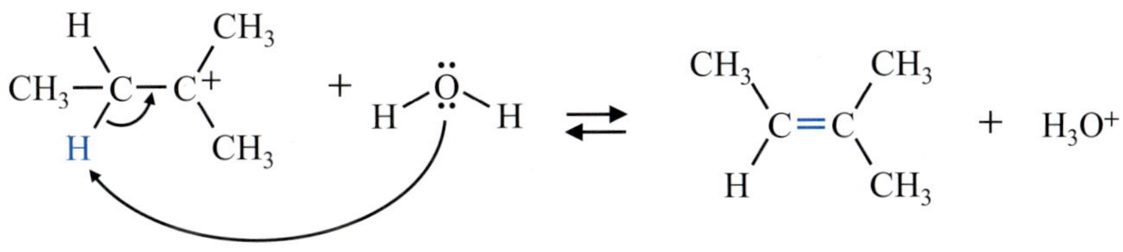

$H_2O$가 떨어지고 3차 탄소 양이온 중간체가 생성됨

탄소 양이온의 이웃 탄소로부터 $H^+$가 제거되므로 알켄이 생성됨

**알코올의 탈수 반응 메커니즘**

**예제 8.5** 다음 반응의 주생성물은 무엇인가?

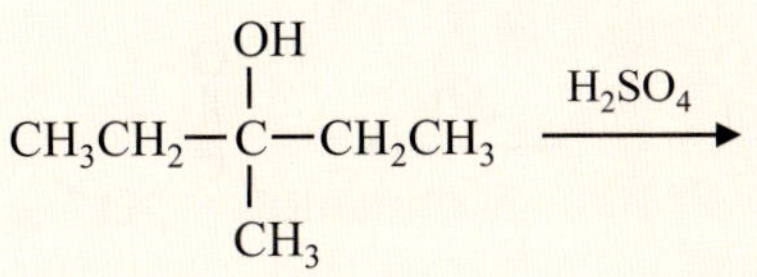

**풀이**

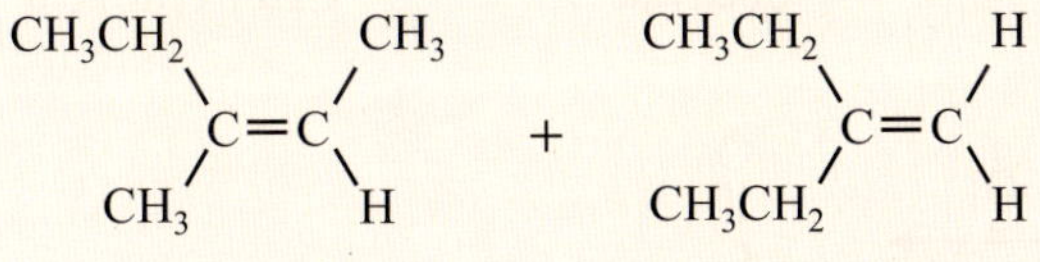

major　　　　minor

**문제 8.4** 어떤 알코올을 탈수 반응하면 다음의 알켄을 얻을 수 있는가?

①

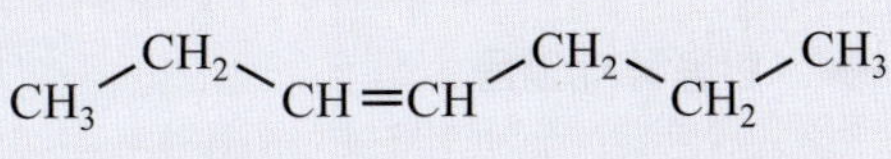

②

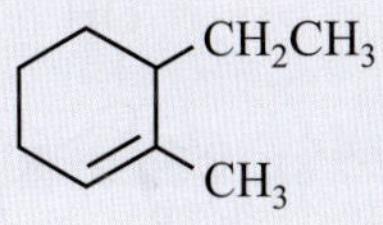

## 2. 알코올의 산화(Oxidation)

알코올의 가장 중요한 반응은 알코올을 산화(oxidation)시켜 카보닐 화합물을 만드는 것이다. 앞서 배웠듯이 반대로 카보닐 화합물이 환원(reduction)되면 알코올이 생성된다.

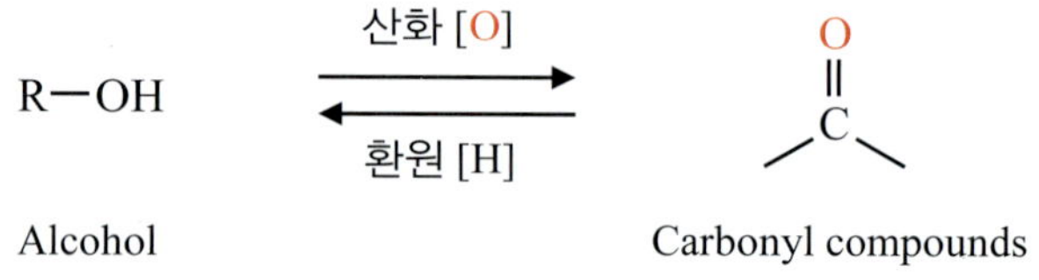


### 1) 알코올의 산화에 의한 카보닐 화합물(Carbonyl compound)의 합성

**1차 알코올이 산화되면 알데하이드(aldehyde) 또는 카복실산(carboxylic acid)을 생성하고, 2차 알코올이 산화되면 케톤(ketone)을 생성한다.** 하지만 3차 알코올은 일반적으로 대부분의 산화제와 반응하지 않는데, 하이드록실기(hydroxyl group, −OH)를 가진 탄소에 수소가 없기 때문이다.

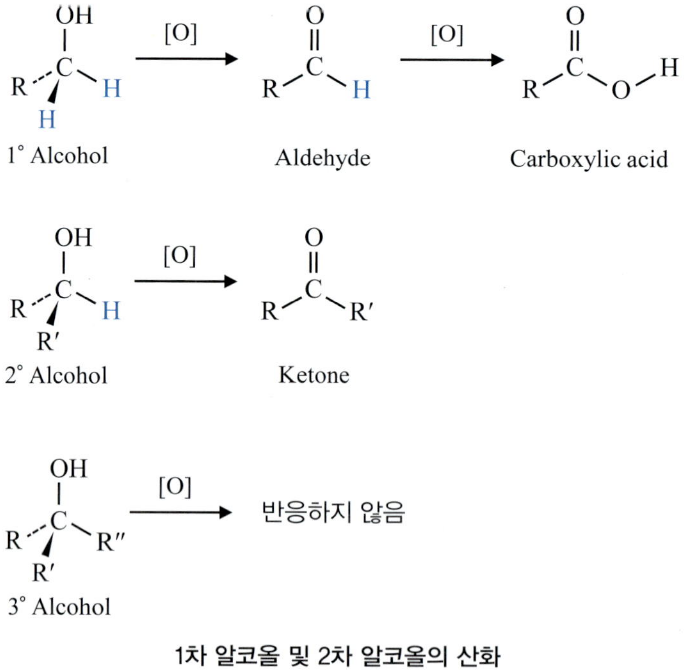


1차 알코올 및 2차 알코올의 산화

### 2) 1차 알코올로부터 카복실산(Carboxylic acid)으로의 산화

$CrO_3$(삼산화 크로뮴, chromium trioxide)와 $Na_2Cr_2O_7$(다이크로뮴산 소듐, sodium dichromate)을 포함하여 많은 산화제가 알코올의 산화 반응에 사용된다. 보통은 가격, 반응 수득률(yield) 및 알코올과의 반응성을 고려하여 선택하게 된다.

**$CrO_3$**나 **$Na_2Cr_2O_7$**과 같은 가장 일반적인 산화제는 산성 수용액 중에서 **1차 알코올을 카복실산으로 산화시킨다.** 보통 산화 과정 중간체로 알데하이드가 생성되지만 분리하기는 어렵다. 알데하이드에서 너무 빠르게 연속적으로 산화가 다시 일어나기 때문이다.

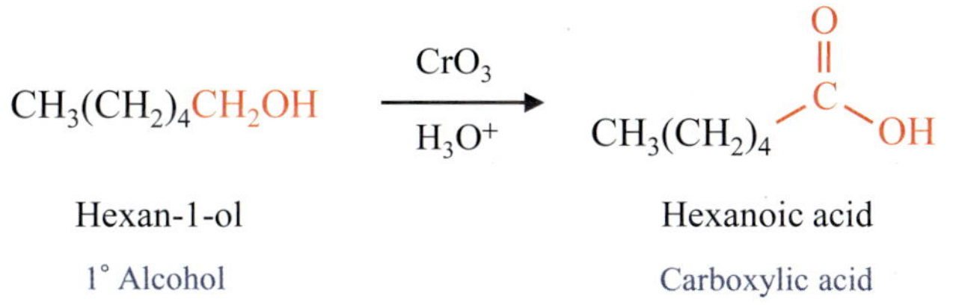


$CrO_3$에 의한 1차 알코올로부터 카복실산으로의 산화

### 3) 1차 알코올로부터 알데하이드(Aldehyde)로의 산화

**1차 알코올로부터 알데하이드를 합성**하는 가장 보편적인 방법은 +5 산화 상태인 아이오딘 원자(I)를 포함한 **과아이오디네인(periodinane)**을 산화제로 이용하는 것이다.

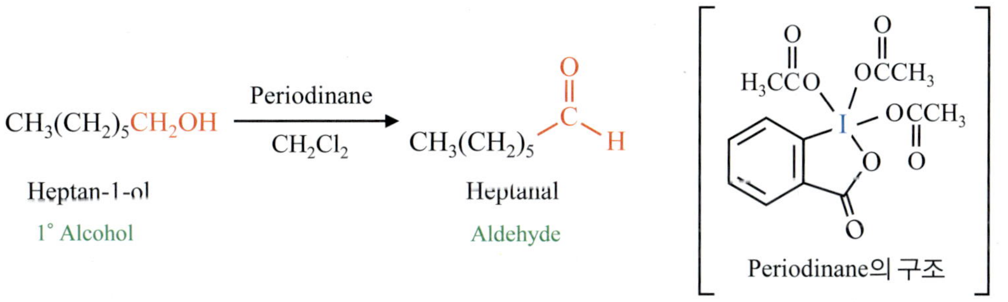


Periodinane에 의한 1차 알코올로부터 알데하이드로의 산화

### 4) 2차 알코올로부터 케톤(Ketone)으로의 산화

2차 알코올은 쉽게 산화되어 케톤을 생성한다. 대규모의 산화에서는 산성 수용액

에서 $CrO_3$나 $Na_2Cr_2O_7$ 같은 값싼 산화제를 이용한다. 값비싼 알코올의 경우, **과아이오디네인(periodinane)**을 사용하기도 한다.

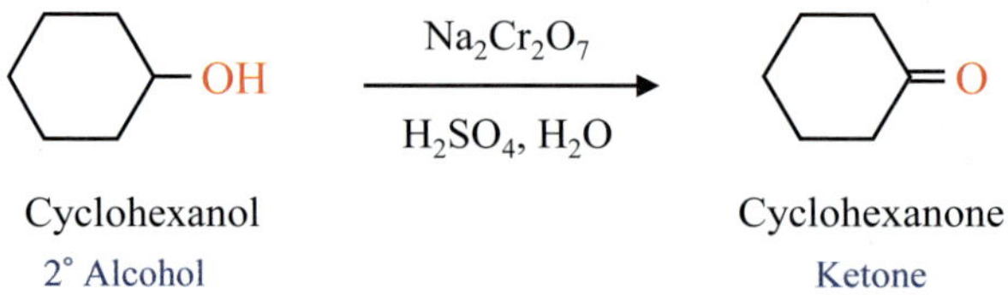


$Na_2Cr_2O_7$에 의한 2차 알코올로부터 케톤으로의 산화

**예제 8.6** 다음 알코올을 산화시키면 어떤 생성물을 얻을 수 있는가?

① Pentan-1-ol $\xrightarrow[H_3O^+]{CrO_3}$

② Pentan-1-ol $\xrightarrow{\text{Periodinane}}$

③ Pentan-2-ol $\xrightarrow{\text{Periodinane}}$

**풀이** ①

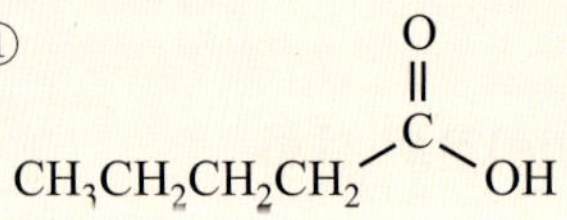


②

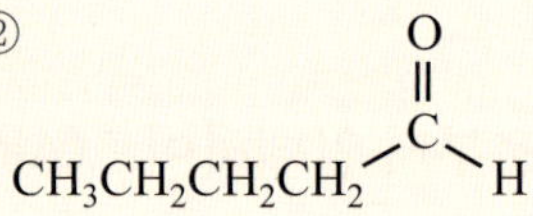


③

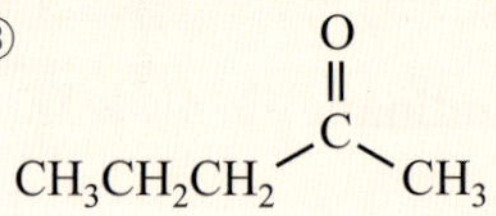


**문제 8.5** 다음과 같은 생성물을 얻기 위하여 필요한 알코올과 산화제는 무엇인가?

①

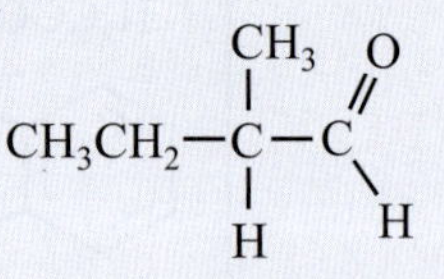


②

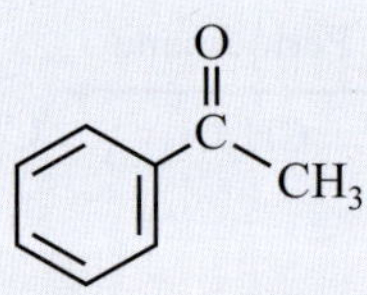


## 3. 알코올로부터 에테르(Ether)의 합성

### 1) Williamson 에테르 합성법(Williamson ether synthesis)

알코올로부터 에테르를 합성하는 방법 중에서는 **Williamson 에테르 합성(Williamson ether synthesis)법**이 자주 사용된다. 알코올을 알콕시화 이온(alkoxide ion, $RO^-$)으

로 만든 후, 할로젠화 알킬(alkyl halide, RX)과 친핵성 치환 반응을 진행하면 에터가 합성된다.

### 2) Williamson 에터 합성의 반응 메커니즘

8−3절에서 언급한대로, 알코올과 알칼리 금속(Na 또는 K)이 반응하면 친핵체인 알콕시화 이온을 얻을 수 있다. Williamson 에터 합성법의 반응 메커니즘은 **$S_N2$ 반응**이다.

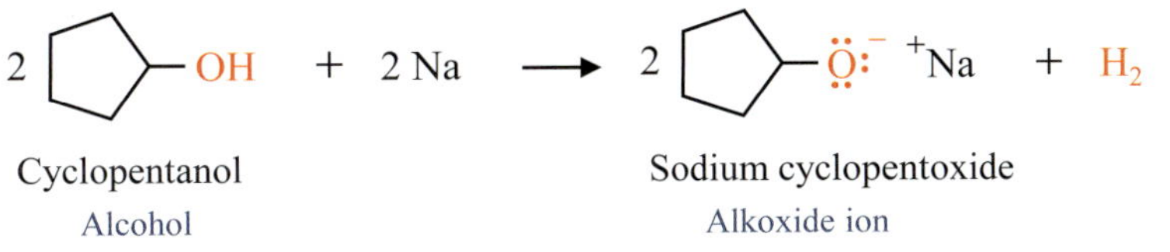


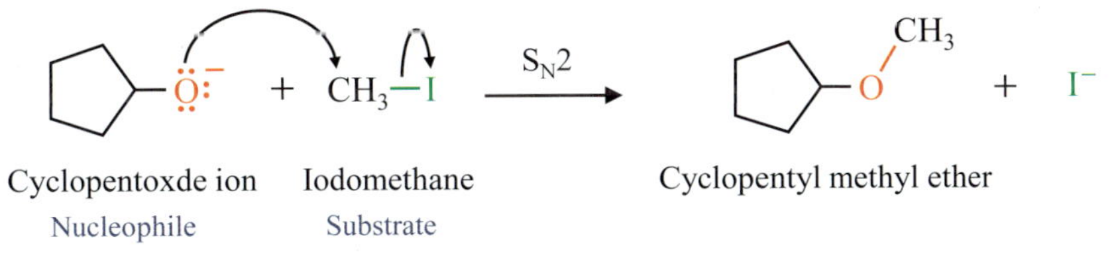


Williamson 에터 합성의 $S_N2$ 반응 메커니즘

**$S_N2$ 반응(7−4절)은 1차 할로젠화 알킬(alkyl halide, RX) 기질에서 잘 일어난다.** 입체 장애(steric hindrance)가 큰 기질인 3차 할로젠화 알킬에서는 오히려 HX 제거 반응인 E2 반응이 경쟁적으로 일어난다.

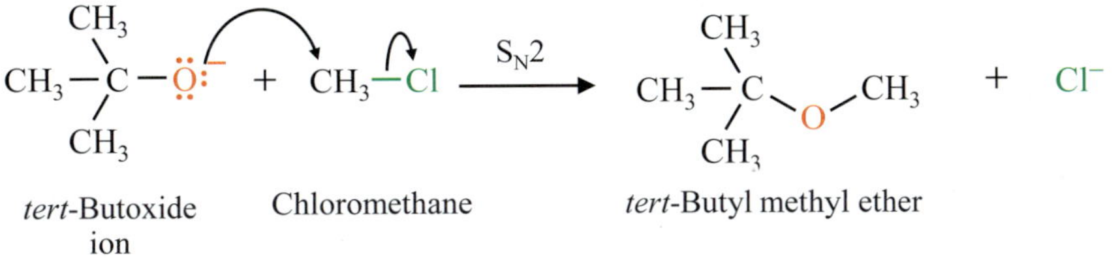


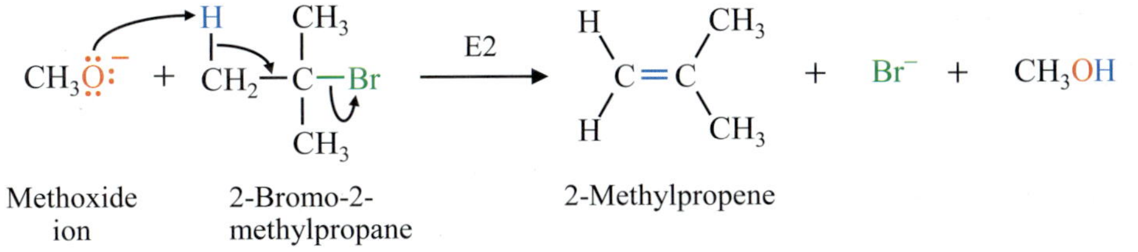


입체 장애가 작은 할로젠화 알킬이 유리한 Williamson 에터 합성

그러므로 비대칭 에터(unsymmetrical ether)를 합성할 경우, **입체 장애가 작은 할로젠화 알킬과 상대적으로 입체 장애가 큰 친핵체인 알콕시화 이온을 반응**시키는 것이 그 반대의 경우보다 잘 합성된다.

**예제 8.7** 다음 에터(ether)를 어떻게 합성하는 것이 합당하겠는가?

①
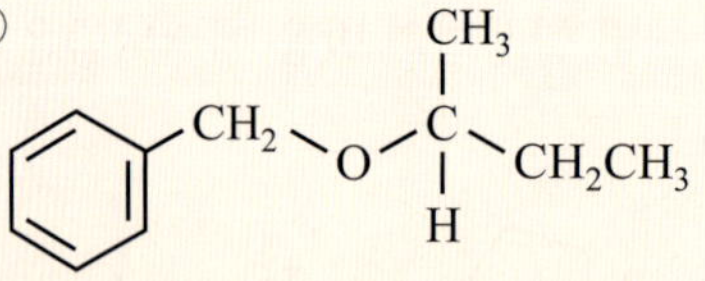

②
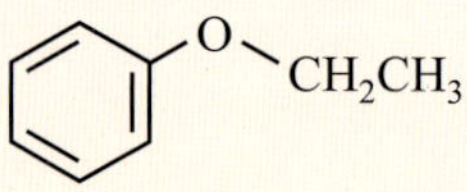

**풀이**

①
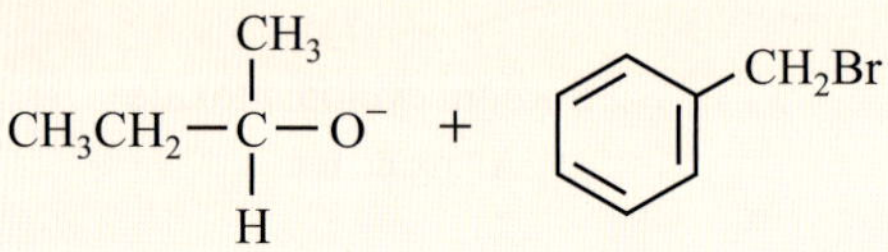

②
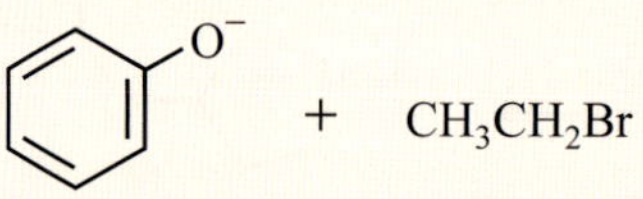

**문제 8.6** 다음 할로젠화 알킬을 Williamson 에터 합성에서 반응성이 큰 순서대로 나열하시오.

① $CH_3CH_2Cl$ ② $CH_3CH_2Br$

③
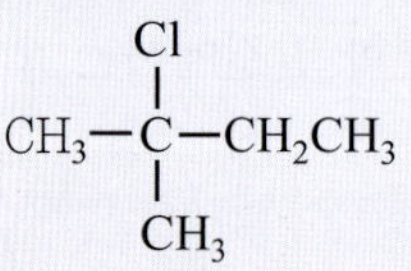

④
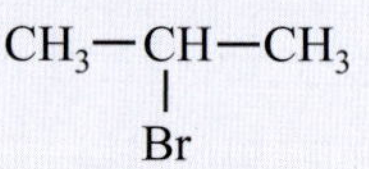

## 8-6 페놀의 반응

페놀(Phenol)은 알코올과 같이 하이드록실기(hydroxyl group, −OH)를 가지고 있지만 반응성에는 차이가 있다.

### 1. 페놀의 Williamson 에터 합성(Williamson ether synthesis)

페놀은 산 촉매하에서 탈수 반응이 일어나지 않으며, HX와의 반응에서 할로젠화물(halide)로 변환되지 않는다. 하지만 **페놀의 Williamson 에터 합성은 쉽게 일어나는데** 이는 알코올보다 더 강한 산이기 때문에 **페놀의 음이온(페놀의 짝염기)인 페녹시화 이온(phenoxide ion)이 잘 생성되기 때문이다.**

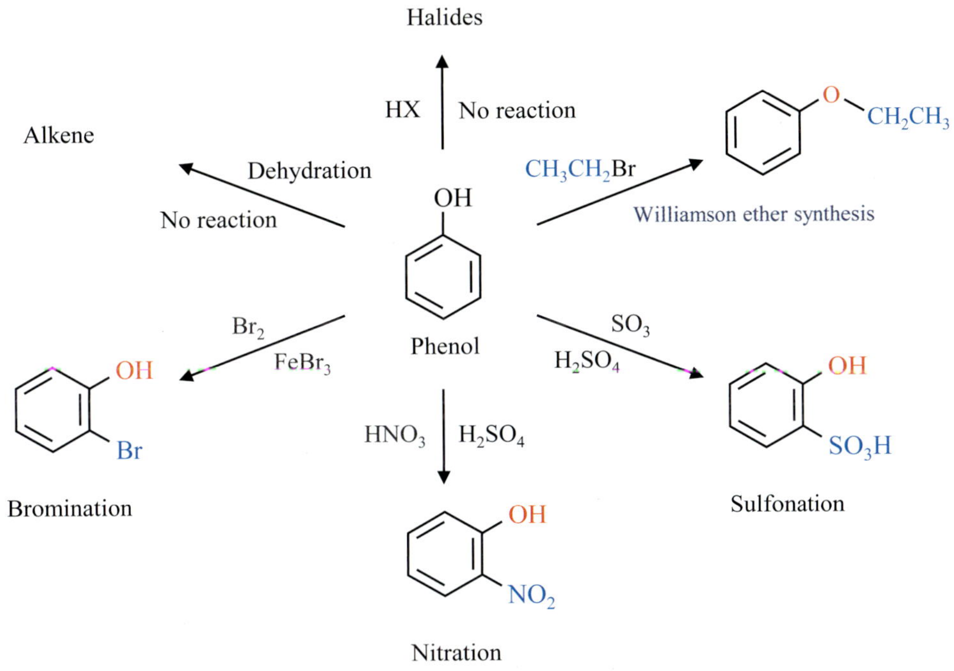


페놀의 반응

## 2. 페놀의 친전자성 방향족 치환 반응(Electrophilic aromatic substitution reaction)

페놀은 방향족 화합물이기 때문에 친전자성 방향족 치환 반응(electrophilic aromatic substitution)을 한다(5-5절 참고). 페놀의 $-OH$기는 방향족 고리 활성화 치환기(ring-activating group)로, 두 번째 치환기를 오쏘(*ortho*-, *o*-) 및 파라(*para*-, *p*-) 위치로 더 잘 치환되도록 한다. 그러므로 페놀은 할로젠화 반응(halogenation), 나이트로화 반응(nitration) 및 설폰화 반응(sulfonation)에 대해 반응성이 크다.

## 3. 페놀의 산화(Oxidation)

**페놀은 알코올과 같은 산화 반응을 하지 않는데** 이는 **하이드록실기(−OH)를 가진**

**탄소에 수소 원자가 없기 때문이다.** 하지만 페놀을 $Na_2Cr_2O_7$으로 산화시키면 벤조퀴논(Benzoquinone, Cyclohexa-2,5-diene-1,4-dione)이 생성된다.

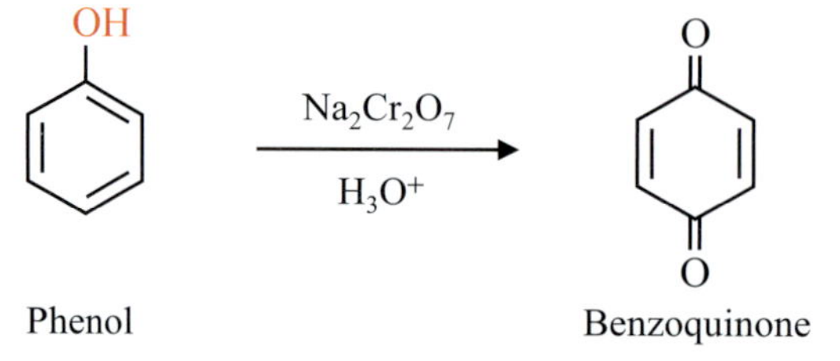


**페놀의 산화 반응에 의한 벤조퀴논의 생성**

퀴논(Quinone)의 산화–환원 성질로 인하여 $NaBH_4$나 $SnCl_2$에 의하여 쉽게 하이드로퀴논(Hydroquinone, *p*-Dihydroxybenzene)으로 환원될 수 있으며, 이 하이드로퀴논은 $Na_2Cr_2O_7$에 의해 쉽게 다시 산화되어 벤조퀴논으로 돌아간다.

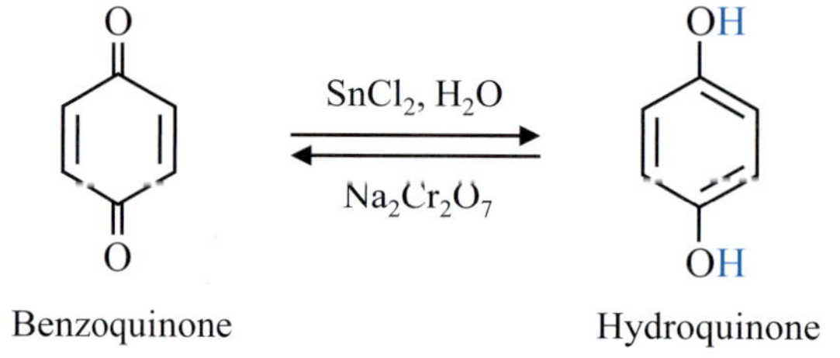


**퀴논의 산화·환원 성질**

특히 퀴논의 산화–환원 성질은 세포의 기능에서 에너지 생산에 관여하는 전자–전달 과정을 조절하는 생화학적인 산화제 역할을 하므로 유용한 화합물이다.

## 8-7 에터의 반응

에터(Ether)는 유기화학에서 사용되는 대부분의 시약들에 대하여 거의 반응을 하지 않기 때문에 여러 반응의 용매(solvent)로 사용된다. **에터의 유일한 반응은 HBr이나 HI 수용액과 같은 강산에서 일어나는 쪼개짐 반응(cleavage)이다.**

## 1. 산에 의한 에테르의 쪼개짐 반응(Ether cleavage)

산에 의한 **에테르의 쪼개짐(ether cleavage)**은 친핵성 치환 반응(nucleophilic substitution reaction)이며 기질 구조에 따라 $S_N2$ 또는 $S_N1$ 반응 메커니즘으로 일어난다. **1차와 2차 알킬기를 가진 에테르는 $S_N2$ 반응 경로**로 일어나고, 친핵체인 $I^-$ 또는 $Br^-$는 입체 장애가 덜한 쪽으로 공격한다. 반응의 결과로 한 가지 알코올과 한 가지 할로젠화 알킬로의 **선택적 쪼개짐(selective cleavage)**이 일어난다.

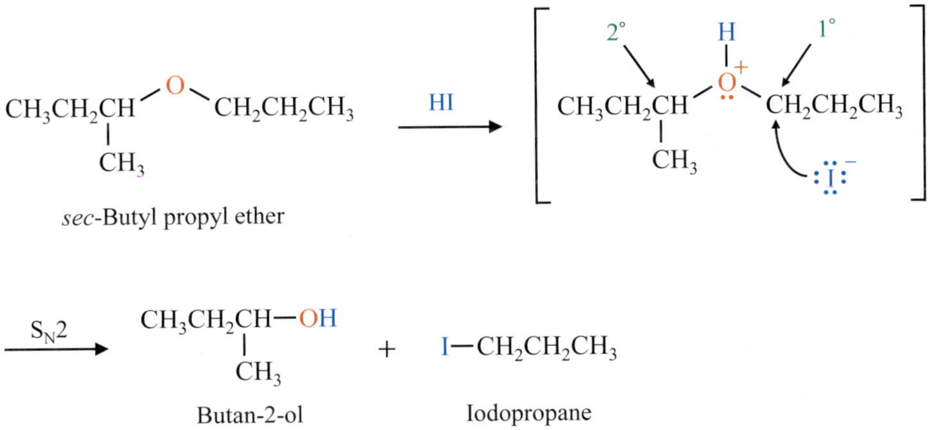


$S_N2$ 반응 메커니즘에 의한 에테르의 쪼개짐 반응

**3차 알킬기를 가진 에테르**는 안정한 탄소 양이온 중간체를 생성할 수 있기 때문에 **$S_N1$ 반응 메커니즘**으로 일어나고, 친핵체인 $I^-$ 또는 $Br^-$는 3차 알킬에 결합한다.

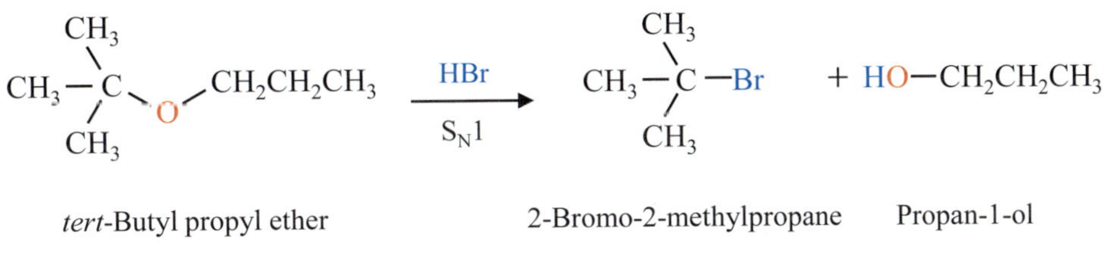


$S_N1$ 반응 메커니즘에 의한 에테르의 쪼개짐 반응

**예제 8.8** 다음 에터의 반응에서 어떤 생성물을 얻을 수 있는가?

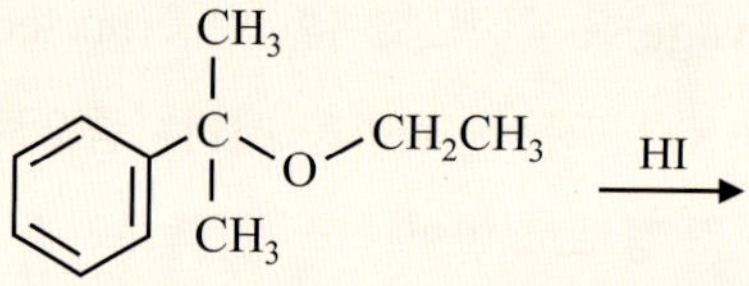

**풀이**

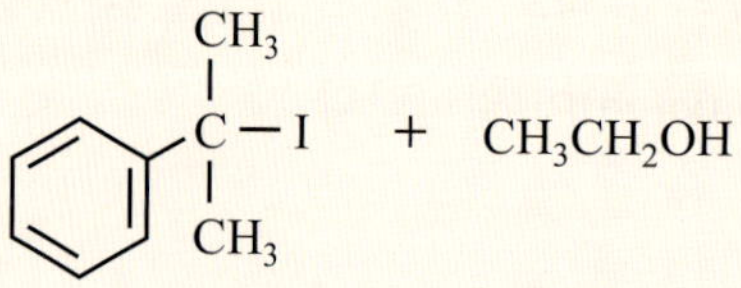

**문제 8.7** 다음 반응물이 산으로 처리될 때 어떤 생성물을 얻을 수 있는가?

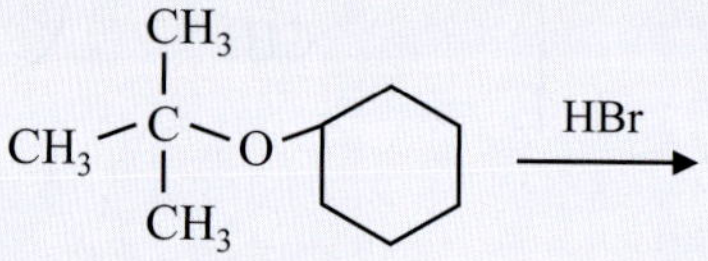

## 8-8 고리형 에터의 반응

대부분 고리형 에터(cyclic ether)는 열린 사슬형 에터(acyclic ether, R−O−R′)와 동일한 화학적인 성질을 가진다. 이들 화합물은 **비활성(inertness)**으로 인하여 유기용매로 사용되며 일반적으로 **테트라하이드로퓨란(Tetrahydrofuran, THF)**이 많이 쓰인다.

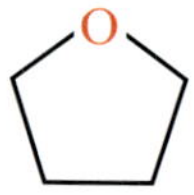

Tetrahydrofuran (THF)
유기 용매로 많이 사용

열린 사슬 에터와 다르게 행동하는 유일한 고리형 에터는 4−5절에서 배운 **에폭시화물(epoxide)** 또는 옥시레인(oxirane)이라고 부르는 **3원자 고리 화합물(three-membered ring compounds)**이다. 이들은 **3원자 고리의 스트레인(strain)**으로 인해 다른 에터보다 반응성이 훨씬 크다.

## 1. 에폭시화물(Epoxide)의 제법

4-5절에서 언급한 것처럼, 에폭시화물은 알켄을 과산화산(peroxyacid, $RCO_3H$)으로 처리하면 합성된다.

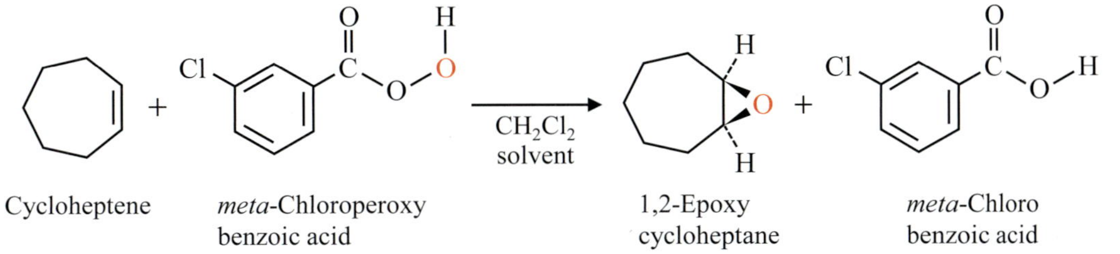


알켄으로부터 에폭시화물의 합성

## 2. 에폭시화물의 고리 열림 반응(Ring-opening reaction)

에폭시화물의 고리는 다른 에터와 마찬가지로 **산 처리에 의해 고리 열림 반응(ring-opening reaction)**이 일어난다. 그러나 3원자 고리의 스트레인으로 인하여 훨씬 온화한 조건하에서도 반응이 진행된다. 예를 들어, 실온에서 묽은 산 수용액으로 처리하면 에폭시화물은 **트랜스-1,2-다이올(*trans*-1,2-diol)로 전환**된다.

### 1) 에폭시화물의 고리 열림 반응 메커니즘

에폭시화물의 고리 열림 반응 메커니즘은 $H^+$가 첨가된 에폭시화물에 친핵체인 $H_2O$가 $S_N2$ 뒤쪽을 공격하면서 일어난다. 반응의 결과물은 **트랜스 입체 화학(trans stereochemistry)**을 가진다.

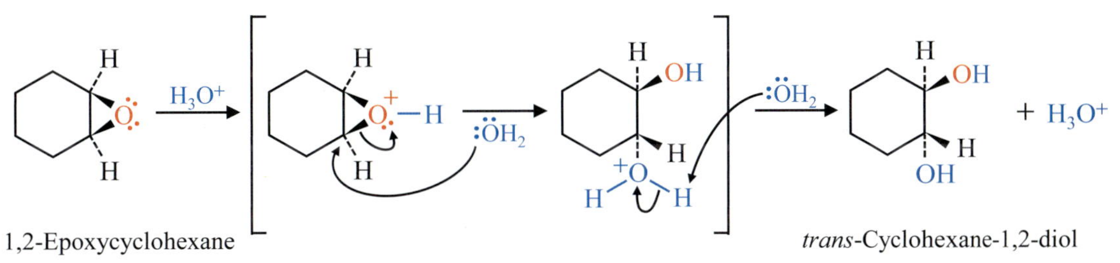


에폭시화물의 고리 열림 반응 메커니즘

**산 촉매에 의한 고리 열림은 에폭시화물(epoxide)의 구조에 영향을 받는다.** 에폭시화물의 양쪽 탄소 원자가 1차 또는 2차인 경우, 친핵체는 입체 장애가 덜한 쪽으로 공격한다.

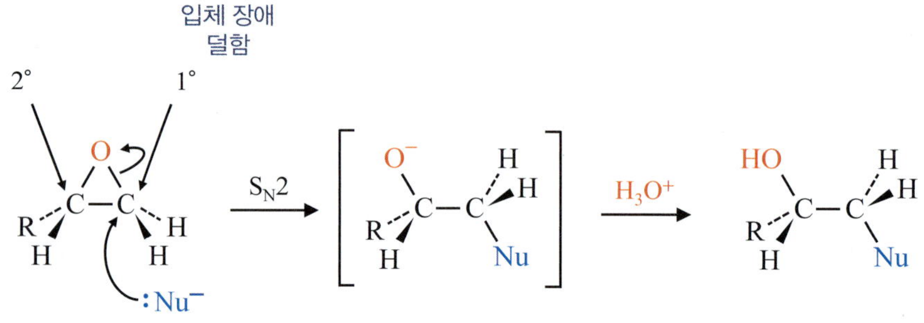


$S_N2$ 반응 메커니즘에 의한 에폭시화물의 고리 열림 반응

### 2) 에폭시화물의 고리 열림 반응에 의한 DNA의 돌연변이

에폭시화물의 고리 열림에 사용되는 친핵체로는 $OH^-$, $RO^-$(alkoxide ion), $R-NH_2$ (amine), RMgX(Grignard 시약) 등이 있으며, 이를 비롯한 많은 다른 친핵체들도 흔하게 사용된다.

예를 들어, 독성 물질인 벤조[a]피렌(benzo[a]pyrene)이 체내에 들어오면 간(liver)에서 사이토크롬 P−450(cytochrome P−450)이라는 산화효소에 의하여 에폭시화물로 전환된다. 이어서 $H_2O$ 첨가 반응에 의하여 **트랜스-1,2-다이올** 형태의 극성 물질로 대사되어 땀과 소변으로 배출되는 해독 과정이 일어난다.

그런데 벤조[a]피렌의 산화 과정 중 만들어진 에폭시화물에 $H_2O$의 첨가 반응 대신에 DNA의 아미노기(amino group, $-NH_2$)가 친핵체로서 첨가되면 DNA의 돌연변이(mutation)가 유발된다. 다음은 벤조[a]피렌이 DNA의 돌연변이를 유발하는 과정을 화학반응식으로 나타낸 것이다.

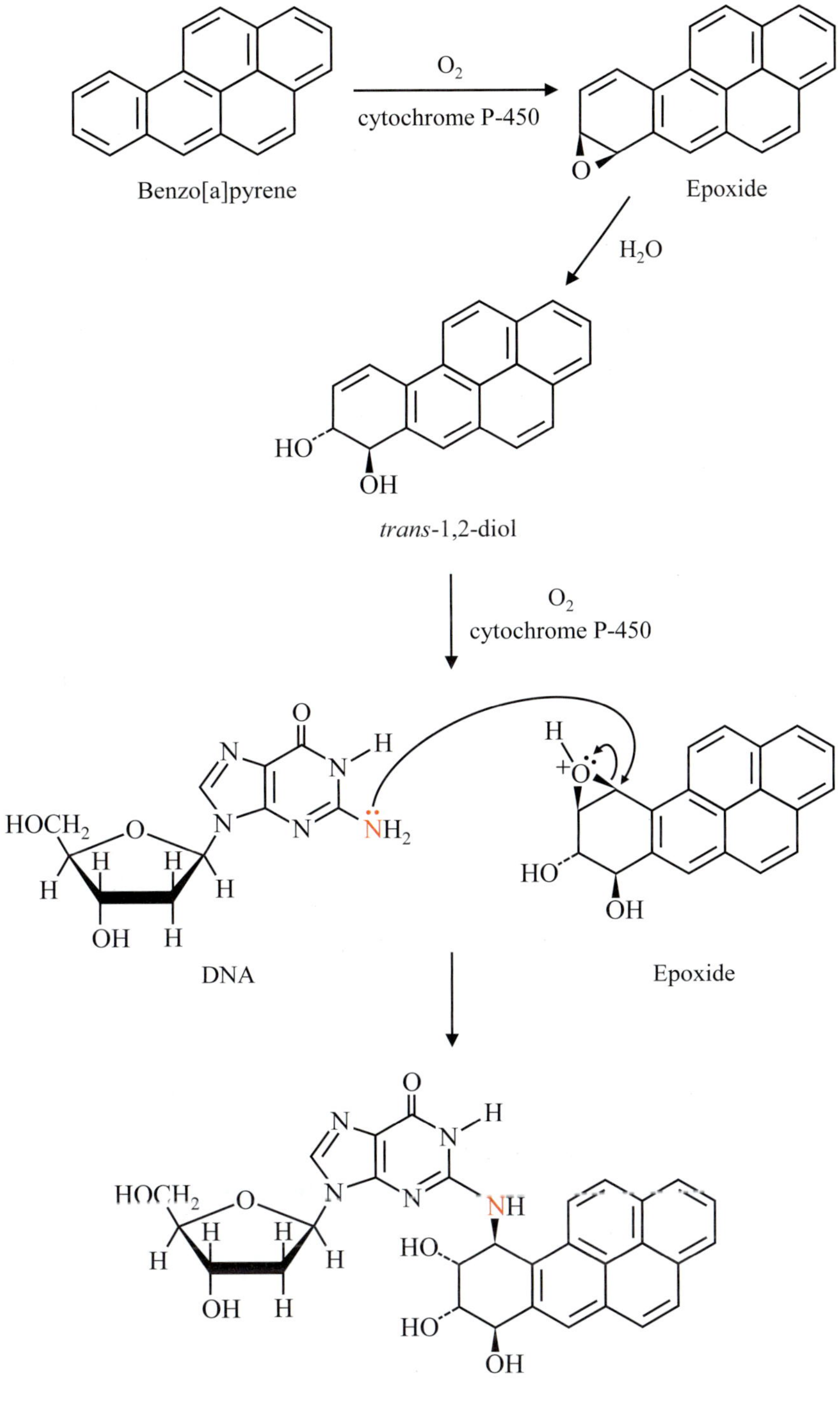


Benzo[a]pyrene에 의한 DNA의 돌연변이

## 8-9 싸이올과 설파이드

이 절에서는 알코올의 유사체인 싸이올(thiol)과 에터의 유사체인 설파이드(sulfide)의 명명과 제법을 살펴본다. 이후 **싸이올−다이설파이드 상호 전환(thiol−disulfide interconversion)** 반응에 대해서도 알아보도록 하자.

### 1. 싸이올(Thiol)과 설파이드(Sulfide)의 명명법

싸이올(R−SH)은 알코올(R−OH)에서 산소 대신 황(S)으로 구성된 알코올의 유사체로서 **머캅탄(mercaptan)**이라고 부른다. 이름의 접미사로 '−올(−ol)' 대신에 '−싸이올(−thiol)'을 붙여 알코올과 동일한 규칙대로 명명한다. 여기서 **−SH기는 머캅토기(mercapto group)**라고 부른다.

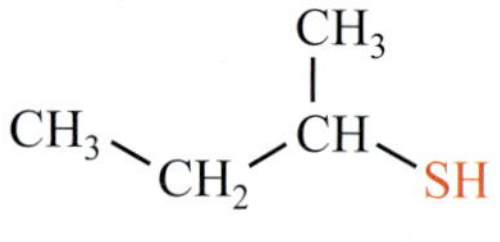

Butane-2-thiol

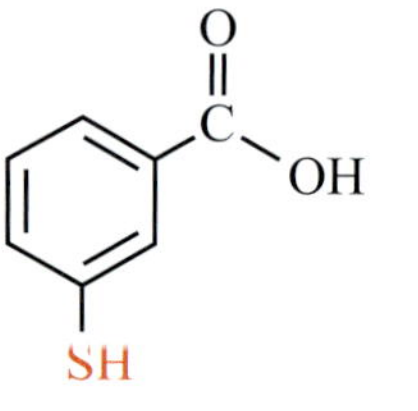

*m*-Mercaptobenzoic acid

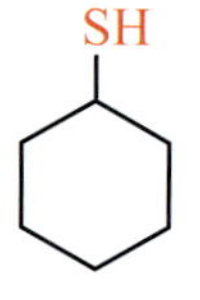

Cyclohexanethiol

**싸이올의 명명**

설파이드(R−S−R′)도 에터(R−O−R′)에서 산소 대신 황으로 구성된 에터의 유사체이다. 에터의 명명법과 같은 방식으로 명명한다. 간단한 설파이드는 황에 결합된 2개의 유기 치환기를 알파벳 순으로 나열하고 '에터(ether)' 대신 '설파이드(sulfide)'로 명명한다. 또 알콕시(alkoxy, RO−) 대신에 **알킬싸이오(alkylthio, RS−)**를 사용하여 명명한다.

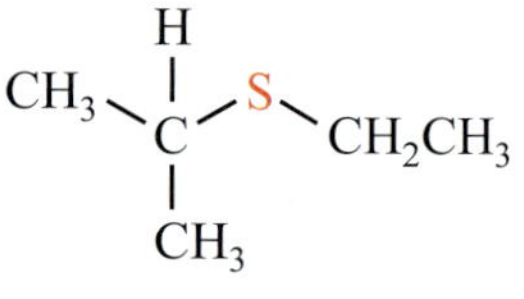

Ethyl isopropyl sulfide

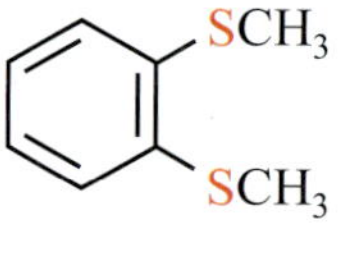

*ortho*-Di(methylthio)benzene

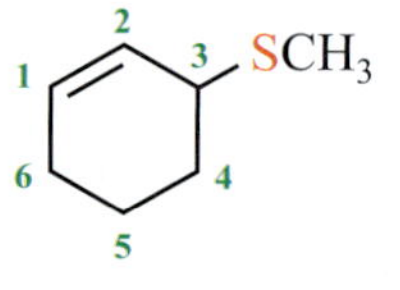

3-(Methylthio)cyclohexene

**설파이드의 명명**

## 2. 싸이올(Thiol)과 설파이드(Sulfide)의 제법

싸이올(Thiol)은 할로젠화 알킬(alkyl halide, RX)과 친핵체인 $SH^-$의 친핵성 치환 반응을 통해 합성되며, **$S_N2$ 반응 메커니즘**(7–3절 참조)을 따른다.

$$CH_3CH_2CH_2Br + SH^- \xrightarrow{S_N2} CH_3CH_2CH_2SH + Br^-$$

1-Bromopropane / 할로젠화 알킬 (RX) — 친핵체 (Nu:⁻) — Propane-1-thiol / 싸이올 (R-SH)

**친핵성 치환 반응에 의한 싸이올의 합성**

또한 설파이드(sulfide)는 **Williamson 에터 합성(8–5절)과 유사하게 일어나며,** 1차 또는 2차 할로젠화 알킬과 친핵체인 $RS^-$(싸이올 음이온, thiolate ion)의 친핵성 치환 반응으로 합성된다. 역시 **$S_N2$ 반응 메커니즘**을 따른다.

**싸이올(R–SH)은 알코올보다 더 강한 산이다.** 예를 들어 메테인싸이올(methanethiol, $CH_3SH$)의 경우 페놀 정도의 산의 세기를 나타낸다. 그러므로 산–염기 중화 반응에 의하여 $CH_3S^-$(methanethiolate ion)가 잘 만들어진다.

$$CH_3SH + NaOH \longrightarrow CH_3S^-Na^+ + H_2O$$

Methanethiol — Sodium methanethiolate

$$CH_3S^- + CH_3CH_2\text{-}I \xrightarrow{S_N2} CH_3\text{-}S\text{-}CH_2CH_3 + I^-$$

Methanethiolate / 친핵체 (Nu:⁻) — Iodoethane / 할로젠화 알킬 (R'X) — Ethyl methyl sulfide / 설파이드 (R-S-R′)

**친핵성 치환 반응에 의한 설파이드의 합성**

## 3. 싸이올–다이설파이드(Thiol–Disulfide)의 상호 전환 반응

### 1) 싸이올의 특성

싸이올(Thiol, R–SH)은 알코올과는 달리 분자간 수소 결합(hydrogen bond)을 형성하지 않는데, 이는 황이 산소보다 크기가 크고 전기 음성도는 작기 때문이다. 그러므로 싸이올은 같은 탄소수를 가진 해당 알코올보다 끓는점이 낮고 물에 대한 용해도(solubility)도 작다. 또한 **지독한 냄새(악취)를 발산**한다는 독특한 특징이 있는데, 뷰테인-1-싸이올(butane-1-thiol)은 스컹크가 위협을 받았을 때 항문의 양쪽에 있는 샘으로부터 배출되는 노란색 액체의 한 성분으로서 악취에 기여한다.

$$CH_3(CH_2)_2CH_2\text{-}SH$$

Butane-1-thiol

스컹크가 발산하는 악취의 한 성분

### 2) 산화·환원 반응에 의한 싸이올–다이설파이드의 상호 전환

또한 싸이올의 산화 반응은 알코올과 차이점이 있는데 싸이올(R–SH)이 산화되면 다이설파이드(R–S–S–R)로 되고, 역으로 환원되면 싸이올(R–SH)로 돌아간다.

$$\underset{\text{Thiol}}{2\text{R-SH}} \underset{\text{Zn, H}^+\text{, 한원}}{\overset{\text{I}_2\text{, 산화}}{\rightleftharpoons}} \underset{\text{Disulfide}}{\text{R-S-S-R}} + 2\text{HI}$$

**싸이올의 산화와 다이설파이드의 환원에 의한 상호 전환**

### 3) 생화학에서 다이설파이드 다리(Disulfide bridge)의 역할

앞서 살펴본 **싸이올–다이설파이드 상호 전환**은 생화학에서 특히 중요하다. 다이설파이드 형성은 단백질의 구조에서 보편적으로 존재하는데, 예를 들어 시스테인(cysteine)이 산화되면 시스틴(cystine)으로 전환된다. 이때 **다이설파이드 다리(disulfide bridge)**가 단백질의 사슬에서 아미노산 사이의 교차 연결을 도와줌으로써 **단백질의 3차원 구조를 안정화**시키는 데 기여한다.

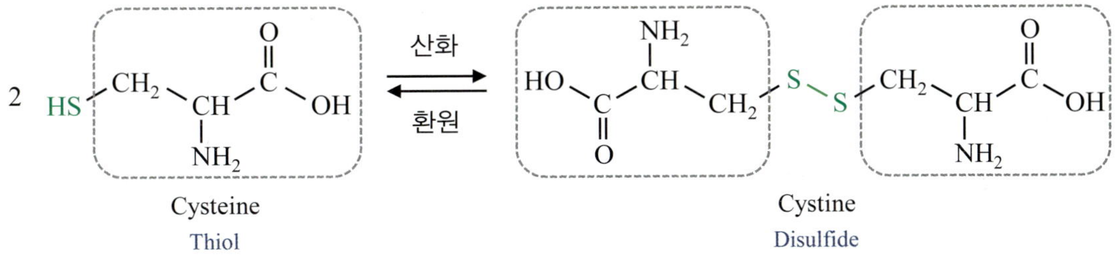


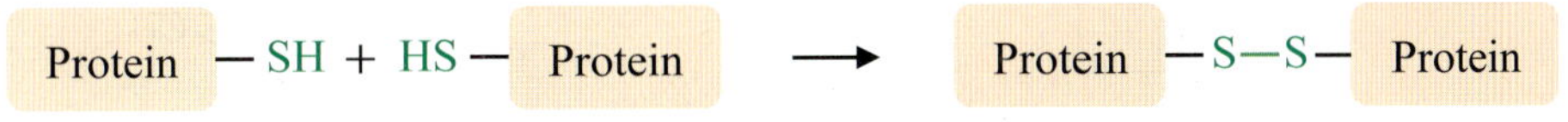


**다이설파이드 다리에 의한 단백질의 3차원 구조 형성**

**예제 8.9** 뷰테인-1-싸이올은 스컹크의 악취의 한 성분이다. 이 성분을 뷰테인-1-올(Butane-1-ol)로부터 어떻게 합성하는가?

**풀이**

$$3\ CH_3(CH_2)_2CH_2OH \xrightarrow{PBr_3} 3\ CH_3(CH_2)_2CH_2Br \xrightarrow{3Na^+SH^-}$$

$$3\ CH_3(CH_2)_2CH_2SH$$

## 연습문제

**8.1** 다음 화합물의 IUPAC 명을 적으시오.

① 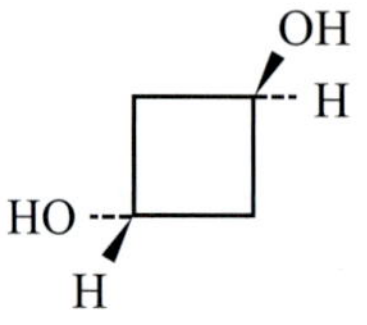

② 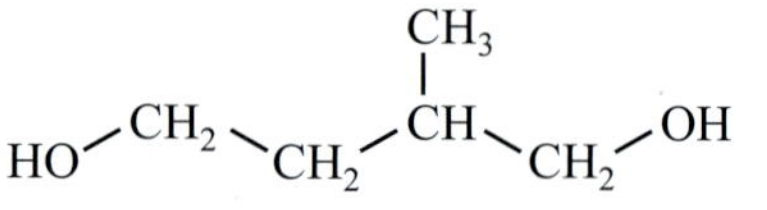

③ 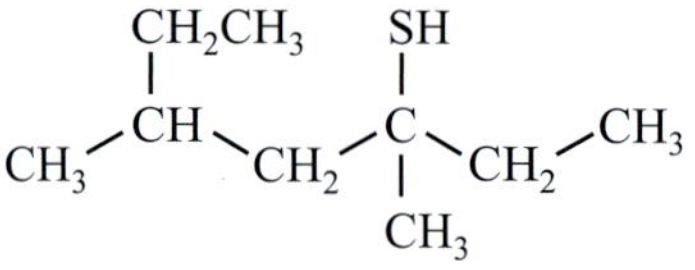

④ 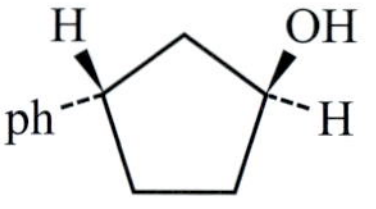

**8.2** 다음 화합물의 구조를 그리시오.

① Ethyl isopropyl ether
② 3-Ethoxy-4-methoxybenzoic acid
③ 4-Allyl-2-methoxyphenol
④ Cyclopentanethiol

**8.3** 다음 각 경우에서 화합물의 산도가 증가하는 순서대로 나열하시오.

① Ethanol, Phenol, *p*−Nitrophenol, *p*−Methylphenol
② Acetone, Ethane, Methanol, Methanethiol

**8.4** 다음 화학 반응식에서 단계마다 필요한 시약을 쓰시오.

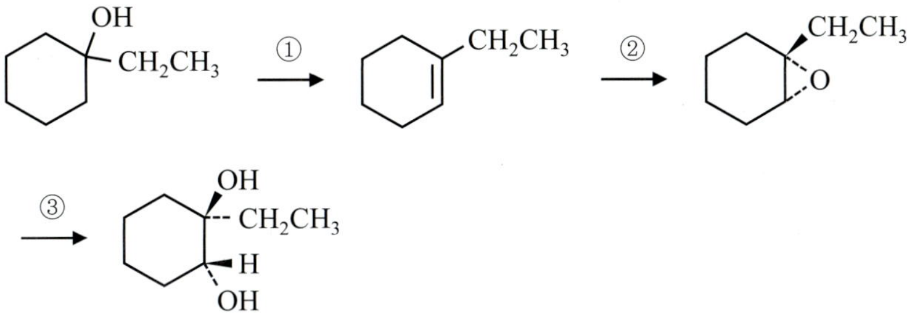


**8.5** 다음 화학 반응식의 생성물을 예측하시오.

①

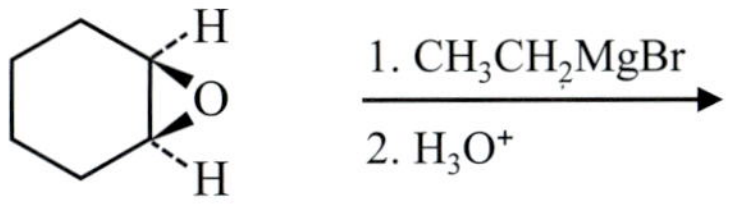


②

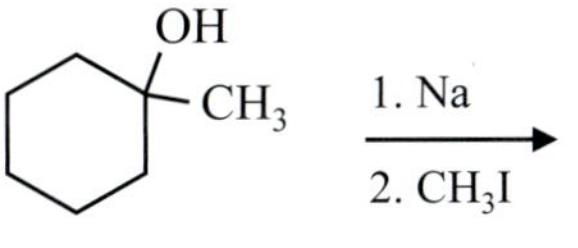


**8.6** 다음 반응식의 메커니즘을 적으시오.

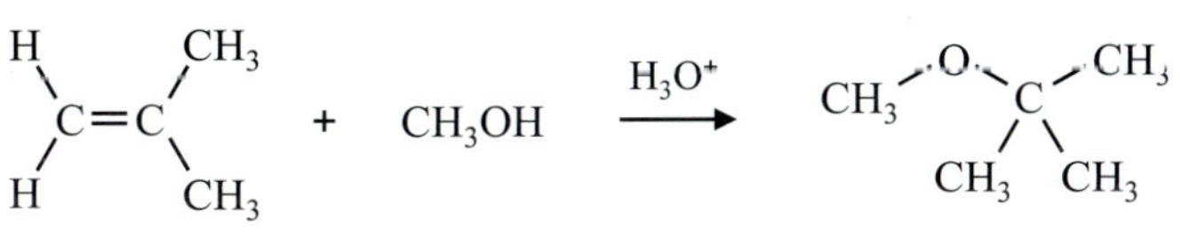

**8.7** 다음 에테르를 합성하는 데 Williamson 에테르 합성법을 이용할 수 없는 이유는 무엇인가?

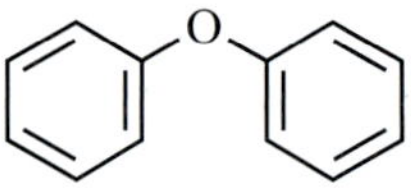

**8.8** 아래 반응물로부터 다음과 같은 생성물을 얻기 위해 어떻게 하면 되는가?

①

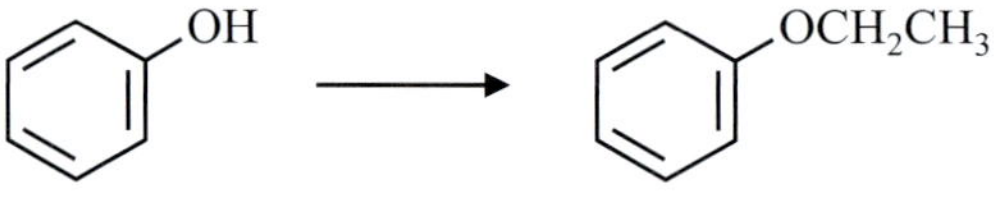


②

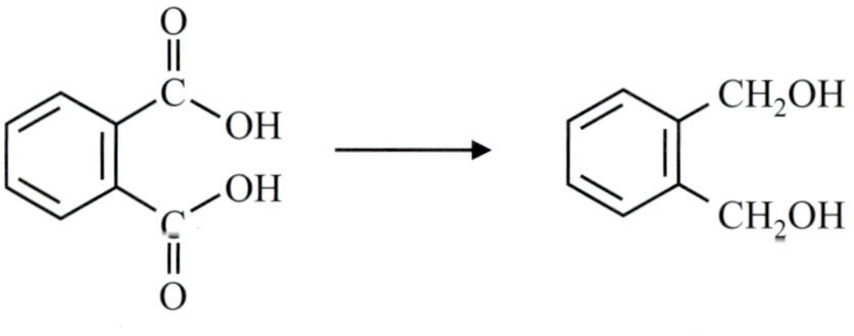


**8.9** 각 반응식에서 생성물 또는 반응에 필요한 시약을 적으시오.

①

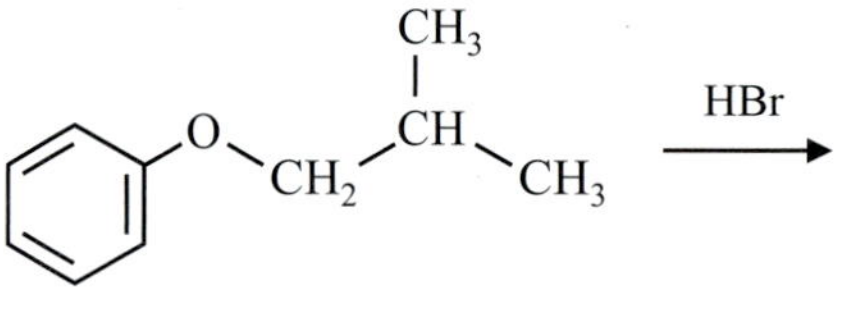


②

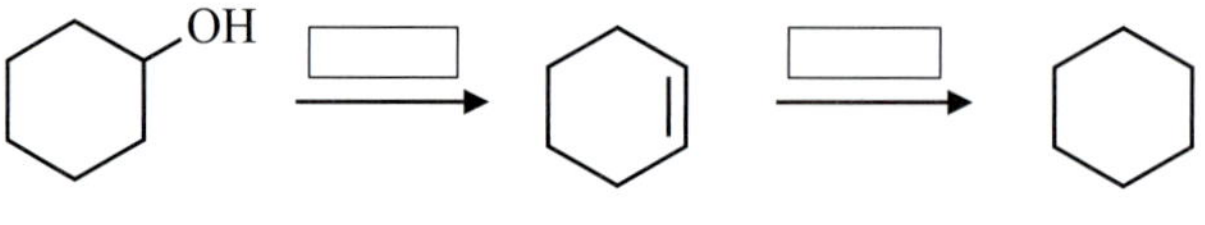

**8.10** 다음 화학 반응식에서, 반응물로부터 생성물을 어떻게 얻을 수 있을지 쓰시오.

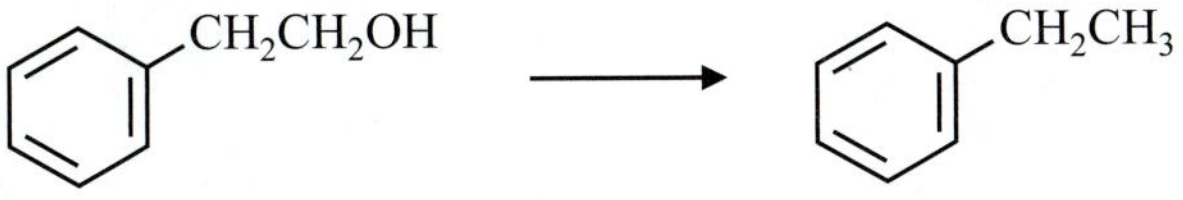

# 제9장

# 카보닐 화합물(1): 알데하이드와 케톤

카보닐기(Carbonyl group, C=O)는 자연계의 살아있는 생명체에서 가장 중요한 작용기(functional group) 중 하나이다. 9장에서는 카보닐 화합물 중 **알데하이드(aldehyde)**와 **케톤(ketone)**에 대하여 다루고, 카복실산(carboxylic acid)과 그들의 유도체(their derivatives)에 대해서는 10장에서 살펴보고자 한다.

라일락 꽃

싸주아리 약쑥

라일랑 꽃 향기의 한 성분인 Benzaldehyde는 항암 효과를 나타내며, 싸주아리 약쑥의 특징적인 성분인 Artemisia ketone은 항균 효과가 뛰어나다.

카보닐 화합물은 유기화학의 많은 부분을 차지한다. 특히 알데하이드나 케톤은 꽃이나 허브의 향기 성분으로 많이 존재하며 의약품의 합성 분야, 생물학적인 경로뿐만 아니라 산업적인 공정 과정에서도 널리 쓰인다. 이 장에서 이들의 반응에 대해 살펴볼 것이다.

## 9-1 알데하이드와 케톤의 특성

### 1. 알데하이드(Aldehyde)와 케톤(Ketone)의 구조

알데하이드는 카보닐기에 수소 원자 하나가 결합되어 있고, 나머지는 수소이거나 알킬기 또는 아릴기가 결합되어 있다. 케톤은 카보닐 탄소 원자에 2개의 탄소가 결합되어 있다.

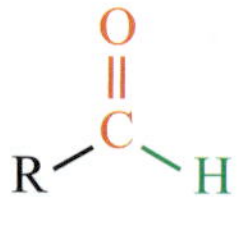

Aldehyde

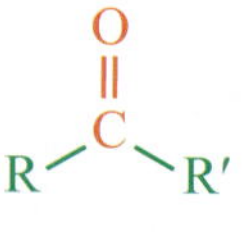

Ketone

알킬기(-R) 대신 수소(-H) 또는 아릴기(-Ar)도 가능함

## 2. 카보닐 탄소(C=O)와 산소의 $sp^2$ 혼성화

카보닐 탄소(Carbonyl carbon)는 $sp^2$ 혼성화되어 3개의 시그마 결합(σ 결합)을 형성한다. 그리고 혼성화에 참여하지 않은 $p$ 오비탈과 산소의 혼성화에 참여하지 않고 남아 있는 $p$ 오비탈이 겹쳐서 파이 결합(π 결합)을 형성한다. 알켄처럼 **카보닐 화합물은 이중 결합에 대하여 평면이며 결합각은 120°이다.**

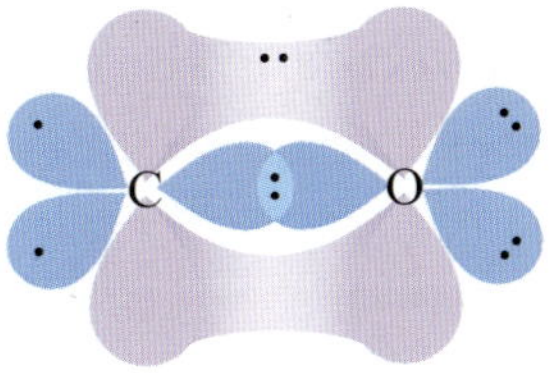


카보닐 탄소와 산소의 $sp^2$ 혼성화

## 3. 카보닐 탄소와 산소 결합의 편극화(Polarization)

또한 탄소–산소 이중 결합은 탄소보다 산소의 큰 전기 음성도로 인하여 전자 분포가 산소 쪽으로 편극(polarization)되어 있으므로 이 **결합의 편극화로 인해 카보닐기에서 반응이 일어난다.**

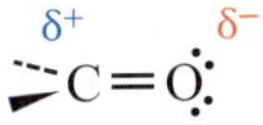


카보닐 탄소–산소의 전기 음성도 차이에 의한 편극화

# 9-2 알데하이드와 케톤의 명명법

## 1. 알데하이드(Aldehyde)의 명명법

IUPAC 명명법에 따라 알데하이드(aldehyde)는 해당 알케인(alkane)의 이름 마지막 '–e'를 '–al'로 치환하여 명명한다. 기본 사슬(parent chain)은 –CHO기를 포함하여야 하며, –CHO의 탄소를 1번으로 한다.

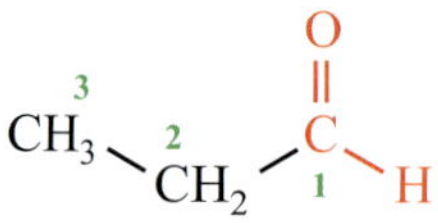


Propanal

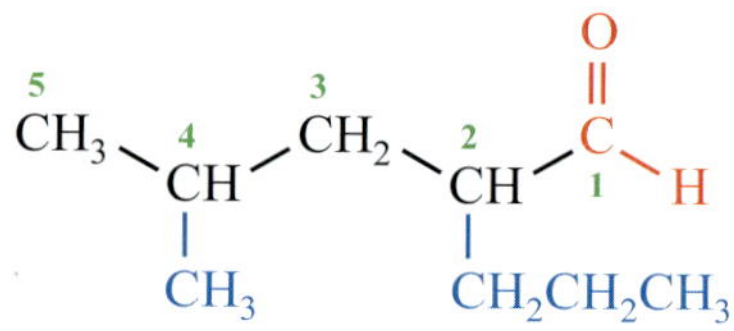


4-Methyl-2-propylpentanal

사슬 길이가 같을 경우, 가지가 많은 사슬을 선택함

또한 **−CHO기가 고리에 붙어 있는 경우**에는 알케인의 이름에 **−카브알데하이드**(**−carbaldehyde**)를 붙여 명명한다.

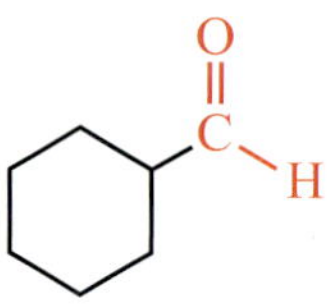


Cyclohexanecarbaldehyde

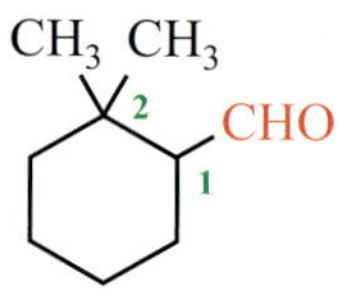


2,2-Dimethylcyclohexanecarbaldehyde

표 9.1에는 몇 가지 알데하이드의 IUPAC 체계명과 관용명이 표기되어 있다.

**표 9.1 몇 가지 알데하이드의 IUPAC 체계명과 관용명**

| 화합물 | IUPAC 체계명 | 관용명(Common name) |
|---|---|---|
| HCHO | Methanal | Formaldehyde |
| $CH_3CHO$ | Ethanal | Acetaldehyde |
| $(CH_3)_2CHCHO$ | 2−Methylpropanal | Isobutyraldehyde |
| $CH_3CH{=}CHCHO$ | But−2−enal | Crotonaldehyde |
| 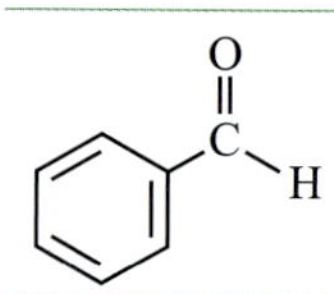 | Benzenecarbaldehyde | Benzaldehyde |

기체 상태인 폼알데하이드(formaldehyde)를 제외한 탄소 사슬로 이루어진 간단한 지방족 알데하이드(aliphatic aldehyde)는 액체 상태이다. 분자량이 커질수록 냄새는 향기롭고 특히 방향족(aromatic)의 여러 알데하이드는 향료로 사용된다. 예를 들어, 벤즈알데하이드(benzaldehyde)는 라일락 꽃 향기의 한 성분으로서 항암효과가 있는

것으로 보고되고 있다.

## 2. 케톤(Ketone)의 명명법

케톤은 해당 알케인(alkane)의 이름 마지막 '–e'를 '–one'로 치환하여 명명한다. 기본 사슬은 케톤기를 포함한 가장 긴 사슬을 선택하고, 카보닐 탄소에 가까운 말단부터 번호를 매긴다. 숫자의 위치는 이름의 접미사 –one의 바로 앞에 둔다.

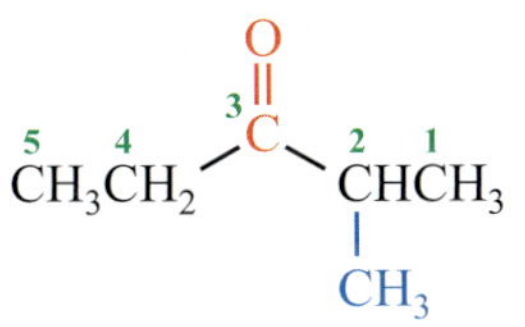

2-Methylpentan-3-one

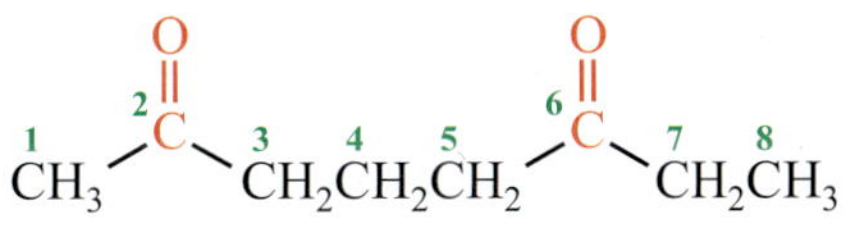

Octane-2,6-dione

또한 관용명으로 더 많이 사용되는 케톤도 있다.

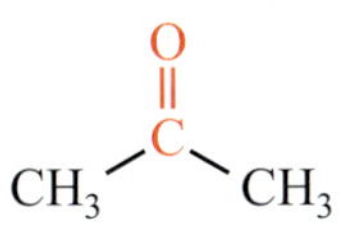

Acetone

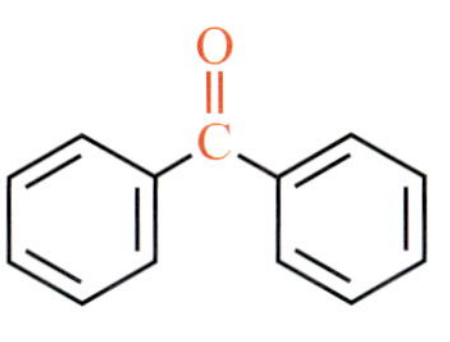

Benzophenone

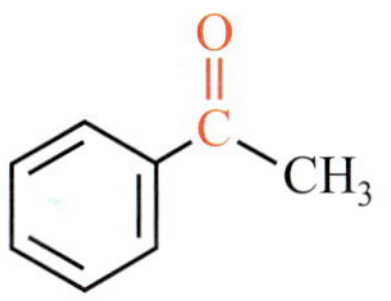

Acetophenone

가장 간단한 케톤인 아세톤(acetone)은 물과 잘 섞이고 대부분의 유기화합물을 용해하므로 매니큐어뿐만 아니라 여러 가지 도료의 용매로 사용된다.

–**COR기를 치환기로 사용할 경우**에는 일반적으로 **아실기(acyl group)**라는 용어를 사용한다.

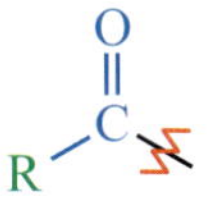

Acyl group

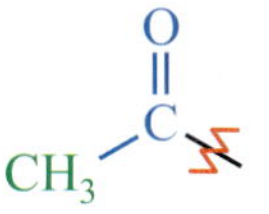

Acetyl group

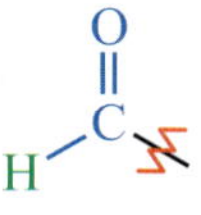

Formyl group

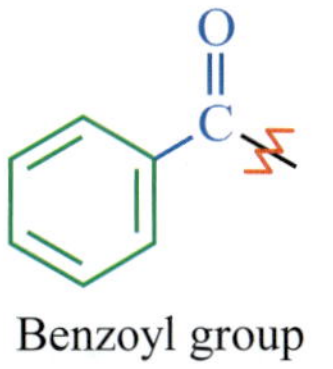

Benzoyl group

**예제 9.1** 다음 알데하이드와 케톤을 IUPAC 체계명으로 명명하시오.

① 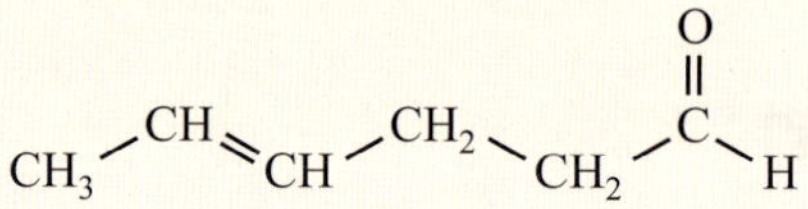

② 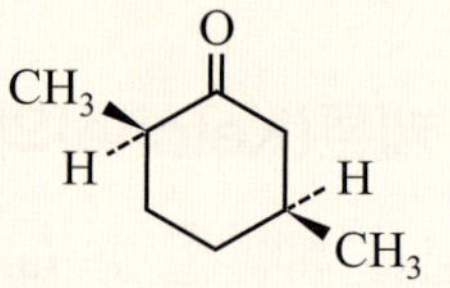

**풀이** ① Hex−4−enal ② *cis*−2,5−Dimethylcyclohexanone

**문제 9.1** 다음 화합물을 IUPAC 체계명으로 명명하시오.

① 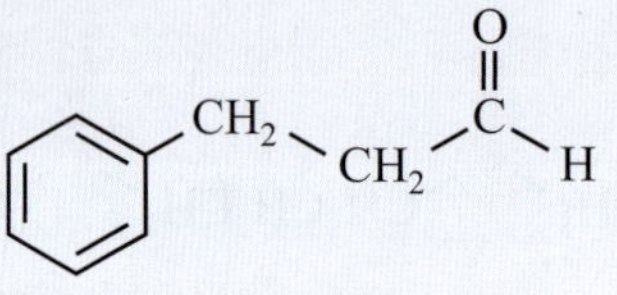

② 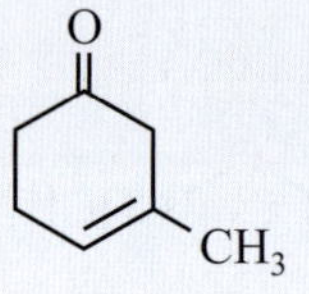

**예제 9.2** 다음 IUPAC명에 해당하는 구조를 그리시오.

① 3−Methylbut−3−enal

② Phenylacetaldehyde

③ Cyclohexane−1,3−dione

**풀이** ① 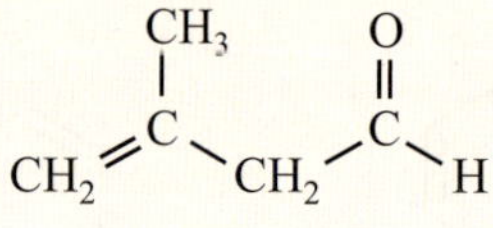

② 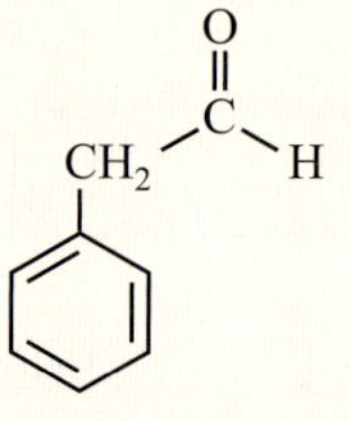

③ 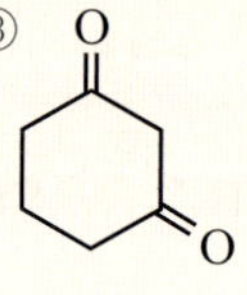

**문제 9.2** 다음 IUPAC명에 해당하는 구조를 그리시오.

① 3,5−Dinitrobenzaldehyde

② 3,5−Dimethylcyclohexanone

## 9-3 알데하이드와 케톤의 제법

8−4절에서 **알코올의 산화**를 통하여 알데하이드와 케톤을 합성하는 것을 배운 적이 있다. 또한 케톤을 합성하는 또 다른 방법은 **알카인에 $H_2O$가 첨가되는 반응**(4−9절)

과 **방향족** 고리에 **Friedel−Crafts** 아실화 반응(**Friedel−Crafts acylation**, 5−4절) 등이 있다.

## 1. 알코올의 산화(Oxidation)

**1차 알코올(Primary alcohol, 1° alcohol)로부터 알데하이드를 합성하고자 할 때** 가장 보편적인 방법은 **과아이오디네인(periodinane)**을 이용하는 것이다.

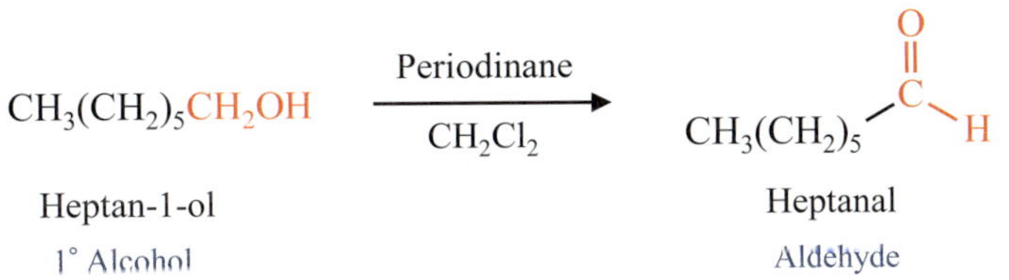


1차 알코올의 산화에 의한 알데하이드의 합성

또한 **2차 알코올(secondary alcohol 2° alcohol)은 쉽게 산화되어 케톤을 생성한다.** 대규모적으로 산화할 때는 산성 수용액에서 **$CrO_3$ 또는 $Na_2Cr_2O_7$**과 같은 값싼 산화제를 이용하고 값비싼 알코올의 경우는 **과아이오디네인(periodinane)**을 사용하기도 한다.

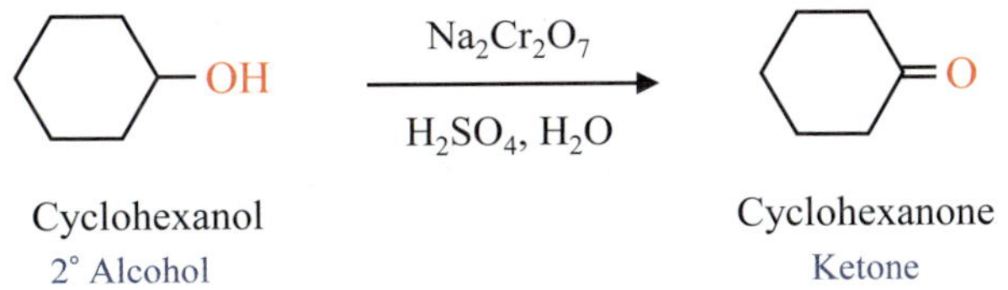


2차 알코올의 산화에 의한 케톤의 합성

## 2. 알카인과 $H_2O$의 친전자성 첨가 반응(Electrophilic addition)

알카인(Alkyne)에 $H_2O$의 친전자성 첨가 반응은 $HgSO_4$ 촉매하에서 황산($H_2SO_4$)으로 처리될 때 일어난다. **Markovnikov 규칙**에 따라 안정한 탄소 양이온이 생성되는 방향으로 물의 첨가 반응이 일어나는데, 이때 반응 중간에 생성되는 **엔올(enol)**은 수소의 자리 옮김으로 인하여 **더 안정한 케톤**으로 빠르게 상호 전환된다.

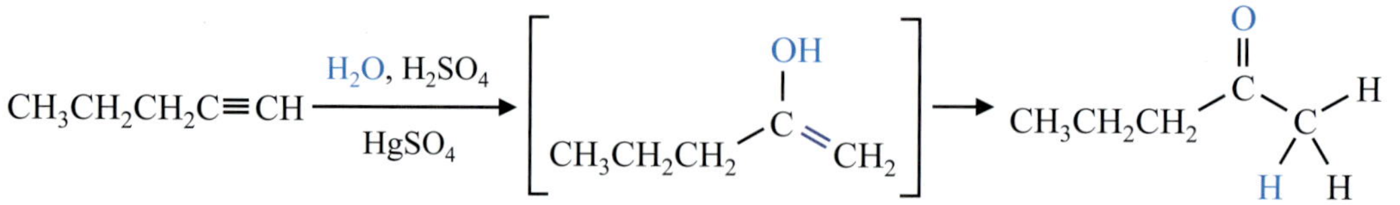

Pent-1-yne
Alkyne

2-Hydroxypent-1-ene
Enol

Pentan-2-one
Ketone

**알카인의 수화 반응에 의한 케톤의 합성**

## 3. Friedel–Crafts 아실화 반응(Friedel–Crafts Acylation)

$AlCl_3$ 촉매하에서 방향족 고리에 산 염화물(acid chloride, RCOCl)을 반응시키면 아실기(acyl group, R−C=O)가 방향족 고리에 도입된다.

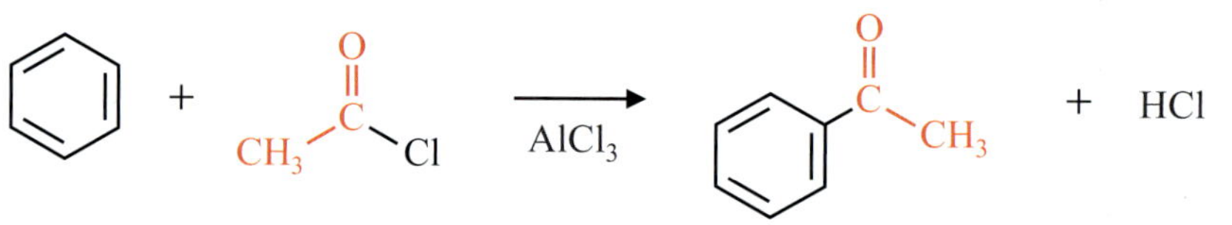

Benzene

Acetyl chloride
Acid chloride

Acetophenone
Ketone

**벤젠의 Friedel–Crafts 아실화 반응에 의한 케톤의 합성**

**예제 9.3** 다음 출발 물질로부터 생성물을 어떻게 합성할 수 있는가?

① Pentan−1−ol → Pentanal

② $CH_3CH_2CH_2CH_2C{\equiv}CH$ → Hexan−2−one

**풀이**

① Periodinane

② $H_2SO_4$, $H_2O/HgSO_4$

**문제 9.3** 다음 출발 물질로부터 생성물을 어떻게 합성할 수 있는가?

① 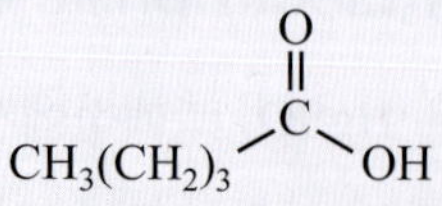 → Pentanal

② Hex−3−ene → Hexan−3−one

## 9-4 알데하이드의 산화

8-4절에서 언급한 것처럼 **알데하이드는 쉽게 산화되어 카복실산으로 전환되지만, 케톤은 더 이상 산화 반응을 하지 않는다.** 이는 알데하이드는 산화될 때 제거되는 카보닐기에 양성자($H^+$)를 가지고 있으나 케톤은 가지고 있지 않기 때문이다.

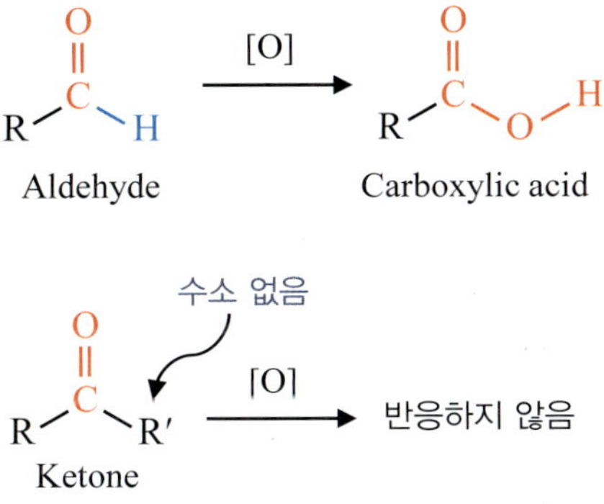


알데하이드와 케톤의 산화 반응 비교

**알데하이드를 카복실산으로 산화시킬 때,** 일반적으로 산성 수용액에서 $\mathbf{CrO_3}$나 $\mathbf{Na_2Cr_2O_7}$를 많이 이용하며, 산화는 상온에서 빠르게 일어난다.

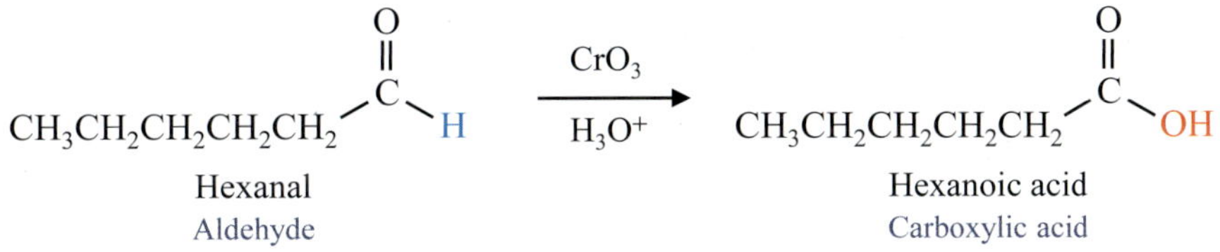


알데하이드의 산화는 카보닐기에 $H_2O$가 친핵성 첨가되어 반응 중간체인 수화물(hydrate)을 거쳐 일어나는데, 이 수화물은 빠르게 산화되어 카복실산으로 전환된다.

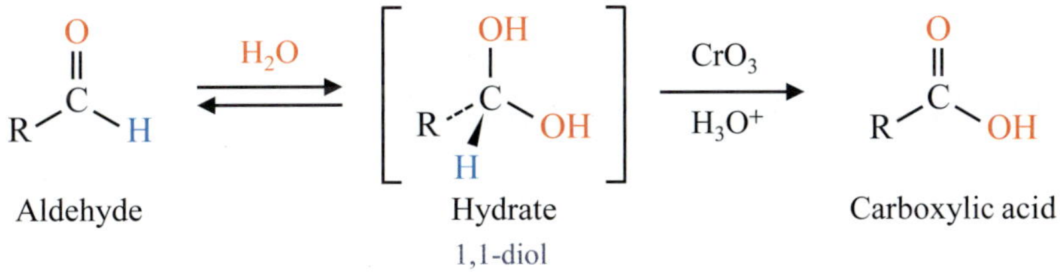


알데하이드의 산화에 의한 카복실산으로 전환

# 9-5 친핵성 첨가 반응

## 1. 알데하이드 또는 케톤이 친핵성 첨가 반응을 하는 이유

카보닐 화합물은 보통 2가지 종류의 화학 반응을 한다. 알데하이드와 케톤의 경우, 알데하이드의 카보닐 탄소에 결합되어 있는 −H나 케톤의 −R′기는 친핵성 치환 반응에서 이탈기(leaving group)로 작용할 수 없으므로 **친핵성 첨가 반응(nucleophilic addition reaction)**을 한다.

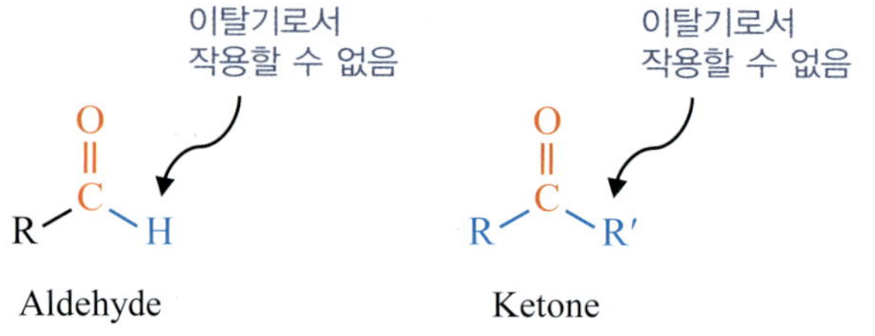


친핵성 첨가 반응을 하는 알데하이드와 케톤

## 2. 카복실산과 그들의 유도체가 친핵성 치환 반응을 하는 이유

반면에 카복실산과 그들의 유도체들은 **카보닐 탄소에 결합되어 있는 −OH, −OR′, −X, −OCOR′, −$NH_2$, −SR′기가 친핵성 치환 반응에서 이탈기로서 작용**할 수 있어 친핵성 치환 반응을 한다.

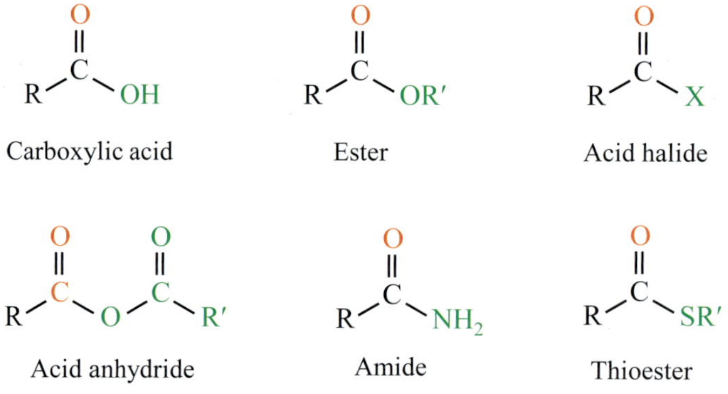


친핵성 치환 반응을 하는 카복실산과 그들의 유도체

## 3. 친핵성 첨가 반응(Nucleophilic addition reaction) 메커니즘

### 1) 산성 조건(Acidic condition)

산성 조건에서 알데하이드 또는 케톤의 친핵성 첨가 반응(nucleophilic addition reaction)이 일어날 때, 카보닐 산소는 산에 의해 먼저 양성자화(protonation)됨으로써 **중성 친핵체(Nu:)와 같은 약한 친핵체가 카보닐 탄소에 첨가되는 것을 촉진**시킨다. 즉, 카보닐 탄소가 양전하를 띠게 함으로써 카보닐 탄소에 친핵체의 공격이 쉬워지도록 한다.

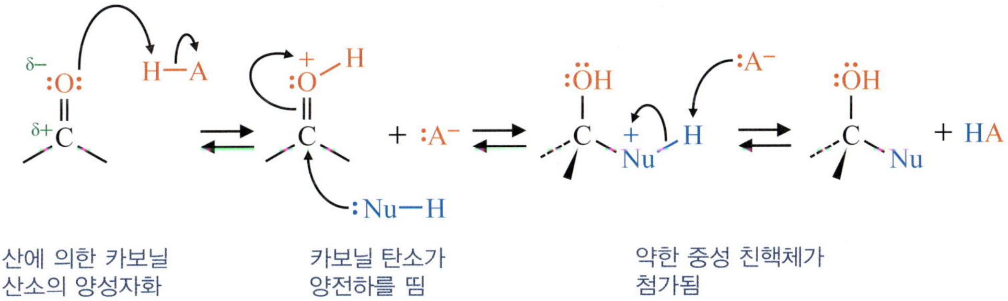


산성 조건에서 친핵성 첨가 반응 메커니즘

### 2) 염기성 조건(Basic condition)

반면에 염기성 조건에서는 염기(:B)에 의해 친핵체의 양성자($H^+$)가 제거됨으로써 **약한 중성 친핵체(Nu:)가 음으로 하전된 강한 친핵체(Nu:⁻)로 전환**되어 친핵성 첨가 반응이 촉진된다.

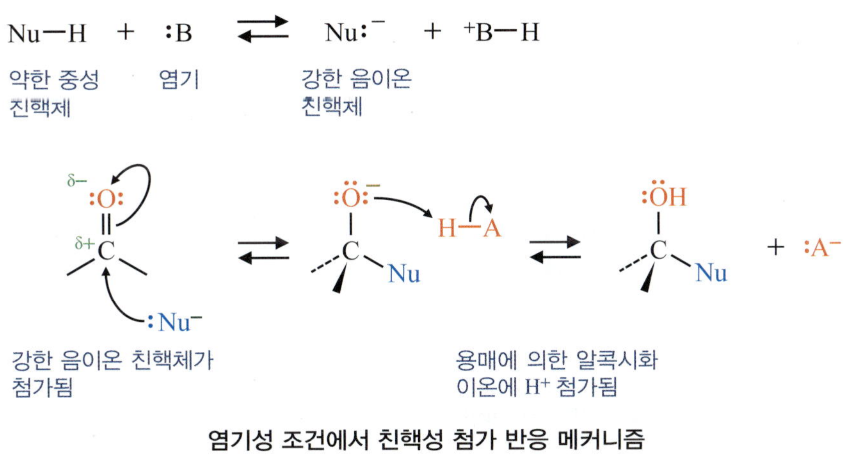


염기성 조건에서 친핵성 첨가 반응 메커니즘

### 3) 친핵체(Nucleophile)의 종류

표 9.2에는 산성 조건에서 사용되는 **약한 중성 친핵체**와 염기성 조건에서 사용되는 **강한 음이온 친핵체** 몇 가지가 정리되어 있다.

표 9.2 친핵체의 종류

| 약한 중성 친핵체 (산성 조건) | | 강한 음이온 친핵체 (염기성 조건) | |
|---|---|---|---|
| $R\ddot{\underset{\cdot\cdot}{O}}H$ | Alcohol | $H{:}^-$ | Hydride ion |
| $H\ddot{\underset{\cdot\cdot}{O}}H$ | Water | $R_3C{:}^-$ | Carbanion |
| $:NH_3$ | Ammonia | $R\ddot{\underset{\cdot\cdot}{O}}{:}^-$ | Alkoxide ion |
| $R\ddot{N}H_2$ | Amine | $H\ddot{\underset{\cdot\cdot}{O}}{:}^-$ | Hydroxide ion |
| | | $N{\equiv}C{:}^-$ | Cyanide ion |

## 9-6 친핵성 첨가 반응의 종류

### 1. 알데하이드 또는 케톤과 $H{:}^-$의 친핵성 첨가 반응(환원 반응)

8-3절의 알코올 제법에서 배운 것처럼, 실험실이나 생체 내에서 알코올을 합성하는 가장 일반적인 방법 중 하나는 카보닐 화합물을 환원시키는 방법이다. **알데하이드는 환원제인 $NaBH_4$(sodium borohydride)에 의해 1차 알코올로, 케톤은 2차 알코올로 환원된다.**

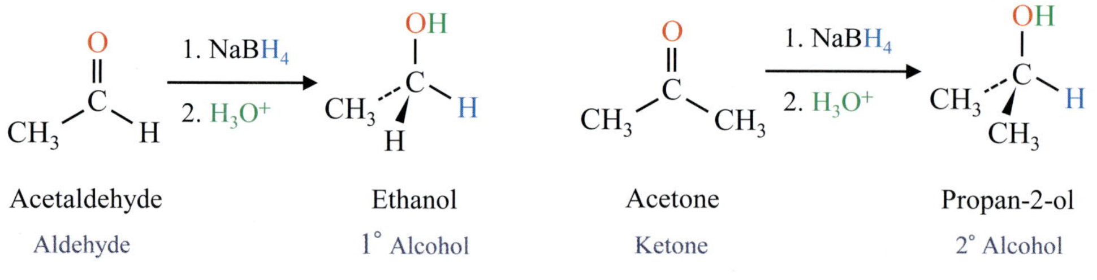


$NaBH_4$에 의한 알데하이드 또는 케톤의 알코올로의 환원

### 1) H:⁻의 친핵성 첨가 반응 메커니즘(환원 반응)

알데하이드 또는 케톤의 환원은 염기성 조건에서 일어나는 친핵성 첨가 반응 메커니즘으로 일어난다. $NaBH_4$로부터 제공된 **H:−(수소화 이온, hydride)가 강한 음이온 친핵체**로서 카보닐기의 양으로 편극된 탄소에 첨가되고 두 번째 단계에서 $H_3O^+$의 첨가에 의해 알코올이 생성된다.

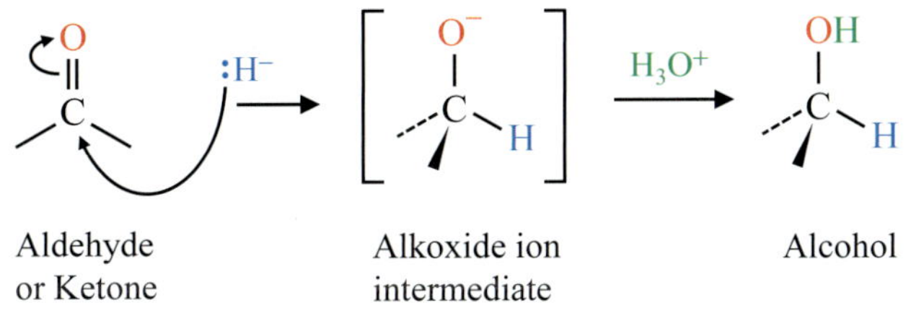


알데하이드 또는 케톤의 알코올로의 환원 반응 메커니즘

## 2. 알데하이드 또는 케톤과 Grignard 시약의 친핵성 첨가 반응

앞서 언급한대로 알데하이드 또는 케톤에 H:⁻가 친핵성 첨가 반응을 하여 알코올을 생성하는 것처럼 **Grignard** 시약(**R:− +MgX**)의 **R:−가 알데하이드와 반응하면 2차 알코올이, 케톤과 반응하면 3차 알코올이 생성된다.** 이때 차수가 하나씩 높은 알코올이 생성되는 이유는 C=O 결합에 알킬기(−R)가 첨가되기 때문이다.

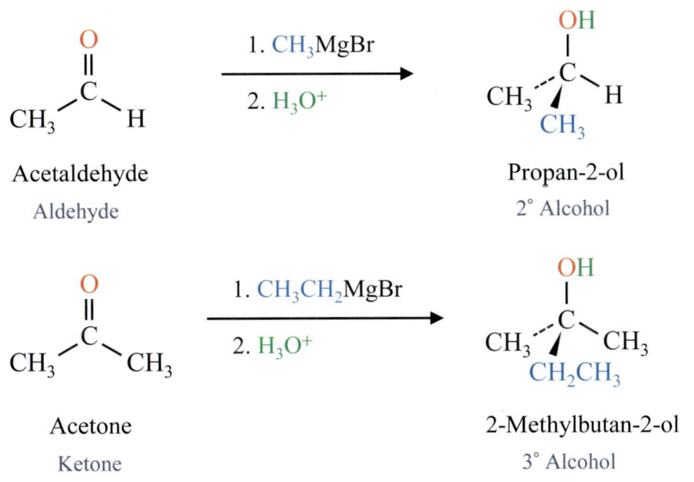


Grignard 시약에 의해 알데하이드는 2차 알코올로, 케톤은 3차 알코올로 전환

### 1) Grignard 시약의 친핵성 첨가 반응 메커니즘

알데하이드 또는 케톤에 Grignard 시약의 첨가 반응은 염기성 조건에서 일어나는 친핵성 첨가 반응 메커니즘이다. **R:⁻는 강한 음이온 친핵체**로서 카보닐기(C=O)의 양으로 편극된 탄소에 첨가되고, 두 번째 단계에서 $H_3O^+$의 첨가에 의해 알코올이 생성된다.

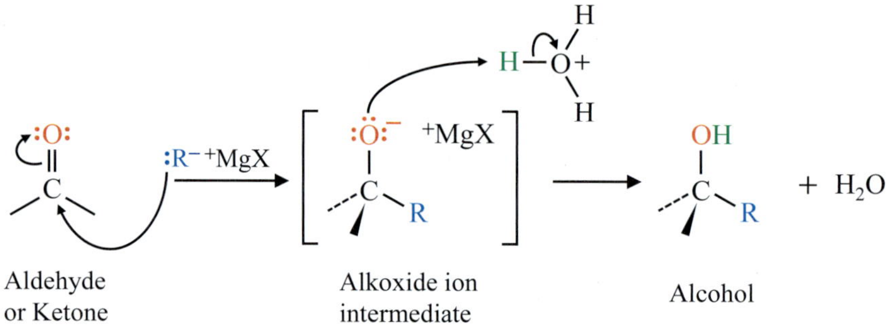


알데하이드 또는 케톤과 Grignard 시약의 친핵성 첨가 반응 메커니즘

### 2) Grignard 시약을 만들 수 없는 경우

Grignard 시약이 비록 널리 유용하게 쓰이나 같은 분자 내 반응성이 있는 작용기, 예를 들어 $-CHO$, $-COR$, $-CONR_2$, $-C{\equiv}N$, $-NO_2$, $-SO_2R$과 같은 기를 가진 유기할로젠화물(organohalide)로부터는 Grignard 시약을 만들 수 없다. 예를 들어, 분자 내에 카보닐기가 있다면 Grignard 시약이 카보닐기와 반응을 하기 때문이다.

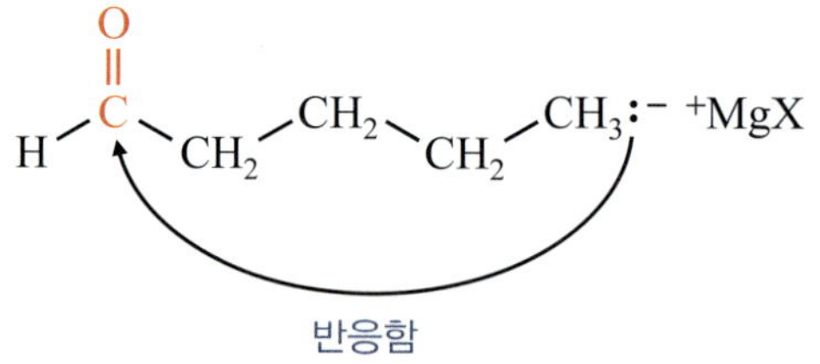


분자 내 반응성이 있는 작용기와의 반응에 의해 Grignard 시약을 만들 수 없음

또한 $-OH$, $-NH_2$, $-SH$, $-COOH$기는 $H^+$(양성자)를 내어 놓을 수 있는 작용기(functional group)로, Grignard 시약을 파괴하기 때문에 이와 같은 작용기를 가진 화합물로부터 Grignard 시약을 만들 수 없다.

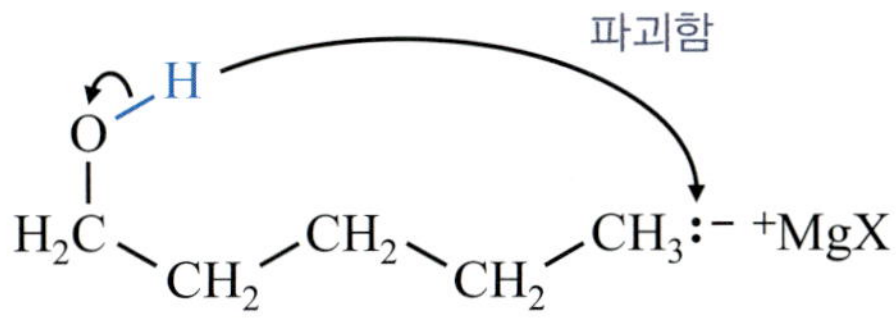


**분자 내 H⁺를 내어 놓을 수 있는 작용기에 의해 Grignard 시약이 파괴됨**

**예제 9.4** 어떤 알데하이드에 Grignard 시약을 첨가하면 다음 알코올이 합성되는가?

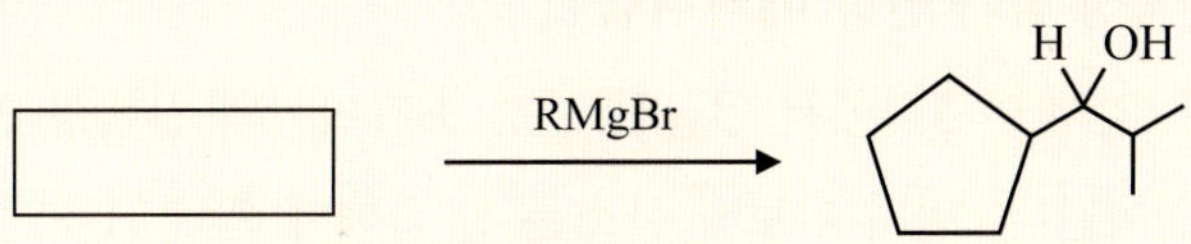

**풀이**

•

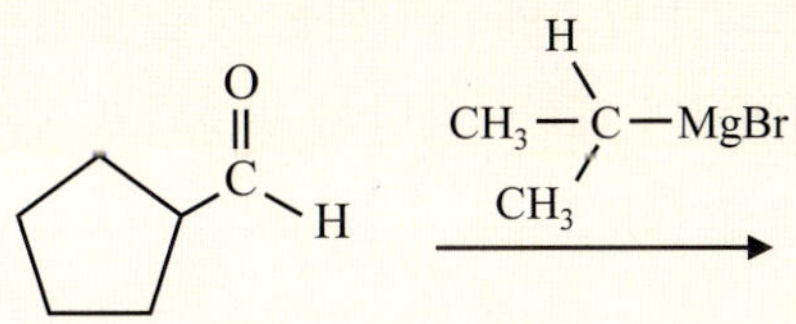

또는

•

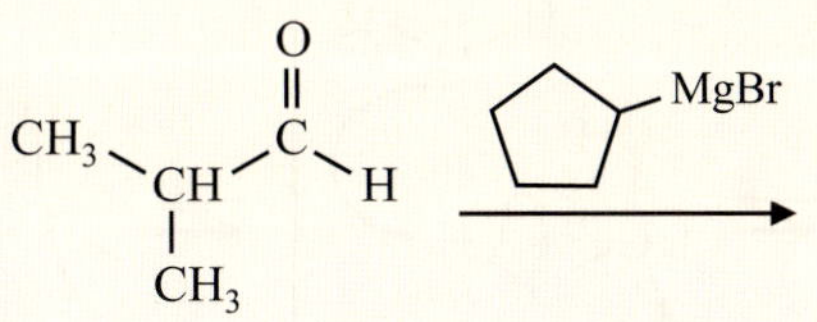

**문제 9.4** Grignard 시약을 첨가하여 알데하이드 또는 케톤으로부터 다음 알코올을 합성하려고 한다. 사용해야 할 알데하이드 또는 케톤을 제시하시오.

①

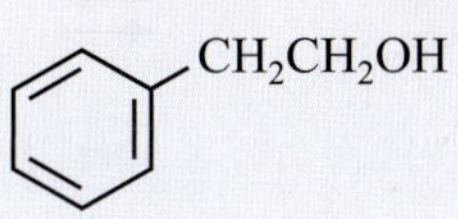

②

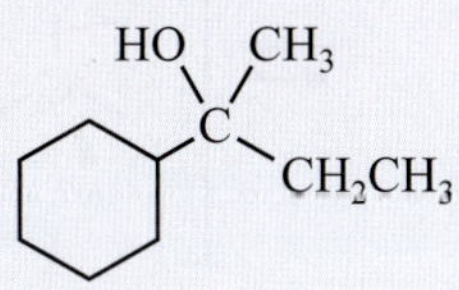

## 3. 알데하이드 또는 케톤과 알코올의 친핵성 첨가 반응

산 촉매하에서 알데하이드 또는 케톤에 알코올이 친핵성 첨가 반응을 하면 **헤미아세탈(hemiacetal)**을 거쳐 카보닐 탄소에 2개의 −OR을 가지는 **아세탈(acetal)**이 생성된다.

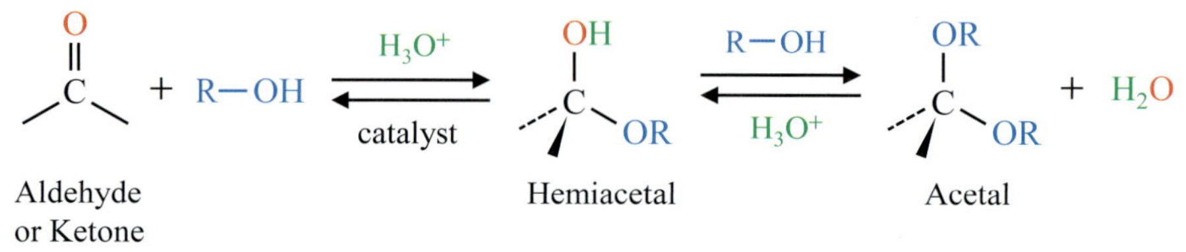


알데하이드 또는 케톤과 알코올의 친핵성 첨가 반응에 의한 아세탈의 생성

### 1) 알코올의 친핵성 첨가 반응 메커니즘

아세탈의 생성은 앞서 9–5절에서 언급한 산성 조건에서의 친핵성 첨가 반응 메커니즘과 동일하게 일어난다. 먼저 카보닐 산소는 산 촉매에 의해 $H^+$가 첨가되어 중성인 약한 알코올(R–OH) 친핵체가 카보닐 탄소에 첨가되는 것을 촉진시킨다. 이어서 1당량의 알코올의 친핵성 첨가가 일어나면 헤미아세탈이 생성되고, 한번 더 1당량의 알코올과 반응하여 아세탈과 물이 생성된다.

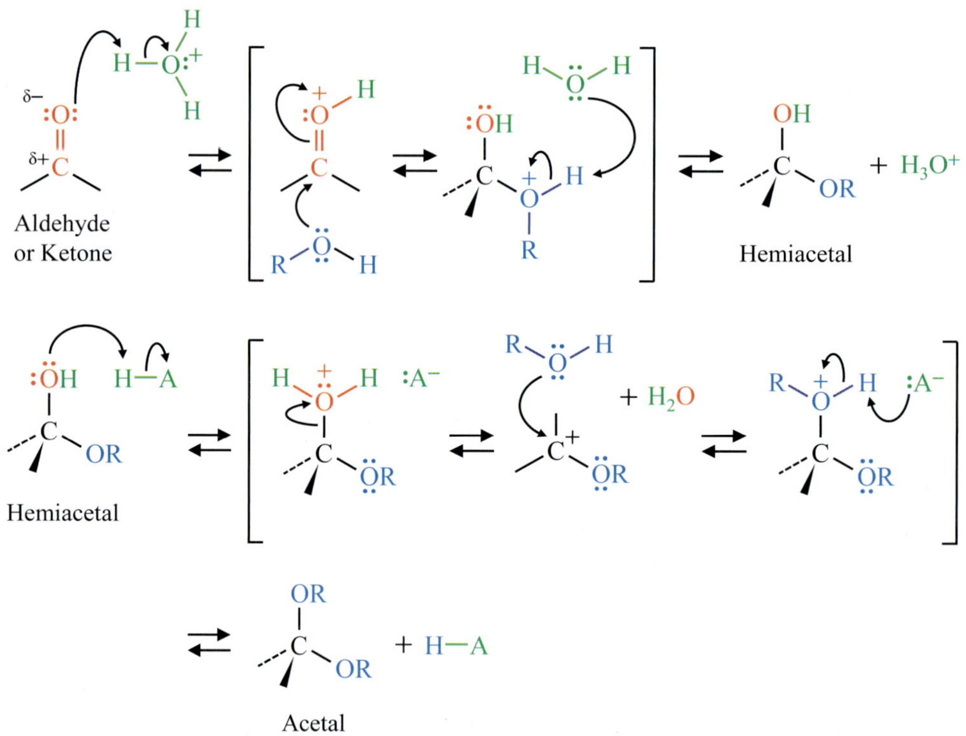


알데하이드 또는 케톤과 알코올의 친핵성 첨가 반응 메커니즘

### 2) 반응 조건에 따른 아세탈(Acetal) 생성의 조절

아세탈이 생성되는 모든 단계는 가역 과정이며 선택한 반응 조건에 따라 정반응 또는 역반응으로 일어날 수 있다. **즉, 반응 중 생성되는 물을 제거하면 정반응이 유리하게 일어나며,** 평형은 오른쪽으로 치우친다. 하지만 과량의 물이 존재할 때는 역반응이 유리하게 되며, 평형은 왼쪽으로 치우친다.

### 3) 아세탈 보호기(Acetal protecting group)

아세탈은 **알데하이드와 케톤의 보호기(protecting group)로** 작용할 수 있기 때문에 매우 유용하다. 예를 들어 케톤기(ketone group)와 에스터기(ester group)를 모두 가진 케토 에스터(keto ester) 반응물로부터 에스터기를 선택적으로 환원(selective reduction)하고자 할 때, $LiAlH_4$로 처리하면 케토기와 에스터기 모두가 환원이 된다. 이때 케토기를 아세탈로 먼저 변환시키고, 이후 에스터기를 $LiAlH_4$를 이용하여 환원시킨 후, 산성 수용액으로 처리하면 아세탈 보호기가 제거됨으로써 **에스터기만을 선택적으로 환원**시킬 수 있다.

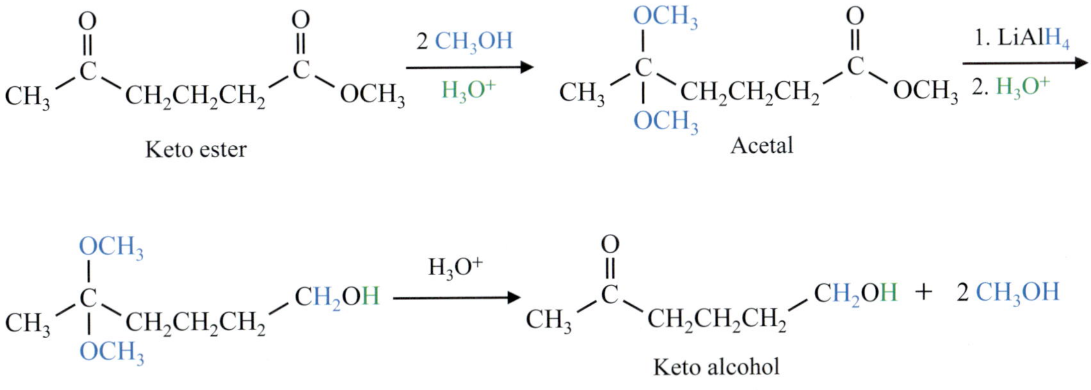


알데하이드 또는 케톤의 보호기로서의 아세탈

### 4) 포도당의 헤미아세탈(Hemiacetal)과 녹말 및 셀룰로스의 아세탈(Acetal)

아세탈과 헤미아세탈은 식품의 탄수화물 화학(carbohydrate chemistry)에서 흔히 볼 수 있다. 포도당(glucose)은 자발적으로 **내부 친핵성 첨가 반응(internal nucleophilic addition reaction)**을 하여 **고리형 헤미아세탈(cyclic hemiacetal)**이 되고, **수많은 포도당 분자가 아세탈 결합으로 연결되어 셀룰로스(cellulose)나 녹말(starch)이 생성된다.**

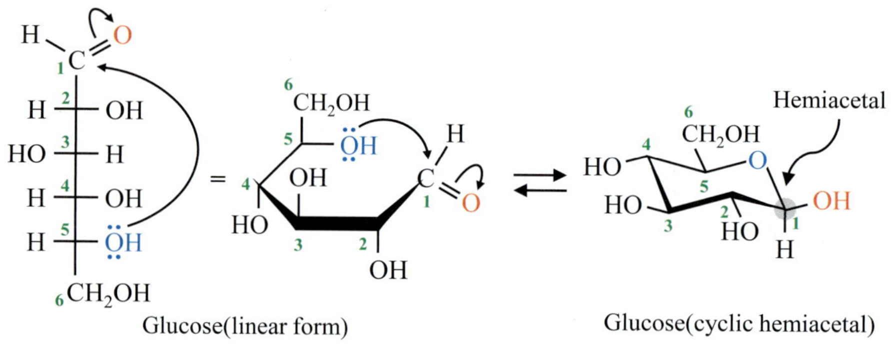


**포도당의 고리형 헤미아세탈**

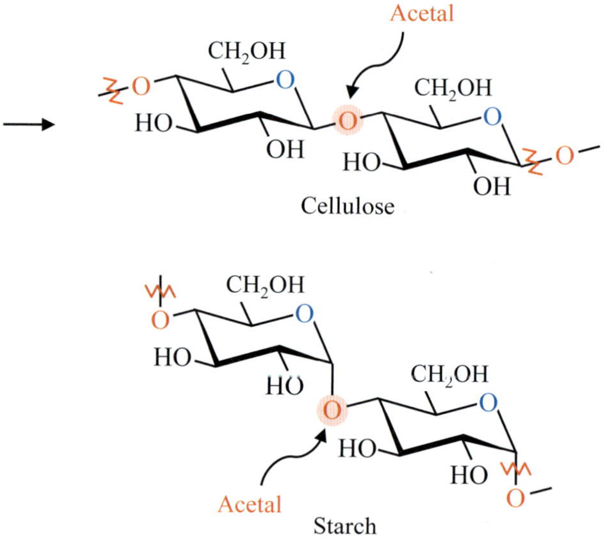


**아세탈 결합으로 연결된 셀룰로스 또는 녹말**

**예제 9.5** 산 촉매하에서 사이클로헥산온과 에탄올이 반응하면 무슨 화합물이 생성되는가?

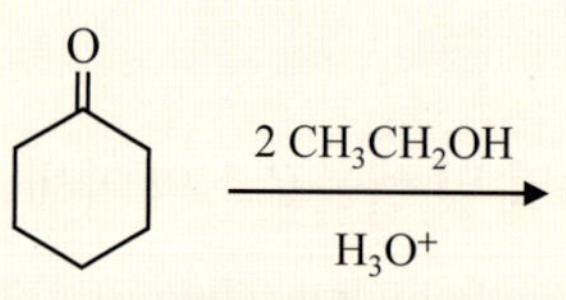

**풀이**

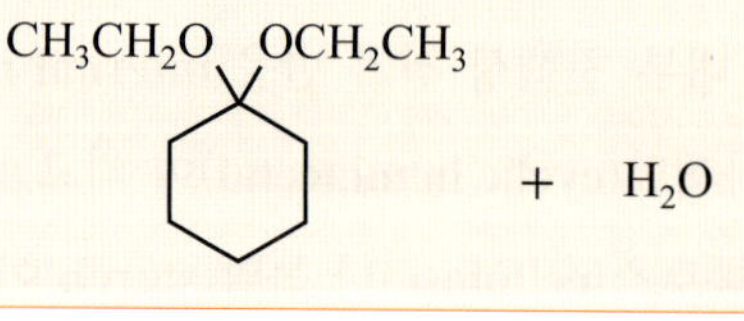

**문제 9.5** 다음 출발 물질에서 생성물을 어떻게 합성할 수 있는가? (보호기를 사용하시오.)

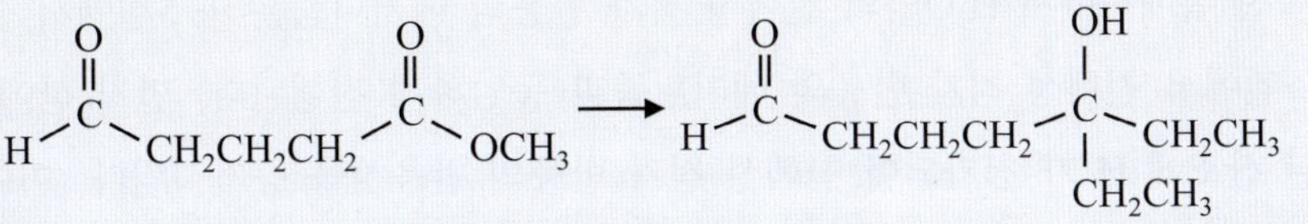


## 4. 알데하이드 또는 케톤과 $H_2O$의 친핵성 첨가 반응

알데하이드 또는 케톤은 $H_2O$와 친핵성 첨가 반응을 하여 **1,1-다이올** 또는 **같은 자리 다이올(geminal diol, gem diol)**을 생성한다. 수화 반응은 가역적이며, 같은자리 다이올로부터 물이 제거되면 알데하이드나 케톤으로 재생될 수 있다.

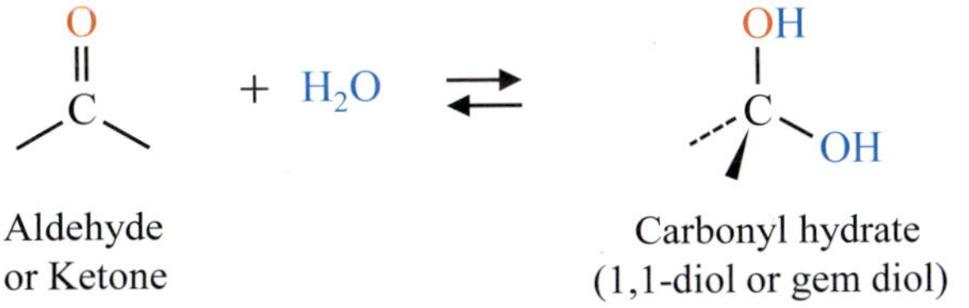


알데하이드 또는 케톤과 $H_2O$의 친핵성 첨가 반응에 의한 gem diol 생성

### 1) 대부분 카보닐 화합물로 존재

알데하이드 또는 케톤과 gem diol 사이의 평형의 위치는 카보닐 화합물의 구조에 따라 다르다. 대부분의 경우, 평형은 카보닐 화합물 쪽으로 치우치지만 예를 들어 폼알데하이드(formaldehyde)는 수용액 중에서 주로 수화물(hydrate)로 존재한다.

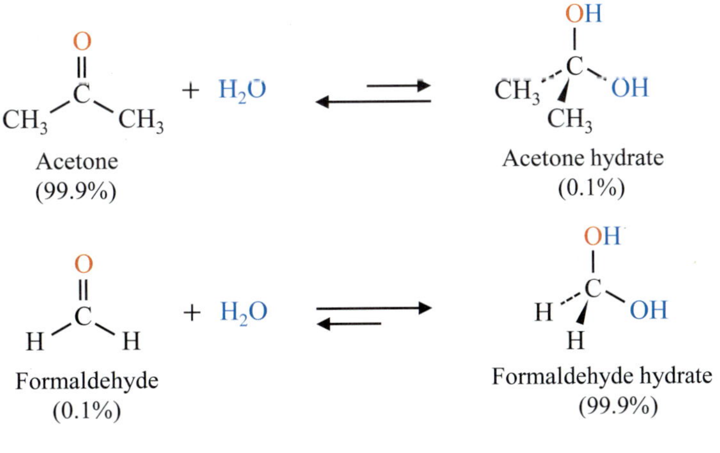

### 2) $H_2O$의 친핵성 첨가 반응 메커니즘

산 촉매하에서 $H_2O$와의 친핵성 첨가 반응의 메커니즘은 9-5절에서 설명한 산성 조건에서 친핵성 첨가 반응의 메커니즘과 동일하게 진행된다. 먼저 산에 의해 카보닐 산소에 $H^+$가 첨가되어 친핵성 첨가 반응의 반응성을 증가시킨다. 이어서 $H_2O$의 친핵성 첨가가 일어나고, 마지막으로 $H^+$ 이탈 반응이 일어나면서 '같은자리 다이올(gem diol)'이 생성된다.

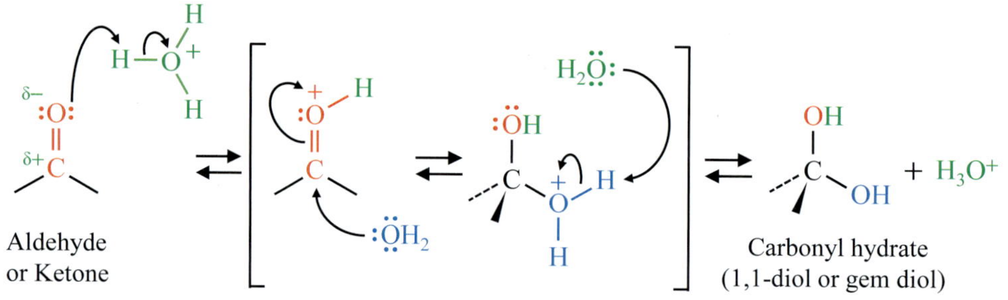


알데하이드 또는 케톤과 $H_2O$의 친핵성 첨가 반응 메커니즘

## 5. 알데하이드 또는 케톤과 아민(Amine)의 친핵성 첨가 반응

알데하이드 또는 케톤이 **암모니아(ammonia**, $NH_3$)나 **1차 아민(primary amine**, $R-NH_2$)과 친핵성 첨가 반응을 하면 **이민(imine)**이 생성된다. 이민은 1차 아민이 카보닐 탄소에 친핵성 첨가를 한 후, 생성된 아미노 알코올(amino alcohol)로부터 $H_2O$가 제거되고 탄소-질소의 이중 결합이 형성된 화합물이다.

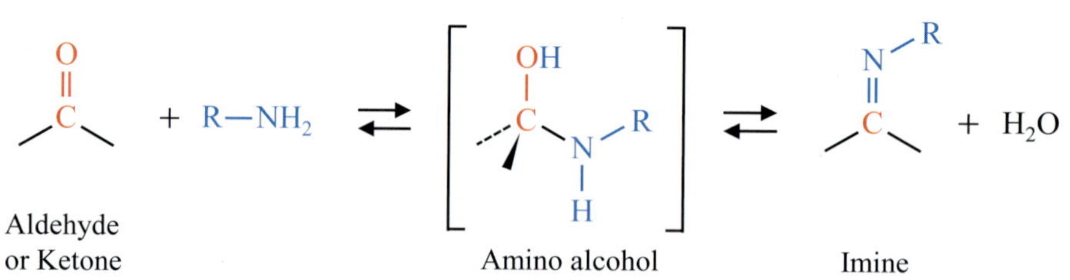


알데하이드 또는 케톤과 $R-NH_2$의 친핵성 첨가 반응에 의한 이민 생성

### 1) 생화학 반응에서의 이민(Imine)의 생성

이민은 때로는 **Schiff 염기**라고 하는데, 생화학 반응 과정에서 카보닐 기질(carbonyl substrate)과 효소(enzyme)가 결합될 때 형성되기도 한다. 이민의 C=N 결합은 C=O 결합과 같이 극성이며, 친핵체의 공격을 받기 쉽다.

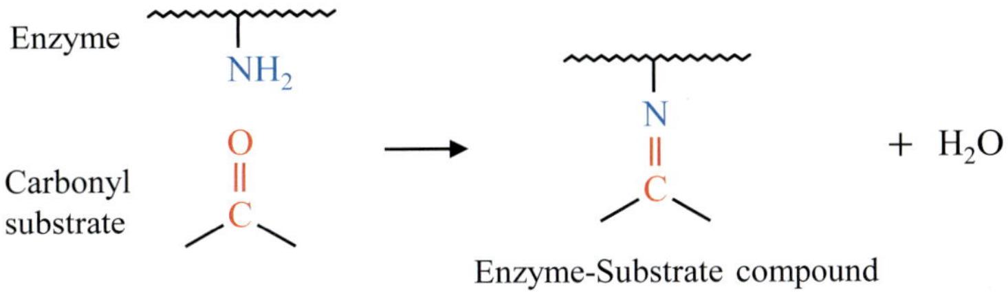


생화학 반응에서 이민의 생성

**예제 9.6** 뷰탄-2-온(Butan-2-one)을 다음 각 시약으로 처리하면 어떤 화합물이 생성되겠는가?

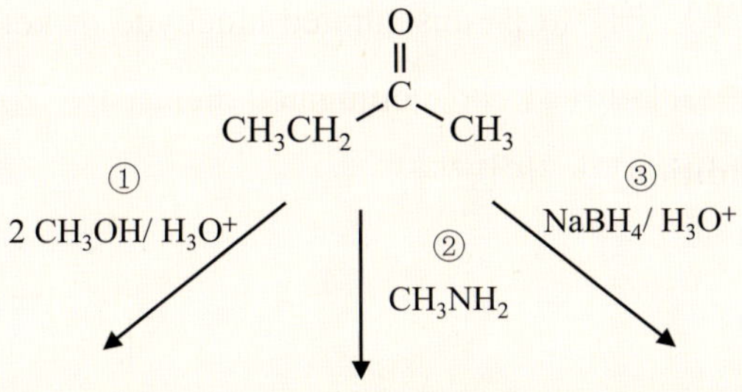


**풀이**

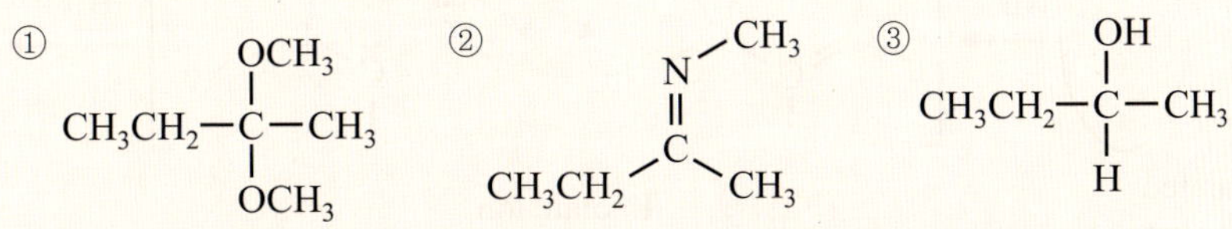


**문제 9.6** 다음 생성물은 어떤 카보닐 화합물과 아민으로부터 합성할 수 있는가?

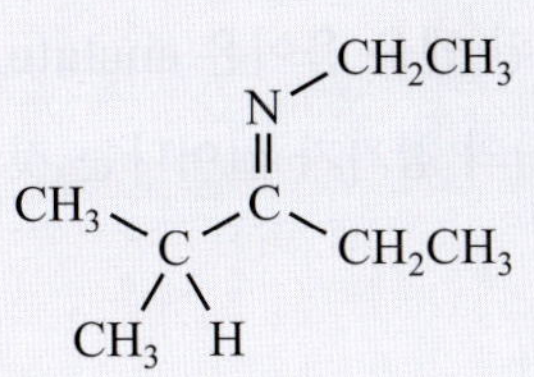

## 6. α,β-불포화 알데하이드 또는 케톤과 콘쥬게이션 친핵성 첨가 반응

지금까지 다뤘던 알데하이드 또는 케톤의 친핵성 첨가 반응은 **카보닐기에 친핵체가 직접 첨가**되는 **1,2-첨가(1,2-addition)**이다. 그러나 꼭 이들 화합물에서 1,2-첨가만 일어나는 것은 아니다.

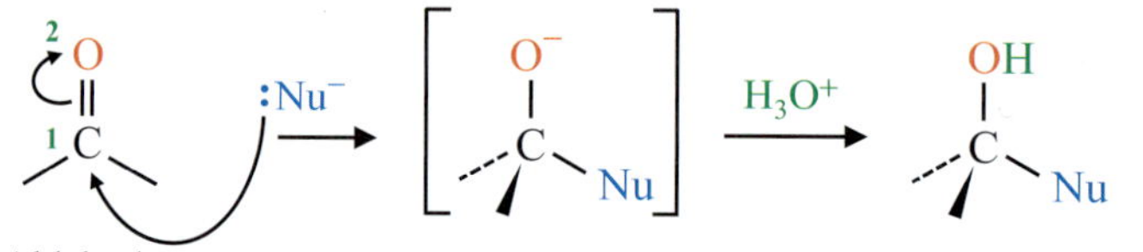


알데하이드 또는 케톤의 친핵성 1,2-첨가

### 1) α,β-불포화 알데하이드 또는 케톤의 친핵성 1,4-첨가 반응 메커니즘

α,β-불포화 알데하이드 또는 케톤(α,β-unsaturated aldehyde or ketone)은 카보닐기와 C=C 이중 결합이 콘쥬게이션 다이엔(conjugated diene, 4-7절)처럼 콘쥬게이션 되어 **1,4-첨가(1,4-addition)**가 일어난다.

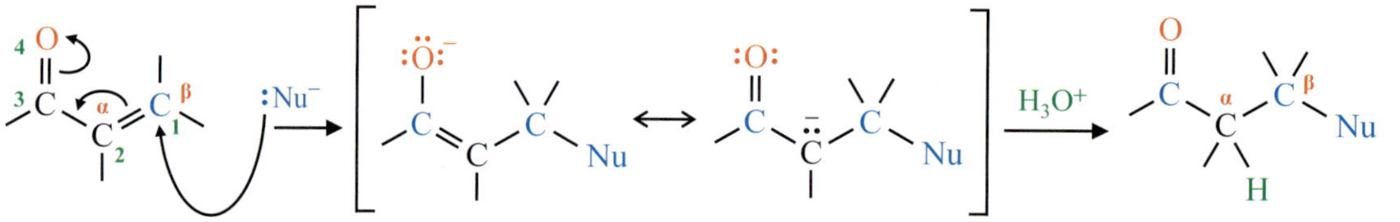


α,β-불포화 알데하이드 또는 케톤의 친핵성 1,4-첨가 반응 메커니즘

결론적으로 **1,4-첨가 반응은 공명으로 안정화된 엔올 음이온(enolate ion)을 거쳐 친핵체가 β 탄소에 첨가되고 α 탄소에 $H^+$(양성자)의 첨가가 일어나는 것이다.**

**예제 9.7** 다음 반응물에 $H_2O$가 콘쥬게이션 친핵성 첨가 반응을 할 때 어떤 화합물이 생성되겠는가?

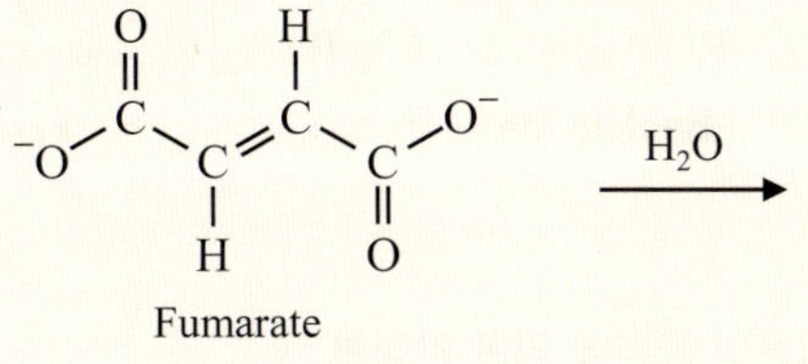

**풀이**

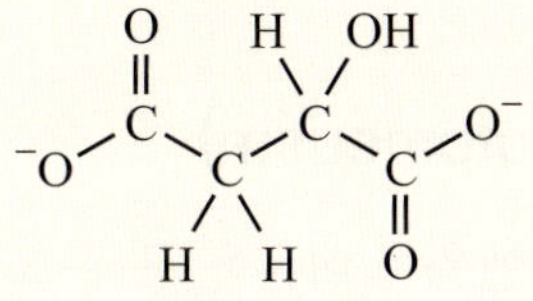

**문제 9.7** 다음 생성물은 어떤 α,β-불포화 케톤에 무슨 알코올이 콘쥬게이션 친핵성 첨가 반응을 할 때 얻을 수 있는가?

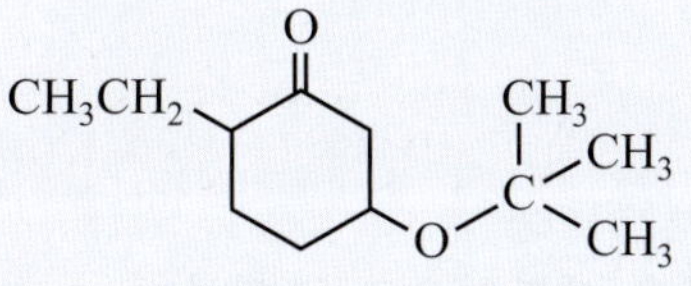

# 9-7 케토-엔올 토토머화

## 1. 카보닐기의 α-탄소 C-H 결합이 산성인 이유

카보닐기의 이웃한 탄소(α-탄소)의 C-H 결합은 산성도가 증가한다. 이는 염기(B:)에 의해 **α-탄소의 수소가 제거될 때 생성되는 탄소 음이온(carbanion)의 음전하가 공명에 의하여 카보닐 산소로 비편재화(delocalization)되어 안정화되기 때문이다.**

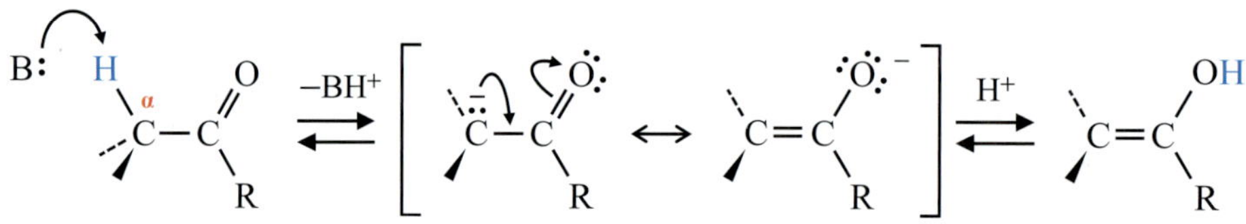

Keto tautomer Enolate ion Enol tautomer

카보닐기의 이웃 탄소
(α-탄소)의 수소는 산성

엔올 음이온의 공명에 의한 안정화

## 2. 케토−엔올 토토머화(Keto−enol tautomerism)

α−탄소에 수소 원자를 가진 카보닐 화합물은 엔올 음이온을 통해 그것에 상응하는 엔올 이성질체로 빠르게 평형을 이룬다. **두 이성질체 사이에 수소의 위치가 변하는 자발적인 상호 변환**을 **케토−엔올 토토머화**(**keto−enol tautomerism**)라고 부른다. 이때 **카보닐 화합물을 케토 토토머**(**keto tautomer**)라고 한다.

## 3. 엔올형보다 안정한 케토형

평형 상태에서 대부분의 카보닐 화합물은 케토형으로 존재한다. 4−9절과 9−3절에서 배운 것처럼, 알데하이드와 케톤의 제법 중 알카인(alkyne)에 $H_2O$가 첨가되는 반응에서 초기 생성물인 **엔올은 '수소의 자리 옮김'으로 인하여 더 안정한 케토형으로 쉽게 전환된다.**

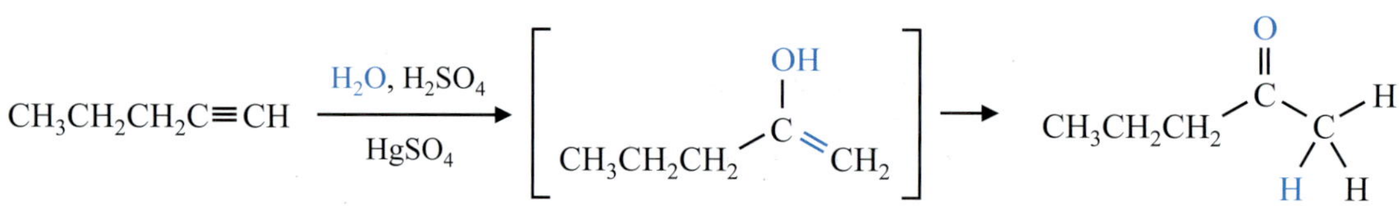

Pent-1-yne 2-Hydroxypent-1-ene Pentan-2-one

Alkyne Enol형 Keto형

알카인의 수화 반응에 의해 생성된 엔올형의 케토형으로의 전환

## 4. 카보닐 화합물의 α-탄소의 수소만 산성

카보닐 화합물의 α-탄소에 결합되어 있는 수소만 산성이고 **β, γ, δ 및 다른 위치에 있는 수소들은 산성이 아니며**, 염기에 의해 제거되지 않는다. 왜냐하면 생성되는 음이온이 카보닐기에 의해 공명 안정화될 수 없기 때문이다. 또한 α-탄소에 수소를 갖지 않는 카보닐 화합물은 엔올 음이온을 생성할 수 없으므로 엔올형이 존재하지 않는다.

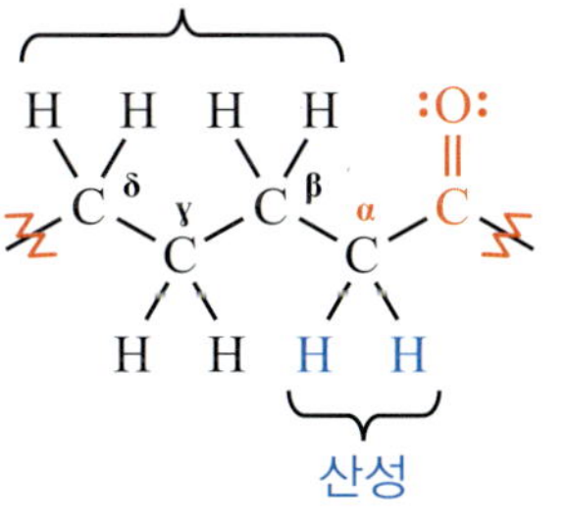


**카보닐 화합물의 α-탄소의 수소만 산성**

## 5. 카보닐 화합물의 α-탄소의 수소와 알케인의 수소에 대한 산성도 비교

이제 카보닐 화합물의 α-탄소에 결합되어 있는 수소와 알케인의 수소에 대한 산성도(acidity)를 비교해 보자. 예를 들어 아세톤의 p$K_a$ 값은 19.3이며, 에테인의 p$K_a$ 값은 60이다. **이 결과를 통해 카보닐기의 존재가 케톤의 산도를 알케인보다 $10^{40}$배 정도 증가시킨다는 것을 확인할 수 있다.**

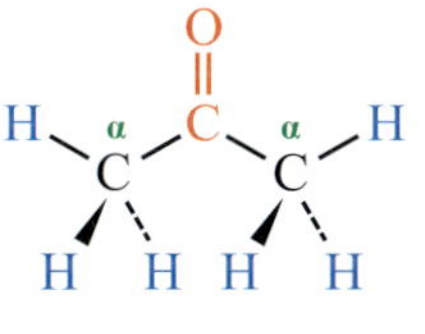

Acetone
(p$K_a$ = 19.3)

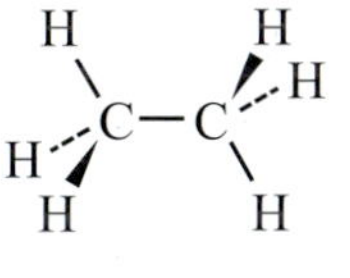

Ethane
(p$K_a$ = 60)

**예제 9.8** 2-메틸사이클로헥산온(2-Methylcyclohexanone)의 이성질체인 엔올 토토머의 가능한 구조를 모두 그리시오.

**풀이**

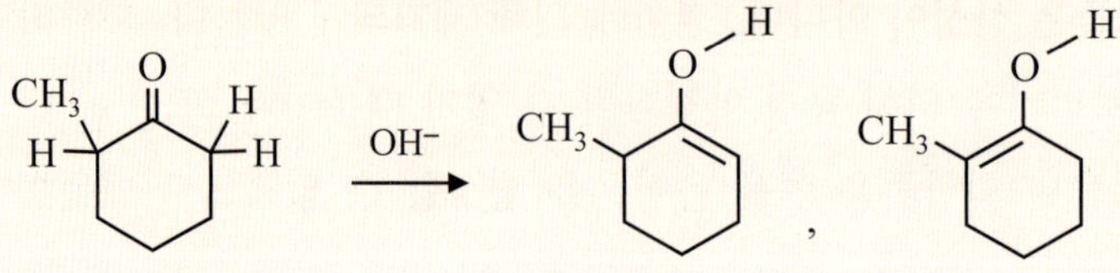

**문제 9.8** 다음 각 화합물이 몇 개의 산성 수소를 가지고 있는지 확인하시오.

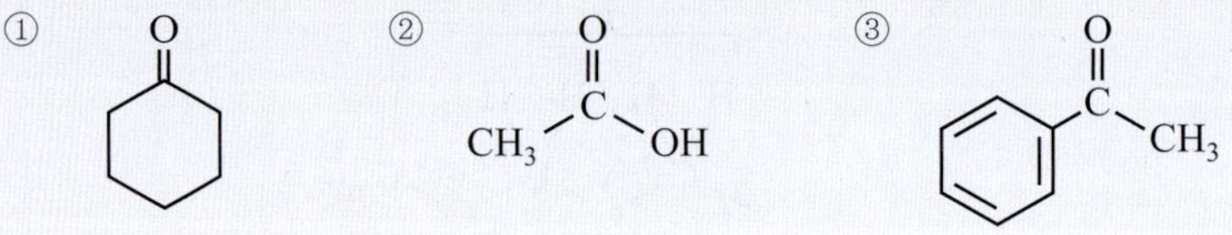

## 9-8 알돌 반응

### 1. 알돌 반응(Aldol reaction)

알돌 반응(Aldol reaction)은 α−탄소에 수소 원자를 가진 알데하이드 또는 케톤이 염기 촉매하에서 진행하는 **카보닐 축합 반응(carbonyl condensation)**이다. 즉, 알돌[1] 반응은 **새로운 탄소−탄소 결합을 형성하는 데 유용한 반응**이다. 먼저 한 개의 카보닐 화합물이 엔올 음이온 친핵체로 전환된 후 또 다른 카보닐기에 친핵성 첨가 반응을 한다.

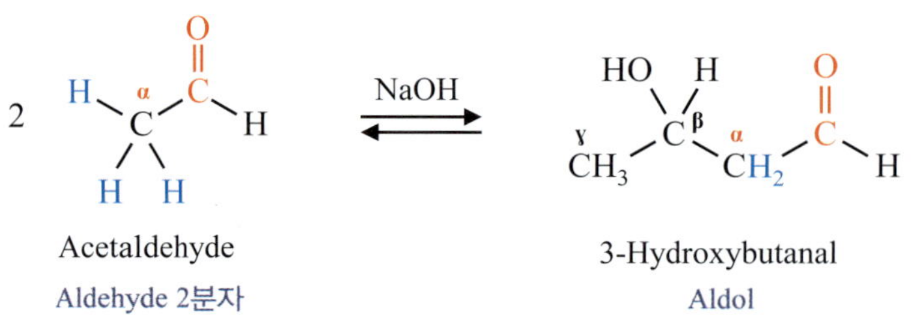

**아세트알데하이드 2분자의 축합 반응에 의한 알돌 생성**

1 알돌의 구조가 알데하이드인 동시에 알코올인 데에서 유래하여 '알돌'이라 한다. 체계명은 β−hydroxy aldehyde이다. β−hydroxy ketone은 '케톨'이라고 한다.

## 2. 알돌 반응 메커니즘

가장 간단한 알돌 반응은 **아세트알데하이드(Acealdehyde) 2분자의 자체 축합 반응**이다. 2개의 탄소 사슬을 가진 아세트알데하이드에서 4개의 탄소 사슬을 가진 알돌이 생성되며, 빠르고 가역적으로 진행된다.

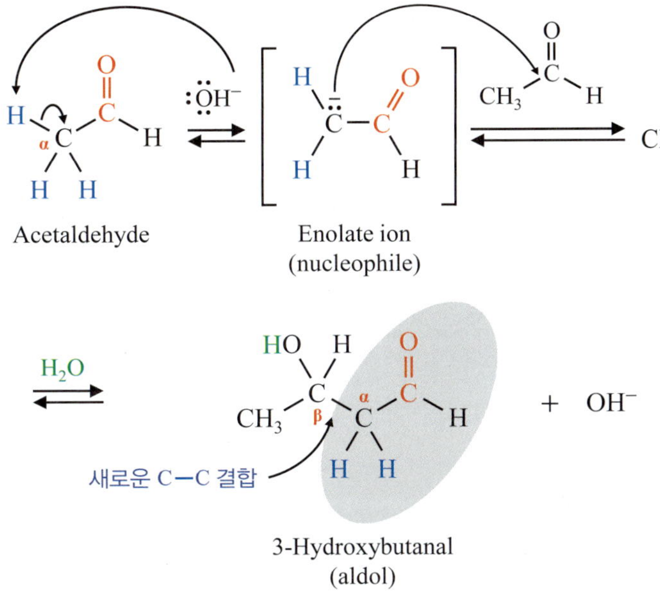


**아세트알데하이드의 알돌 반응 메커니즘**

아세트알데하이드의 알돌 반응 메커니즘은 먼저 염기가 α-탄소의 $H^+$(양성자)를 제거하여 엔올 음이온이 생성되면서 시작한다. 이후 탄소 친핵체로 작용하는 엔올 음이온이 다른 아세트알데하이드 분자의 카보닐 탄소에 친핵 첨가되어 새로운 탄소-탄소 결합이 형성된다. 이 반응에서 알콕시화 이온(alkoxide ion)이 용매로부터 $H^+$를 받아들임으로써 알돌 축합 생성물이 만들어지고 염기성 촉매는 재생된다.

**예제 9.9** 다음 화합물의 알돌 반응 생성물의 구조를 그리시오.

①

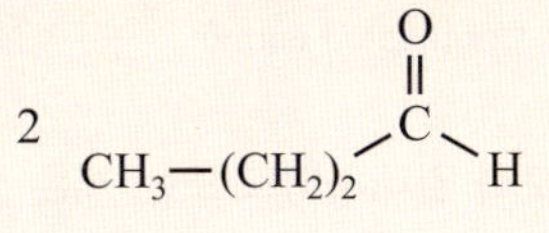

②

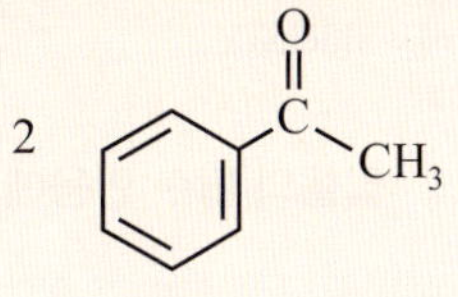

풀이 ①

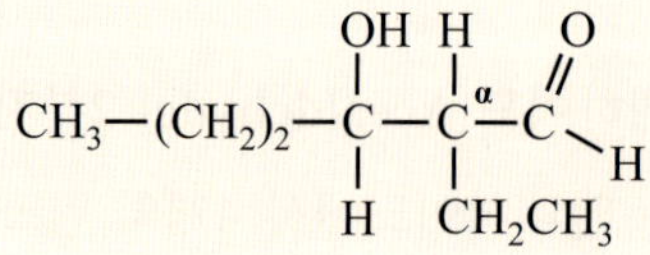

②

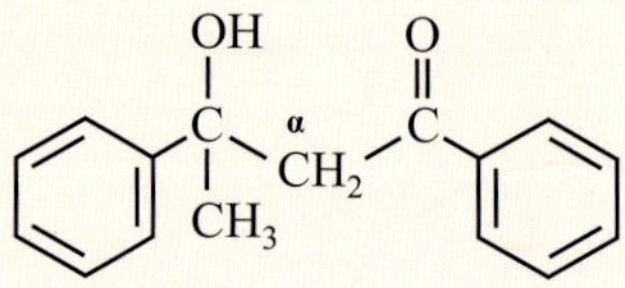

**문제 9.9** 다음 화합물 중 알돌 반응을 할 수 없는 것은?

①

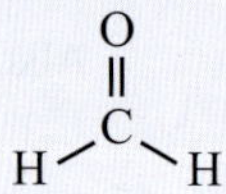

②

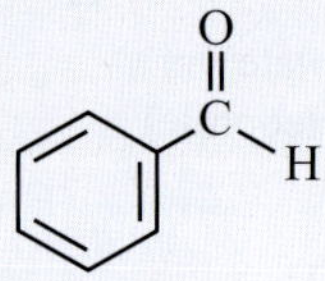

③

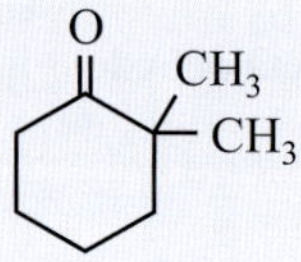

## 9-9 알돌의 탈수 반응

### 1. 알돌의 탈수 반응(Dehydration)

알돌(Aldol)은 합성에 유용하게 쓰인다. **알돌은 대부분의 알코올보다 쉽게 탈수 반응(dehydration)이 일어나는데,** 이는 생성되는 α,β–불포화 알데하이드 또는 케톤에서 이중 결합이 카보닐기와 콘쥬게이션(conjugation)되어 안정화되기 때문이다.

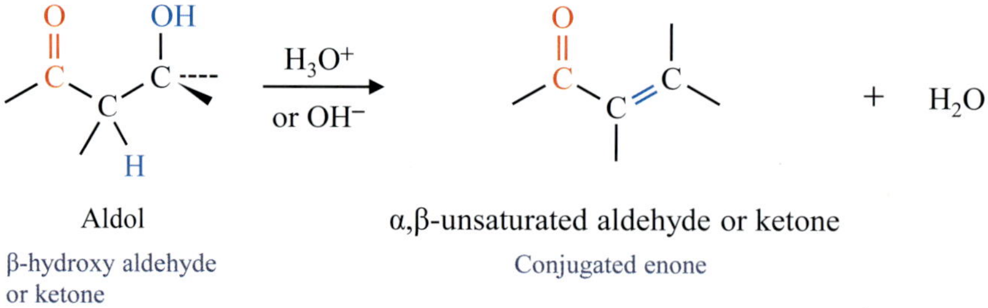


알돌의 탈수 반응에 의한 α,β–불포화 알데하이드 또는 케톤 생성

## 2. 알돌의 탈수 반응 메커니즘

염기성 조건하에서 알돌의 탈수 반응 메커니즘은 다음과 같다. 먼저 염기에 의해 α−탄소의 $H^+$가 제거된다. 이후 생성된 엔올 음이온이 이웃 탄소의 $OH^-$ 이탈기를 밀어내는 **E1$_C$B 반응**(7−6절)으로 진행된다.

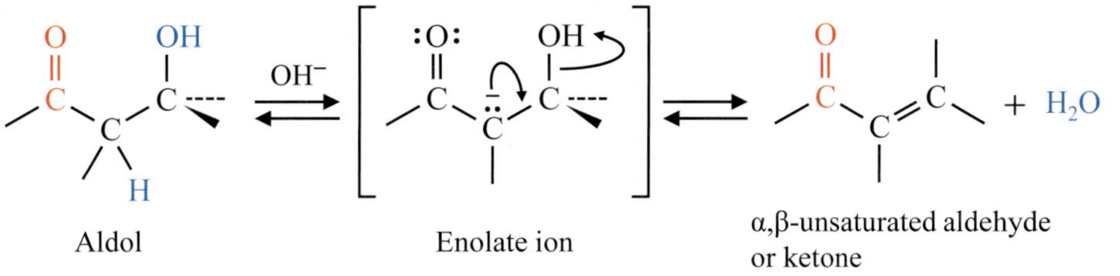


염기성 조건하에서 알돌의 탈수 반응 메커니즘

## 3. 알돌의 탈수 반응을 통한 유기합성

아세트알데하이드 2분자는 알돌 반응 후, 연속적인 탈수 반응을 통해 공업적으로 크로톤알데하이드(Crotonaldehyde)로 전환된다. 이후 환원 반응을 통해 뷰탄알(Butanal) 또는 뷰탄-1-올(Butan-1-ol)로 만들어진다.

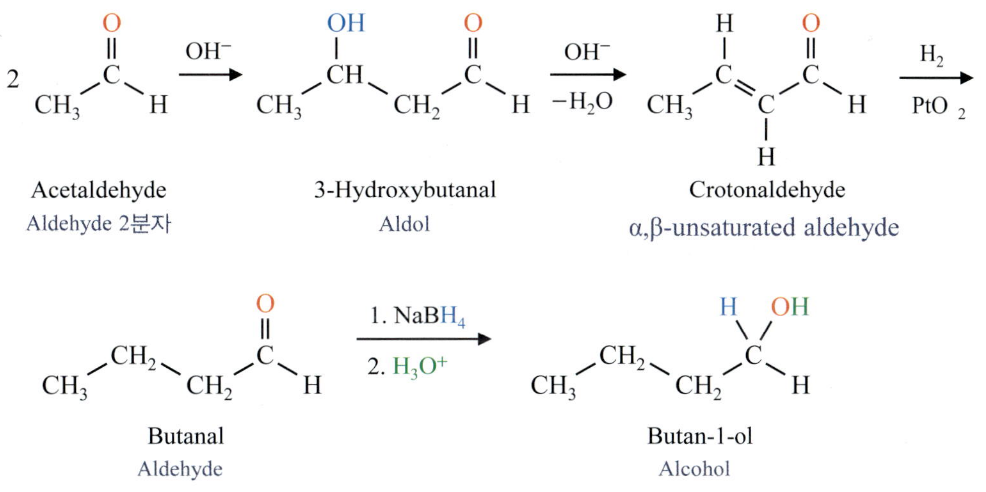


알돌의 탈수 반응을 통한 유기합성의 사례

**예제 9.10** 다음 화합물의 알돌 반응 생성물과 알돌의 탈수 반응 후 생성되는 화합물의 구조를 그리시오.

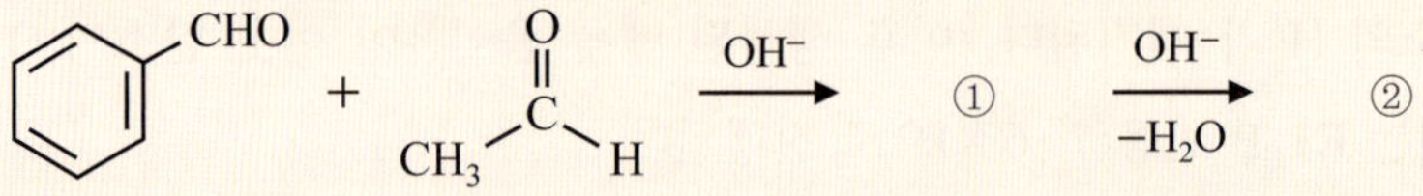


**풀이**

①

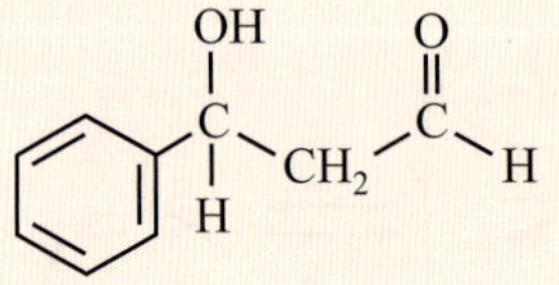


②

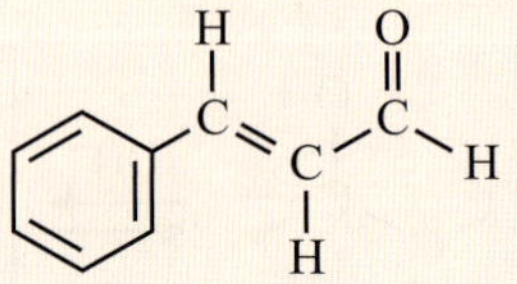


**문제 9.10** 다음 화합물의 알돌의 탈수 반응 후 생성되는 화합물의 구조를 그리시오 (2가지).

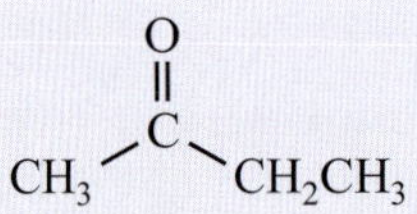

## 연습문제

**9.1** 다음 화합물의 IUPAC 명을 적으시오.

① 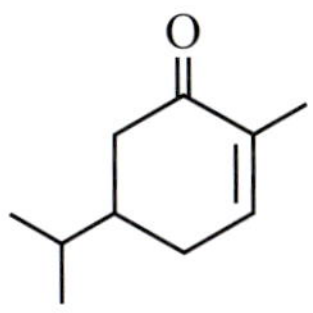

② 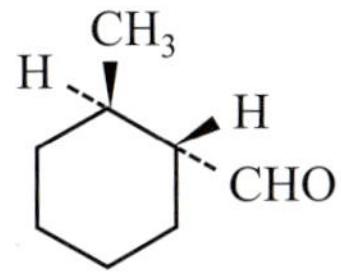


**9.2** 다음 화합물의 구조를 그리시오.

① Bromoacetone　　② 3−Phenylprop−2−enal

③ (*S*)−2−Hydroxypropanal

**9.3** 페닐아세트알데하이드와 다음과 같은 시약이 반응할 때 어떤 화합물이 생성되는가?

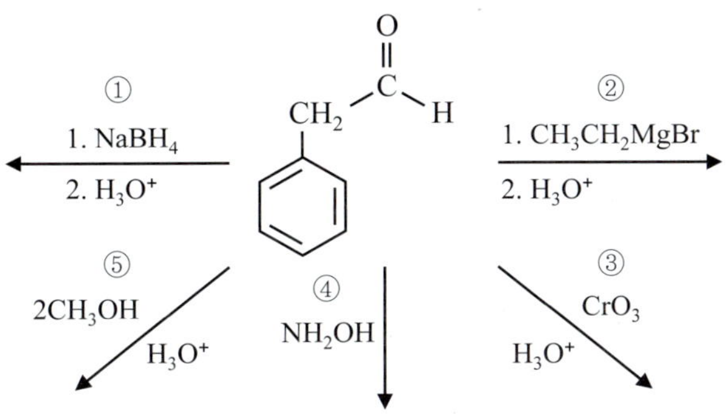


**9.4** 아세톤과 어떤 시약이 반응하면 다음 생성물을 얻을 수 있는가?

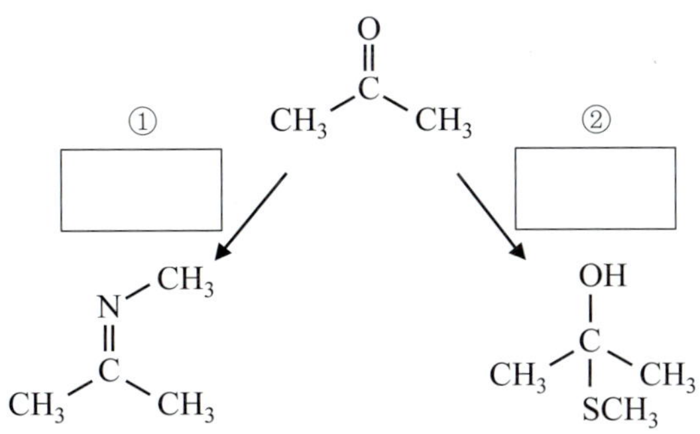

**9.5** 다음 반응을 통해 생성되는 헤미아세탈과 최종 생성물인 아세탈의 구조를 그리시오.

**9.6** 사이클로헥산온에서 다음 각각의 화합물을 합성하기 위한 방법을 제시하시오.

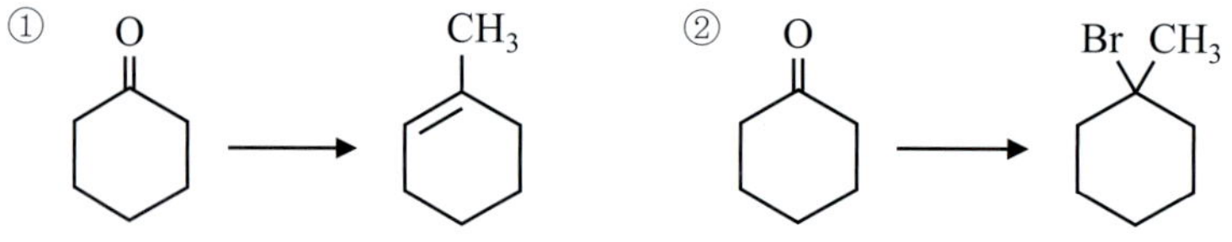


**9.7** 클로로벤젠을 출발 물질로 하여 벤조산(benzoic acid)을 어떻게 얻을 수 있는가?

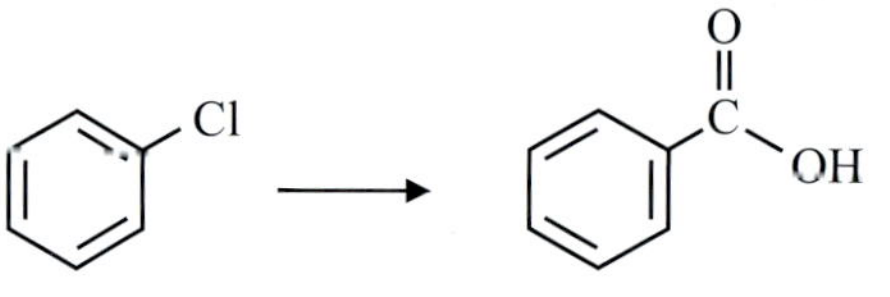


**9.8** 다음 아세탈을 만들기 위해서 필요한 알코올과 알데하이드(또는 케톤)는 무엇인가?

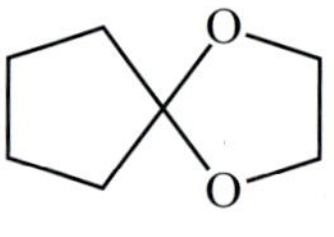


**9.9** 사이클로헥스-2-엔온(Cyclohex-2-enone)에 $H_2O$가 콘쥬게이션 친핵성 첨가 반응을 할 때 어떤 화합물이 생성되는가?

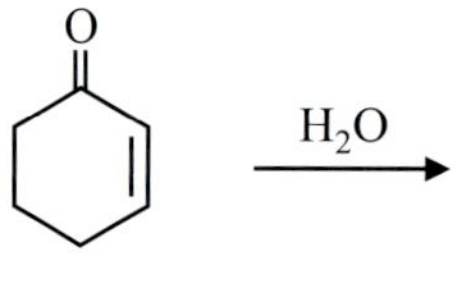

**9.10** 다음 반응식에서 각 단계에 필요한 시약을 적으시오.

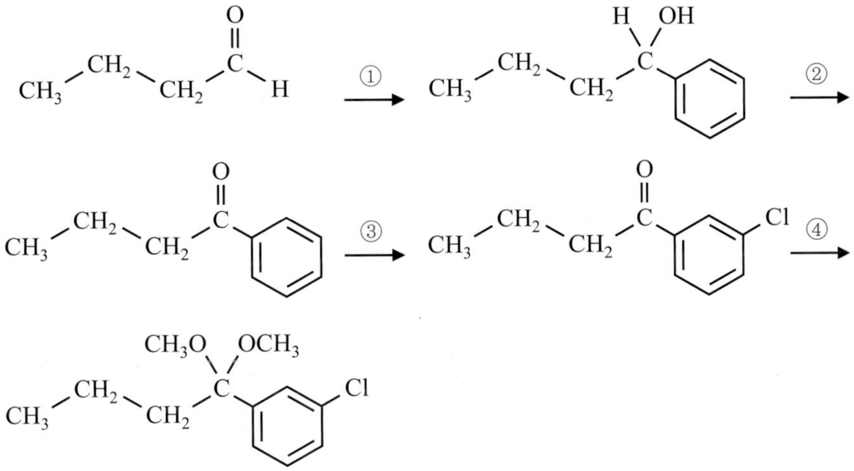

**9.11** 다음 각 화합물이 몇 개의 산성 수소를 가지고 있는지 확인하시오.

①
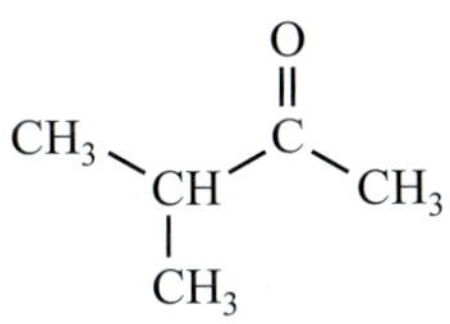
②
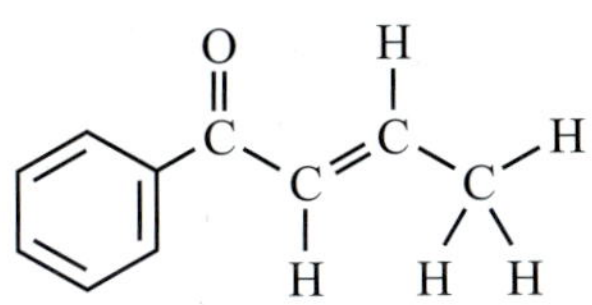
③
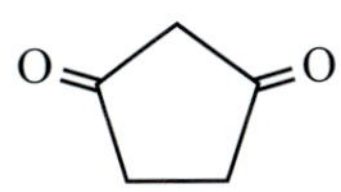

**9.12** 다음 화합물 중 알돌 축합 반응을 하는 화합물을 골라 보시오.

①
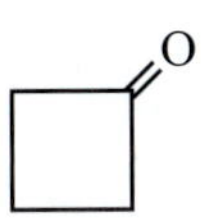
②
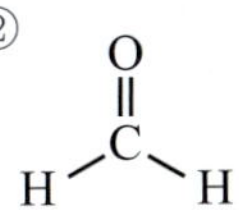
③
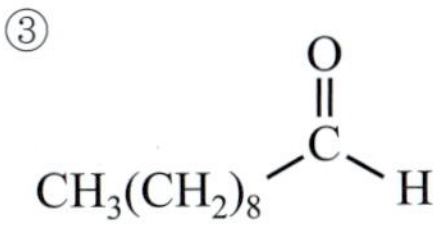
④
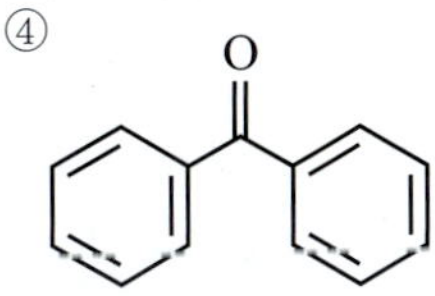

**9.13** 알돌 반응 생성물의 탈수 반응으로부터 다음과 같은 화합물을 얻었다. 반응물은 무엇인가?

①
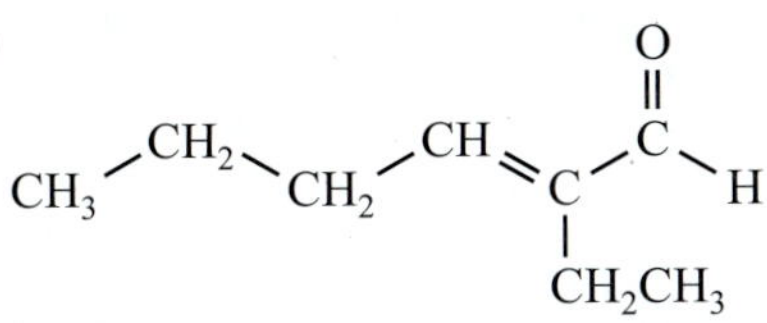
②
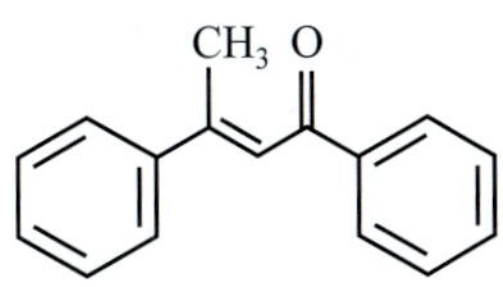

# 제10장

# 카보닐 화합물(2): 카복실산과 에스터 및 아실 유도체

카복실산(Carboxylic acid)과 에스터(ester) 및 아실 유도체(acyl derivatives)는 살아있는 유기체(living organisms)에 풍부하게 존재하는 유기화합물이다.

사과

귤

사과와 귤에는 시트르산(Citric acid), 사과산(Malic acid)과 같은 유기산이 풍부하며, 피로회복과 소화촉진에 도움을 준다.

이 화합물들의 특징은 9-5절에서 언급한 것처럼, 아실기(acyl group)에 결합되어 있는 $-OH$, $-OR'$, $-NH_2$, $-X$, $-OCOR'$, $-SR'$기가 친핵성 치환 반응에서 이탈기로서 작용이 가능하므로 **친핵성 아실 치환 반응(nucleophilic acyl substitution reaction)**을 하는 것이다.

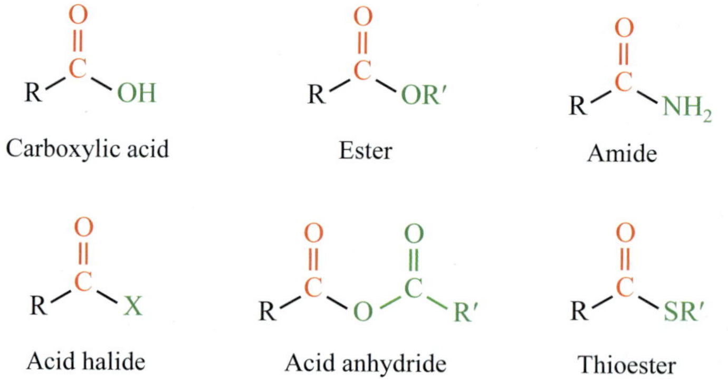


**친핵성 아실 치환 반응을 하는 카복실산과 에스터 및 아실 유도체**

카복실산, 에스터, 아실 유도체는 많은 산업 공정과 생물학적 경로에 관련되므로 그들의 성질과 반응을 이해하는 것은 유기화학의 기본이라 할 수 있다. 또한 카복실산은 다른 아실 유도체를 만드는 출발 물질로 이용된다. 이 장에서는 카복실산을 비롯한 그 유도체의 친핵성 아실 치환 반응에 대해 살펴보고자 한다.

## 10-1 카복실산과 그의 유도체의 특성

### 1. 카복실산(Carboxylic acid)의 특성: 수소 결합으로 인한 높은 끓는점

카복실산(Carboxylic acid)은 자연계에 풍부하게 존재한다. 예를 들어 폼산(formic acid, 개미산)은 개미를 증류하여 얻을 수 있으며 아세트산(acetic acid)은 식초의 기본 성분이다. 뷰탄산(butanoic acid)은 상한 버터의 불쾌한 냄새의 주성분이며, 헥산산(hexanoic acid)은 발냄새의 주원인이다.

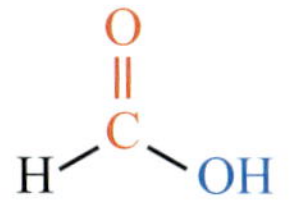

Formic acid
개미를 증류하여 얻음(개미산)

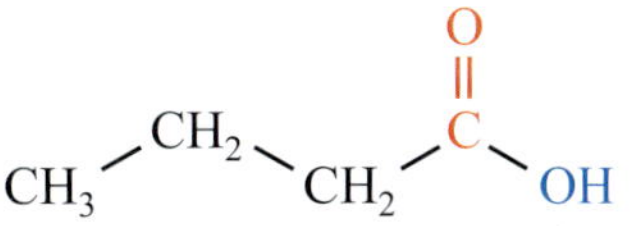

Butanoic acid
상한 버터의 불쾌한 냄새

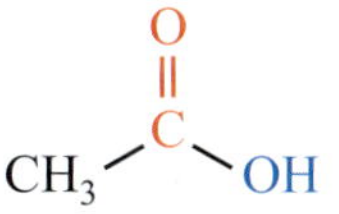

Acetic acid
식초의 기본 성분

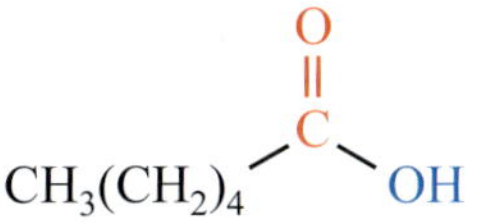

Hexanoic acid
발냄새의 주원인

카복실산은 알데하이드나 케톤처럼 카복실 탄소(carboxyl carbon)의 $sp^2$ 혼성화(hybridization)로 인해 '평면 구조'이고 '결합각은 120°'이다. 또한 카복실산은 알코올처럼 분자간 강한 수소 결합(hydrogen bond)을 형성하므로 2개의 수소 결합에 의해 함께 붙잡고 있는 **이량체(dimer)**로 존재한다.

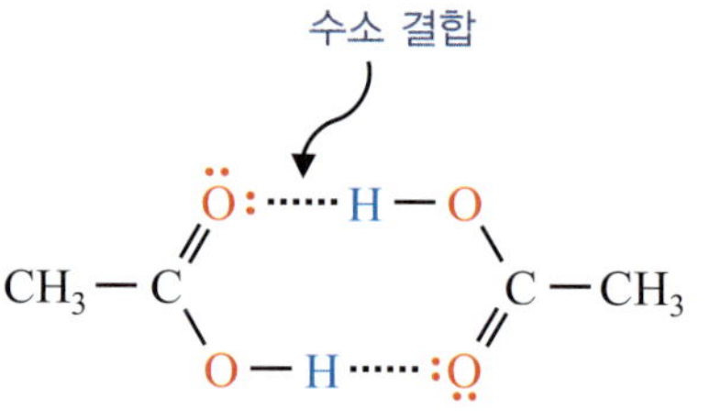


수소 결합에 의한 아세트산의 이량체

카복실산은 수소 결합으로 인해 비슷한 분자량을 가진 일반적인 알케인(alkane)이나 알코올보다 훨씬 높은 끓는점을 갖는다. 예를 들어 2개의 탄소수를 가지고 있는 에탄올($CH_3CH_2OH$)의 끓는점은 78.3℃인 반면 아세트산($CH_3COOH$)의 끓는점은 117.9℃이다.

## 2. 에스터(Ester) 의 특성: 낮은 끓는점과 큰 휘발성

에스터(Ester)는 카복실산과 같이 자연계에 널리 분포되어 있으며 특히 간단한 분자의 경우, 과일과 꽃의 향기 성분으로 존재한다. 또한 에스터기(ester group)는 동물성 지방이나 생물학적으로 중요한 분자에서도 발견되며, 화학 산업에서 플라스틱의 가공을 용이하게 하기 위하여 사용되는 가소제(plasticizer)에서도 발견된다. **에스터에는 수소 결합과 같은 분자간 힘이 작용하지 않으므로** 끓는점이 보다 낮고 상온에서 휘발성(volatility)이 크다.

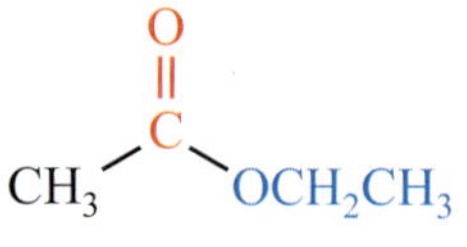

Ethyl acetate
와인의 향기 성분

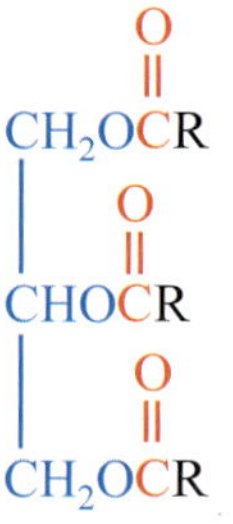

Fat (R = $C_{11}$ ~$C_{17}$)
동물성 지방

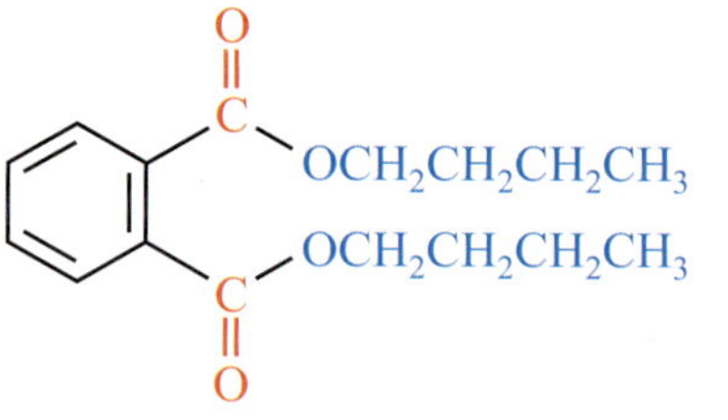

Dibutyl phthalate
플라스틱 가소제

## 3. 아마이드(Amide)의 특성: 분자간 수소 결합 형성, 끓는점이 증가함

아마이드(Amide)는 카복실산과 에스터처럼 살아있는 유기체에 풍부하다. 특히 단백질(protein)과 핵산(nucleic acid)에는 아마이드 작용기가 존재하는데 이는 **카복실산 유도체 중 반응성이 가장 작고, 생명체의 온도와 수용성 용매 조건에서 안정**하기 때문이다.

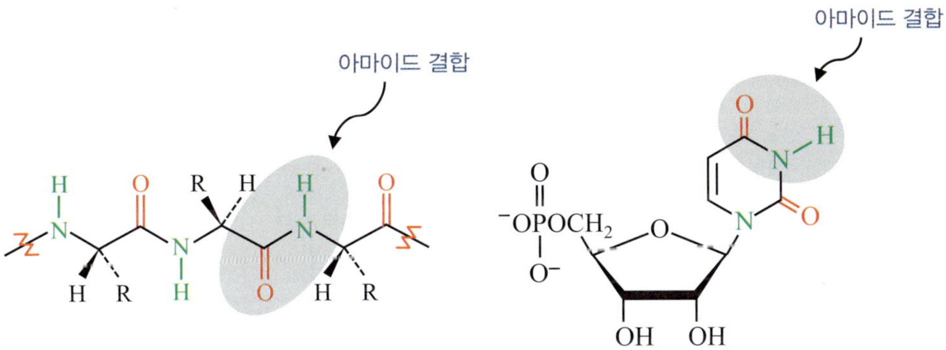


Protein　　　　Ribonucleotide

**생명체의 단백질과 핵산에서 발견되는 아마이드 결합**

또한 아마이드는 분자간 수소 결합을 형성함으로써 끓는점이 비교적 높다.

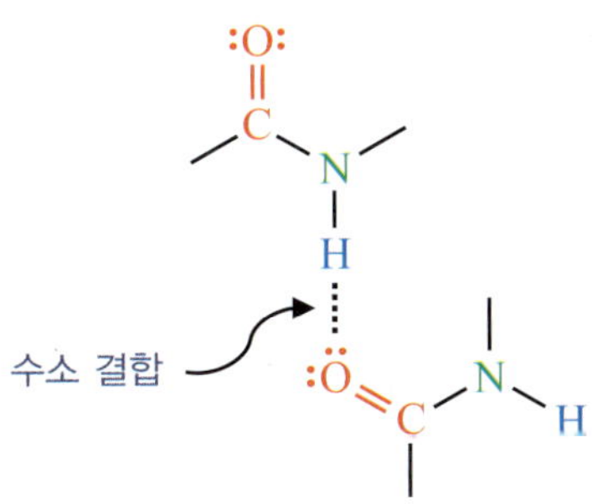


**아마이드의 수소 결합**

## 4. 산 염화물(Acid chloride)과 산 무수물(Acid anhydride)의 특성

산 염화물(Acid chloride)과 산 무수물(acid anhydride)은 **반응성이 큰 이유로 자연계에서 잘 발견되지 않는다.**

## 10-2 카복실산과 그의 유도체의 명명법

### 1. 카복실산(Carboxylic acid)의 명명법

카복실산(Carboxylic acid)의 IUPAC 명명법은 **카복실기(−COOH)를 포함한 가장 긴 사슬을 선택**하여 알케인의 어미 '−e'를 '−oic acid'로 바꾼다. 또한 카복실기는 탄소 사슬의 맨 끝에 있으므로 이 작용기의 위치를 나타내는 숫자는 적지 않으며, **카복실 탄소(carboxyl carbon)부터 번호를 매겨서** 치환기의 위치를 나타낸다.

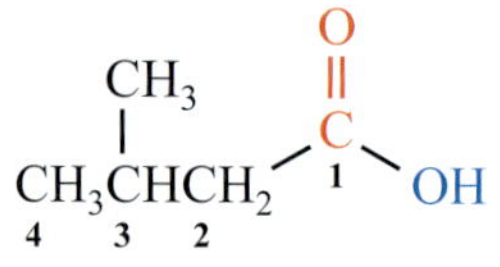

3-Methylbutanoic acid

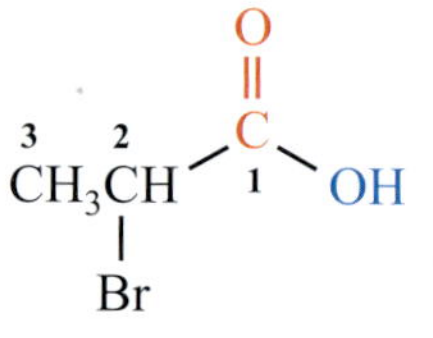

2-Bromopropanoic acid

다이카복실산(Dicarboxylic acid)은 접미어 '−dioic acid'를 붙여서 명명한다.

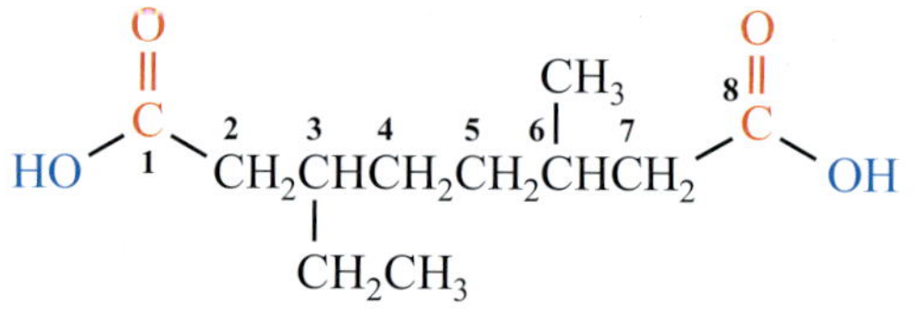

3-Ethyl-6-methyloctanedioic acid

**카복실기(Carboxyl group)가 사이클로알케인 고리에 직접 결합되어 있는 경우**에는 어미에 '−carboxylic acid'을 붙여서 명명한다. 또한 카복실기가 붙어 있는 탄소가 1번이 되고 **카복실 탄소에는 번호를 매기지 않는다.**

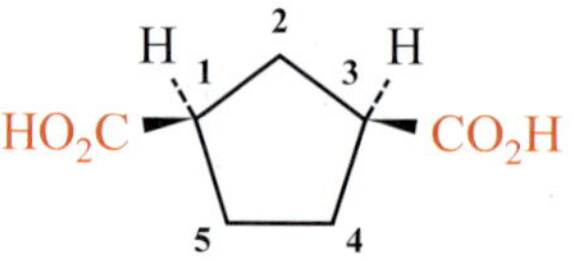

*cis*-Cyclopentane-1,3-dicarboxylic acid

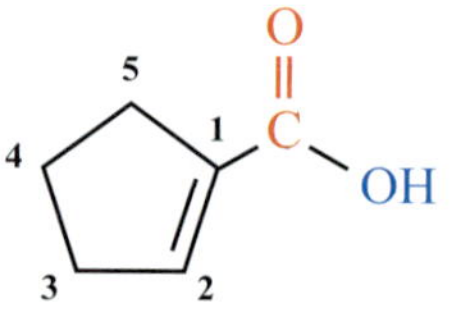

Cyclopent-1-enecarboxylic acid

방향족 카복실산(Aromatic carboxylic acid)은 방향족 탄화수소의 이름의 어미를 '–oic acid' 또는 '–ic acid'로 바꾸어 명명한다.

Benzoic acid　　　*p*-Chlorobenzoic acid

또한 벤젠 고리에 2개 이상의 카복실기가 달린 경우, 관용명(common name)으로 부른다.

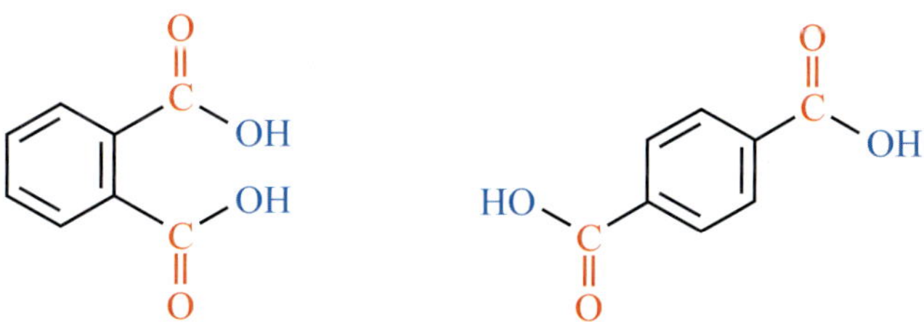

Phthalic acid　　　Terephthalic acid

9–2절에서 언급한 것처럼 **–COR기를 치환기로 사용할 경우**, 일반적으로 **아실기 (acyl group)**라는 용어를 사용한다. 특정한 **아실기**는 카복실산의 이름에서 '–ic'을 '–yl'로 바꾸어 명명한다.

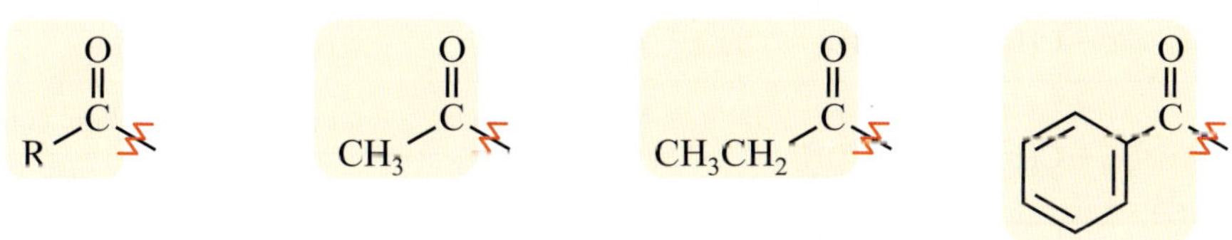

Acyl group　　　Acetyl group　　　Propionyl group　　　Benzoyl group

표 10.1에 몇 가지 카복실산에 대한 관용명과 IUPAC명이 수록되어 있으며, 표 10.2에는 카복실기를 2개 이상 지닌 산의 관용명과 IUPAC명이 나타나 있다.

**표 10.1** 몇 가지 카복실산의 관용명과 IUPAC명

| | 화학식 | 관용명 | IUPAC명 |
|---|---|---|---|
| 1 | $HCOOH$ | Formic acid | Methanoic acid |
| 2 | $CH_3COOH$ | Acetic acid | Ethanoic acid |
| 3 | $CH_3CH_2COOH$ | Propionic acid | Propanoic acid |
| 4 | $CH_3CH_2CH_2COOH$ | *n*−Butyric acid | Butanoic acid |
| 5 | $CH_3CH_2CH_2CH_2COOH$ | Valeric acid | Pentanoic aicd |
| 6 | $CH_3CH_2CH_2CH_2CH_2COOH$ | *n*−Caproic acid | Hexanoic acid |
| 7 | $CH_3(CH_2)_{10}COOH$ | Lauric acid | Dodecanoic acid |
| 8 | $CH_3(CH_2)_{14}COOH$ | Palmitic acid | Hexadecanoic acid |
| 9 | $CH_3(CH_2)_{16}COOH$ | Stearic acid | Octadecanoic acid |
| 10 | $CH_2{=}CHCOOH$ | Acrylic acid | Prop−2−enoic acid |
| 11 | 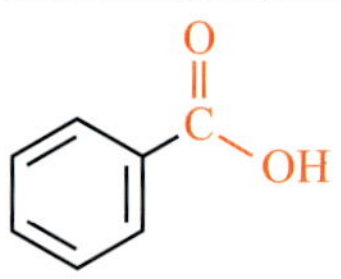 | Benzoic acid | Benzenecarboxylic acid |

**표 10.2** 디이카복실산의 관용명과 IUPAC명

| | 화학식 | 관용명 | IUPAC명 |
|---|---|---|---|
| 1 | $HOOC-COOH$ | Oxalic acid | Ethanedioic acid |
| 2 | $HOOC-CH_2-COOH$ | Malonic acid | Propanedioic acid |
| 3 | $HOOC-CH_2CH_2-COOH$ | Succinic acid | Butanedioic acid |
| 4 | $HOOC-CH_2CH_2CH_2-COOH$ | Glutaric acid | Pentanedioic acid |
| 5 | $HOOC-CH_2CH_2CH_2CH_2-COOH$ | Adipic acid | Hexanedioic acid |
| 6 | $HOOC-CH{=}CH-COOH$ | Maleic acid(*cis*) | *cis*−But−2−endioic acid |
| | | Fumaric acid(*trans*) | *trans*−But−2−endioic acid |

## 2. 에스터(Ester)의 명명법

에스터(Ester)의 IUPAC 명명법은 산소에 붙어 있는 알킬기의 이름을 먼저 부르고, 카복실산을 확인한 후 '−ic acid'를 '−ate'로 바꾸는 것이다.

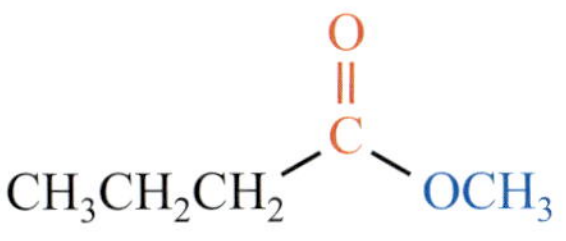


Methyl butanoate

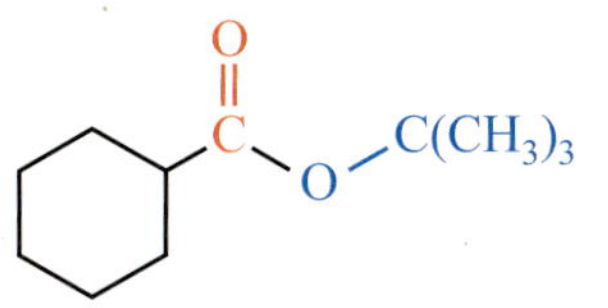


*tert*-Butyl cyclohexanecarboxylate

## 3. 아마이드(Amide)의 명명법

아마이드(Amide)는 카복실산 이름의 어미 '−oic acid' 또는 '−ic acid'를 '−amide'로 바꾸어 부르며, '−carboxylic acid'를 '−carboxamide'로 바꾸어 명명한다.

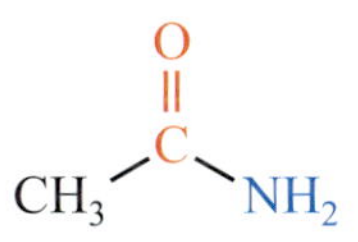


Acetamide

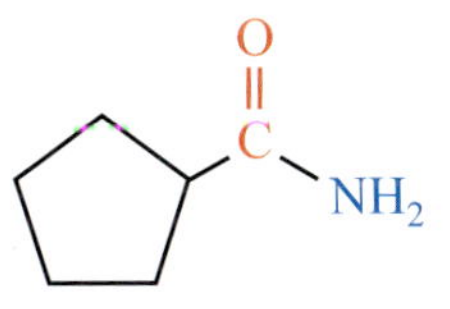


Cyclopentanecarboxamide

**질소 원자가 치환되어 있는 경우, 먼저 치환기를 밝히고 카복실산을 확인한 후 명명한다.** 치환기가 질소에 결합되어 있는 것을 나타내기 위해 치환기 이름 앞에 '*N*'를 표기한다.

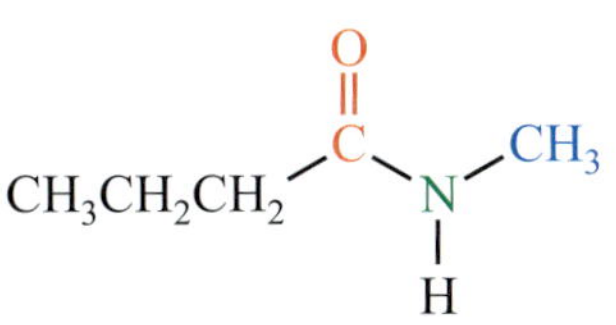


*N*-Methylbutanamide

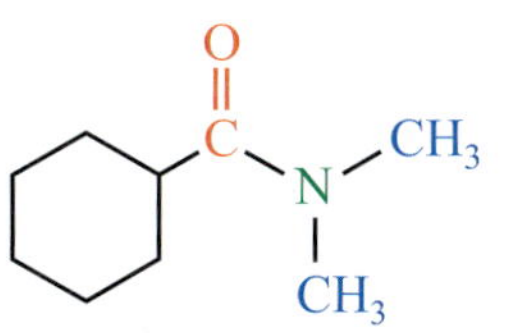


*N,N*-Dimethylcyclohexanecarboxamide

## 4. 산 할로젠화물(Acid halide)의 명명법

산 할로젠화물(Acid halide)은 아실기를 먼저 확인한 다음에 할로젠을 확인하여 명명한다. **'−carboxylic acid'로 끝난 고리형 카복실산은 '−carboxylic acid'를 '−carbonyl'로 바꾸어 명명**한다.

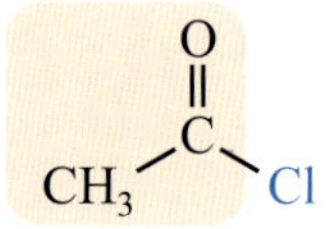

Acetyl chloride

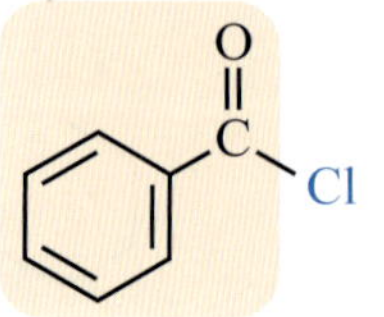

Benzoyl chloride

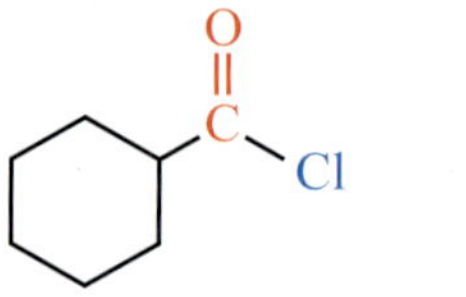

Cyclohexanecarbonyl chloride

## 5. 산 무수물(Acid anhydride)의 명명법

산 무수물(Acid anhydride)은 **2분자의 카복실산에서 물이 제거된 것과 같다.**

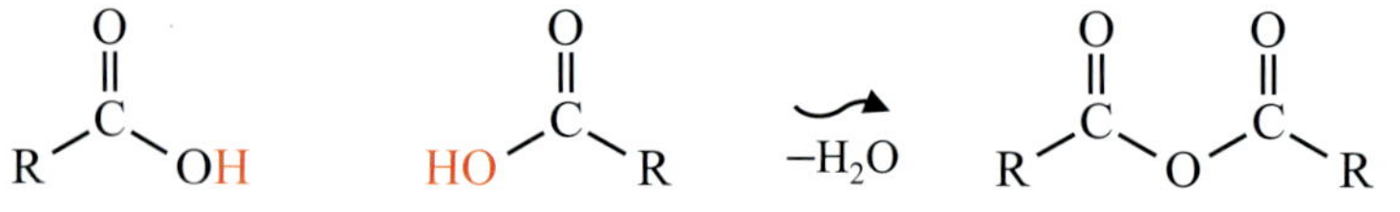

2분자의 Carboxylic acid

Acid anhydride

산 무수물의 명명법은 해당하는 산의 이름으로부터 'acid' 대신에 'anhydride'로 바꾸어 명명한다.

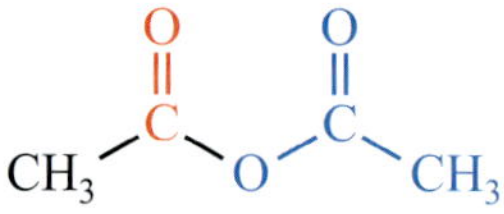

Acetic anhydride

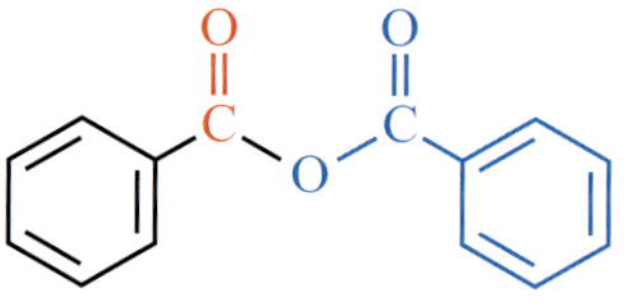

Benzoic anhydride

2개의 다른 카복실산으로부터 합성된 산 무수물의 경우, 2개의 산을 알파벳 순서대로 열거한 후 '−anhydride'로 명명한다.

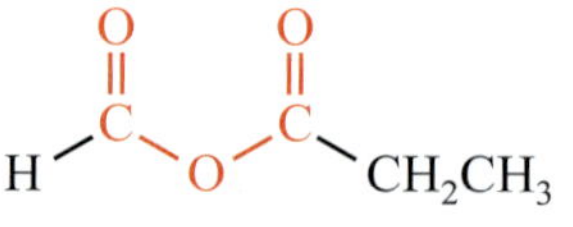

Formic propanoic anhydride

## 6. 나이트릴(Nitrile)의 명명법

나이트릴(Nitrile)은 **−C≡N 작용기를 지닌 화합물**로서 간단한 열린 사슬 나이트릴은 알케인 이름의 끝에 '−nitrile'을 추가해서 명명한다. 이때 **나이트릴 탄소를 1번**으로 매긴다.

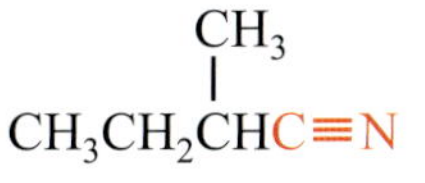

2-Methylbutanenitrile

또는 카복실산 이름의 어미 **'−oic acid' 또는 '−ic acid'를 '−onitrile'로 바꾸거나** 말단 **'−carboxylic acid'를 '−carbonitrile'로 바꾸어 명명**한다. 이와 같은 경우, 나이트릴 탄소 원자는 1번에 결합되어 있고 번호는 매기지 않는다.

Acetonitrile

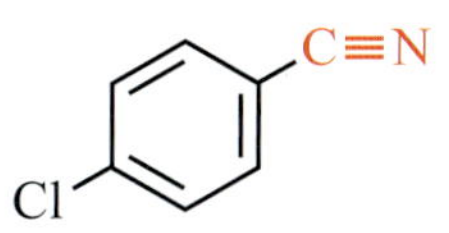

*p*-Chlorobenzonitrile

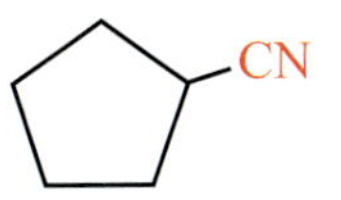

Cyclopentanecarbonitrile

같은 분자 내에 다른 카복실산 유도체가 있으면, **−C≡N 작용기를 치환기로 여겨 'cyano'로 부른다.**

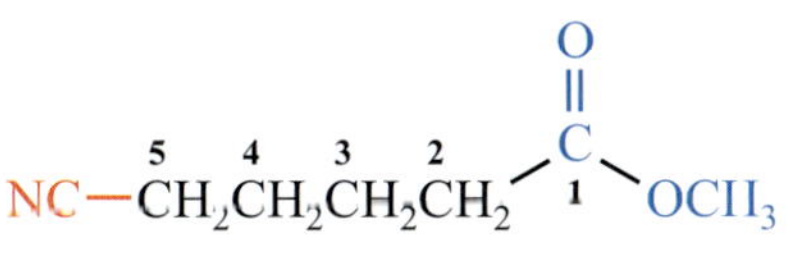

Methyl 5-cyanopentanoate

**예제 10.1** 다음 화합물을 IUPAC명으로 명명하시오.

①
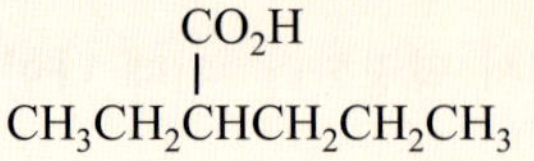

②
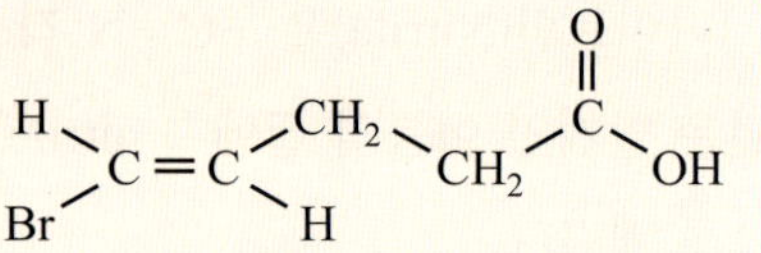

③
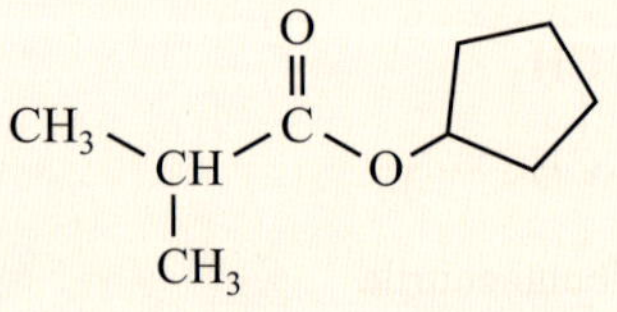

④
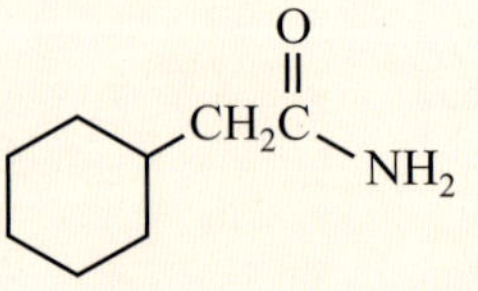

**풀이**

① 2−Ethylpentanoic acid

② *trans*−5−Bromopent−4−enoic acid

③ Cyclopentyl 2−methylpropanoate

④ Cyclohexylacetamide

**문제 10.1** 다음 화합물을 IUPAC명으로 명명하시오.

①
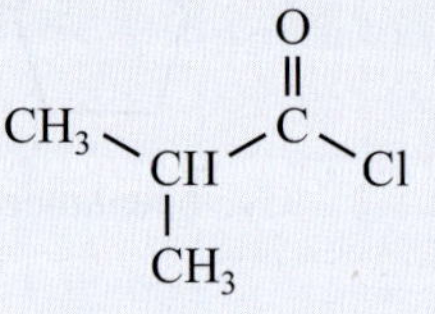

②
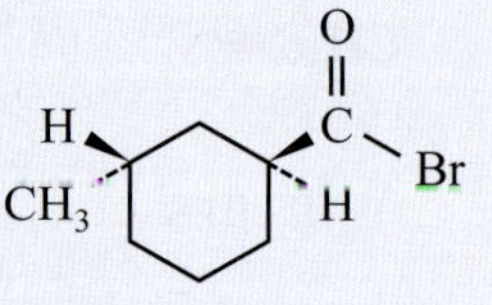

③
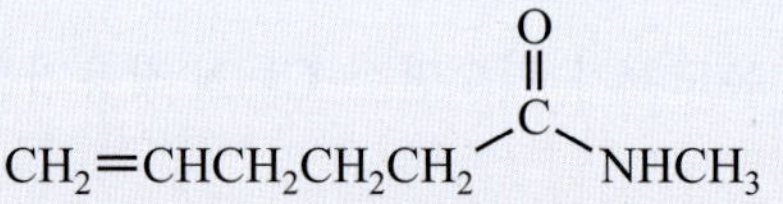

④
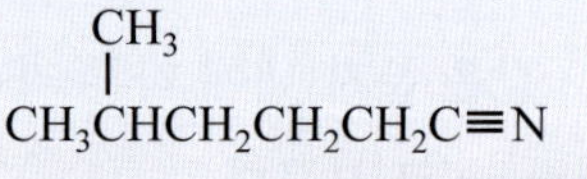

**예제 10.2** 다음 IUPAC명에 해당하는 구조를 그리시오.

① *o*−Hydroxybenzoic acid

② *trans*−Cyclobutane−1,2−dicarboxylic acid

**풀이**

①
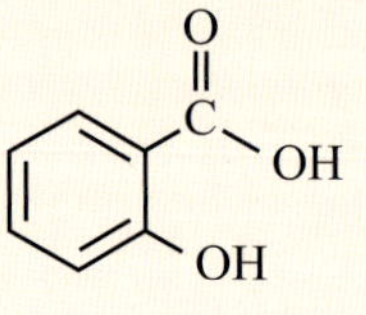

②
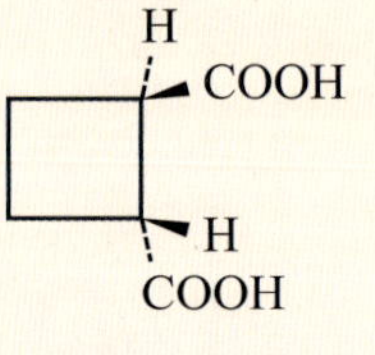

> **문제 10.2** 다음 IUPAC명에 해당하는 구조를 그리시오.
> ① *p*−Methylbenzoic anhydride
> ② Isopropyl 2−methylpropanoate

## 10-3 카복실산의 산성도

이 절에서는 카복실산(Carboxylic acid)의 산도와 알코올(alcohol) 및 페놀(phenol)의 산도를 비교해 보고자 한다.

### 1. 카복실산의 산도와 알코올 및 페놀의 산도와의 비교

카복실산은 무기산(inorganic acid)에 비해 매우 약한 산이나 알코올 또는 페놀보다는 훨씬 더 센 산이다. 아세트산(acetic acid)은 p$K_a$ = 4.76을 나타내는데, 동일하게 탄소 두 개인 에탄올(ethanol)은 p$K_a$ = 16.00이므로 아세트산보다 약 $10^{11}$배 더 약한 산이다.

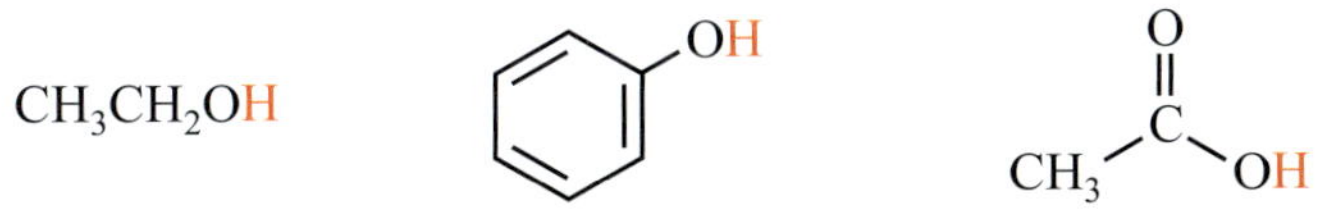


Ethanol (p$K_a$= 16.00) | Phenol (p$K_a$= 9.89) | Acetic acid (p$K_a$= 4.76)

**아세트산과 페놀 및 에탄올의 산성도 비교**

**카복실산이 알코올보다 더 강한 산인 이유**는 **카복실산 음이온(carboxylate ion)**의 음전하가 공명으로 인하여 2개의 산소에 동일하게 퍼지게 됨으로써(비편재화) 안정화되기 때문이다. 즉, **카복실산 음이온의 안정성이 증가**함에 따라 카복실산의 해리도 증가하므로 알코올보다 카복실산이 더 강산이다.

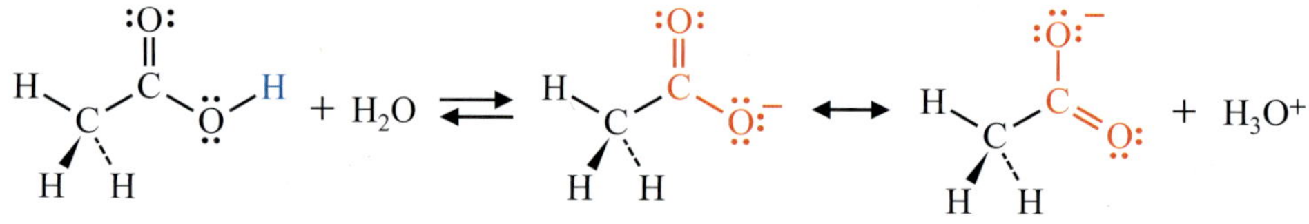

Acetic acid　　　　　　　　Acetate ion

아세트산 음이온(Acetate ion)의 공명 구조

알코올의 음이온인 **알콕시화 이온(alkoxide ion)**은 음전하가 산소 원자에만 편재되므로 **카복실산 음이온보다 덜 안정**하기 때문에 카복실산보다 알코올이 더 약산이다.

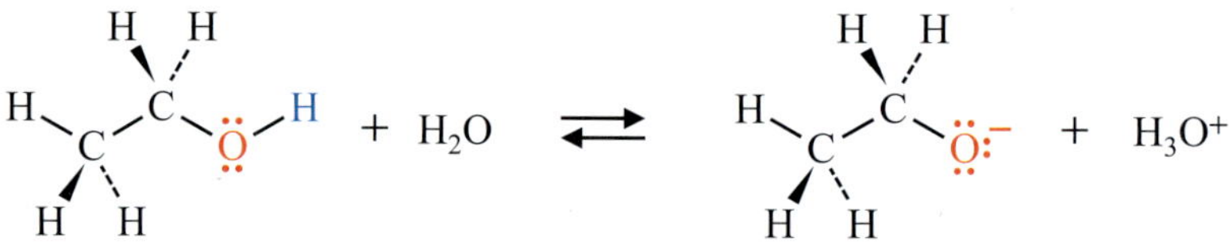

Ethanol　　　　　　　　Ethoxide ion

에톡시화 이온(Ethoxide ion)의 음전하의 편재

페놀의 경우, 페놀의 음이온인 **페녹시화 이온(phenoxide ion)**의 음전하의 비편재화는 **공명 혼성체가 모두 동일하지 않기 때문에 카복실산 음이온의 공명보다 덜 안정하다.** 이와 같은 이유로 페놀은 카복실산보다 더 약산이다.

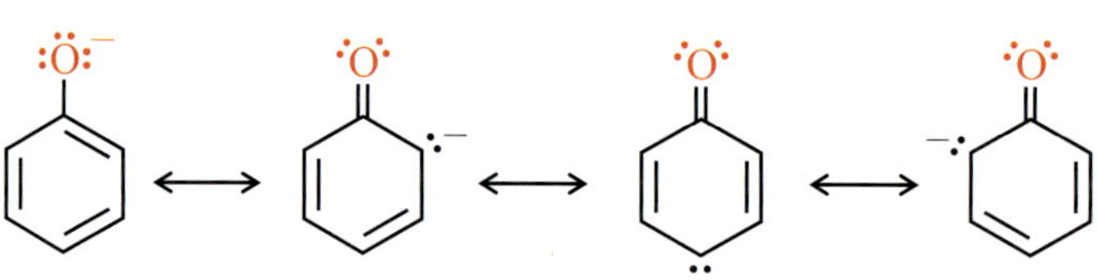

페녹시화 이온(Phenoxide ion)의 공명 구조

## 2. 카복실 탄소에 결합되어 있는 치환기에 따른 산성도의 차이

표 10.3에는 몇 가지 카복실산의 산성도가 나타나 있다. 카복실산 대부분의 산 해리 상수(acid dissociation constant) $K_a$ 값은 $10^{-4} \sim 10^{-5}$ 범위이지만, 카복실 탄소에

결합되어 있는 치환기에 따라 상당한 산성도의 차이를 나타내고 있음을 알 수 있다.

**표 10.3 몇 가지 카복실산의 산성도**

| No. | 화합물 | 구조 | $K_a$ | $pK_a$ |
|---|---|---|---|---|
| 1 | Acetic acid | $CH_3COOH$ | $1.75 \times 10^{-5}$ | 4.76 |
| 2 | Formic acid | HCOOH | $1.77 \times 10^{-4}$ | 3.75 |
| 3 | Chloroacetic acid | $ClCH_2COOH$ | $1.50 \times 10^{-3}$ | 2.82 |
| 4 | Dichloroacetic acid | $Cl_2CHCOOH$ | $5.00 \times 10^{-2}$ | 1.30 |
| 5 | Trichloroacetic acid | $Cl_3CCOOH$ | $2.00 \times 10^{-1}$ | 0.70 |
| 6 | Trifluoroacetic acid | $F_3CCOOH$ | $5.90 \times 10^{-1}$ | 0.23 |
| 7 | 2-Chlorobutanoic acid | $CH_3CH_2CHClCOOH$ | $1.40 \times 10^{-3}$ | 2.85 |
| 8 | 3-Chlorobutanoic acid | $CH_3CHClCH_2COOH$ | $8.90 \times 10^{-5}$ | 4.05 |
| 9 | Benzoic acid | $C_6H_5COOH$ | $6.46 \times 10^{-5}$ | 4.19 |
| 10 | Ethanol | $CH_3CH_2OH$ | $1.00 \times 10^{-16}$ | 16.00 |
| 11 | Phenol | $C_6H_5OH$ | $1.29 \times 10^{-10}$ | 9.89 |

예를 들어 표 10.3에서 나타난 가장 강한 산인 트라이플루오로아세트산(Trifluoroacetic acid, $pK_a$ = 0.23)의 경우, 전자를 잡아당기는 **-F가 카복실산 음이온의 음전하를 비편재화하여** 분산시킴으로써 **카복실산 음이온을 더욱 안정화**시키고 그 결과, 카복실산의 해리가 증가하므로 **더 강산을 나타낸다.**

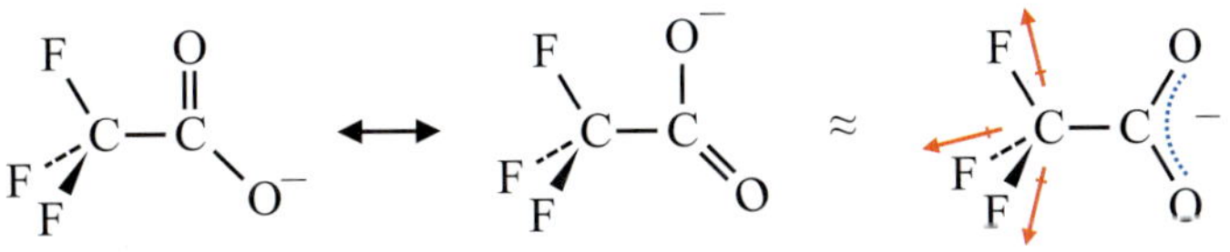

Trifluoroacetate ion

**카복실산의 산성도에 영향을 미치는 전자를 잡아당기는 치환기의 효과**

이와 같은 이유로 아세트산과 모노-, 다이-, 트라이클로로아세트산(Mono-, di-, trichloroacetic acid)의 산성도를 비교해 보았을 때, **전자를 잡아당기는 Cl의 개수가 많을수록 산성도가 증가**함을 볼 수 있다.

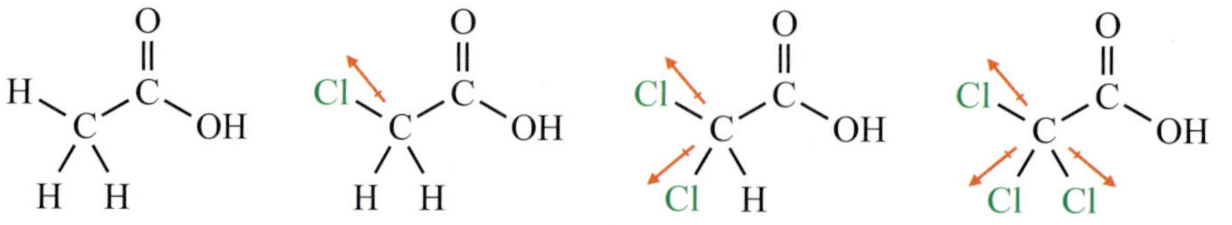

Acetic acid ($pK_a$= 4.76) | Chloroacetic acid ($pK_a$= 2.82) | Dichloroacetic acid ($pK_a$= 1.30) | Trichloroacetic acid ($pK_a$= 0.70)

**전자를 잡아당기는 치환기의 개수에 따른 카복실산의 산성도 차이**

또한 전자를 밀고 잡아당기는 힘은 거리와도 관계가 있는데, 이는 결합을 통하여 전달되기 때문이다. **전자를 잡아당기는 치환기가 카복실산 음이온과 가까이 있을수록 산성도는 보다 증가**하게 된다.

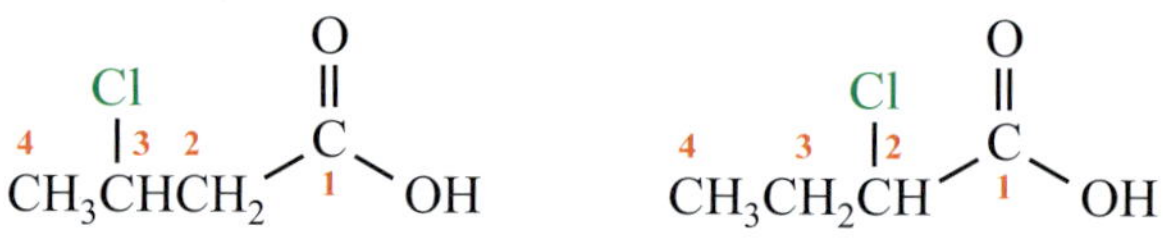

3-Chlorobutanoic acid ($pK_a$= 4.05) | 2-Chlorobutanoic acid ($pK_a$= 2.85)

**전자를 잡아당기는 치환기의 거리에 따른 카복실산의 산성도 차이**

폼산(Formic acid)은 아세트산보다 더 센 산이다. 이는 아세트산의 $-CH_3$기(methyl group)가 폼산의 −H보다 전자를 더 잘 밀어준다는 사실을 의미한다. 4−1절에서 배운 것처럼 $-CH_3$기가 −H보다 탄소 양이온을 안정화시킨다는 사실과도 일치됨을 알 수 있다.

Acetic acid ($pK_a$= 4.76) | Formic acid ($pK_a$= 3.75)

**전자를 밀어주는 치환기가 카복실산의 산성도에 미치는 영향**

이와 같은 결과를 통하여 **전자를 잡아당기는 치환기(electron-withdrawing group)는 산성도를 높이고, 전자를 밀어주는 치환기(electron-donating group)는 산성도를 줄인다**는 사실을 알 수 있다.

## 3. 카복실산의 중화 반응

카복실산은 강염기인 NaOH와 반응하여 카복실산염(carboxylic acid salt, $RCOO^-$ $Na^+$)과 $H_2O$를 생성한다.

**카복실산의 중화 반응**

카복실산염을 명명할 때는 양이온을 먼저 부르고 카복실산 음이온(carboxylate ion)을 부른다. 음이온의 이름은 카복실산의 어미 '-ic acid'를 '-ate'로 바꾸어 명명한 것이다.

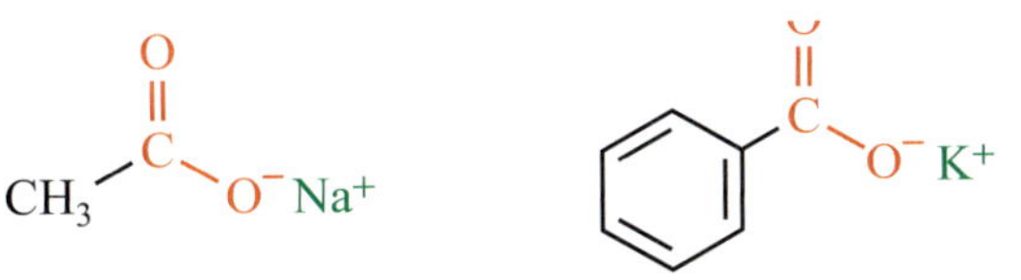


**카복실산염의 명명**

**예제 10.3** 다음 화합물을 산도가 증가하는 순서대로 배열하시오.

① Ethanol, Phenol, Trichloroacetic acid, Trifluoroacetic acid, Acetic acid

② Nitric acid, Phenol, *p*-Cyanobenzoic acid, Benzoic acid

**풀이**

① *Less acidic* → *More acidic*

Ethanol, Phenol, acetic acid, Trichloroacetic acid, Trifluoroacetic acid

② *Less acidic* → *More acidic*

Phenol, Benzoic acid, *p*-Cyanobenzoic acid, Nitric acid

**문제 10.3** 다음 화합물을 산도가 증가하는 순서대로 배열하시오.

① Cyclopentanol, Phenol, Hydrochloric acid(HCl), Acetic acid

② Benzoic acid, Sulfuric acid, *p*-Bromobenzoic acid, *p*-Nitrobenzoic acid

## 10-4 카복실산의 제법

많은 산은 자연계에서 얻을 수 있지만 특별한 구조를 가진 산은 합성을 통하여 얻는 것이 가능하다. 앞서 배운 **방향족 곁사슬의 산화**(5-6절), **1차 알코올의 산화**(8-4절), **알데하이드의 산화**(9-4절)에 의한 카복실산의 합성에 대해 다시 한번 상기해 보자. 이어서 이번 절에서는 **할로젠화 알킬을 이용하여 카복실산을 합성**하는 방법에 대해 살펴보고자 한다.

### 1. 알킬벤젠(Alkyl benzene)의 알킬기 산화

알킬벤젠(Alkyl benzene)을 $KMnO_4$로 산화시키면 벤조산(Benzoic acid)이 생성된다.

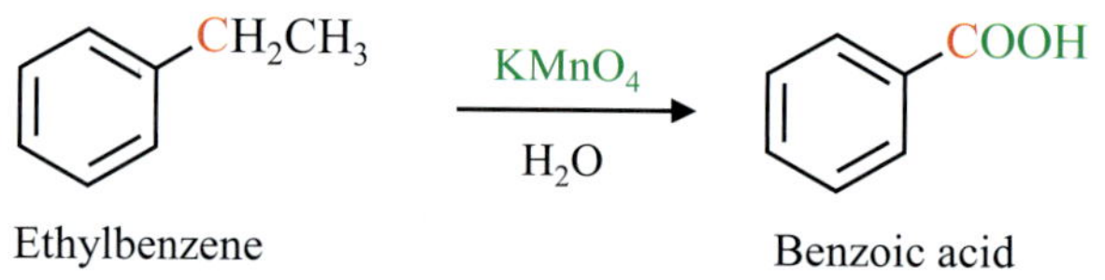


**에틸벤젠의 산화에 의한 벤조산의 합성**

### 2. 1차 알코올(1° Alcohol) 또는 알데하이드(Aldehyde)의 산화

1차 알코올 또는 알데하이드는 $CrO_3$나 $Na_2Cr_2O_7$ 산성 수용액에서 카복실산으로 산화된다.

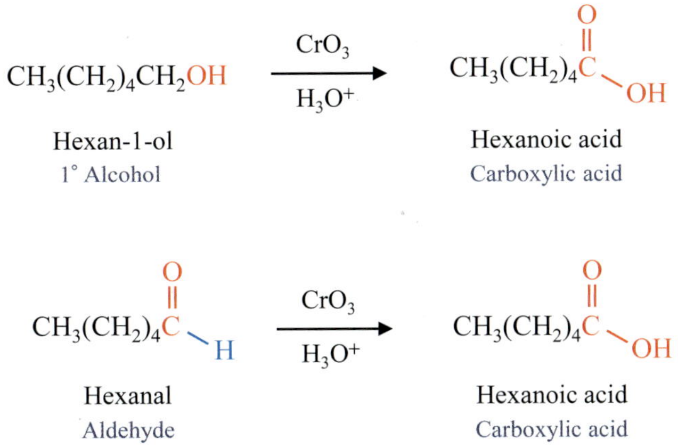

**1차 알코올 또는 알데하이드의 산화에 의한 카복실산의 합성**

### 3. 할로젠화 알킬(Alkyl halide, RX)에서 나이트릴을 거친 가수분해

할로젠화 알킬과 사이안화 이온(cyanide ion, $CN^-$)의 $S_N2$ 반응을 통하여 생성되는 나이트릴(nitrile, R−C≡N)을 가수분해하는 반응은 카복실산을 합성하는 아주 좋은 방법이다. 이는 할로젠화 알킬보다 탄소의 수가 한 개 더 많은 카복실산을 만드는 데 이용되는 방법이다.

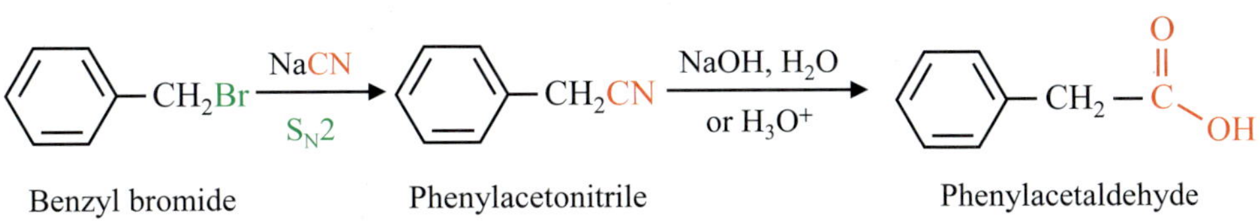

**할로젠화 알킬로부터 카복실산의 합성**

## 10-5 친핵성 아실 치환 반응

9-5절에서 언급한 것처럼 **알데하이드와 케톤의 경우**, 알데하이드의 카보닐 탄소에 결합되어 있는 −H나 케톤의 −R′기는 친핵성 치환 반응에서 이탈기로 작용할 수 없으므로 **친핵성 첨가 반응을 한다.**

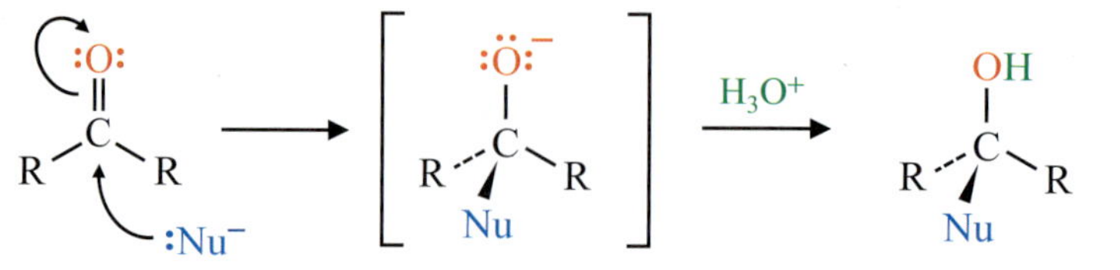

알데하이드 또는 케톤의 친핵성 첨가 반응

반면에 카복실산과 그 유도체는 카보닐 탄소에 결합되어 있는 $-OH$, $-OR'$, $-NH_2$, $-X$, $-OCOR'$, $-SR'$기가 친핵성 치환 반응에서 **이탈기로 작용**할 수 있으므로 **친핵성 아실 치환 반응(nucleophilic acyl substitution reaction)**을 한다.

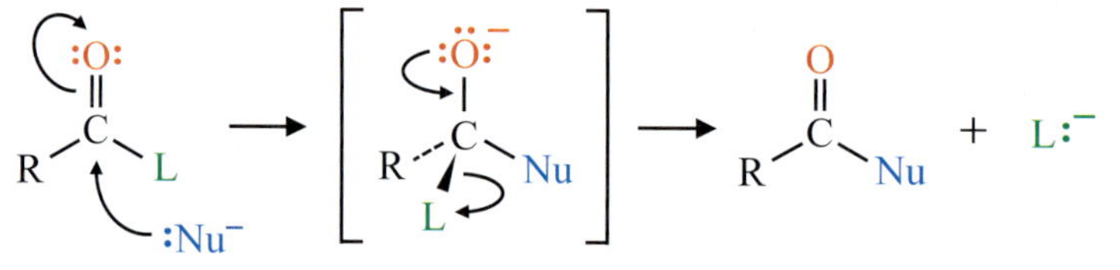

카복실산과 그 유도체의 친핵성 아실 치환 반응

## 10-6 카복실산의 반응의 특성 및 종류

카복실산의 친핵성 아실 치환 반응에서 카복실산의 카복실 탄소에 결합되어 있는 $-OH$는 좋은 이탈기가 아니므로 반응이 어렵다.

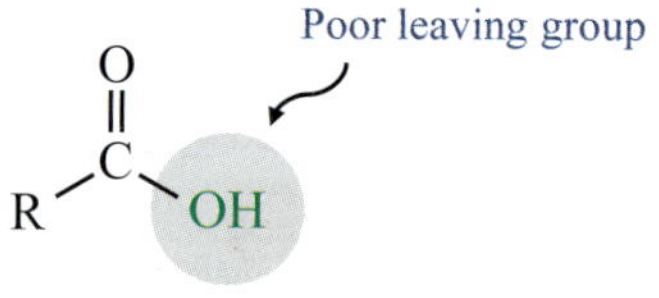


**반응성을 높이려면 산 촉매(acid catalyst)**를 이용하여 카보닐기의 산소에 양성자 첨가(protonation)를 하여 친핵체에 대한 반응성을 더 크게 하고, 카복실기의 $-OH$를 더 **좋은 이탈기**로 만드는 것이 필요하다.

## 1. 카복실산의 Fischer 에스터화 반응(Fischer esterification reaction)

카복실산(Carboxylic acid)의 가장 유용한 반응은 알코올과의 반응을 통하여 에스터를 합성하는 것이다. Fischer 에스터화 반응(Fischer esterification reaction)은 **카복실산을 알코올 용매에서 산 촉매와 함께 가열하여 에스터를 합성하는 가장 간단한 방법이다.**

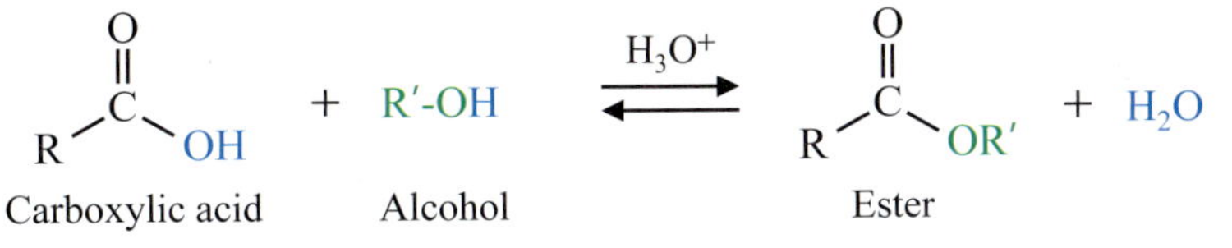


**카복실산의 Fischer 에스터화 반응**

Fischer 에스터화 반응은 가역적(reversible)이며 평형의 위치는 반응의 조건에 따라 달라진다. 에스터가 형성되는 방향으로 평형을 이동시키고자 할 때는 생성되는 물을 제거하거나 알코올을 과량으로 사용하면 된다.

### 1) Fischer 에스터화 반응 메커니즘

에스터(Ester)는 카복실산의 유도체로서 카복실산의 −OH가 −OR로 치환된 것이다. 다음은 카복실산의 Fischer 에스터화 반응 메커니즘을 보여준다. 앞서 언급했듯이 카복실산의 에스터화 반응에서 산 촉매를 쓰는 이유(①)는, 카복실 탄소로 하여금 친핵체(R′−OH) 공격을 잘 받아들이도록 하기 위함이다(②).

알코올이 친핵성 공격을 하고(③) 알코올의 산소로부터 $H^+$가 떨어져 나간 후(④), 카복실 탄소에 결합되어 있는 −OH는 양성자 첨가된다. 결국 더 좋은 이탈기인 $H_2O$로 전환되어 떨어져 나간 뒤(⑤), 에스터 생성물을 얻을 수 있다(⑥). 이때 알코올의 산소가 $H_2O$ 속에 존재하지 않고 에스터에 존재한다는 사실을 알아 두어야 한다. 즉 알코올의 OH와 카복실산의 H가 결합하여 $H_2O$가 되면서 떨어져 나가는 것이 아니라, 카복실산의 OH가 알코올의 H와 결합하여 떨어져 나가는 것이다. 알코올의 O는 에스터에 잔존하게 된다.

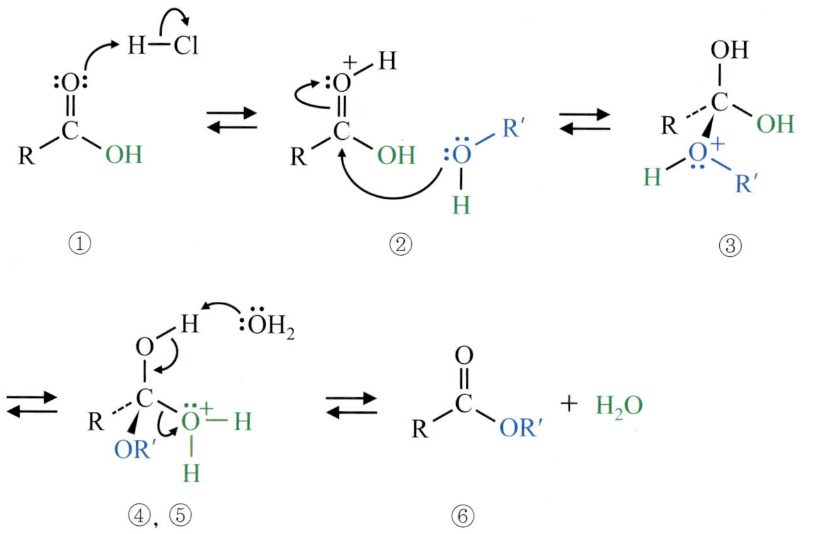

카복실산의 Fischer 에스터화 반응 메커니즘

## 2) 고리형 에스터(Cyclic ester, Lactone)

고리형 에스터(Cyclic ester)는 락톤(lactone)이라고 한다. 한 분자 내에 카복실기와 하이드록실기를 모두 가지고 있는 **하이드록시 카복실산(hydroxy carboxylic acid)**으로부터 만들어진다.

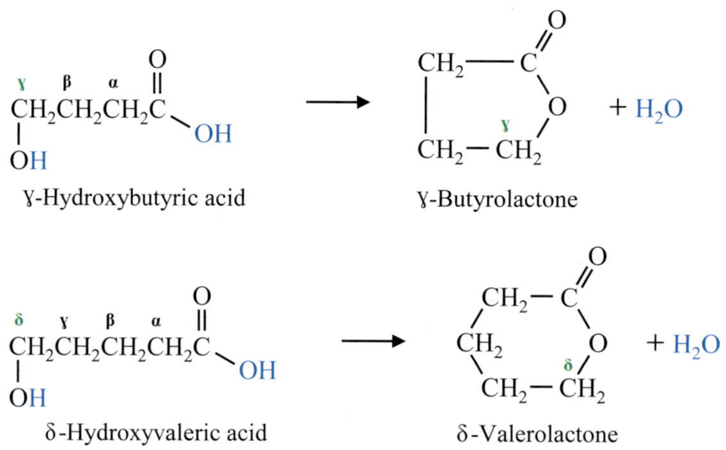

분자내 에스터화 반응에 의한 고리형 에스터(락톤)의 합성

대체로 락톤은 5원자 고리(five membered ring) 또는 6원자 고리(six membered ring)가 대부분이지만 더 작거나 더 큰 고리를 가진 락톤도 알려져 있다.

## 2. 카복실산으로부터 1차 알코올(1° Alcohol)로의 환원 반응 (Reduction)

8-3절에서 배운 것처럼 카복실산은 **$LiAlH_4$에 의해** 1차 알코올(primary alcohol)로 환원된다. 카복실산의 환원 반응 메커니즘은 알데하이드 중간체를 거쳐서 계속 더 환원되어 1차 알코올이 된다.

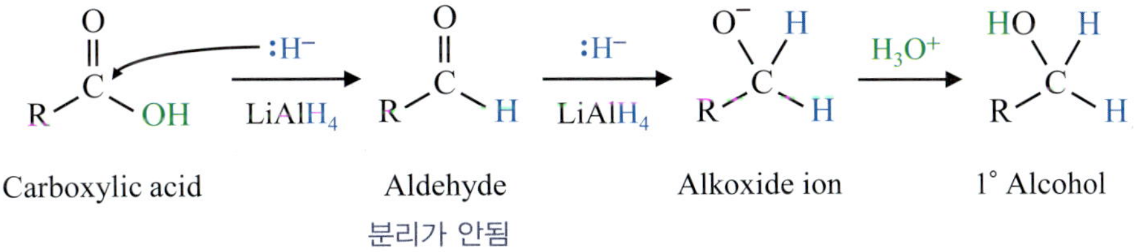


**카복실산의 환원에 의한 1차 알코올 생성 반응 메커니즘**

## 3. 카복실산으로부터 산 염화물(Acid chloride)의 합성

카복실산과 **염화 싸이오닐(thionyl chloride, $SOCl_2$)**의 반응을 통해 산 염화물(acid chloride)을 얻을 수 있다. 다음은 카복실산으로부터 산 염화물이 생성되는 친핵성 아실 치환 반응 메커니즘이다.

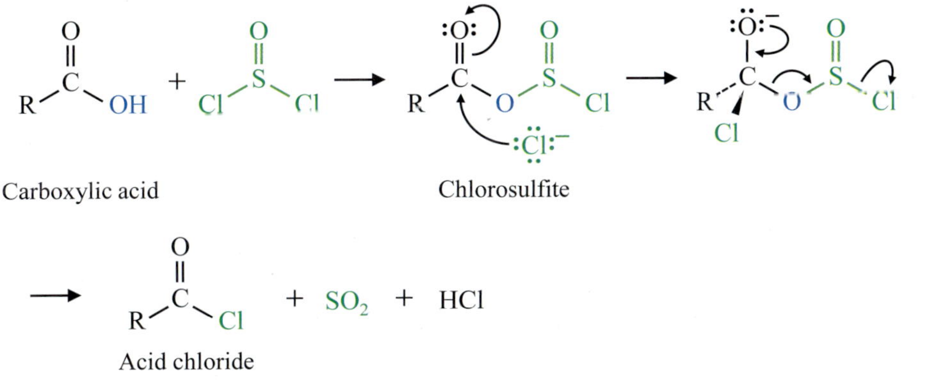


**카복실산으로부터 산 염화물 생성 반응 메커니즘**

반응 메커니즘 중 클로로설파이트 중간체(chlorosulfite intermediate)가 생성되는 것은 카복실산(RCOOH)의 −OH가 더 좋은 이탈기로 전환되는 것이다. 그 이후, 클로로설파이트는 친핵체인 $Cl^-$와 반응한다.

**예제 10.4** *p*-메틸벤조산(*p*-Methylbenzoic acid)을 다음 시약으로 처리하면 어떤 화합물이 생성되는가?

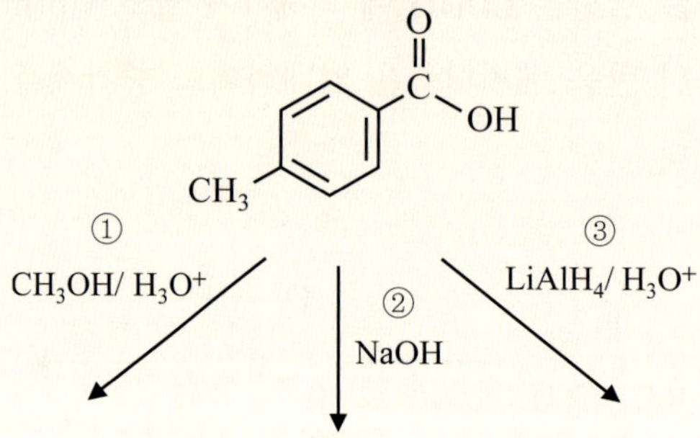


**풀이**

①

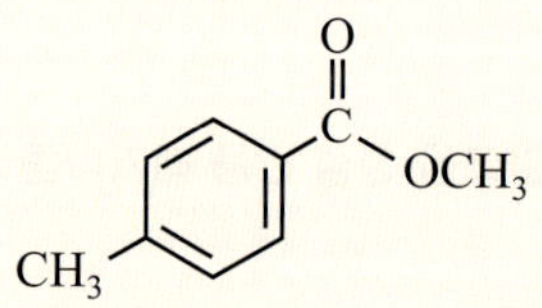


②

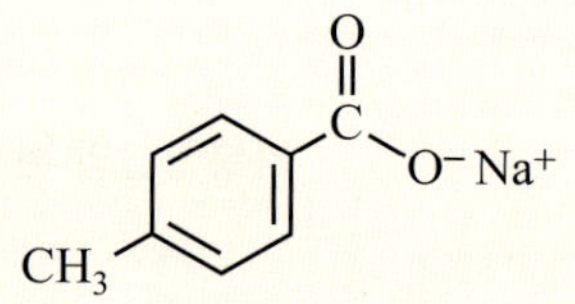


③

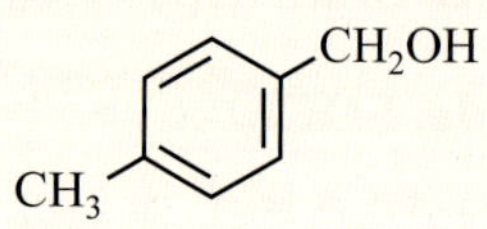


**문제 10.4** *p*-메틸벤조산을 다음 시약으로 처리하면 어떠한 생성물을 얻을 수 있는가?

①

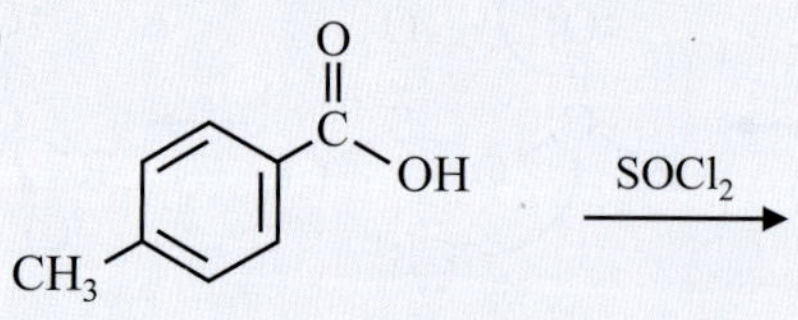


②

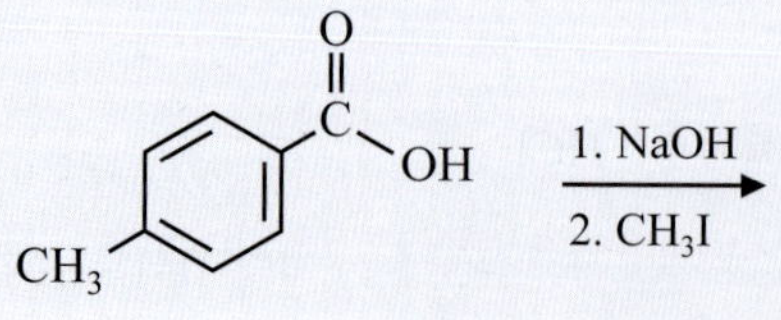

## 10-7 에스터의 반응의 특성 및 종류

에스터(Ester)는 친핵체의 공격을 받을 때 반응성이 작은데, 이는 카보닐 탄소에 결합되어 있는 −OR′의 산소가 공명으로 카보닐 탄소에 전자를 내어 주기 때문이다.

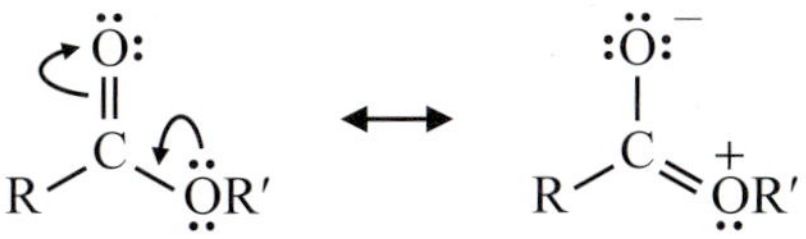

에스터의 공명 구조

공명에 의해 카보닐 탄소의 양전하가 비편재화되어 에스터의 반응성은 작은 편이다.

즉, 카보닐 탄소의 양전하가 많을수록 친핵체의 반응이 수월해지는데, **공명에 의해 양전하가 −OR′의 산소에 비편재화(delocalization)되므로** 카복실산 유도체 중 **반응성이 작은 편이다.**

### 1. 에스터의 비누화 반응(Saponification)

에스터를 NaOH 수용액과 함께 끓이면 이를 구성하고 있는 카복실산과 알코올로 가수분해된 후, **최종적으로 카복실산염(carboxylic acid salt)과 알코올이 생성된다.** 이와 같이 염기성 수용액으로 에스터를 가수분해하는 것을 **비누화 반응(saponification)**이라 한다.

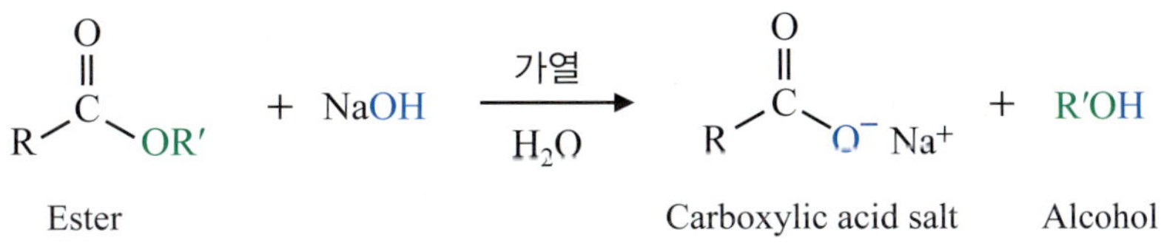


에스터의 비누화 반응

#### 1) 지방(Fat)의 비누화 반응

이 반응이 비누화 반응이라고 불리는 것은 동물성 지방(fat)으로부터 비누를 만드는 과정에서 일어나는 변화와 근본적으로 같기 때문이다. 라틴어로 *sapo*는 비누

(soap)라는 뜻이다.

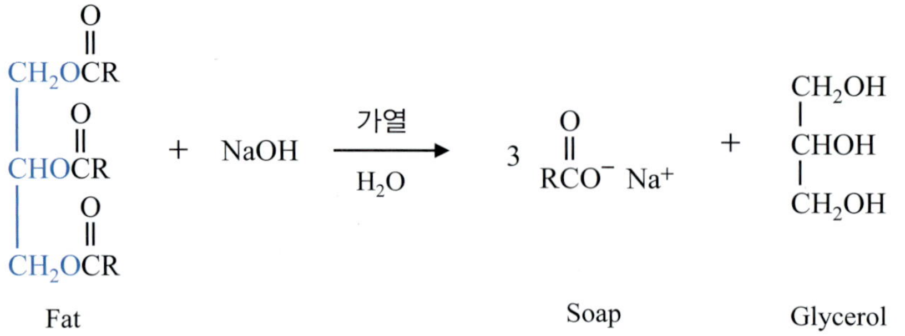


**지방의 비누화 반응**

### 2) 에스터의 비누화 반응 메커니즘

다음은 에스터의 비누화 반응 메커니즘을 보여준다. $OH^-$ 친핵체가 카보닐 탄소에 첨가되면서 **친핵성 아실 치환 반응**이 일어난다. $-OR'$이 이탈기로서 떨어져 나간 후, 카복실산이 생성되고 마지막 단계에서 카복실산의 $H^+$가 빠르게 염기성이 강한 알콕시화 이온($RO^-$)으로 이동하여 **카복실산의 염과 알코올이 생성된다.**

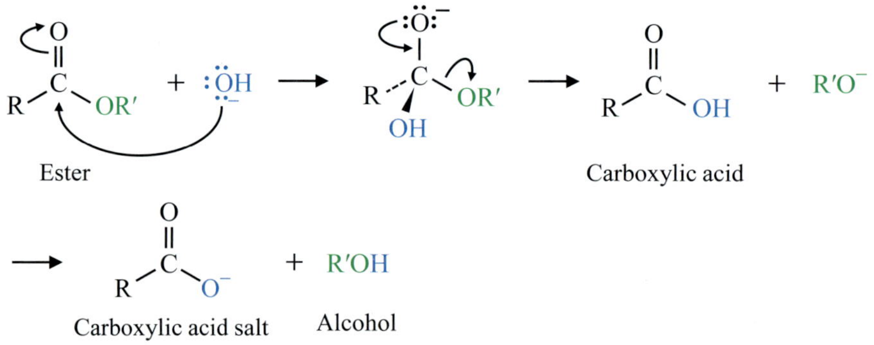


**에스터의 비누화 반응 메커니즘**

## 2. 에스터 교환 반응(Transesterification)

알코올은 에스터에 대하여 친핵체로 작용할 수 있다. 이때의 반응을 **에스터 교환 반응(transesterification)**이라고 한다. 이는 **어떤 알코올의 에스터에서 다른 알코올의 같은 산의 에스터로 전환시키는 데 사용된다.**

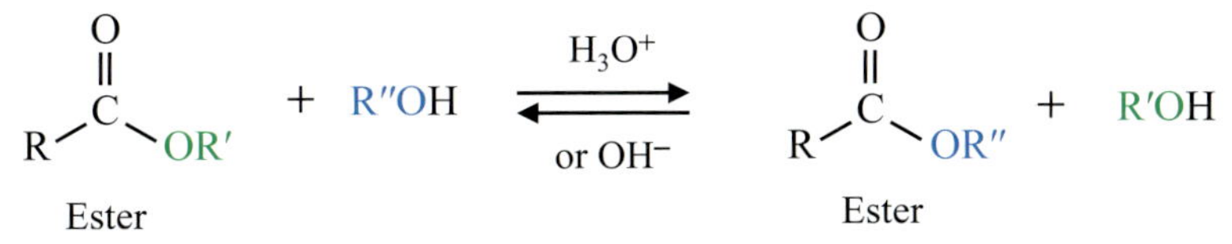


에스터 교환 반응

## 3. 에스터로부터 아마이드(Amide)의 합성

암모니아(ammonia, $NH_3$) 또는 아민(amine, $RNH_2$)은 에스터에 대하여 질소 친핵체로 작용하여 **아마이드(amide)**를 생성한다. 또한 하이드라진(hydrazine, $NH_2-NH_2$)과 에스터가 반응하면 **아실하이드라자이드(acyl hydrazide)**를 생성한다.

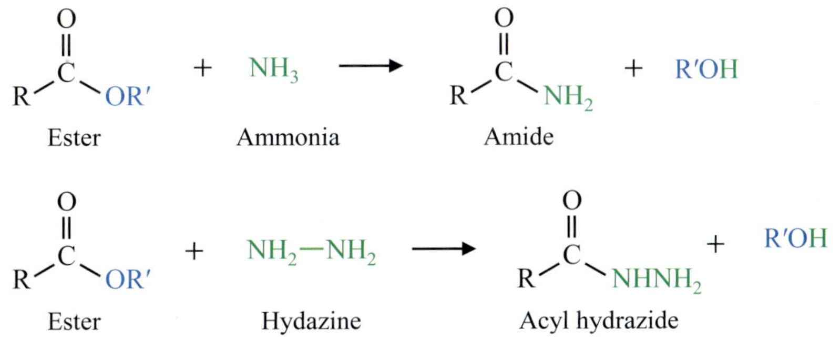


에스터로부터 아마이드의 합성

**아실하이드라자이드** 화합물은 결핵치료제나 진정제와 같은 의약품으로 사용된다.

## 4. 에스터로부터 1차 알코올(1° Alcohol)로의 환원 반응

이미 8-3절에서 언급한 대로, 에스터는 **환원제인 $LiAlH_4$**에 의해 1차 알코올로 환원된다.

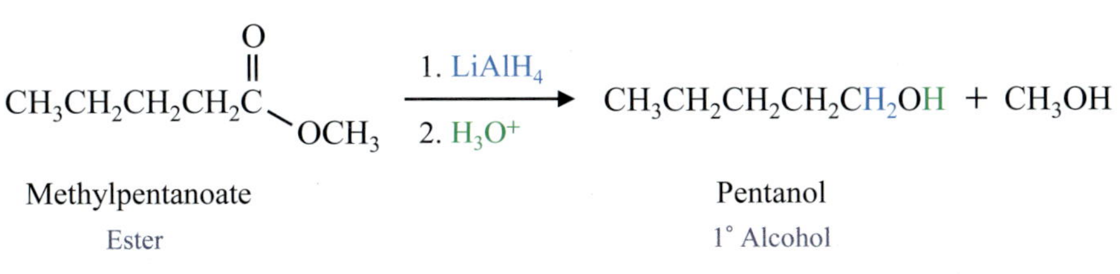


$LiAlH_4$에 의한 에스터로부터 1차 알코올로의 환원

에스터의 환원 반응 메커니즘은 알데하이드 중간체를 거쳐서 계속 더 환원되어 1차 알코올이 되는 것이다.

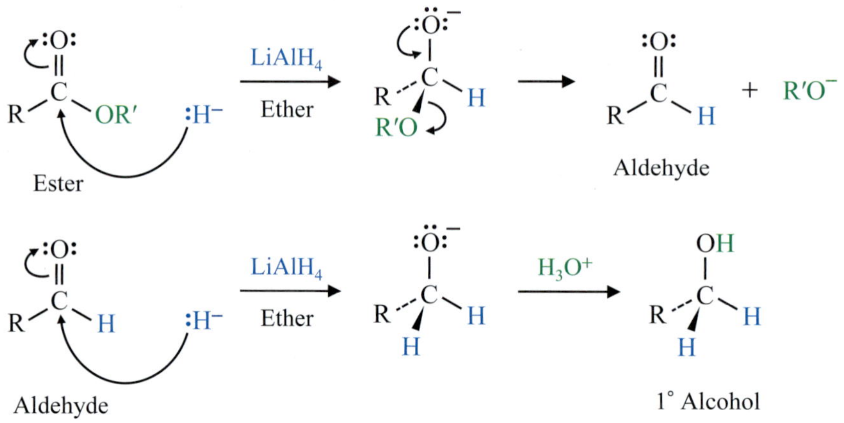


**환원에 의한 에스터로부터 1차 알코올 생성 반응 메커니즘**

## 5. Grignard 시약에 의한 에스터로부터 3차 알코올(3° Alcohol)의 합성

에스터는 Grignard 시약 2분자와 반응하여 3차 알코올(tertiary alcohol)을 생성하는데 하이드록실기(−OH)를 가진 탄소에 결합된 2개의 치환기는 Grignard 시약에서 온 것이다.

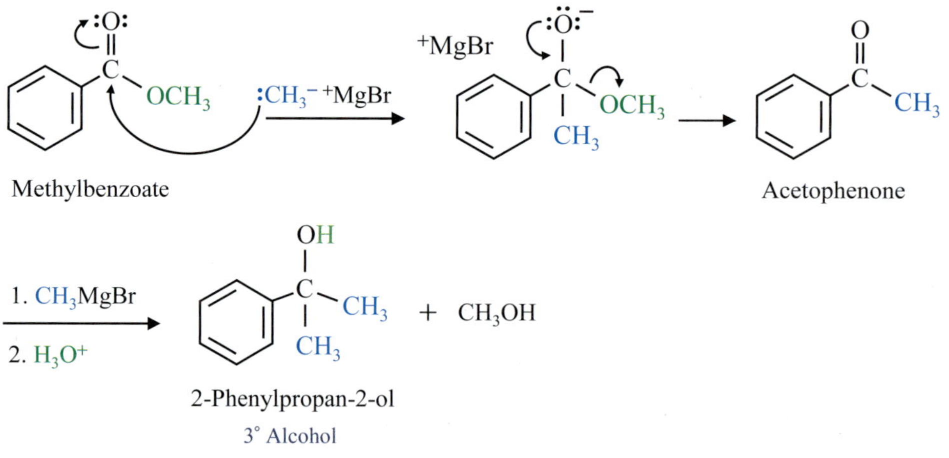


**에스터와 Grignard 시약과의 반응에 의한 3차 알코올 생성 반응 메커니즘**

**예제 10.5** 다음 반응의 생성물은 무엇인가?

①
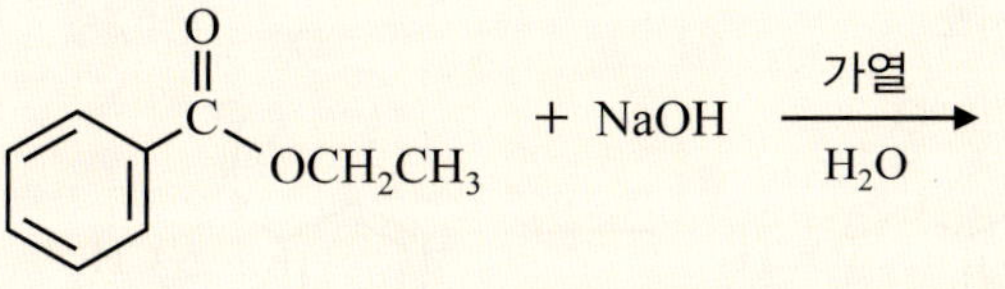

②
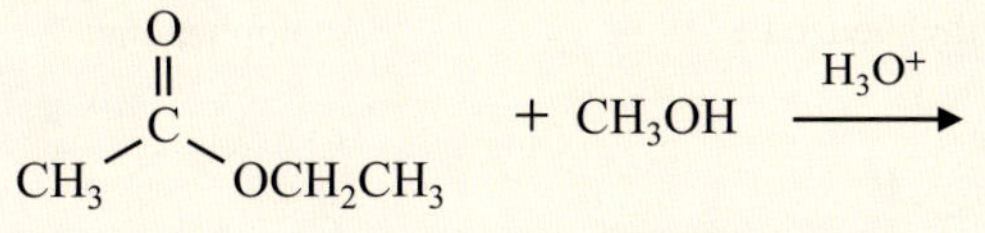

③
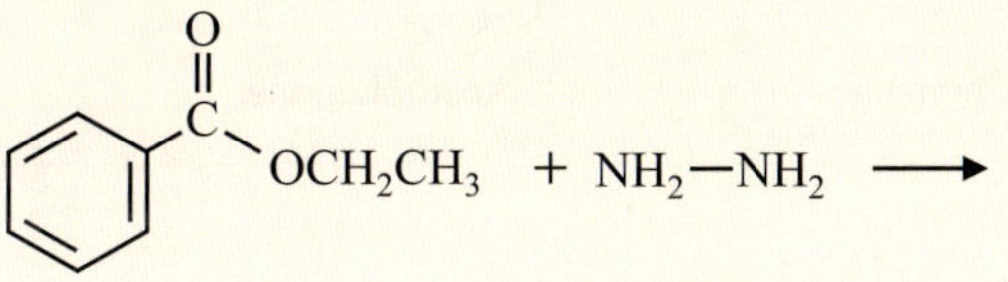

④
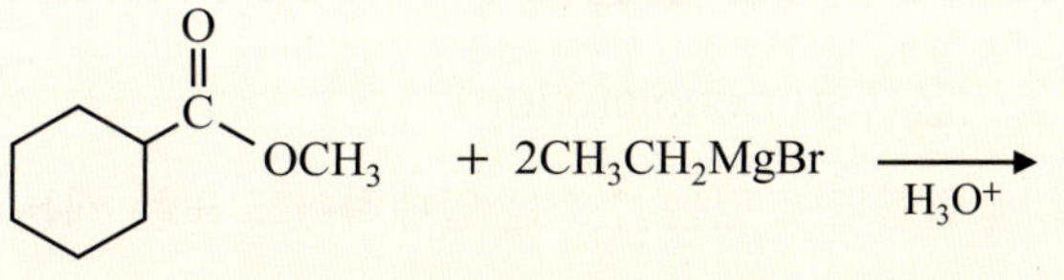

**풀이**

①
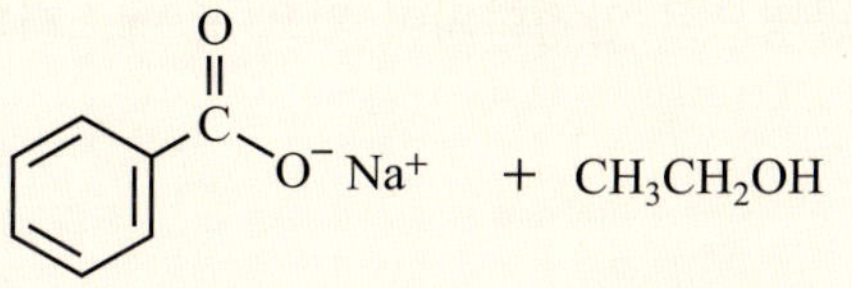

②
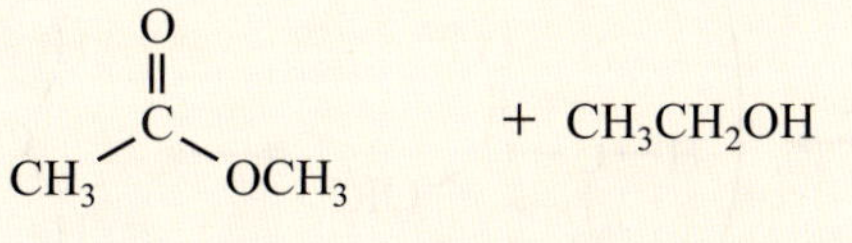

③
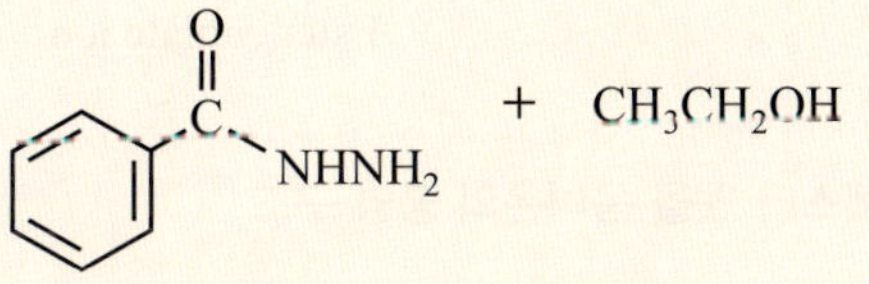

④
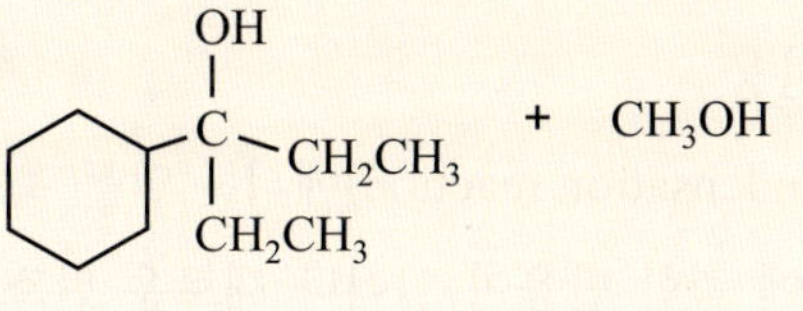

**문제 10.5** 다음 출발물질로부터 아세토페논(Acetophenone)을 합성하는 반응의 메커니즘을 적으시오.

①

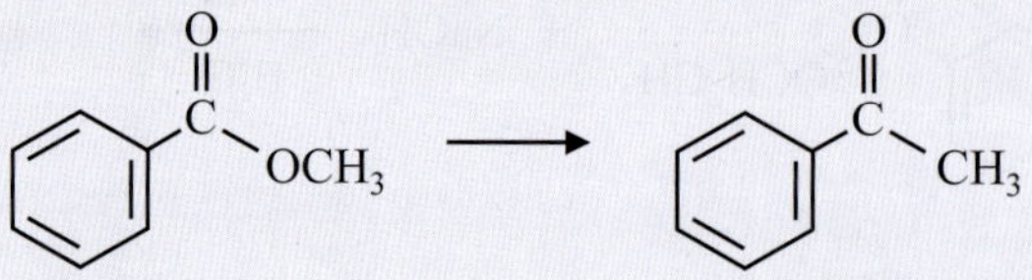

Methyl benzoate　　　Acetophenone

②

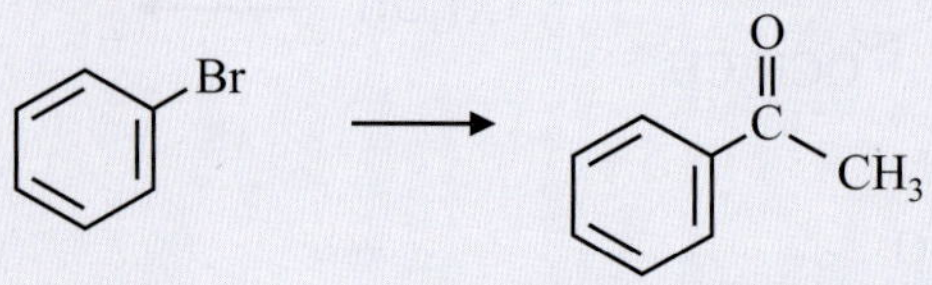

Bromobenzene　　　Acetophenone

## 6. 에스터의 Claisen 축합 반응(Claisen condensation reaction)

### 1) 에스터 엔올 음이온(Ester enolate ion)

에스터의 α–탄소에 결합되어 있는 수소는 알데하이드 또는 케톤과 마찬가지로 약하게 산성을 띠며 센 염기로 처리하면 **에스터 엔올 음이온(ester enolate ion)**을 형성한다. 에스터 엔올 음이온은 공명으로 안정화되어 있으며, 에스터의 카보닐 탄소에 **탄소 친핵체**로 작용할 수 있다.

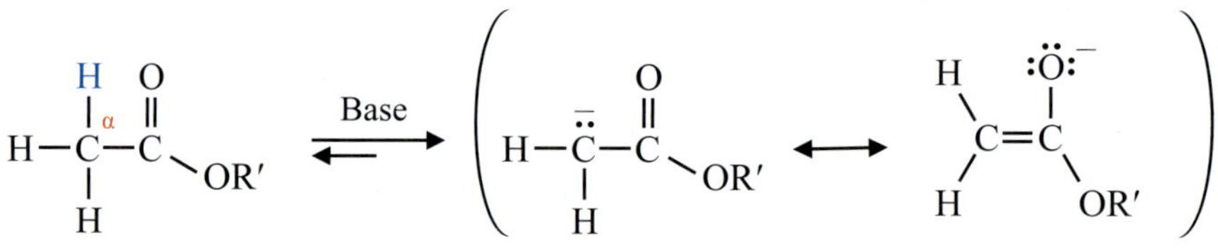

Ester　　　Ester enolate ion

에스터의 α-탄소의 수소는 산성

**에스터 엔올 음이온의 공명 구조**

### 2) 에스터의 Claisen 축합 반응

Claisen 축합 반응(Claisen condensation reaction)에서는 알돌 축합 반응에서와 유사하게 **2개의 에스터 분자 사이에 축합 반응이 일어나 새로운 탄소–탄소 결합이 형성되고 β–케토 에스터(β–keto ester)가 생성된다.**

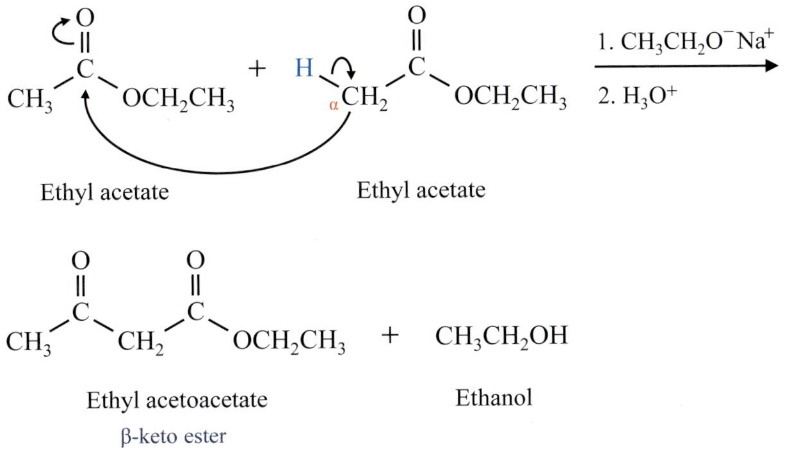


에스터의 Claisen 축합 반응

에스터(Ester)의 Claisen 축합 반응의 메커니즘은 다음과 같다.

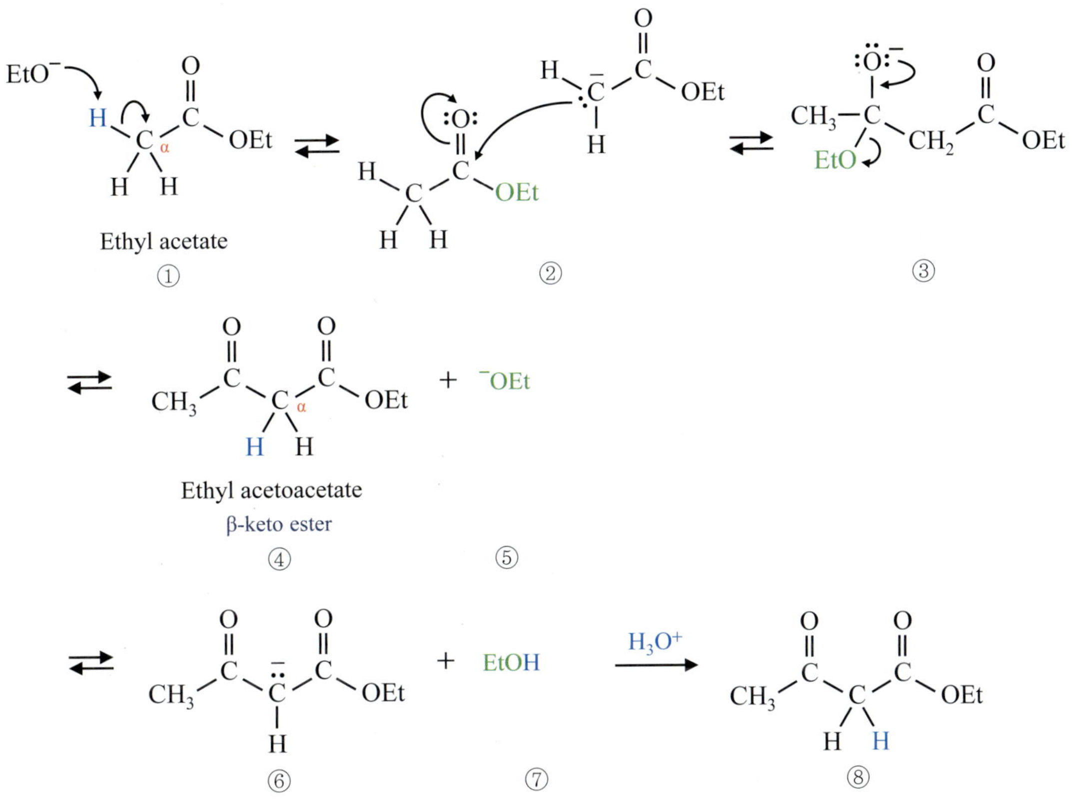


에스터의 Claisen 축합 반응 메커니즘

먼저 염기($CH_3CH_2O^-$, $EtO^-$)가 에스터의 α-탄소에 결합되어 있는 $H^+$(양성자)를 제거하여(①) 에스터 엔올 음이온(ester enolate ion)이 생성된다. 에스터 엔올 음이온은 탄소 친핵체로 작용하여 또 다른 에스터 분자의 카보닐 탄소에 친핵성 첨가되어(②) 새로운 탄소-탄소 결합을 형성한다(③). 이 반응에서는 이탈기인 에톡시화 이온($CH_3CH_2O^-$)이 떨어져 나감으로써(③) β-케토 에스터(β-keto ester)가 생성되고(④) 염기성 촉매는 재생된다(⑤).

이탈기로 떨어져 나간 에톡시화 이온(⑤)은 생성물인 β-케토 에스터의 α-탄소에 결합되어 있는 $H^+$를 떼어 내어(⑥) 에탄올이 되며(⑦), 엔올 음이온(⑥)은 분리된 단계에서 산 수용액의 첨가에 의해 β-케토 에스터로 전환되고 반응은 완결된다(⑧).

**예제 10.6** 다음 에스터의 Claisen 축합 반응에서 얻을 수 있는 생성물은 무엇인가?

①

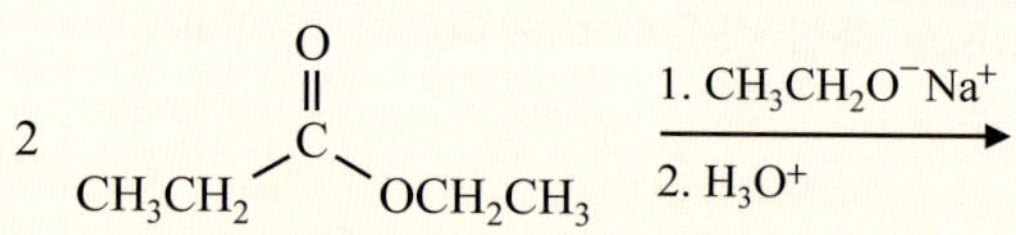

②

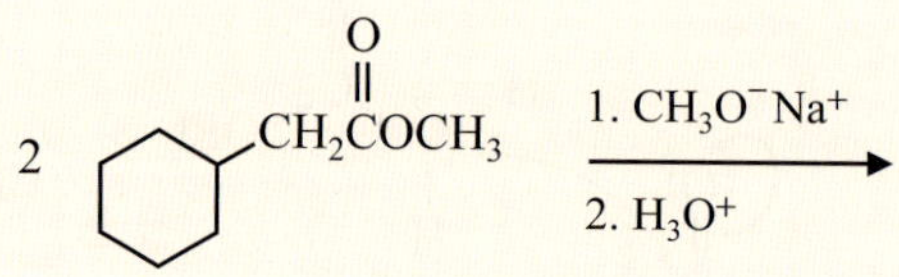

**풀이**

①

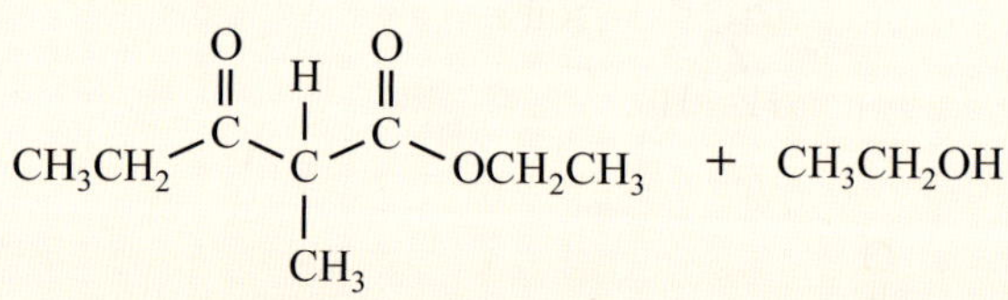

②

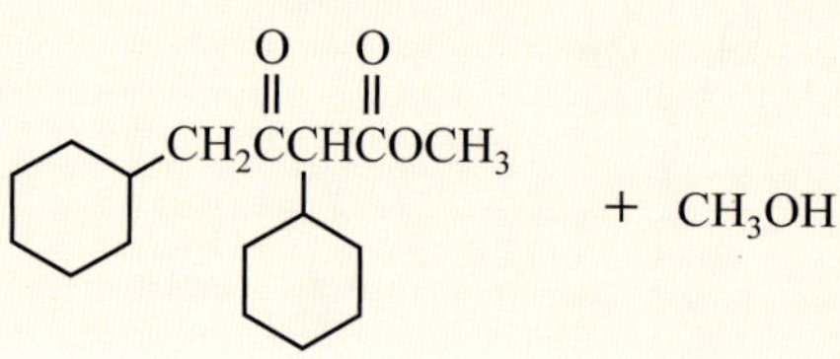

**문제 10.6** 다음과 같이 서로 다른 에스터가 Claisen 축합 반응을 통하여 생성되는 화합물의 구조를 그리시오.

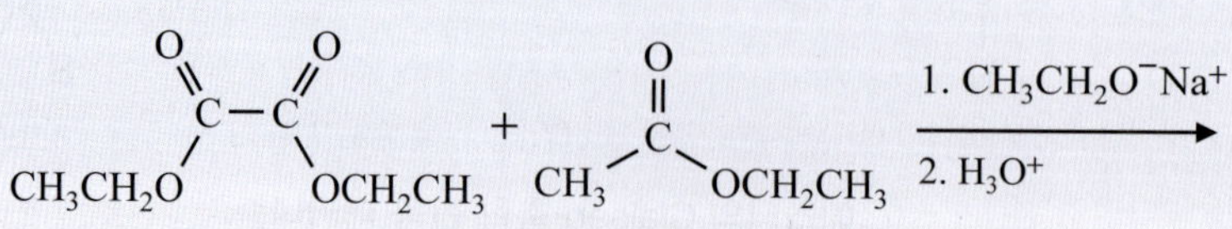

# 10-8 산 할로젠화물의 반응의 특성 및 종류

10−6절에서 배운 것처럼 산 염화물(acid chloride)은 카복실산과 염화 싸이오닐(thiol chloride, $SOCl_2$)의 반응을 통하여 얻을 수 있다.

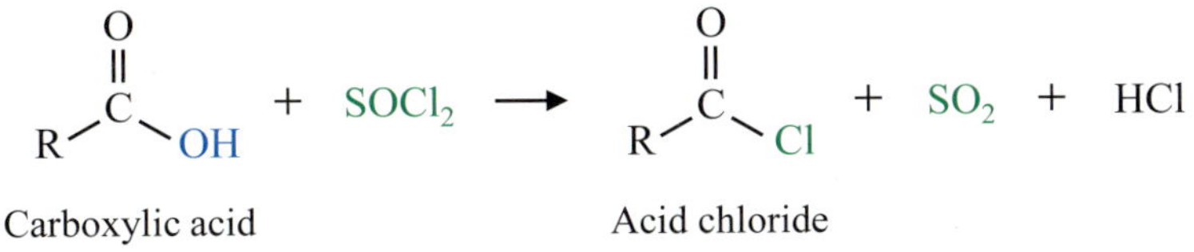


카복실산으로부터 산 염화물 합성

이 반응은 알코올로부터 할로젠화 알킬(RX)을 만드는 방법과 유사하다(7−2절).

여러 가지 할로젠 원소(F, Cl, Br, I)로 이루어진 산 할로젠화물이 알려져 있지만, 이 중에서 산 염화물이 가장 저렴하고 흔하다. 산 할로젠화물(acid halide)은 대체로 자극적인 냄새를 가지는데 염화 벤조일(benzoyl chloride)은 최루제로 쓰인다.

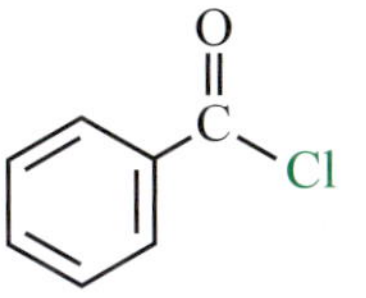


Benzoyl chloride
최루제

## 1. 산 염화물(Acid chloride)의 반응 특성

**산 염화물은 카복실산의 유도체 중 가장 반응성이 크므로** 모든 친핵체와 빠르게 반응한다. 그 이유는 카보닐 탄소에 전자가 부족하여 양전하가 많을수록 친핵체와 더 쉽게 반응을 하는데, 산 염화물은 **전기 음성도가 큰 염소 원자(Cl)가 카보닐 탄소로부터 전자를 강하게 끌어당기기 때문**이다.

## 2. 산 염화물의 반응의 종류

산 염화물은 $H_2O$와 반응하여 **카복실산**을 생성하고, 또 알코올과 반응하여 **에스터**

를 생성하며, 암모니아($NH_3$) 또는 아민($RNH_2$)과 빠르게 반응하여 **아마이드**를 생성한다. 산 염화물과 암모니아와의 반응에서 여분의 1당량의 $NH_3$는 생성된 HCl과 반응하도록 첨가된 것이다.

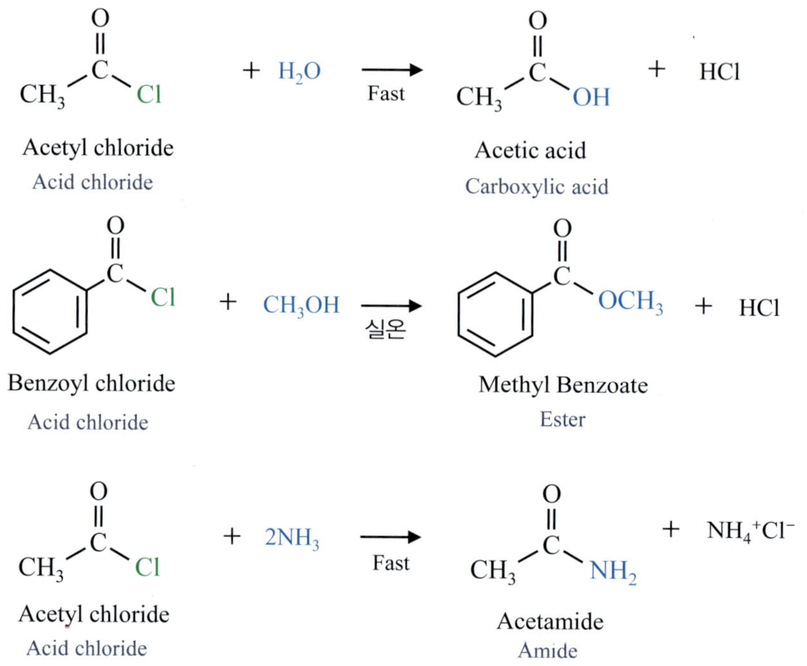


**산 염화물로부터 카복실산, 에스터, 아마이드의 합성**

이 반응들은 일반적인 반응 메커니즘에 의하여 일어나는데, **에스터보다는 훨씬 빠르고 온화한 반응 조건하에서 진행된다.**

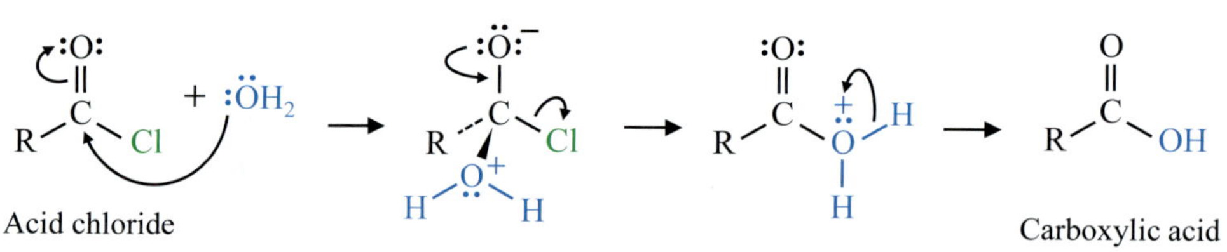


**산 염화물로부터 카복실산 생성 반응 메커니즘**

## 10-9 산 무수물의 제법, 반응의 종류 및 특성

산 무수물은(Acid anhydride)은 **2분자의 카복실산에서 물이 제거된 형태**의 화합물이다.

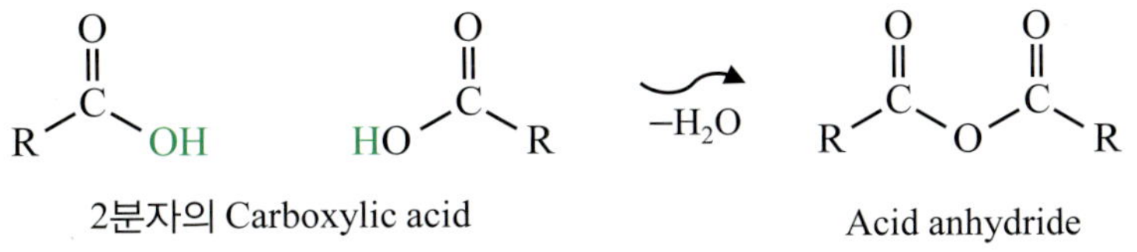

2분자의 카복실산으로부터 산 무수물 합성

몇 가지 산 무수물은 단순히 카복실산을 가열하여 만들 수 있다. 한 분자 내 카복실기가 2개인 **다이카복실산(dicarboxylic acid)**의 경우, 산 무수물은 5원자 고리로 된다.

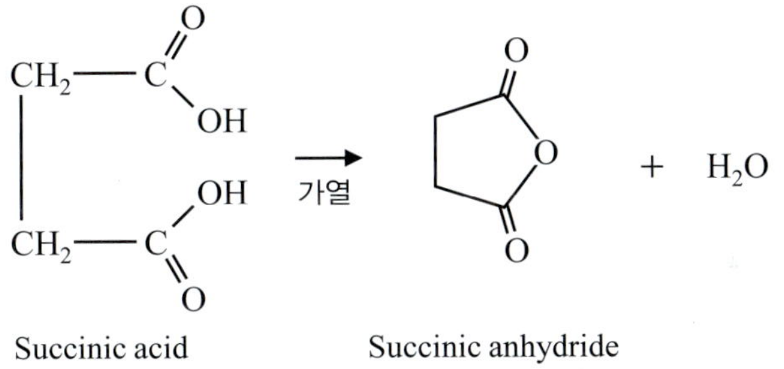

다이카복실산의 가열에 의한 고리형 산 무수물 합성

**산 무수물을 합성하는 가장 좋은 방법은 산 염화물(acid chloride)과 카복실산염(carboxylic acid salt)의 반응을 이용하는 것이다.** 이때 산 염화물의 카보닐 탄소에 카복실산 음이온(caboxylate ion)이 친핵성 공격을 하면서 반응이 진행된다.

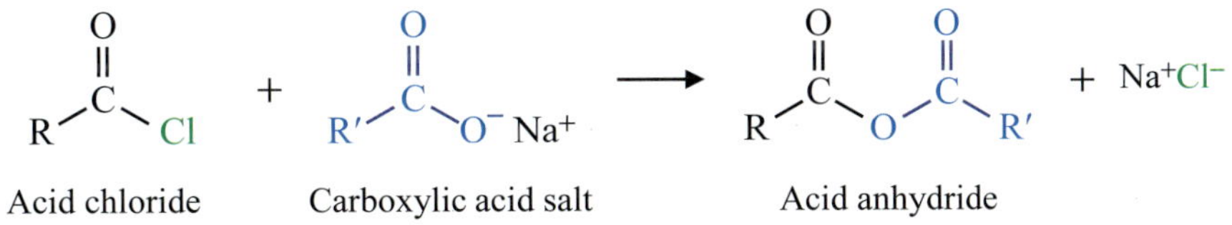

산 염화물과 카복실산 염의 친핵성 아실 치환 반응에 의한 산 무수물 합성

## 1. 산 무수물(Acid anhydride)의 반응의 종류

**산 무수물의 반응과 종류는 산 염화물과 유사하다.** 산 무수물은 $H_2O$와 반응하여 **카복실산(carboxylic acid)**을 생성하고, 알코올과 반응하여 **에스터(ester)**를 생성하며, 암모니아와 반응하여 **아마이드(amide)**를 생성한다.

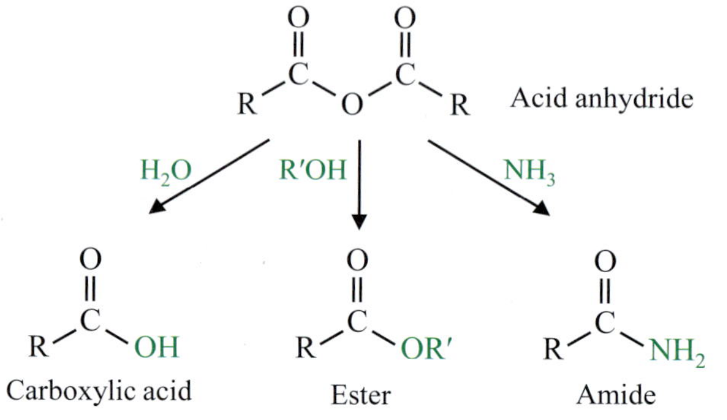


**산 무수물로부터 친핵성 아실 치환 반응에 의한 카복실산, 에스터 및 아마이드의 합성**

예를 들어 아세트산 무수물(acetic anhydride)과 살리실산(salicyclic acid, *o*-Hydroxybenzoic acid)이 반응하면 에스터인 아스피린(aspirin)을 얻을 수 있다.

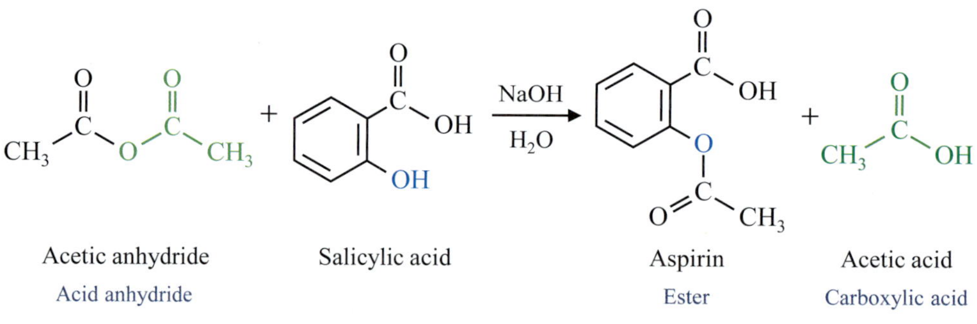


**아세트산 무수물과 살리실산과의 반응에 의한 아스피린의 합성**

이 반응에서 산 무수물분자의 '반'만 사용되고 나머지 반은 친핵성 아실 치환 반응에서 이탈기로 떨어져 나와 카복실산 한 분자를 생성한다. 이와 같은 이유로 **에스터 합성 반응(ester synthesis reaction)에서 산 무수물을 사용하는 것은 비효율적**이다. 따라서 **보통 산 염화물을 이용하여 에스터를 합성한다.**

## 2. 산 무수물의 반응 특성

산 무수물은 친핵성 아실 치환 반응에서 일반적으로 **에스터보다 반응성이 크지만 산 염화물보다는 반응성이 작다.**

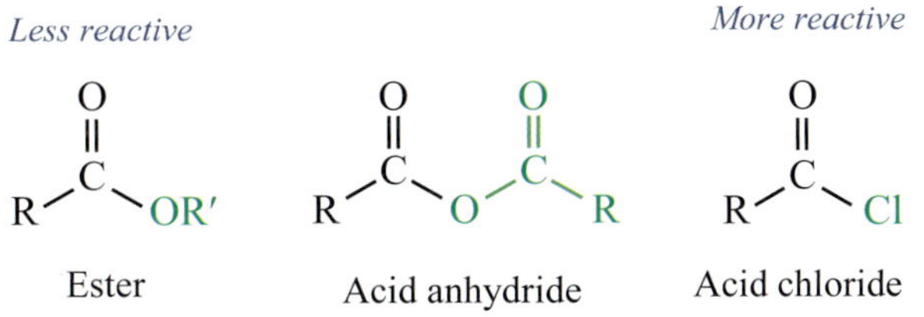


**산 무수물과 산 염화물 및 에스터와의 반응성 비교**

# 10-10 아마이드의 반응의 특성 및 종류

아마이드(Amide)는 10-8절에서 배운 것처럼 산 염화물과 암모니아 또는 아민과 빠르게 반응하여 생성된다.

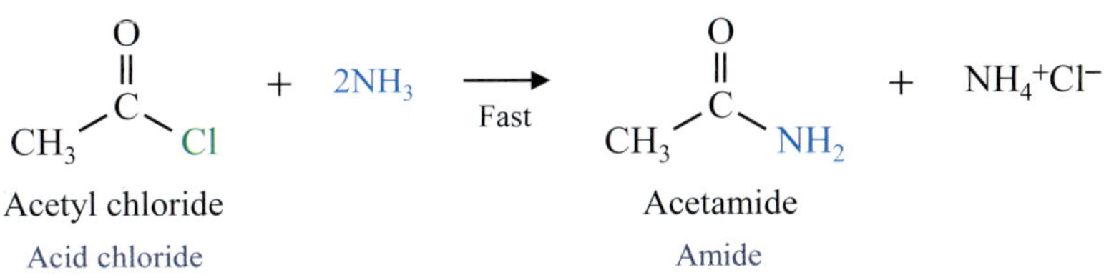


**산 염화물로부터 아마이드의 합성**

## 1. 아마이드(Amide)의 반응의 특성

아마이드는 산 염화물, 산 무수물, 에스터보다 **반응성이 훨씬 작고 안정**하다.

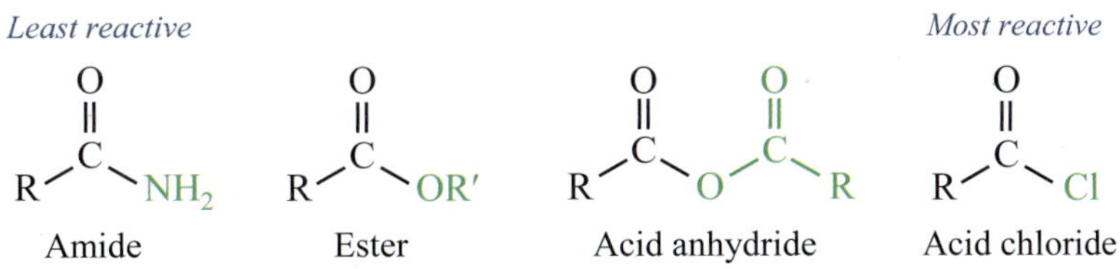


**아마이드와 산 염화물, 산 무수물 및 에스터와의 반응성 비교**

특히 아마이드 결합은 생명체의 단백질(protein)과 핵산(nucleic acid)에서 발견되는데, 이는 생명체의 온도와 수용성 용매 조건에서 아마이드 결합이 매우 안정하기 때문이다.

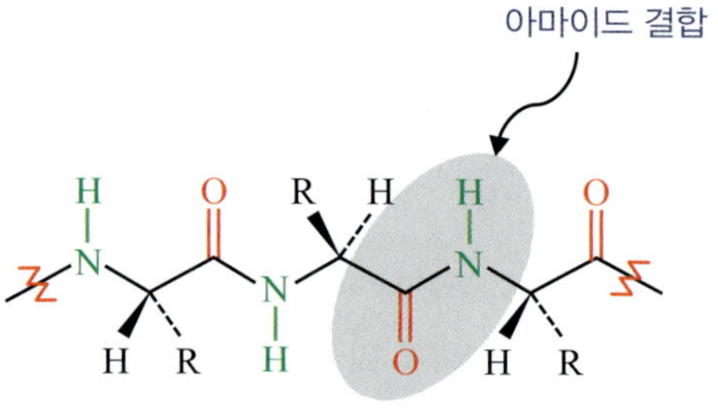


단백질의 아마이드 결합

## 2. 아마이드의 반응의 종류

아마이드의 일반적인 반응으로는 아마이드를 산성 수용액 또는 염기성 수용액에서 가열하여 가수분해(hydrolysis)를 유도해 **카복실산**을 생성하는 것이 있다. 또한 **아마이드는 $LiAlH_4$에 의해 환원되어 아민으로 전환된다.**

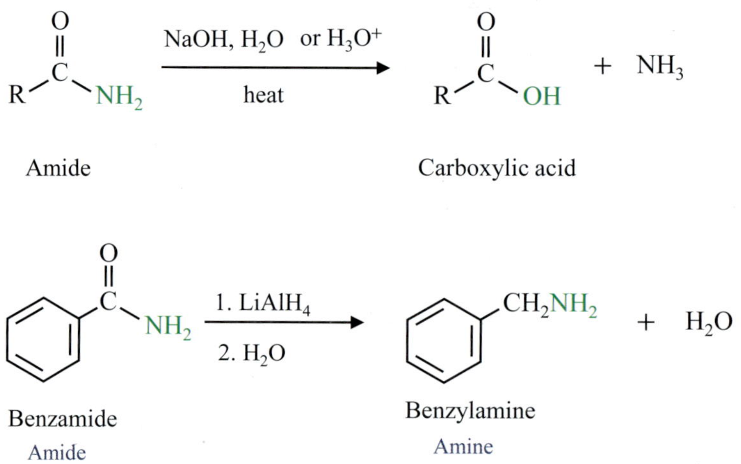


아마이드로부터 카복실산 및 아민의 합성

아마이드의 환원은 아마이드의 카보닐기(carbonyl group, C=O)가 메틸렌기(methylene group, $-CH_2$)로 전환되는 것인데, 이러한 반응은 다른 카복실산 유도체(carboxylic acid derivatives)에서는 일어나지 않는다.

**예제 10.7** 다음 화학 반응식에서 합당한 반응물 또는 생성물을 예측하시오.

①

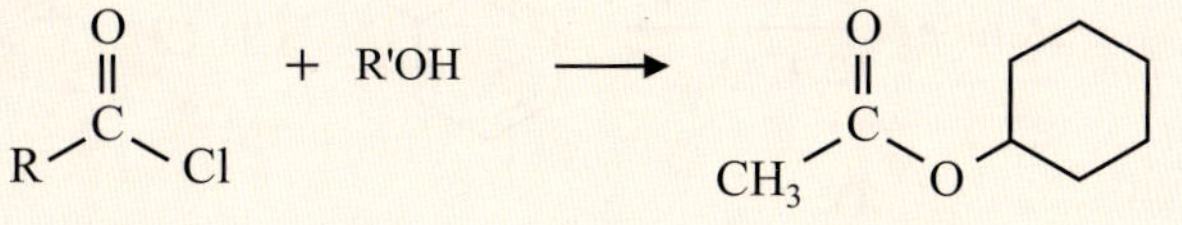

②

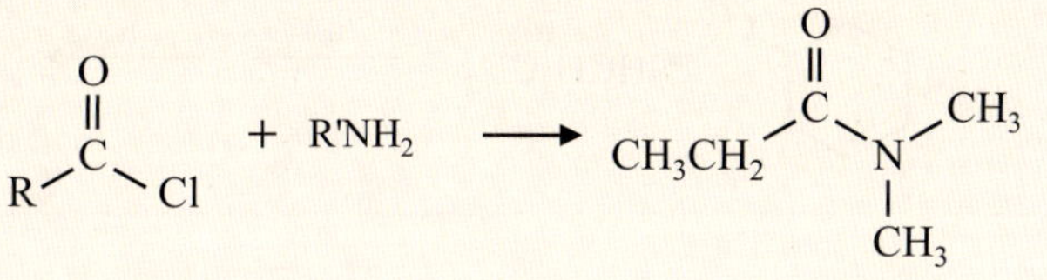

③

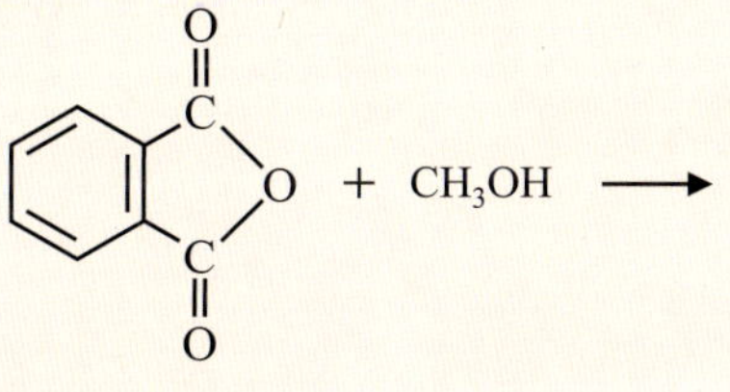

**풀이**

①

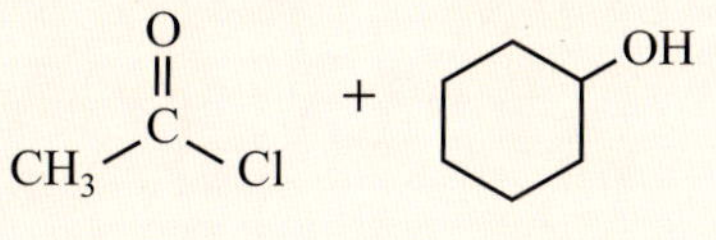

②

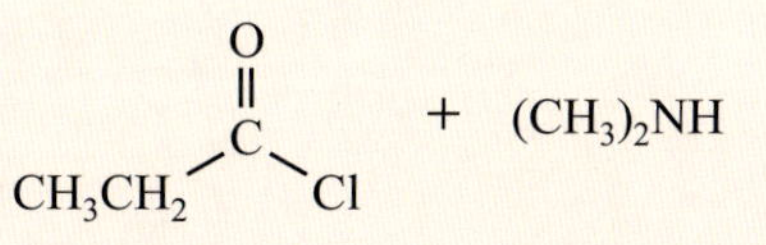

③

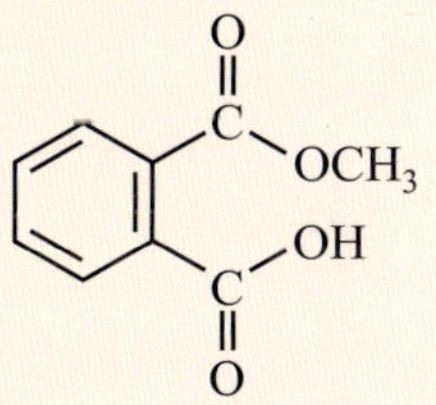

**문제 10.7** 다음 화학 반응식에서 필요한 시약 및 반응물 또는 생성물의 구조를 그려서 반응식을 완성하시오.

① 2-Methylpropanoyl chloride + $2NH_3$ ⟶

②

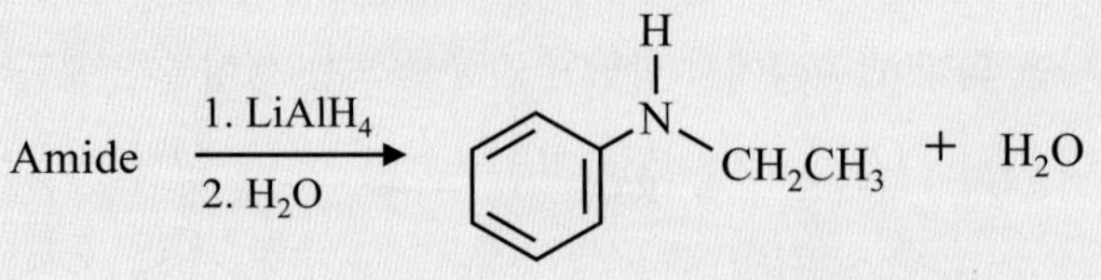


③

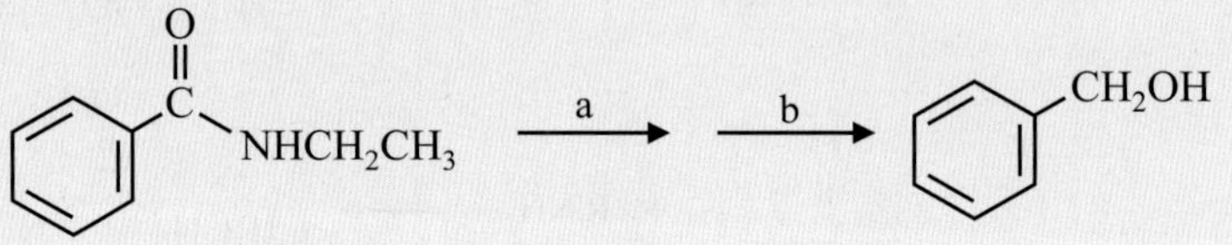

## 연습문제

**10.1** 다음 화합물의 IUPAC명을 적으시오.

①
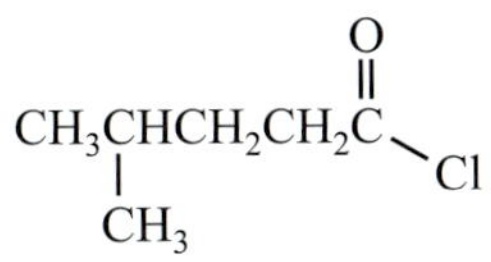

②
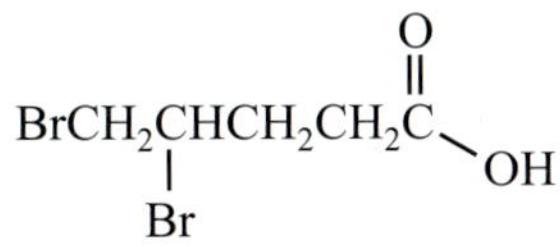

③
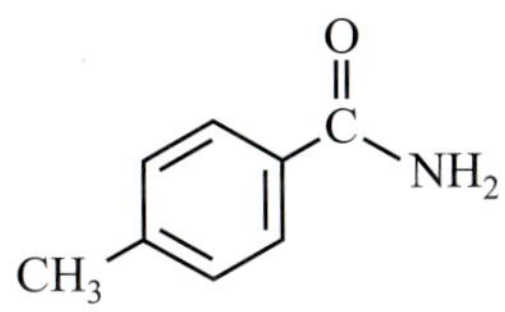

④
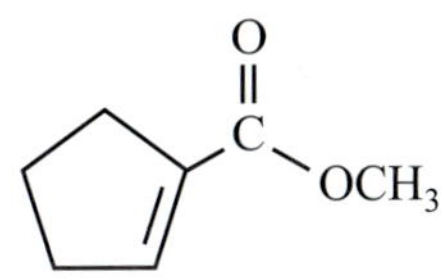

⑤
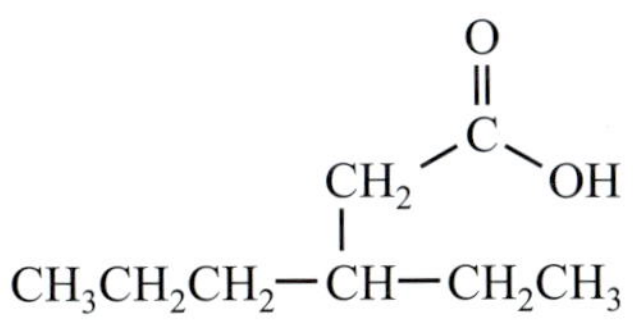

⑥
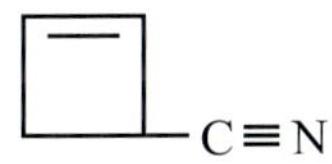

**10.2** 다음 화합물의 구조를 그리시오.

① Heptanedioic acid
② Phenylacetamide
③ β-Bromobutanoic acid
④ γ-Butyrolactone
⑤ Sodium *p*-methylbenzoate
⑥ Methylformate

**10.3** 다음 각 쌍 중 어느 것이 더 센 산인가? 그렇게 판단한 이유도 제시하시오.

① 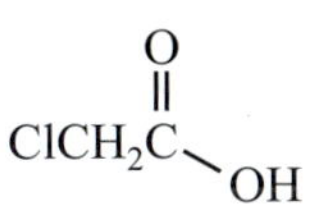 , 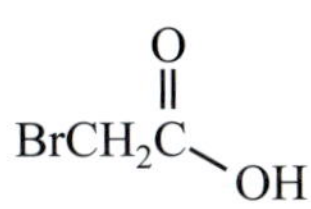

② 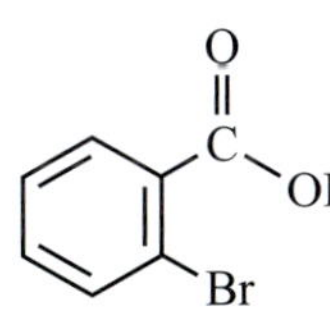 , 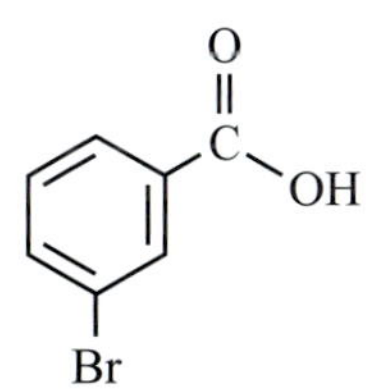

③ 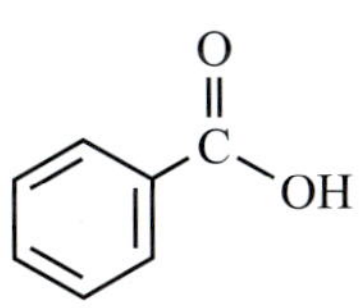 , 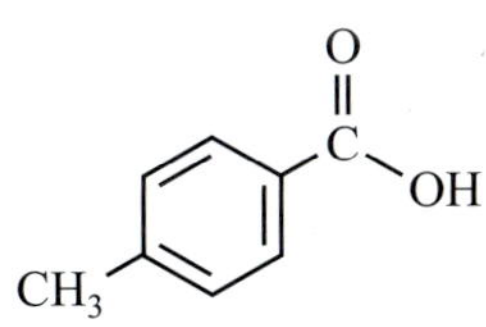

# 연습문제

**10.4** 다음 출발 물질로부터 다음의 카복실산을 합성하시오.

①

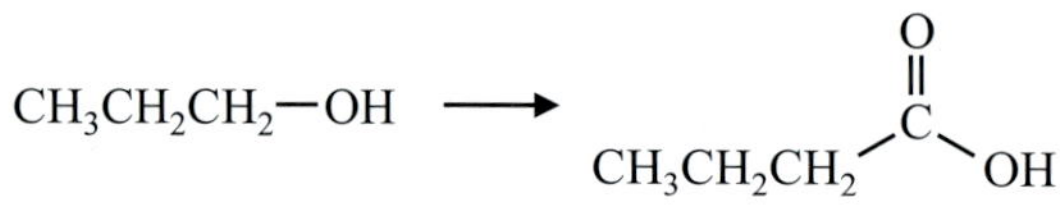

②

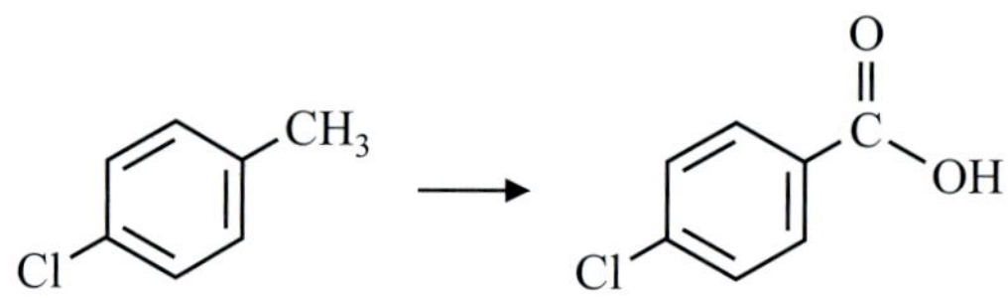

**10.5** 다음 각각의 반응식에서 어떤 화합물이 생성되는가?

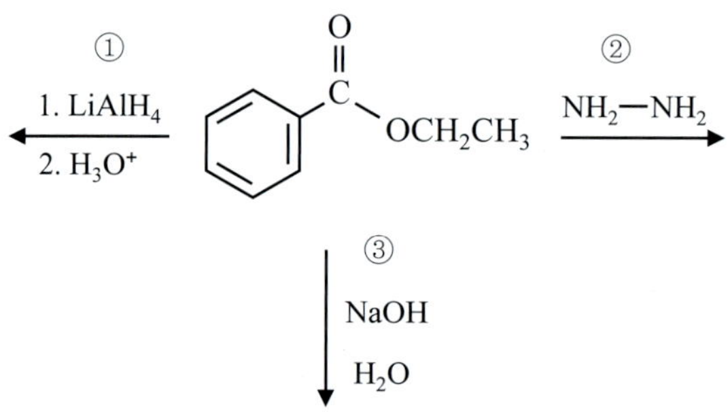

**10.6** 다음 에스터의 Claisen 축합 반응을 통하여 어떤 생성물을 얻을 수 있는가?

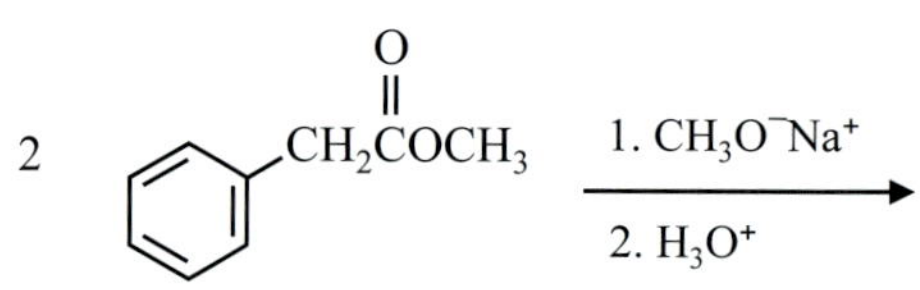

**10.7** 다음 문항을 읽고 친핵체에 대한 반응성의 차이를 설명하시오.

① 에스터는 케톤보다 반응성이 작다.

② 산 염화물은 같은 산의 산 무수물보다 반응성이 크다.

**10.8** 다음 화합물의 친핵성 아실 치환 반응(nucleophilic acyl substitution reaction)에서 반응성 순서대로 나열하시오.

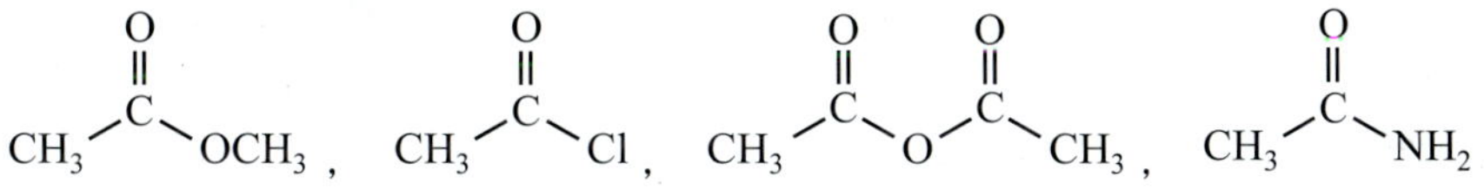

**10.9** 다음 각 반응식에서 어떤 생성물을 얻을 수 있는가?

①

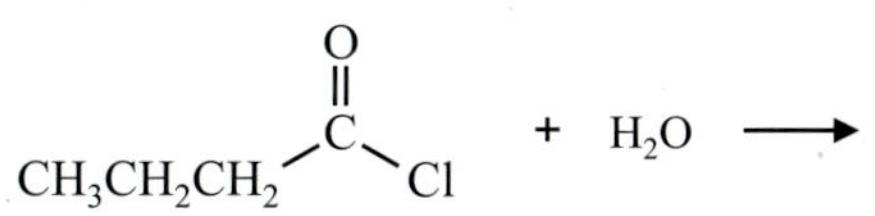

②

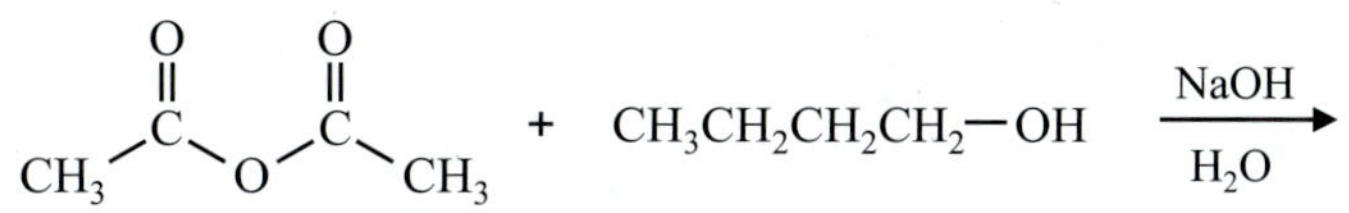

**10.10** 다음 각 반응의 화학 반응식을 완성하시오.

① Butanoyl chloride + Sodium acetate ⟶

② 4-Hydroxypentanoic acid $\xrightarrow[\text{가열}]{}$

# 부록

- 문제의 답
- 연습문제 정답

# 문제의 답

## 1장

**1.1** ① $_7N = 1s^2 2s^2 2p^3$　② $_8O = 1s^2 2s^2 2p^4$　③ $_{13}Al = 1s^2 2s^2 2p^6 3s^2 3p^1$

**1.2** ① K: 1개　② S: 6개　③ Cl: 7개

**1.3** ① $CH_2Cl_2$　② $BF_3$　③ $CH_3NH_2$

**1.4** ① $\overset{\delta-}{Br}-\overset{\delta+}{C}H_3$　② $H_2\overset{\delta-}{N}-\overset{\delta+}{C}H_3$　③ $H\overset{\delta-}{S}-\overset{\delta+}{C}H_3$

**1.5** 반응이 일어나지 않는다.

**1.6**

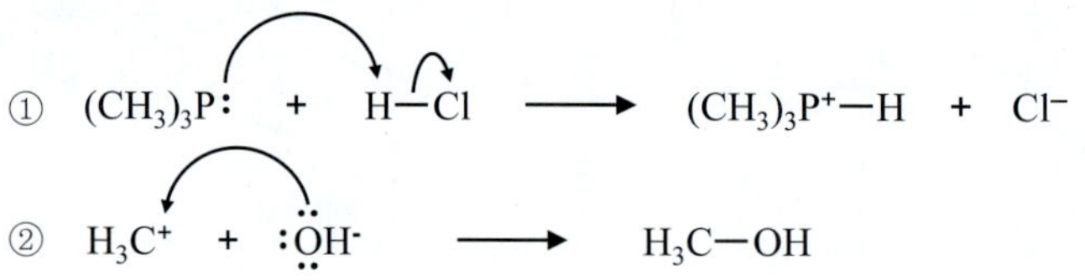


## 2장

**2.1** ① $C_4H_5N$　② $C_6H_{10}O$　③ $C_{10}H_{20}$

**2.2** *cis*-1,2-Dichlorocyclohexane

**2.3**

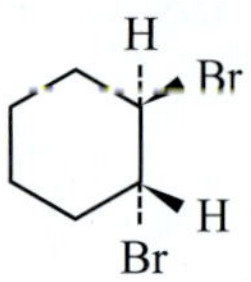


**2.4**

적도 방향 (Equatorial)

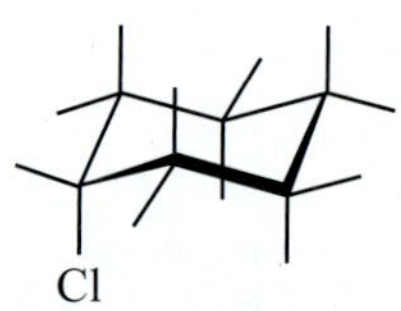


축 방향 (Axial)

**2.5**

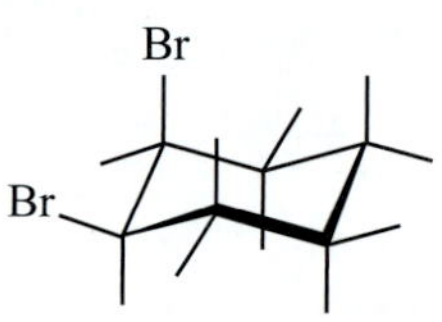


Axial 방향: 1개
Equatorial 방향: 1개

## 3장

**3.1** ① 3-Methylpent-2-ene　② 5-Methylhept-2-ene
③ 4-Isopropylcyclohexene　④ 3-tert-Butylcyclopentene
⑤ 2,2-Dimethylhex-3-yne　⑥ 3-Methylbut-1-yne

**3.2** ①  ② 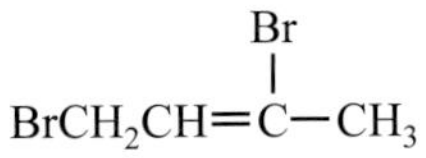

③ 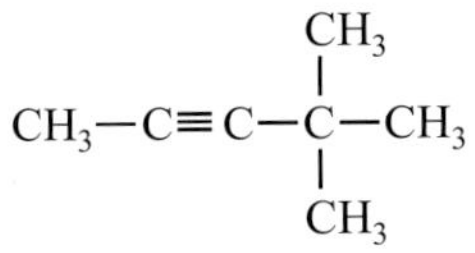 ④ $CH_2=CH\ CH_2CH_2CH=CH-CH_2CH_3$

**3.3** ①, ②

**3.4** ① −Br ② −OH ③ −CH=O

**3.5** ① Z 배열 ② Z 배열

---

## 4장

**4.1** ①  ② 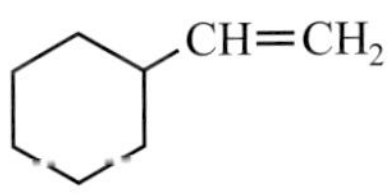 ③ $CH_3CH_2CH=CHCH_2CH_3$

**4.2** ① $CH_3CH=CHCH_3$ or $CH_3CH_2CH=CH_2$

② 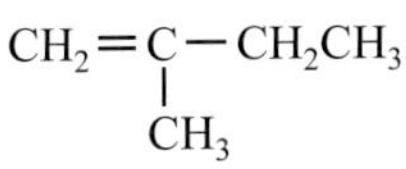 or 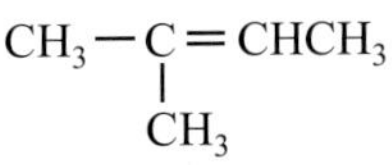

**4.3** 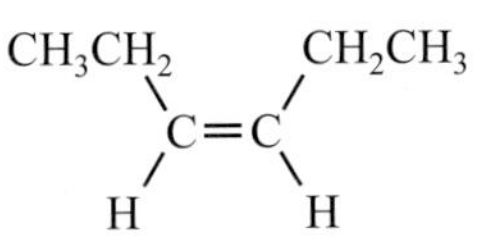

**4.4** ① 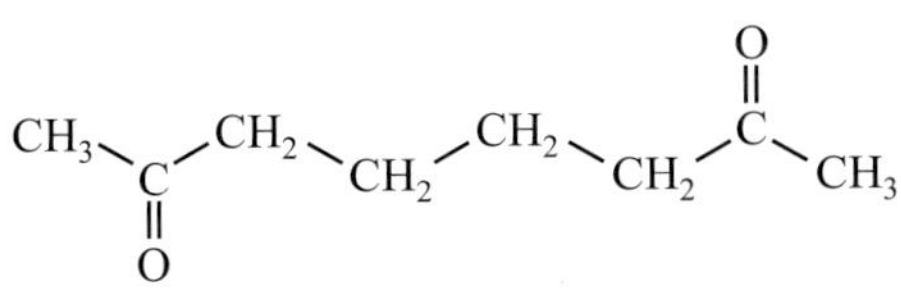

② 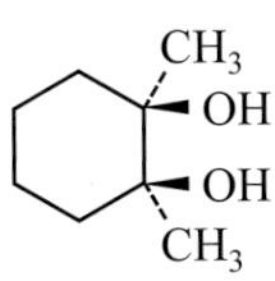

**4.5**

• 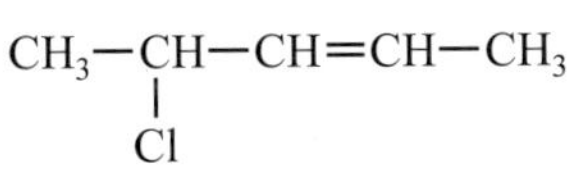

4-Chloropent-2-ene

• 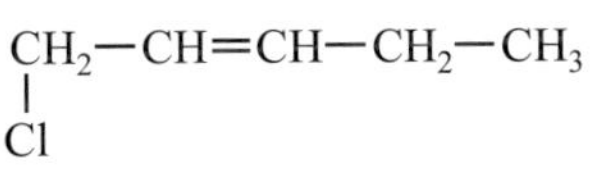

1-Chloropent-2-ene

• 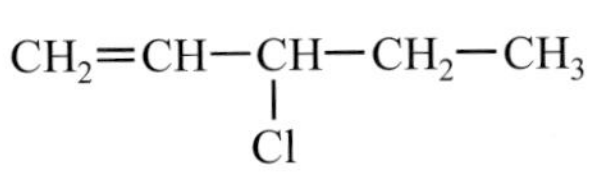

3-Chloropent-1-ene

**4.6** ① 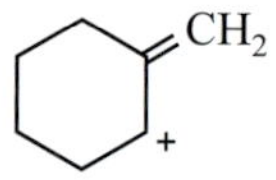

② 

**4.7** ① 6-Methylhept-3-yne

② Hept-2-en-5-yne

**4.8** ① 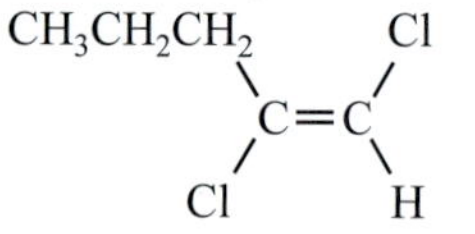

(*E*)-1,2-Dichloropent-1-ene

② 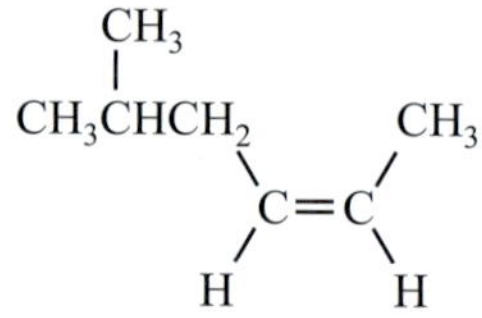

*cis*-5-Methylhex-2-ene

**4.9** ① $CH_3CH_2C\equiv CH$ , $CH_3C\equiv CCH_3$

But-1-yne , But-2-yne

② $CH_3CH_2C\equiv CCH_2CH_3$

Hex-3-yne

## 5장

**5.1** ① Isobutylbenzene or (2-Methylpropyl)benzene

② 1,2,3,5-Tetramethylbenzene

**5.2** ① 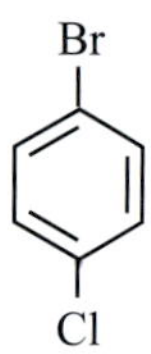

② 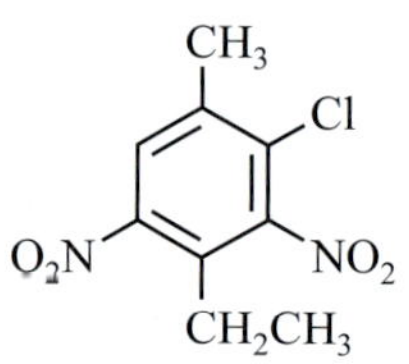

**5.3** ① *Less reactive* → *More reactive*

Benzoic acid < Chlorobenzene < Benzene < Aniline

② *Less reactive* → *More reactive*

Nitrobenzene < Benzaldehyde < Toluene < Phenol

**5.4** 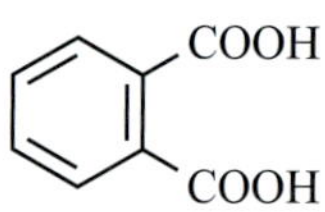

**5.5** ① 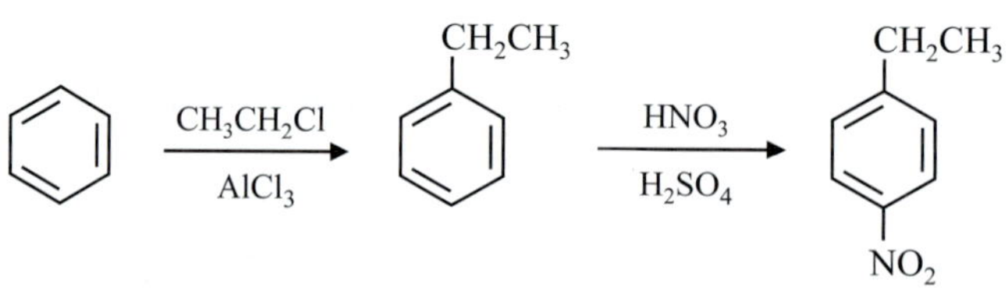

② 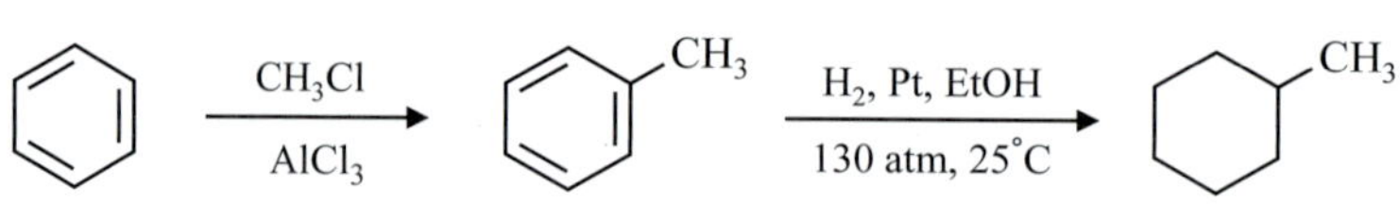

## 6장

**6.1** ① 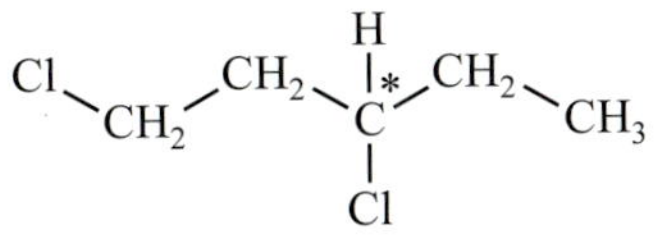

Chiral

③ 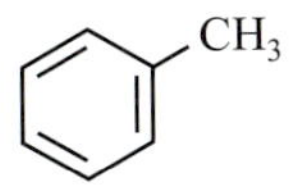

Achiral

② 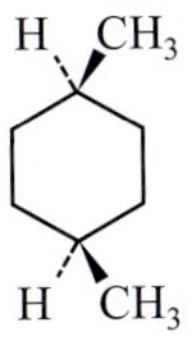

Achiral

④ 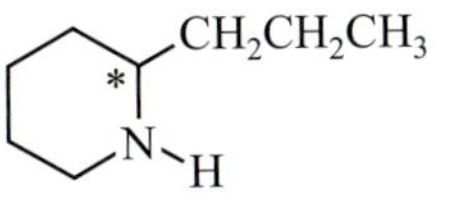

Chiral

**6.2** *lower* *higher priority*

① $-H$, $-CH_3$, $-C_6H_5$, $-Cl$

② $-CH_3$, $-CH_2CH_3$, $-CH(CH_3)_2$, $-C(CH_3)_3$

③ $-CH_2OH$, $-COOH$, $-CO_2CH_3$, $-OH$

④ $-CH_2NH_2$, $-CH_2NHCH_3$, $-CN$, $-NH_2$

**6.3** ① *R* configuration

② *S* configuration

**6.4** ① 메조 화합물이 아니다.

② 메조 화합물이다.

**6.5** 구조 이성질체(constitutional isomer)

## 7장

**7.1** ① 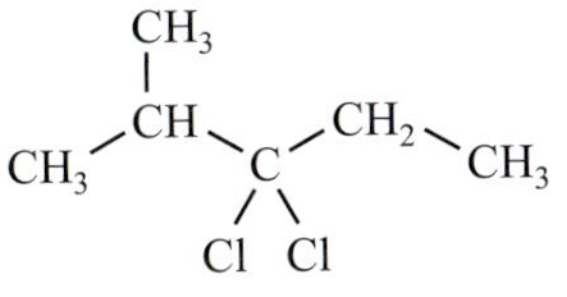

② 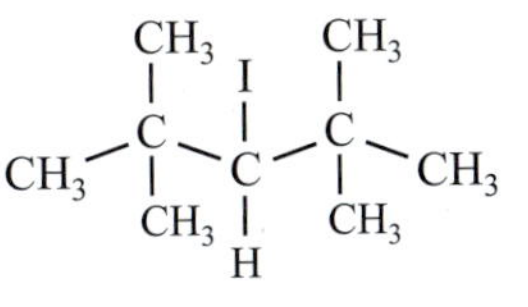

**7.2** ① 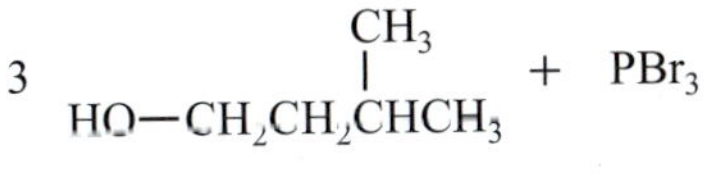

② 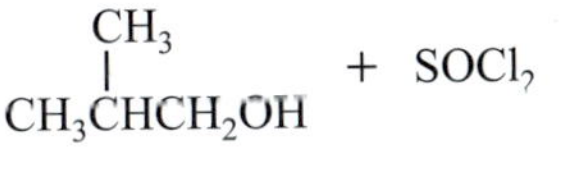

**7.3** 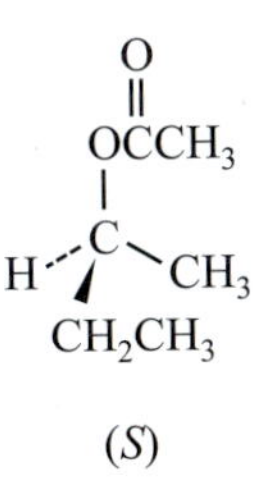

(*S*)

**7.4**

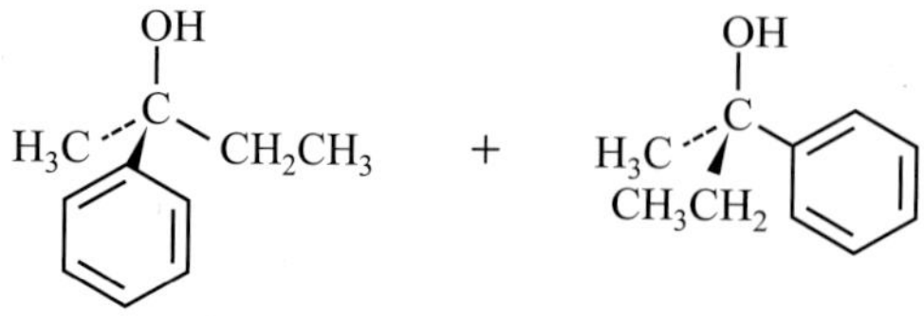

(S) (R)

**7.5** ①

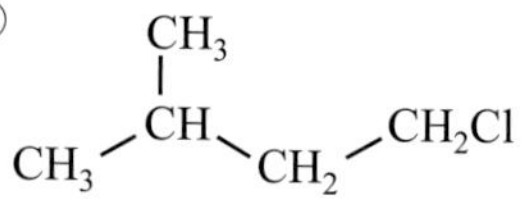

②

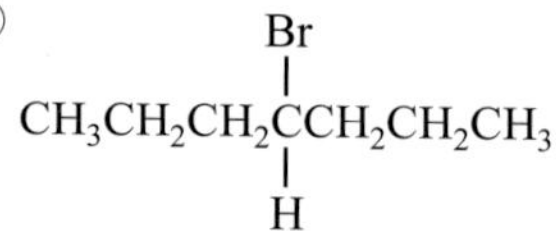

## 8장

**8.1** ①

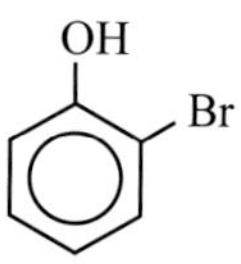

②

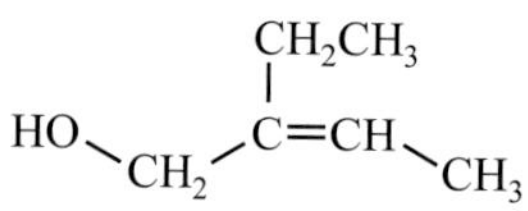

③

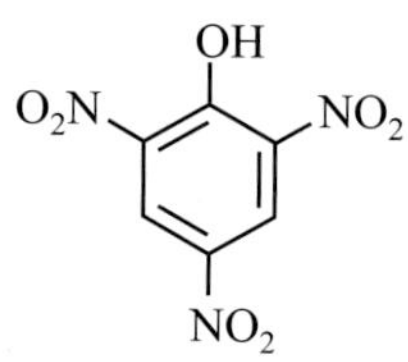

**8.2** ①

- 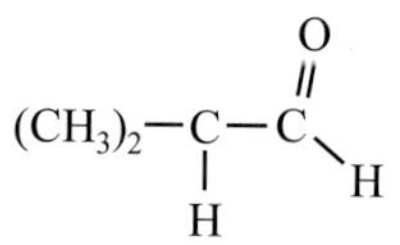 (aldehyde)
- 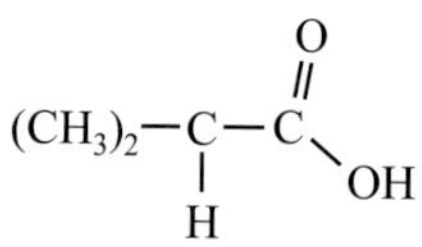 (carboxylic acid)
- 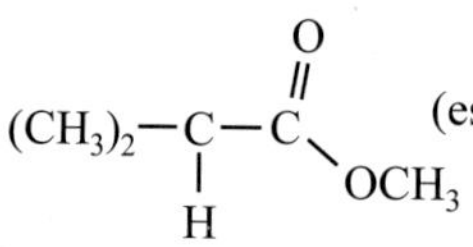 (ester)

②

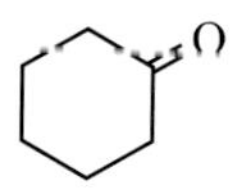

**8.3** ①

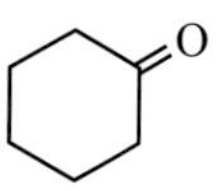 + $CH_3CH_2MgBr$

②

- 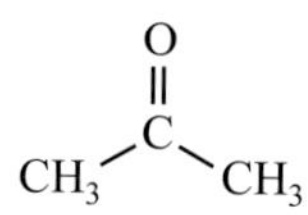 + $CH_3MgBr$
- 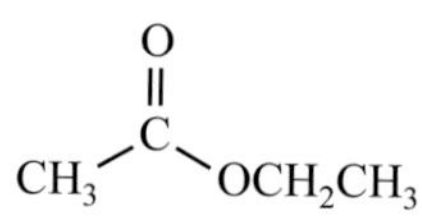 + 2 $CH_3MgBr$

**8.4** ①

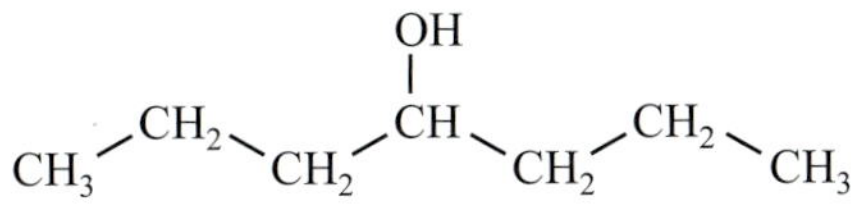

②

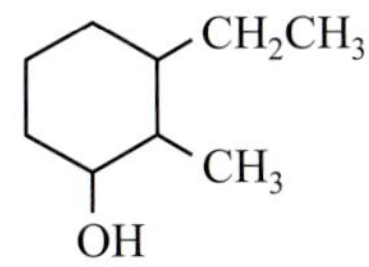

**8.5** ①

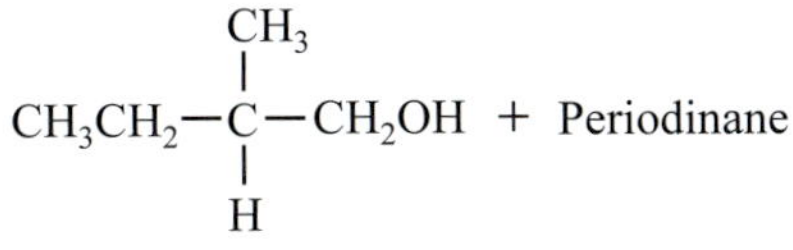

②

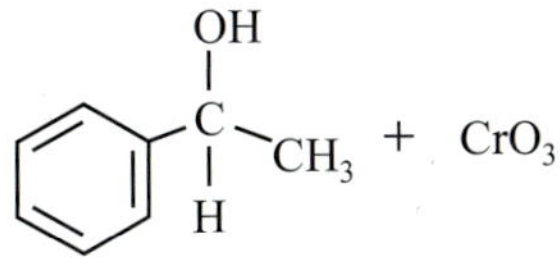

**8.6** *Less reactive* *More reactive*

③ < ④ < ① < ②

**8.7**

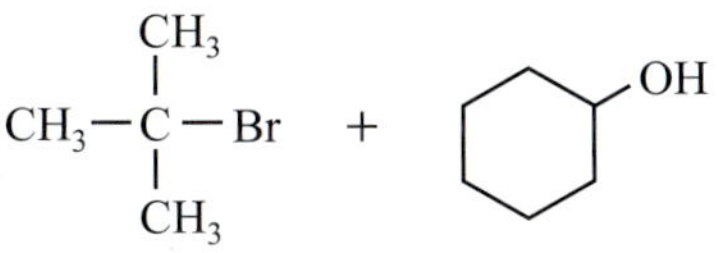

## 9장

**9.1** ① 3-Phenylpropanal

② 3-Methylcyclohex-3-enone

**9.2** ①

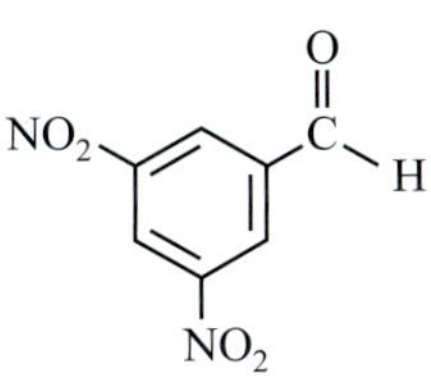

②

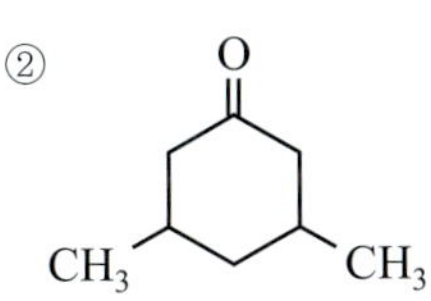

**9.3** ①

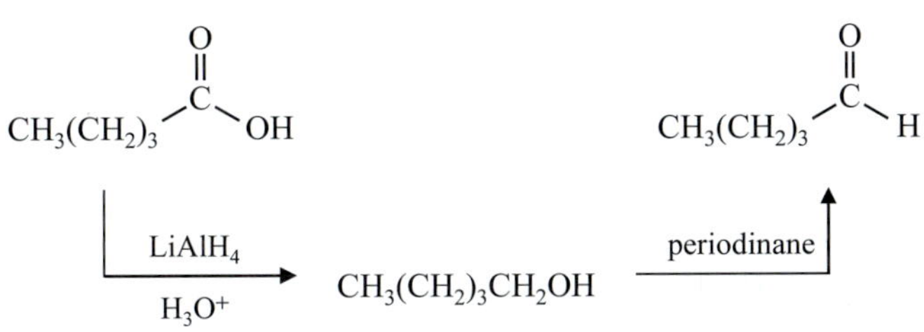

②

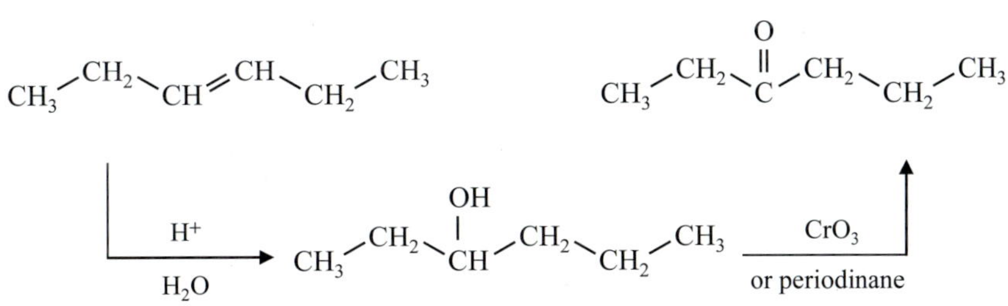

**9.4** ①

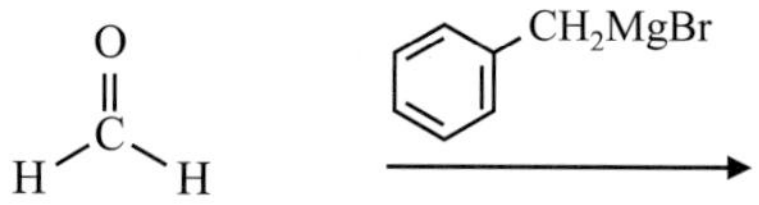

②

- 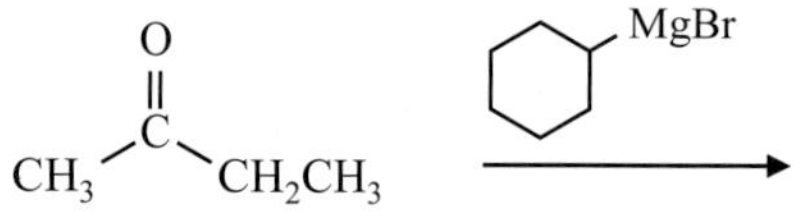

또는

- 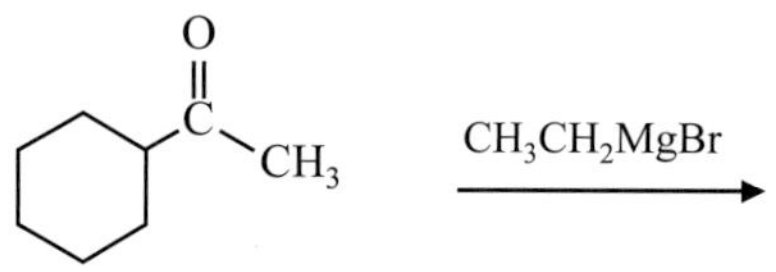

또는

- 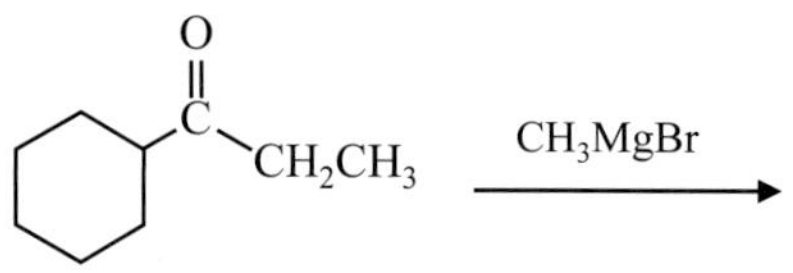

**9.5**

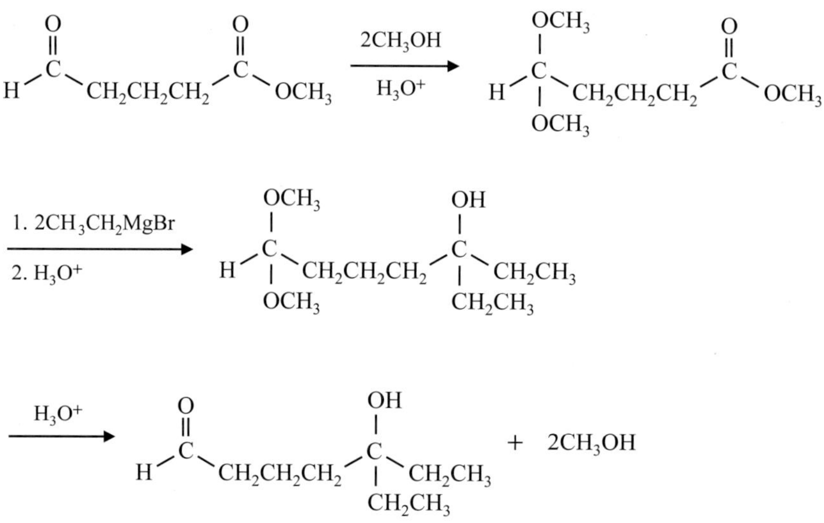

**9.6**

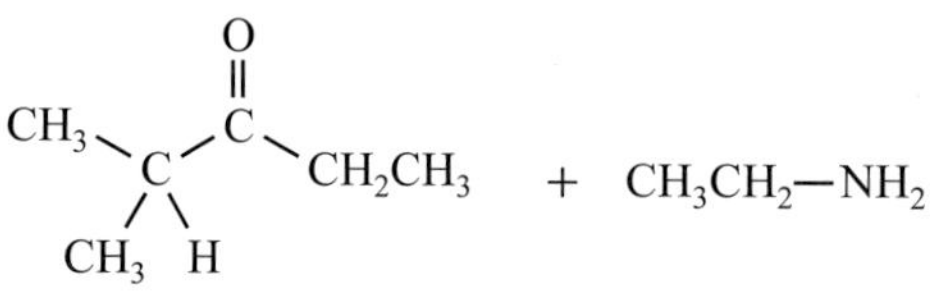

**9.7**

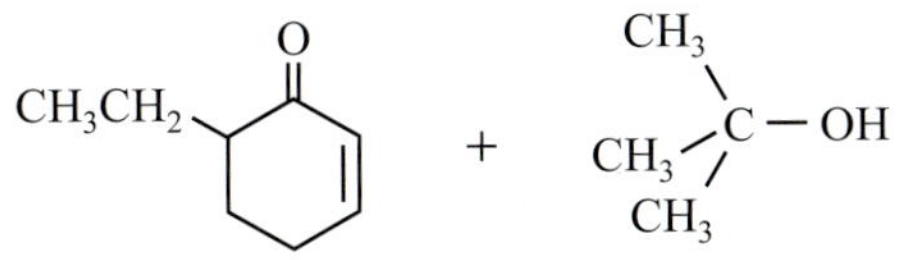

**9.8** ① 4개

② 4개

③ 3개

**9.9** ①, ②

**9.10**

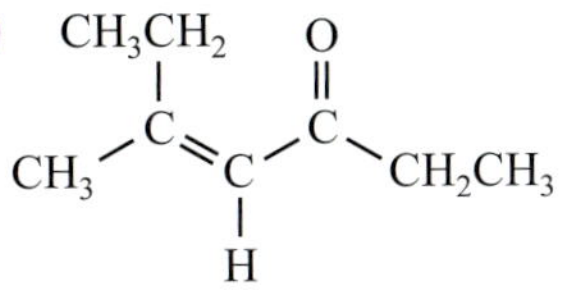

또는

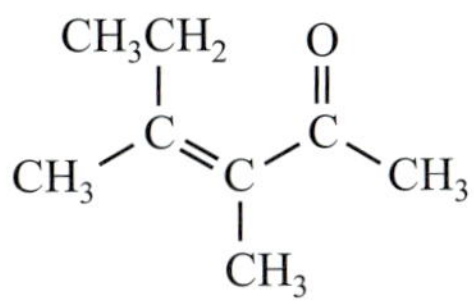

## 10장

**10.1** ① 2-Methylpropanoyl chloride

② *trans*-3-Methylcyclohexanecarbonyl bromide

③ *N*-Methylhex-5-enamide

④ 5-Methylhexanenitrile

**10.2** ①

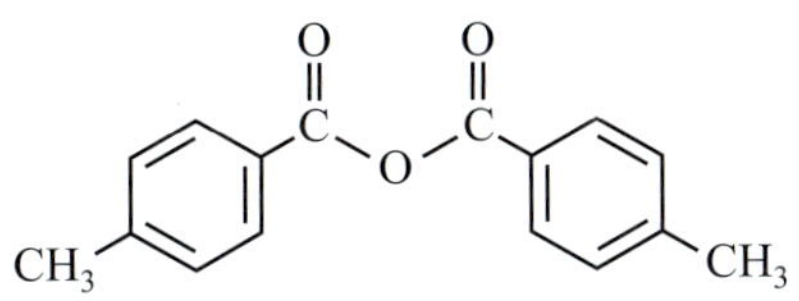

②

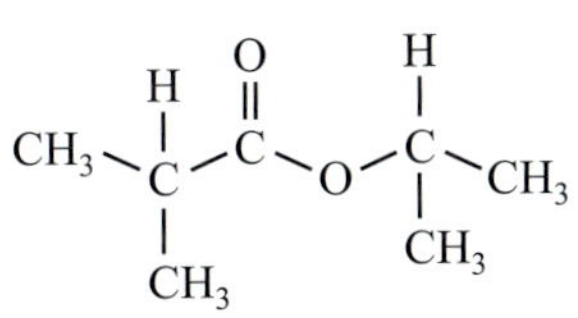

**10.3** ① *Less acidic* *More acidic*

Cyclopentanol < Phenol < Acetic acid < Hydrochloric acid (HCl)

② *Less acidic* *More acidic*

Benzoic acid < *p*-Bromobenzoic acid < *p*-Nitrobenzoic acid < Sulfuric acid

**10.4** ①

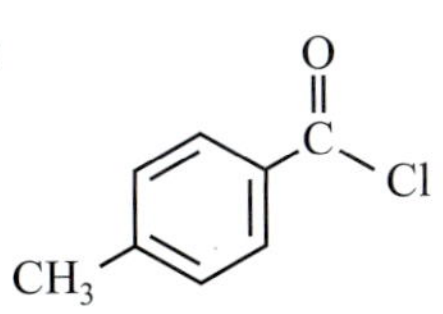

②

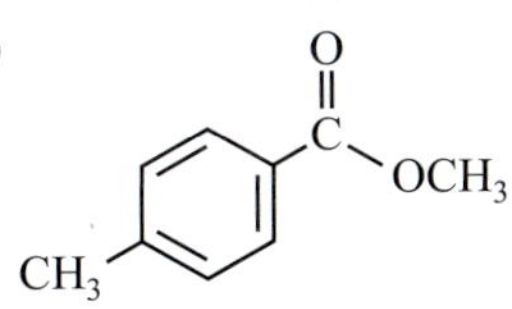

**10.5** ①

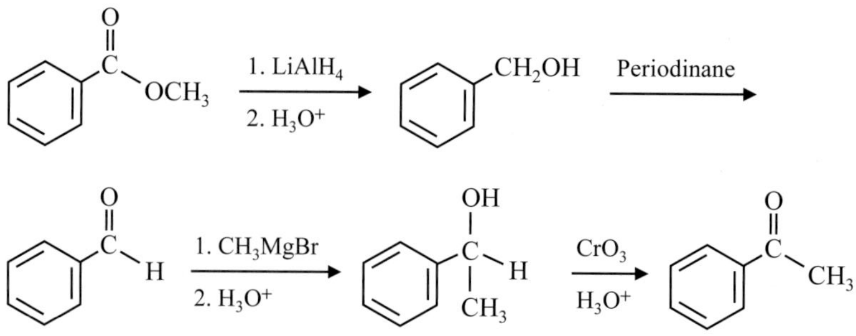

②

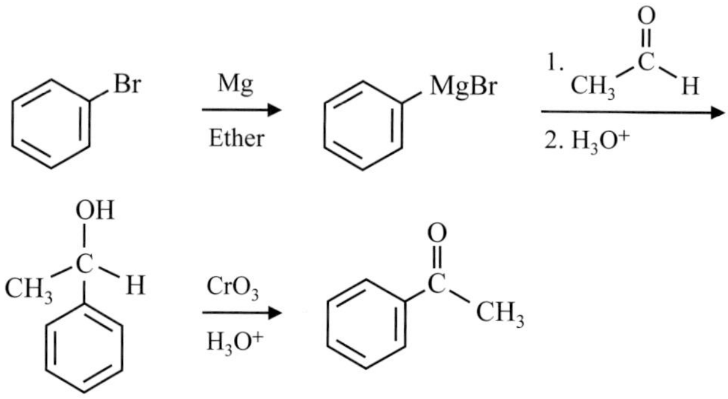

**10.6**

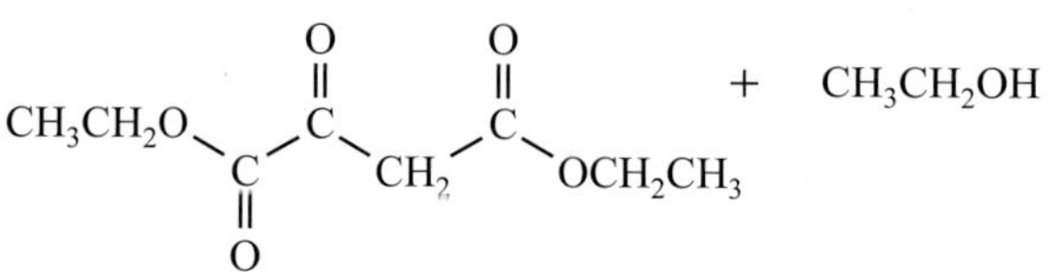

**10.7** ①

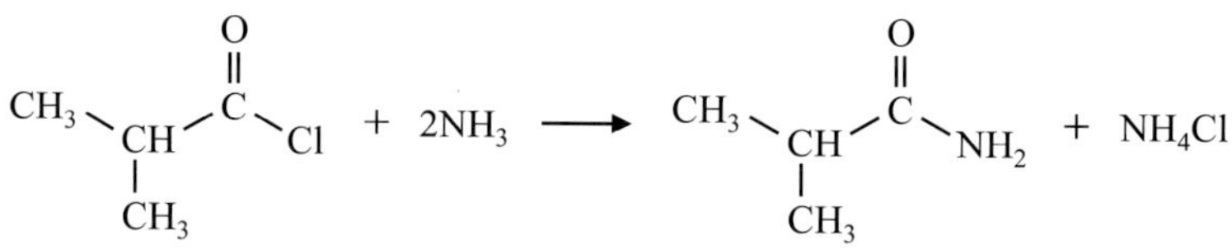

②

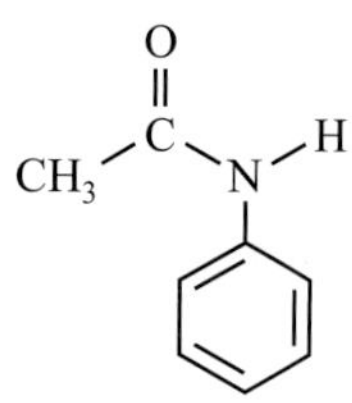

③ a. $H_2O$, NaOH  b. $LiAlH_4$, $H_3O^+$

# 연습문제의 답

## 1장

**1.1** ① ${}_{11}Na = 1s^2 2s^2 2p^6 3s^1$

② ${}_{9}F = 1s^2 2s^2 2p^5$

③ ${}_{10}Ne = 1s^2 2s^2 2p^6$

**1.2** ①

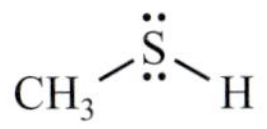

②

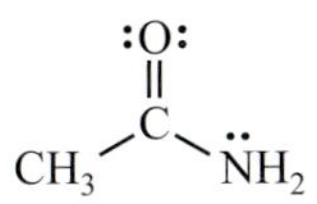

**1.3** ⓐ $sp^3$　ⓑ $sp$　ⓒ $sp^2$　ⓓ $sp^2$

**1.4** *Less positive*　　*more positive*

② < ④ < ① < ③

**1.5** ① Cl—Cl (비극성 공유 결합)

②

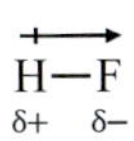

③

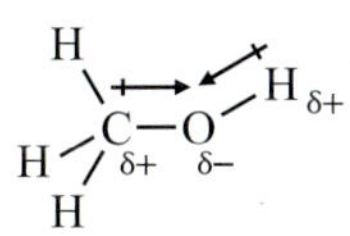

④

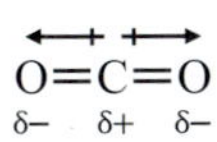

①: 비극성 공유 결합
②, ③, ④: 극성 공유 결합

**1.6** *Less acidic*　　*more acidic*

② < ① < ③ < ④

**1.7** ① Lewis 염기

② Lewis 산

③ Lewis 산

**1.8** $H_2O + NH_2^- \longrightarrow OH^- + NH_3$

강산　강염기　약짝염기　약짝산

**1.9** 반응이 일어나지 않는다.

**1.10**

①

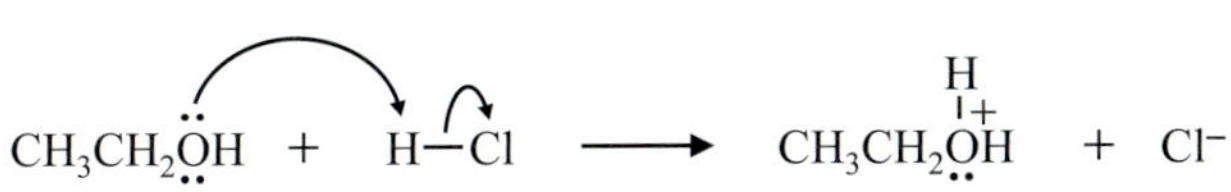

②

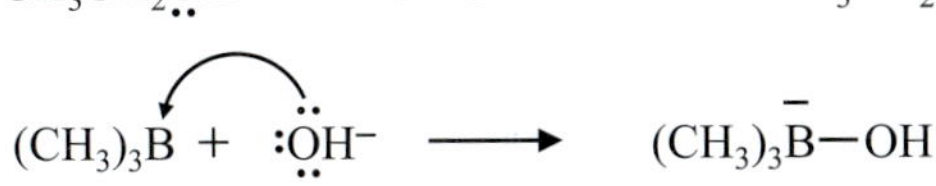

## 2장

**2.1** ① 4-Ethyl-2-methylheptane

② 2,2,3,3-Tetramethylhexane

③ 1,1,4-Trimethylcyclohexane

④ *trans*-1-Isopropyl-2-methylcyclopentane

**2.2** ①

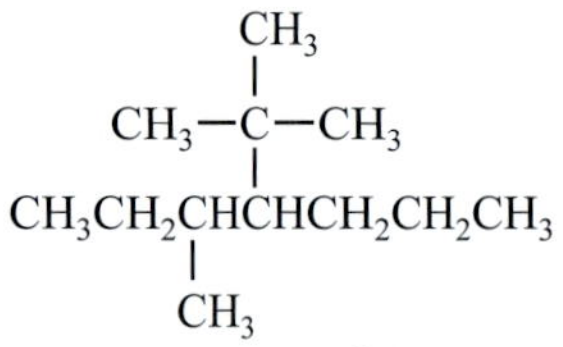

②

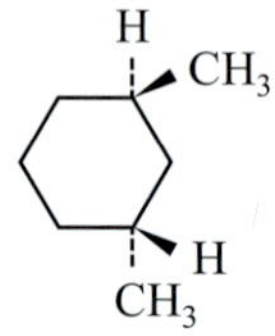

**2.3** • $CH_3CH_2CH_2CH_2CH_3$

n-Pentane

•

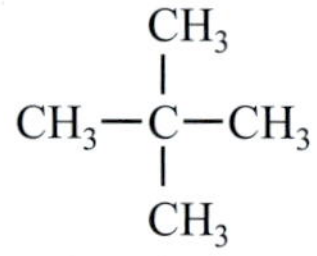

2,2-Dimethylpropane

•

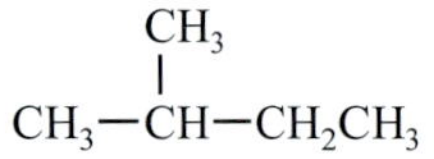

2-Methylbutane

**2.4** 2,2-Dimethylpropane

**2.5**

*cis*

equatorial: 2개

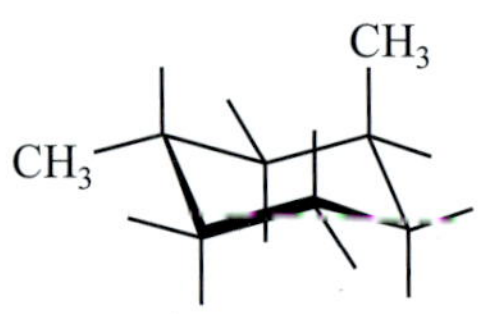

*trans*

axial: 1개

equatorial: 1개

→ *cis*-1,3-Dimethylcyclohexane은 1,3-diaxial steric interation이 유발되지 않기 때문에 더 안정하다.

**2.6**

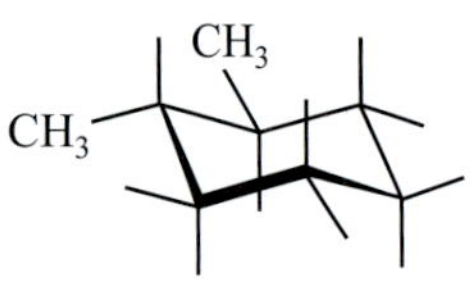

→ 메틸기 2개 모두 equatorial로 위치하는 것이 훨씬 안정하다. (1,3−diaxial steric interation 이 유발되지 않기 때문이다.)

**2.7** ① 에터(Ether)

② 아마이드(Amide)

③ 산염화물(Acid chloride)

## 3장

**3.1** ① (*E*)-4-Methylhex-2-ene

② Buta-1,2-diene

③ 3-Methylcyclohexene

④ 1,5-Dimethylcyclopentene

**3.2** ① 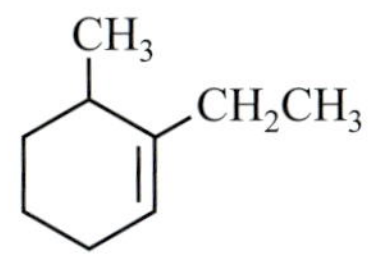

② 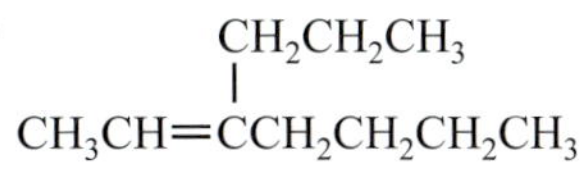

③ 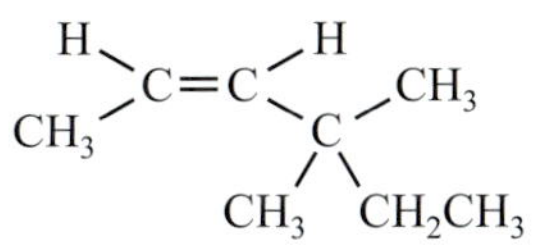

④ 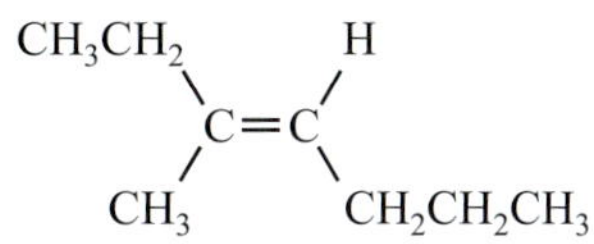

**3.3** ① (*E*)  ② (*Z*)

**3.4** ②, ④

**3.5** *Lower rank* *Higher rank*

① $-H < -CH_3 < -Br < -I$

② $-CH_2CH_3 < -CH_2CH_2CH_3$

③ $-CH(CH_3)_2 <$ 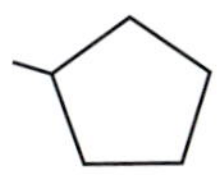

④ $-CH_2CH_2CH_2Br <$ 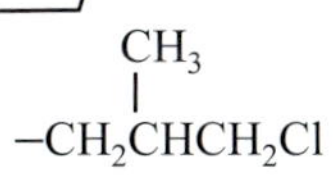

⑤ $-CH_3 < -CH_2CH_3 < -CH(CH_3)_2 < -CH{=}CH_2$

⑥ $-CH_3 < -CH_2OH < -CHO < -COOH$

**3.6** ②, ③

## 4장

**4.1** ① (2*E*,4*E*)-3-Methylhexa-2,4-diene

② (5*E*)-4-Ethylhept-5-en-1-yne

**4.2** ① 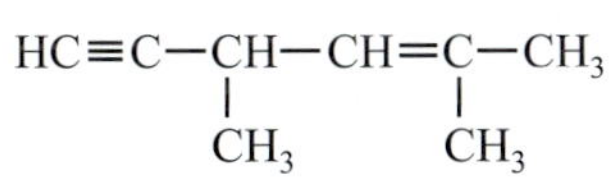

② 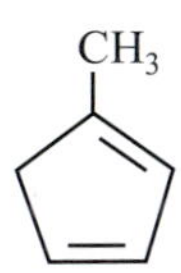

**4.3** ① 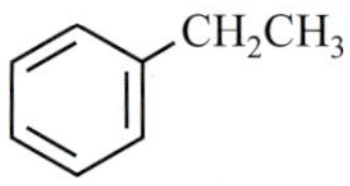 ② 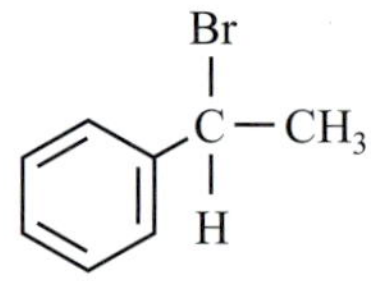 ③ 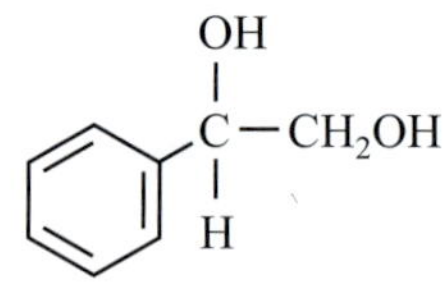

**4.4** ① 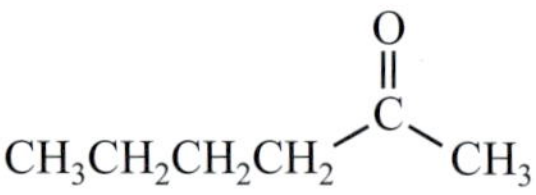 ② 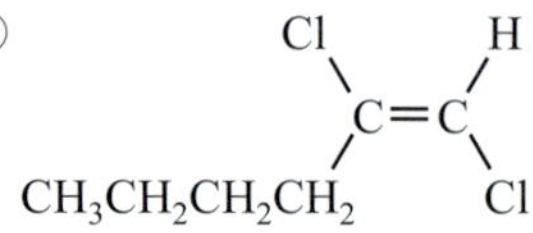

**4.5** ①  ② 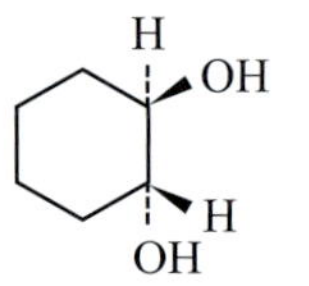

**4.6** ① $CH_3(CH_2)_3HC{=}CH(CH_2)_3CH_3$ ② $KMnO_4$, $H_3O^+$

**4.7** 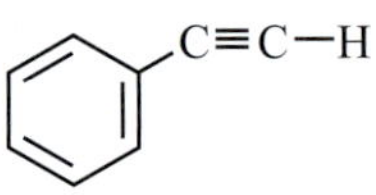

**4.8** 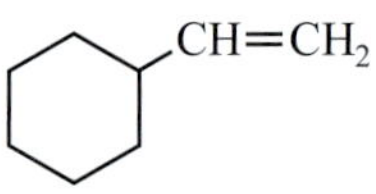

**4.9** • 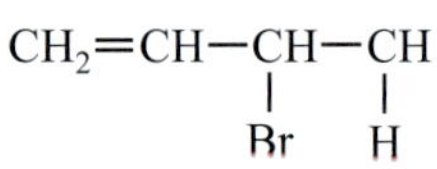 (1,2-addition)

• 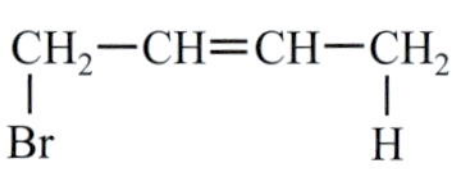 (1,4-addition)

**4.10** 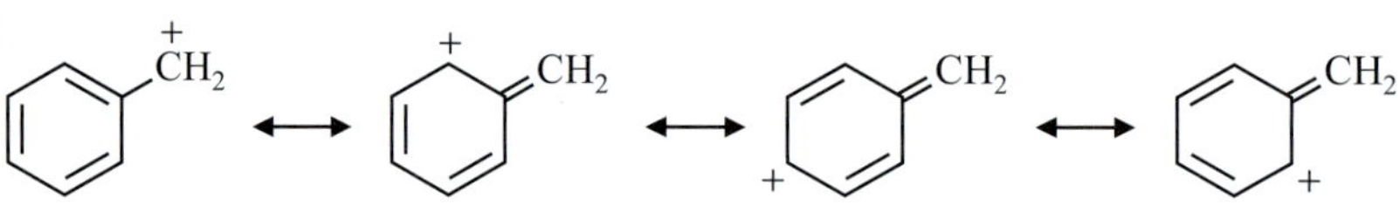

## 5장

**5.1** ① *m*-Bromobenzoic acid

② *o*-Bromoethylbenzene

③ 1-Fluoro-2,4-dinitrobenzene

**5.2** ① 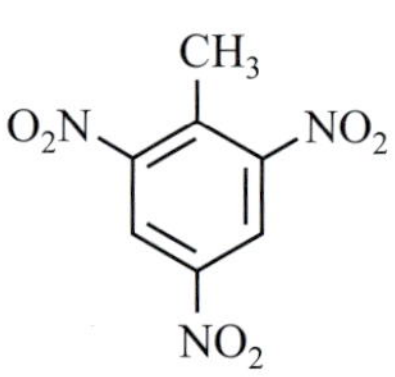 ② 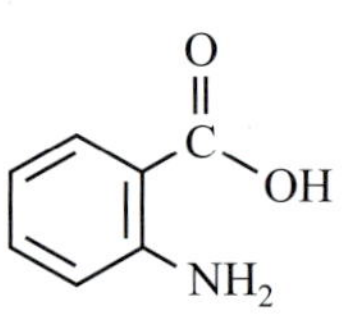 ③ 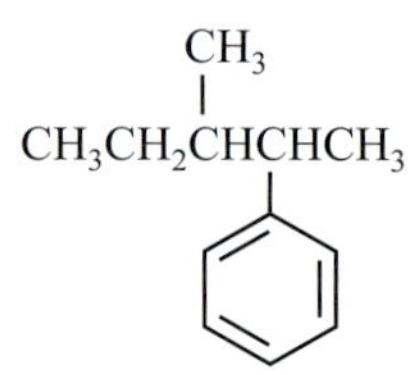

**5.3** 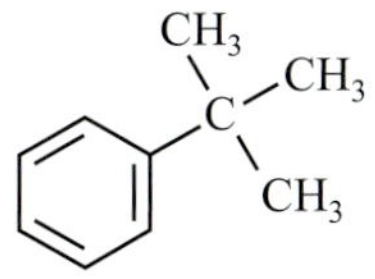


*tert*-Butylbenzene

**5.4** ① *o*,*p*−activator

② *m*−deactivator

③ *o*,*p*−activator

**5.5** ① 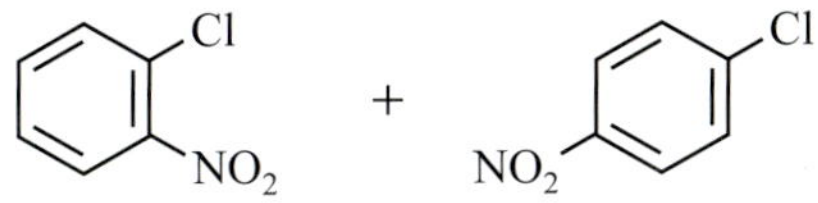


② 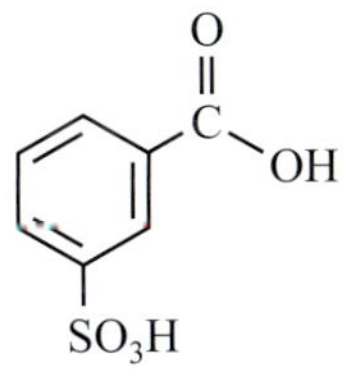


**5.6** *Less reactive* *More reactive*

③ < ② < ①

④는 반응하지 않는다.

**5.7** 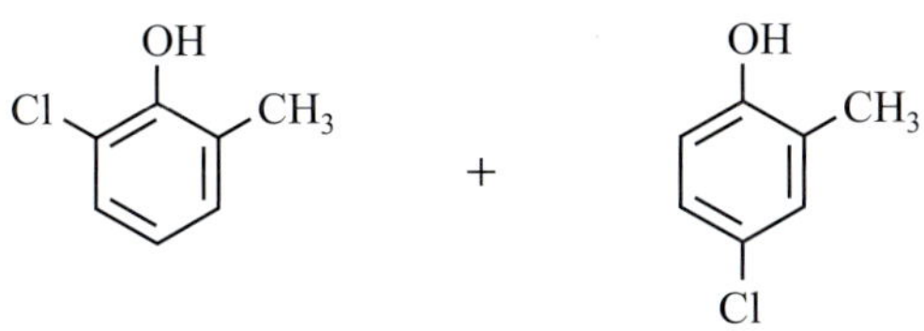


2-Chloro-6-methylphenol 4-Chloro-2-methylphenol

**5.8** 1. Oxidation($KMnO_4$)

2. Bromination($Br_2$, $FeBr_3$)

**5.9** ① $CH_3CH_2Cl$, $AlCl_3$

② $KMnO_4$, $H_2O$

③ $SO_3$, $H_2SO_4$

**5.10** ① 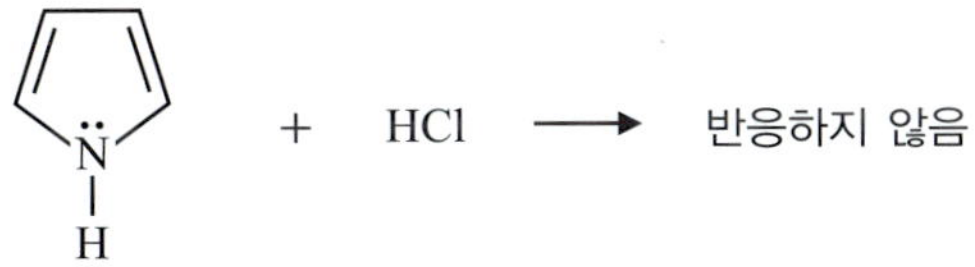


② 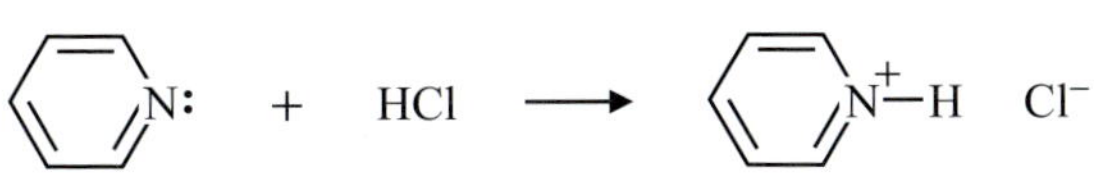

## 6장

**6.1** ② 몽키스패너

**6.2** ① 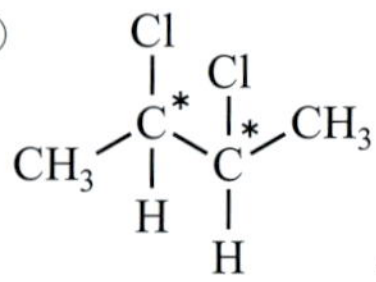 Achiral

② 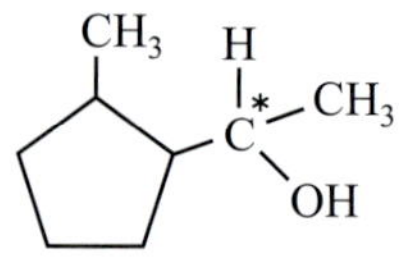 Chiral

③ 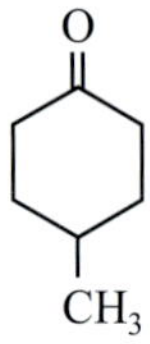 Achiral

④ 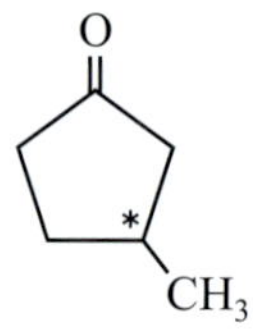 Chiral

**6.3**
$$[\alpha]_D = \frac{+2.22^\circ}{0.100\ \text{dm} \times 0.600\ \text{g/mL}} = \frac{+2.22^\circ}{0.0600} = +37.0$$

**6.4** $[\alpha]_D = +6.83$

**6.5** *lower* *higher*

① $-NH_2 < -OCH_2OH < -SH < -SO_3H$

② $-CH_3 < -CH_2Cl < -Cl < -Br$

**6.6** 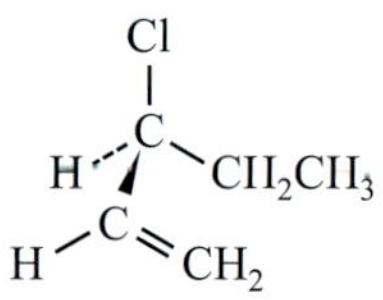

(*S*)-3-Chloropent-1-ene

**6.7** ① (*R*) ② (*S*) ③ (*S*) ④ (*S*)

**6.8** 광학 활성이 아닌 것: ①, ②, ③

① 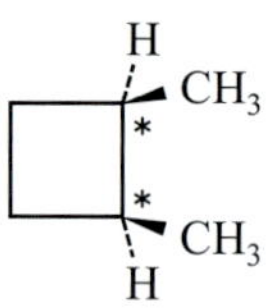 광학 비활성

② 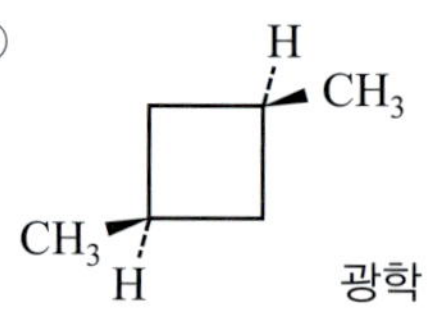 광학 비활성

③ 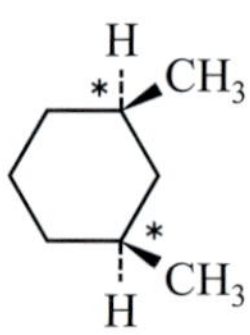 광학 비활성

④ 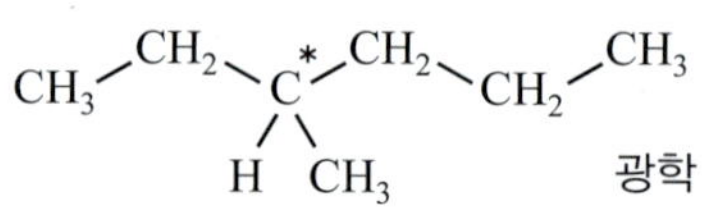 광학 활성

**6.9** ①, ③

**6.10** 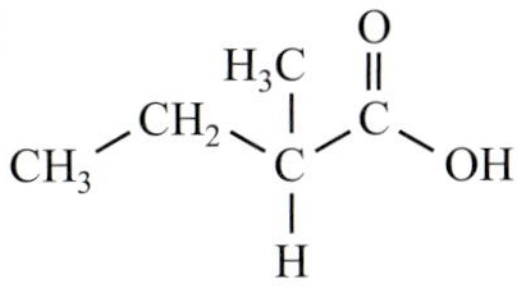

## 7장

**7.1** ① 1-Chloro-2-methylbutane

② 5-Bromopent-2-ene

③ 1-Bromo-5-chloropent-2-yne

**7.2** ① 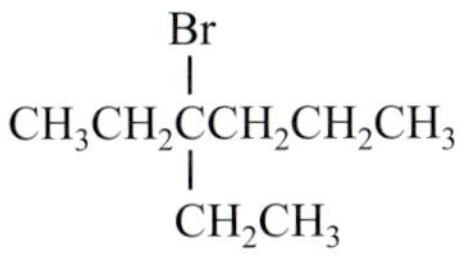

② 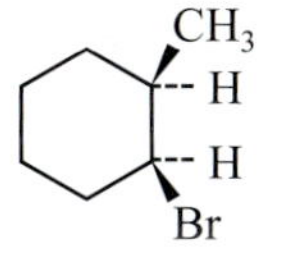

**7.3** ① $H_2O$

② $H_2O$

③ $I^-$

**7.4** ① *Less reactive* *More reactive*

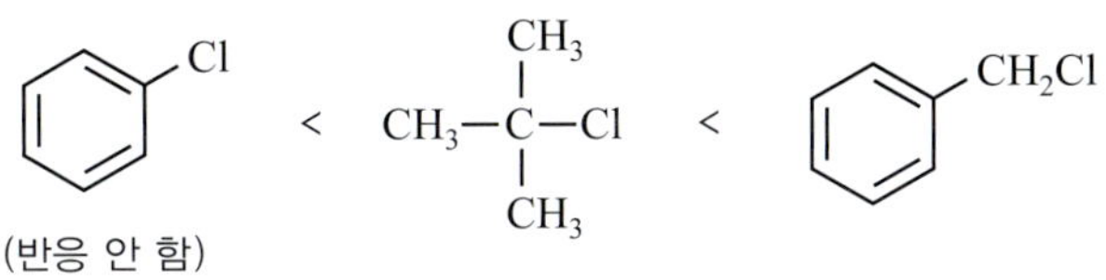

(반응 안 함)

② *Less reactive* *More reactive*

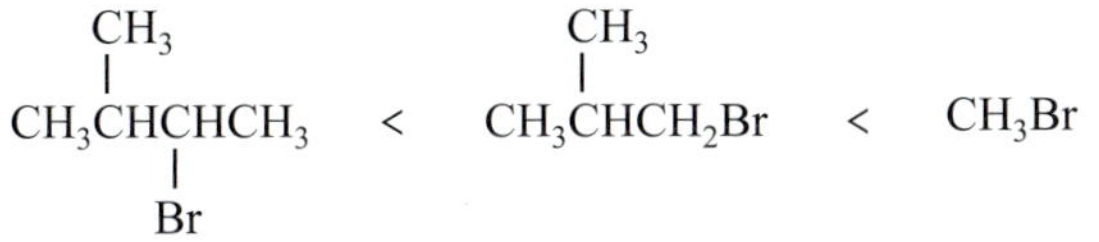

**7.5** ① 반응 속도가 2배 증가한다.

② 반응 속도가 4배 감소한다.

**7.6** 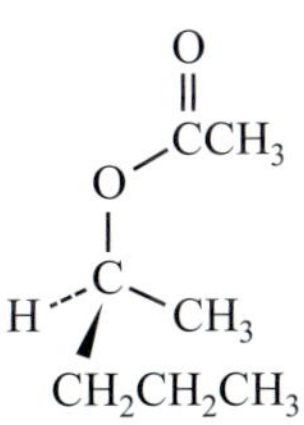

(*S*)

**7.7** ① 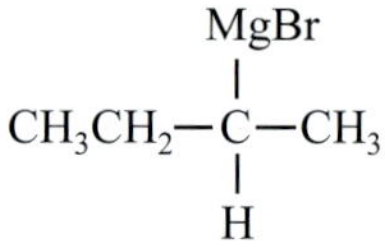 , $CH_3CH_2CH_2CH_3$

② 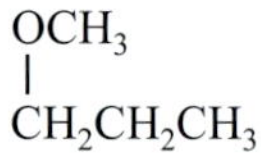

**7.8** HCl

**7.9** 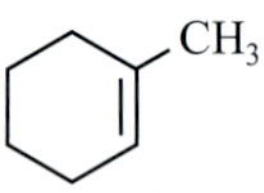

**7.10** • $2CH_3CH_2OH + 2Na \longrightarrow 2CH_3CH_2ONa + H_2$

• $3CH_3CH_2OH + PBr_3 \longrightarrow 3CH_3CH_2Br + P(OH)_3$

• $CH_3CH_2O^- + CH_3CH_2Br \longrightarrow CH_3CH_2OCH_2CH_3$

## 8장

**8.1** ① *trans*-Cyclobutane-1,3-diol

② 2-Methylbutane-1,4-diol

③ 3,5-Dimethylheptane-3-thiol

④ *trans*-3-Phenylcyclopentanol

**8.2** ① 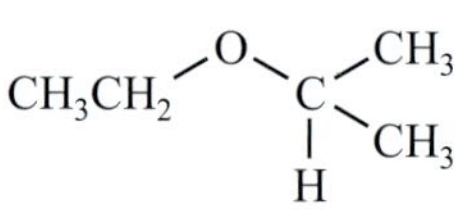

② 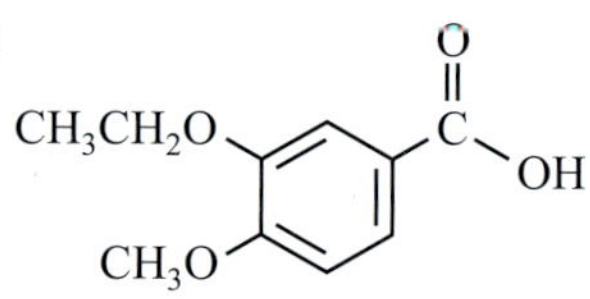

③ 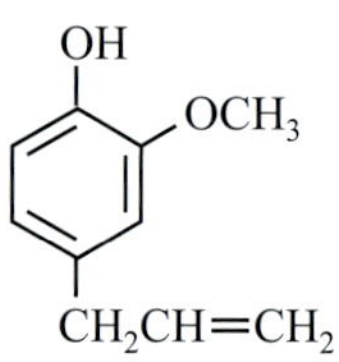

④ 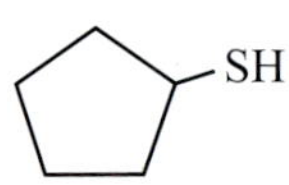

**8.3** *Less acidic* *More acidic*

① Ethanol < *p*−Methylphenol < Phenol < *p*−Nitrophenol

② Ethane < Acetone < Methanol < Methanethiol

**8.4** ① $H_2SO_4/H_2O$ ② 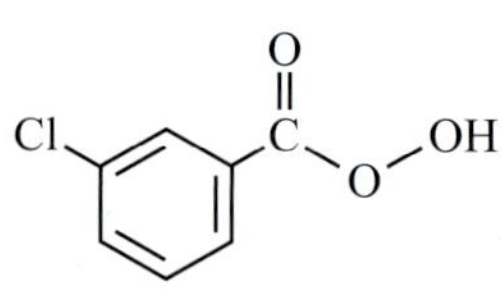 ③ $H_3O^+$

**8.5** ① 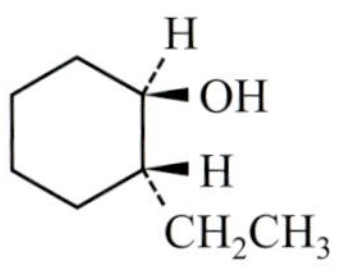 ② 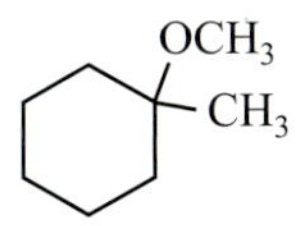

**8.6** 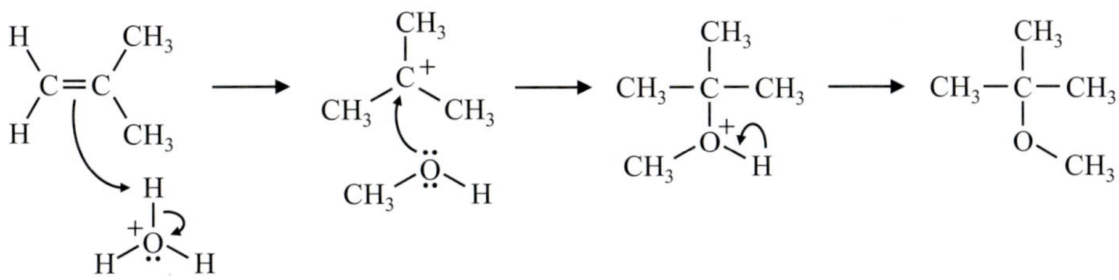

**8.7** Williamson ether sythesis는 $S_N2$ 반응 메커니즘으로 진행되는데,

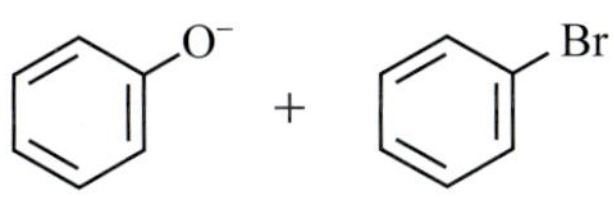 반응에서

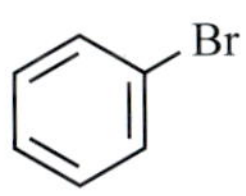 은 $S_N2$ 반응을 하지 않기 때문이다.

**8.8** ① 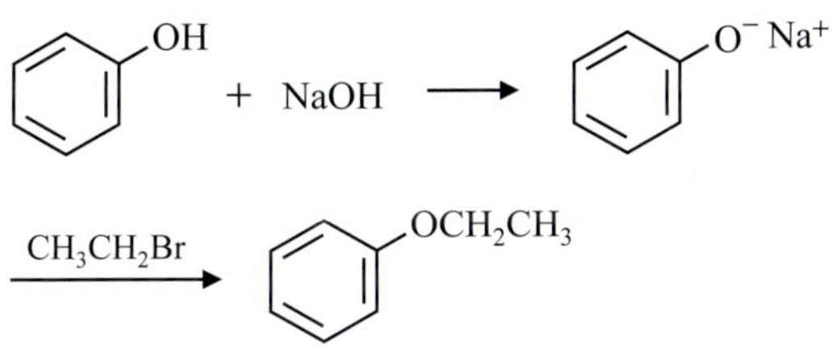

② 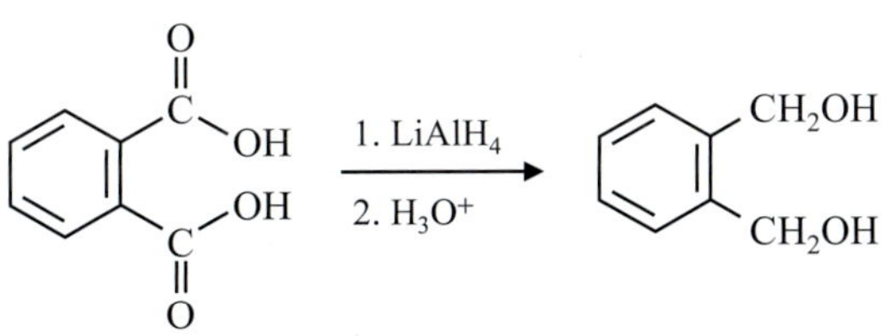

**8.9** ① 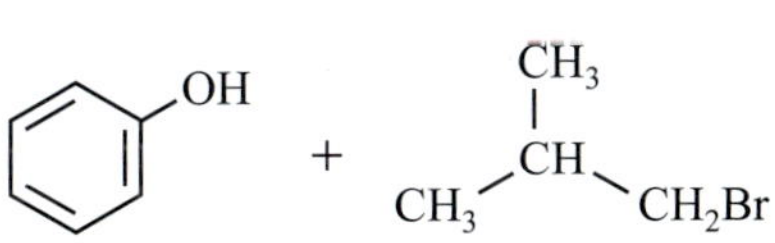

② 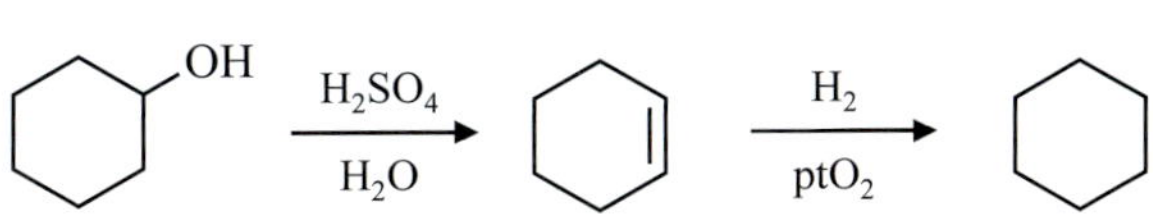

**8.10** 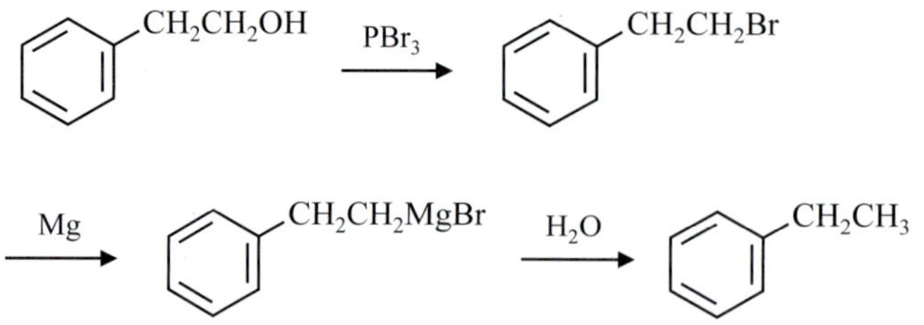

---

## 9장

**9.1** ① 5-Isopropyl-2-methylcyclohex-2-enone

② *trans*-2-Methylcyclohexanecarbaldehyde

**9.2** ① 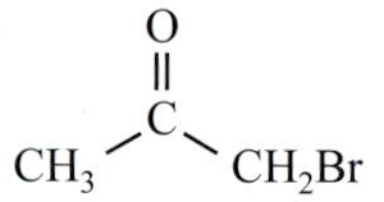 ② 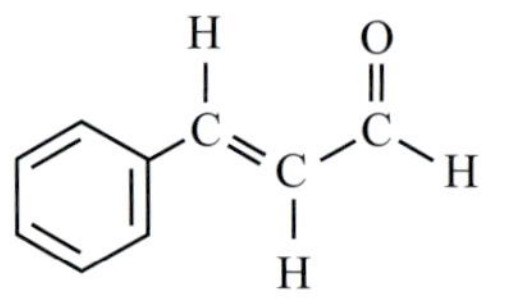 ③ 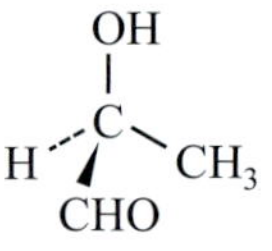

**9.3** ① 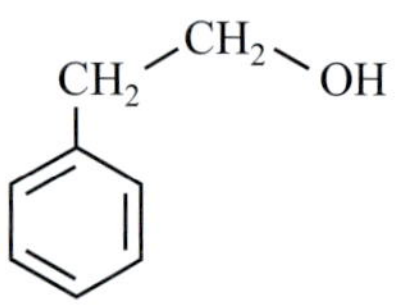 ② 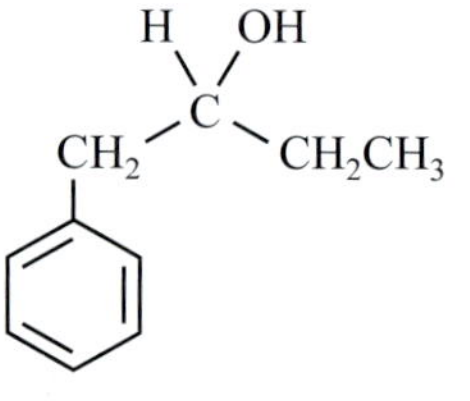 ③ 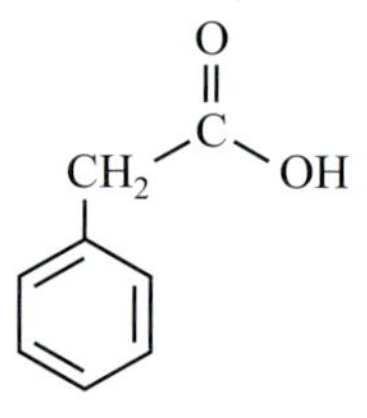

④ 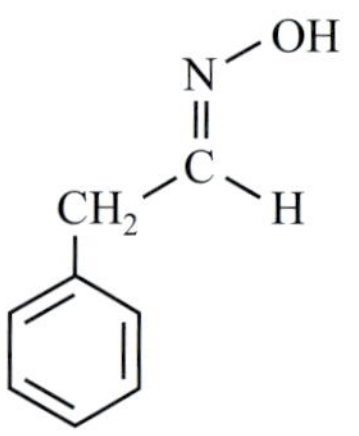 ⑤ 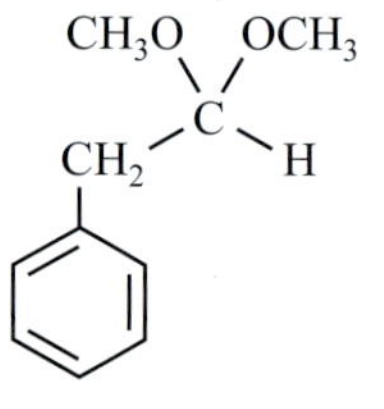

**9.4** ① $CH_3NH_2$

② $CH_3SH$

**9.5**

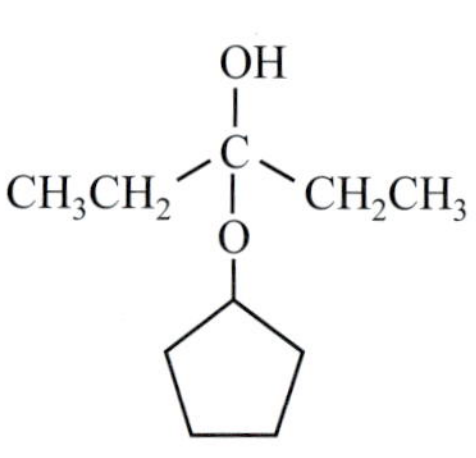

(Hemiacetal)

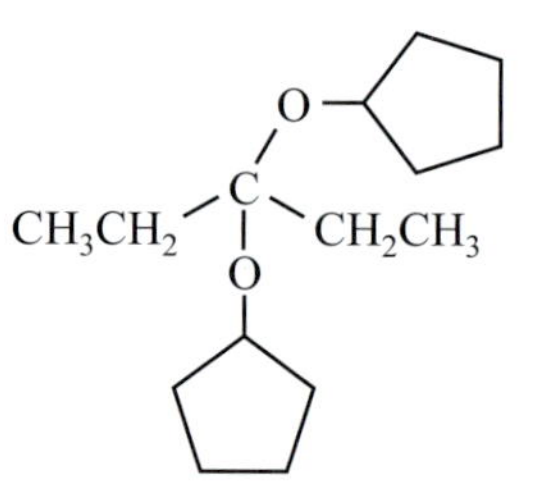

(Acetal)

**9.6** ①

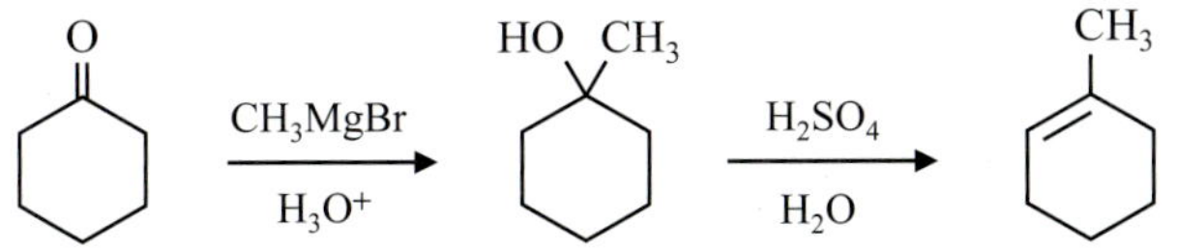

②

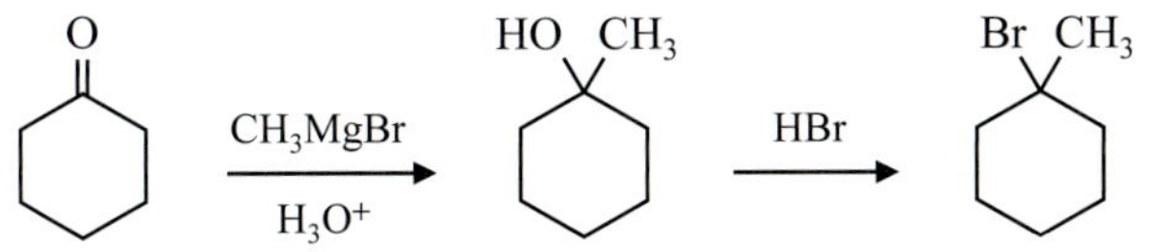

**9.7**

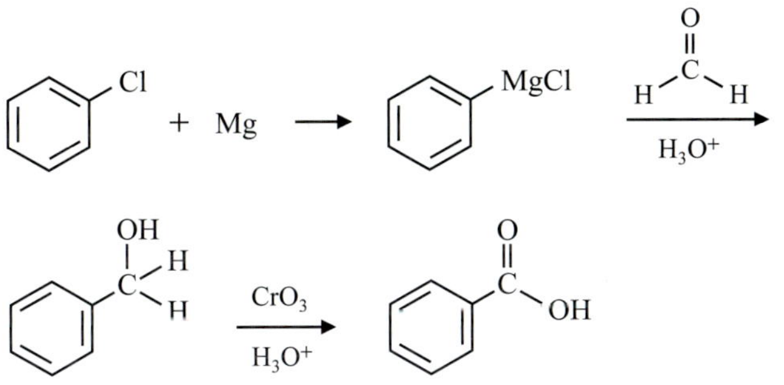

**9.8**

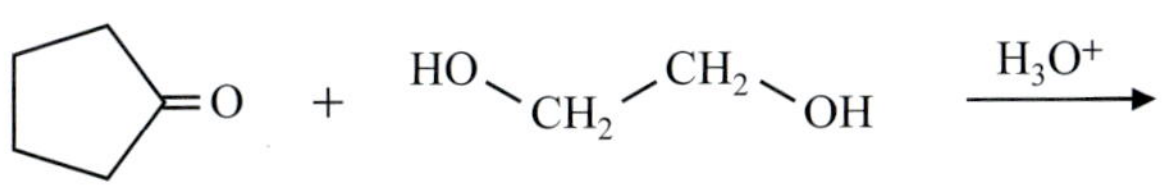

**9.9**

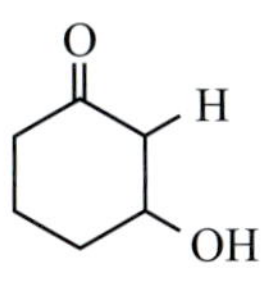

**9.10** ① 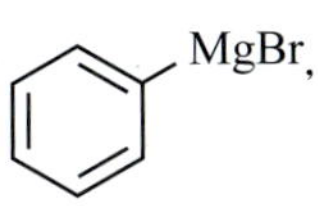, $H_3O^+$ ② $CrO_3$, $H_3O^+$

③ $Cl_2$, $FeCl_3$ ④ $2CH_3OH$, $H_3O^+$

**9.11** ① 4개

② 4개

③ 6개

**9.12** ①, ③

**9.13** ① 2 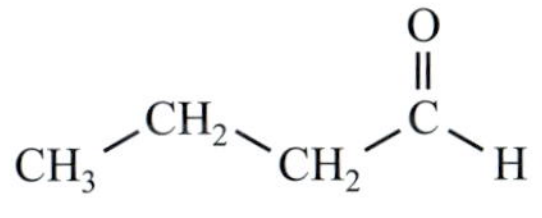 ② 2 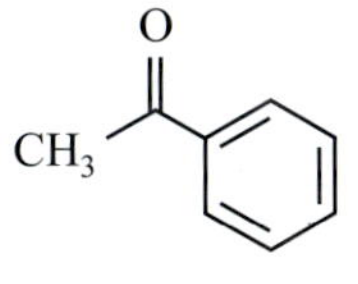

## 10장

**10.1** ① 4-Methylpentanoyl chloride

② 4,5-Dibromopentanoic acid

③ *p*-Methylbenzamide

④ Methyl cyclopent-1-enecarboxylate

⑤ 3-Ethylhexanoic acid

⑥ Cyclobut-2-enecarbonitrile

**10.2** ①

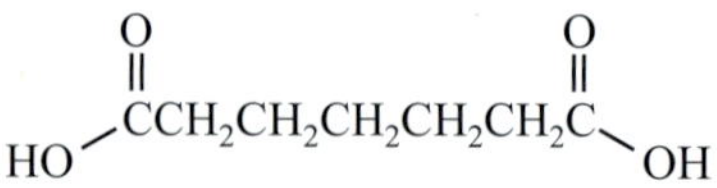

②

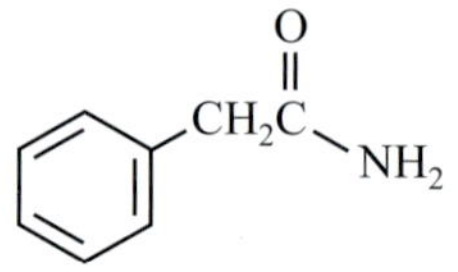

③

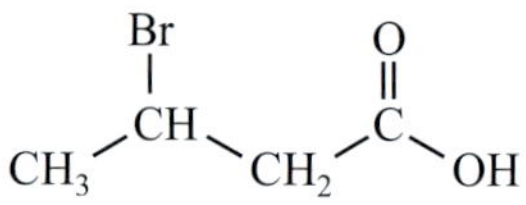

④

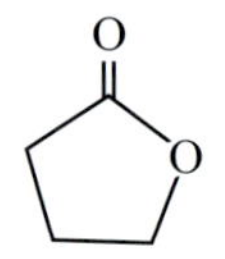

⑤

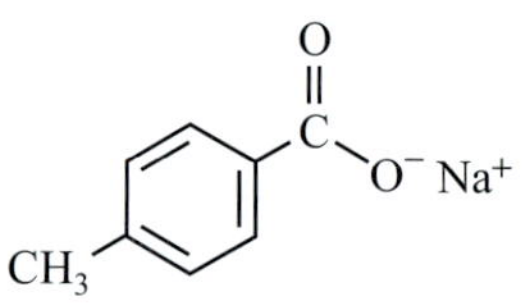

⑥

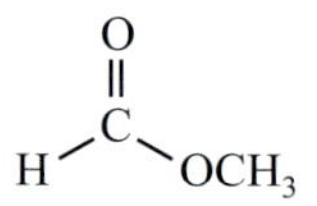

**10.3**

① *Less acidic*

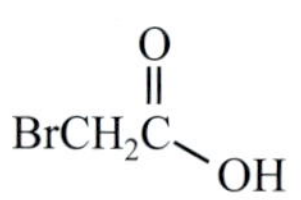

<

*More acidic*

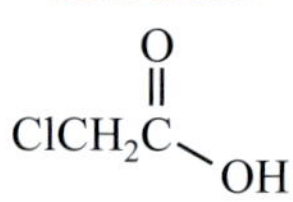

이유: −Cl이 −Br보다 전기 음성도가 더 크기 때문이다.

② *Less acidic*

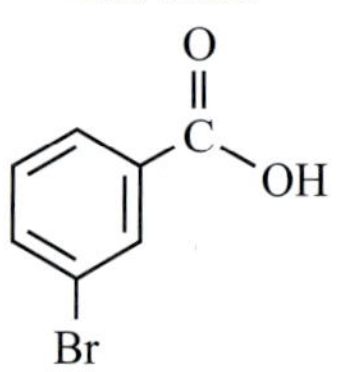

<

*More acidic*

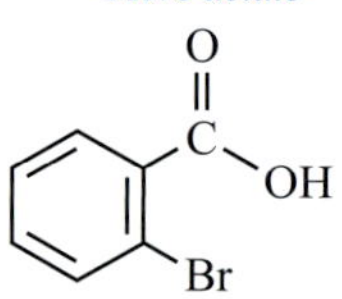

이유: 전자를 잡아당기는 −Br이 카복실기와 더 가까이 있기 때문이다.

③ *Less acidic*

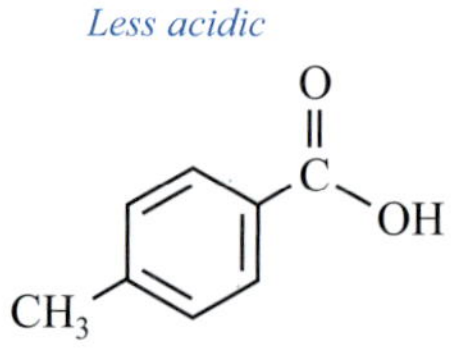

<

*More acidic*

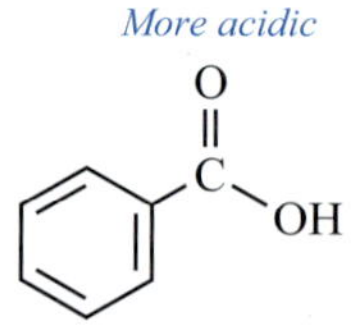

이유: $-CH_3$는 전자를 밀어주기 때문이다.

**10.4** ①

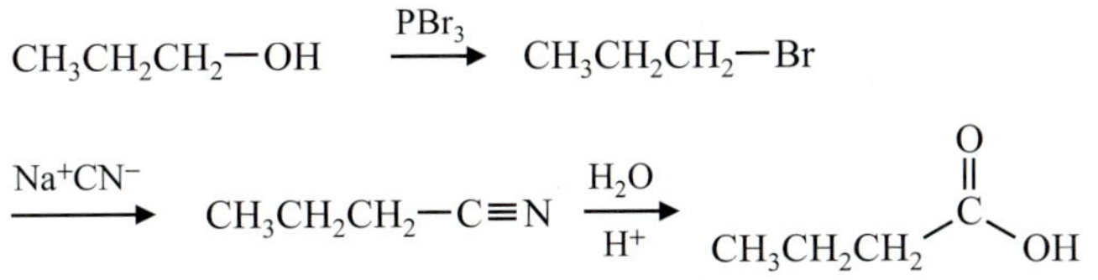

②

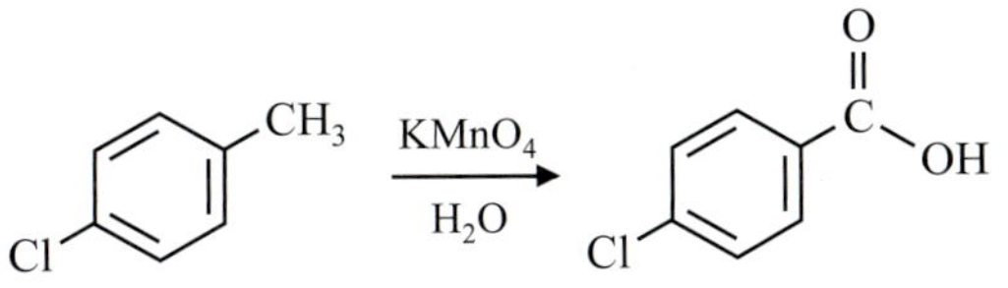

**10.5** ①

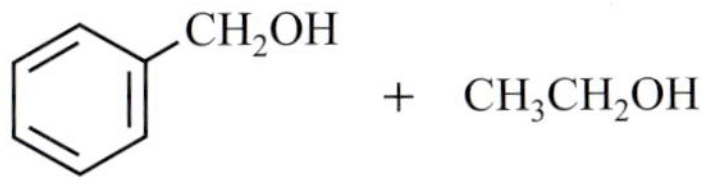

②

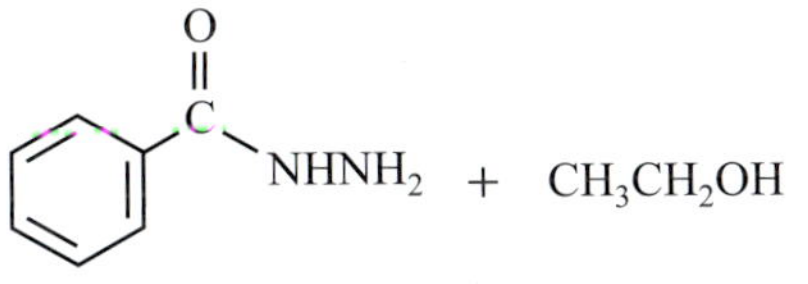

③

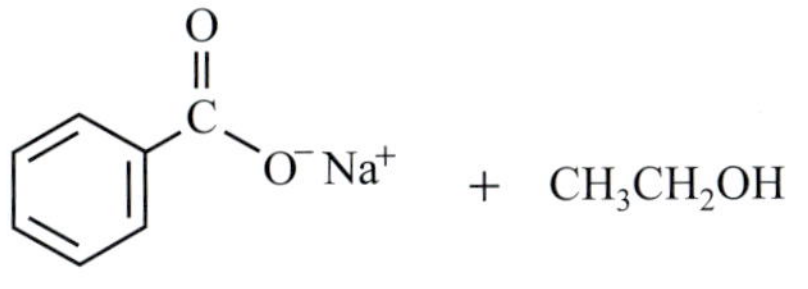

**10.6**

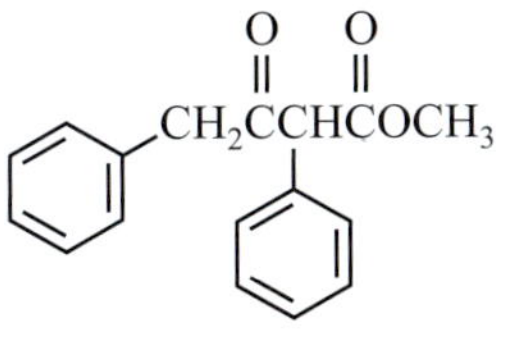

**10.7** ① 카보닐 탄소에 양전하가 많을수록 친핵체의 반응이 수월한데, 에스터는 공명에 의해 양전하가 −OR의 산소에 비편재화되므로 반응성이 약하다.

② 산염화물은 전기 음성도가 큰 염소 원자가 카보닐 탄소로부터 전자를 강하게 끌어당겨 친핵체의 공격을 수월하게 하므로 산 무수물보다 반응성이 크다.

**10.8** *Less reactive* *More reactive*

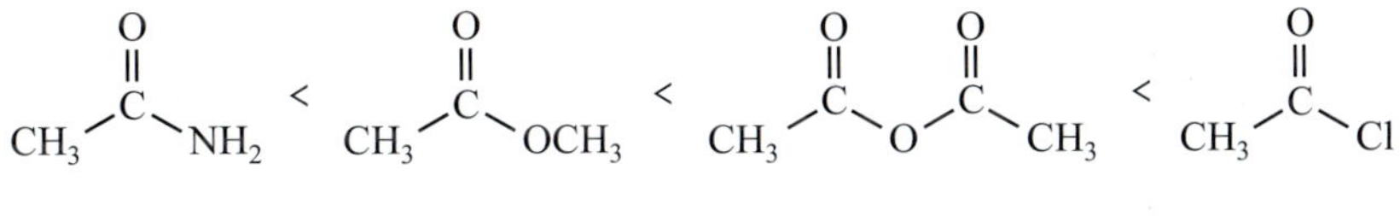

**10.9** ①

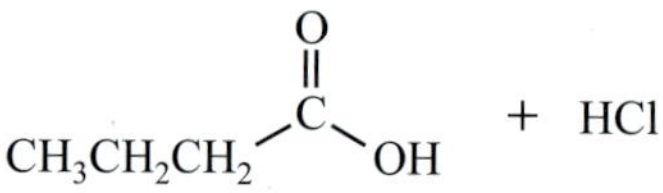

②

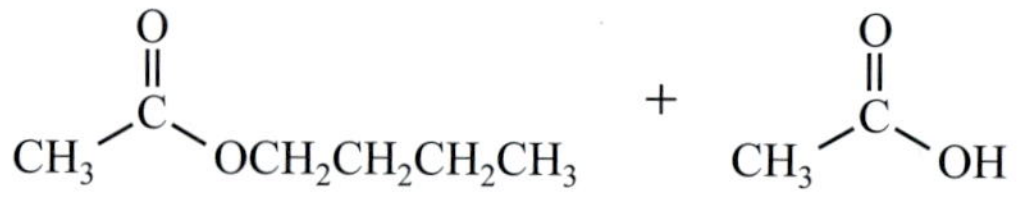

**10.10** ①

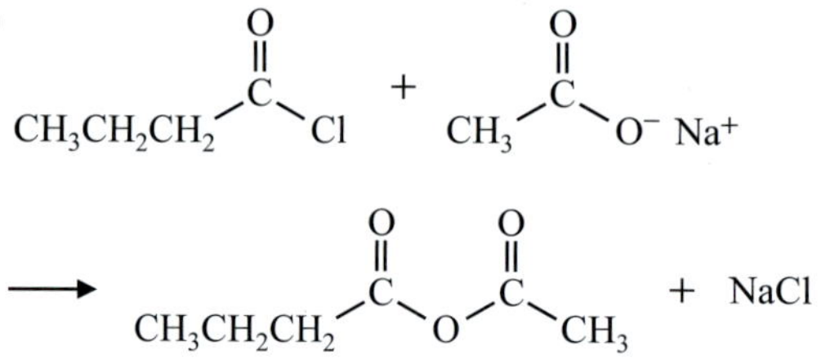

②

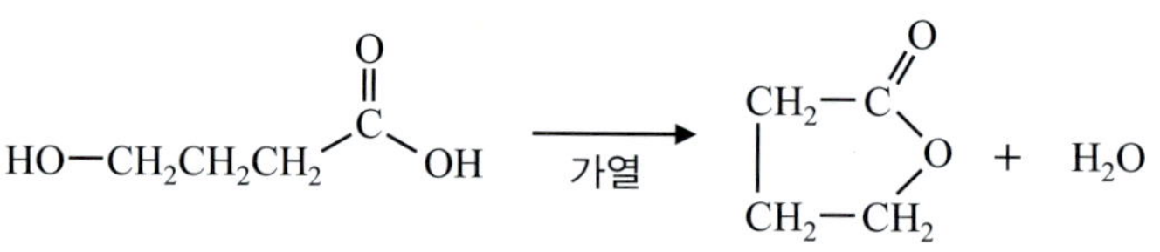

# 찾아보기

ㅅ



ㅇ

ㅈ



ㅊ



ㅋ



ㅌ

### ㅍ



### ㅎ



### 기타

개념 잡기 쉬운

# 유기화학


| | |
|---|---|
| 저　　자 | 오세연 |
| 발 행 인 | 김지영 |
| 발 행 처 | 자유아카데미 |
| 주　　소 | 경기도 파주시 회동길 37-42<br>파주출판도시 |
| 전　　화 | 031-955-1321 |
| 팩　　스 | 031-955-1322 |
| 홈페이지 | www.freeaca.com |
| 전자우편 | main@freeaca.com(대표)<br>editor@freeaca.com(편집)<br>crm@freeaca.com(영업) |
| 등　　록 | 제406-2003-017호, 1980. 7. 12 |
| 제1판1쇄 | 2025년 6월 20일 발행 |

저자와의
협의하에
인지생략




ISBN 979-11-5808-723-4 93430